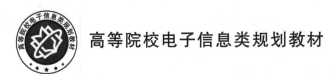高等院校电子信息类规划教材

U0309699

通 信 原 理

（第 3 版）

马海武　编著

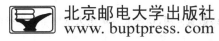北京邮电大学出版社
www.buptpress.com

内 容 简 介

本书全面讲述了现代通信系统和通信技术的基本原理及分析方法。本书主要内容包括:通信系统的基本概念、随机信号分析、信道的基本特性、模拟调制、数字调制(数字信号的基带传输、数字信号的载波传输)、数字信号的最佳接收、模拟信号的数字传输、同步技术、差错控制编码等。各章后均附有习题。

本书可作为高等院校通信与电子信息类以及相关专业本科或研究生的教材,适当节选后亦可作为高职高专教材,还可作为广大工程技术人员学习通信基础理论及应用的参考书。

图书在版编目(CIP)数据

通信原理 / 马海武编著. -- 3 版. -- 北京:北京邮电大学出版社,2020.8

ISBN 978-7-5635-6173-5

Ⅰ. ①通… Ⅱ. ①马… Ⅲ. ①通信原理—教材 Ⅳ. ①TN911

中国版本图书馆 CIP 数据核字(2020)第 139400 号

策划编辑:彭 楠 责任编辑:刘 颖 封面设计:七星博纳

出版发行:北京邮电大学出版社

社　　址:北京市海淀区西土城路 10 号

邮政编码:100876

发 行 部:电话:010-62282185 传真:010-62283578

E-mail:publish@bupt.edu.cn

经　　销:各地新华书店

印　　刷:保定市中画美凯印刷有限公司

开　　本:787 mm×1 092 mm 1/16

印　　张:22.5

字　　数:531 千字

版　　次:2004 年 1 月第 1 版 2012 年 1 月第 2 版 2020 年 8 月第 3 版

印　　次:2020 年 8 月第 1 次印刷

ISBN 978-7-5635-6173-5
定价:52.00 元

· 如有印装质量问题,请与北京邮电大学出版社发行部联系 ·

前　言

本书自 2003 年出版以来，受到各高校广大师生的关心与支持，不少高等院校选用该书作为教材。结合这些年本书的使用情况，我们再次对其进行了认真的修订。

使读者获得足够的通信技术基础理论知识，理解通信系统的基本原理，弄懂其内在机理，掌握最基本的通信理论，是本书编写的宗旨。

本书共 10 章，通信工程及电子信息专业本科教学参考学时数为 80 学时。本书重点讲述了通信系统的基本原理和典型应用。前 3 章介绍通信的基础知识，其中第 2 章对随机信号分析的主要内容作了概括的介绍；第 4 章介绍模拟通信的基本原理，主要内容有模拟调制系统；第 5～7 章介绍数字通信的基本原理，主要内容有基带传输系统、数字调制系统以及最佳接收理论；第 8 章介绍信源编码，主要内容有模拟信号的数字化和编码方法；第 9 章讨论同步技术；第 10 章介绍信道编码，主要内容有差错控制编码的基本方法。各章后都附有大量的习题。

本科生、研究生可以根据不同的教学要求灵活选用本书的内容。另外，可根据自身的教学条件，结合实验和通信仿真技术，通过多媒体教学使学生对这些理论有更加深刻的理解和认识。

本书的编写得到了业内很多同行的大力协助和支持，在此表示诚挚的谢意。尤其感谢北京邮电大学出版社给予的各方面的帮助。对本书所列文献的作者表示感谢。

限于编者的水平，书中不妥和错误之处在所难免，敬请广大读者及同行批评指正。

作　者

2020 年 6 月

目 录

第1章

绪 论

1.1 概 述

通信始终伴随着人类社会的文明进程,是推动人类社会文明、进步与发展的动力。人们在生产实践和社会活动中总是需要进行消息的传递,这种消息传递的整个过程称为通信。反过来说,通信的任务就是克服人们在距离上的障碍,迅速准确地传递消息。消息是物质或精神状态的一种反映,在不同的时期,它通过动作、语言、文字、图像等不同的方式表述。

通信的发展按照人类交流方式的不同可分为三个阶段。第一阶段中人们通过语言、手势、更鼓、旌旗、烽火台等方法传递消息。第二阶段是随着文字、印刷术、邮政的出现而开始的。第三阶段是在人们认识和开始使用电能的同时,利用电信号进行消息的传递。到今天电信号把人们带进了信息时代。

电信就是借助"电"来传递消息的通信方式。这种通信方式具有迅速、准确、可靠的特点,几乎不受时间、地点、距离的限制,因此,近百年来获得了飞速的发展和广泛的应用。今天人们认为"通信"和"电信"几乎是同义词,而我们所要研究的通信就是指电信。

在电信系统中,消息的传递是通过电信号来实现的。

现代通信系统是信息时代的生命线。现代通信网已经是一个全球性的综合性的为多种信息服务的网络。通信学科的发展,一方面表现在新的电子器件和新的技术不断出现;另一方面反映在通信理论的深入发展和不断完善。比如说,20世纪30年代开始形成的调制理论为有线载波通信和无线电通信的基本理论奠定了基础,给实现频分制和时分制多路复用系统指明了方向。在电信的初期发展阶段,人们就发现了噪声的存在和它对通信的影响,但直到20世纪40年代,通过概率统计方法的分析提出了统计信号检测和估计理论,以及在此基础上发展起来的最佳接收理论,为噪声中提取信号找到了有效的途径。另外,后来形成的信息论,明确了通信中的一对主要矛盾,即通信的有效性和可靠性的问题,并为最好地解决这对矛盾提出了原则性的定理。在此基础上逐步发展起来的信源编码、纠错编码、扩频技术等理论,为提高通信质量、选择新的信号形式和创立新的通信体制奠定了基础。

由此可见,通信这门学科是逐步由低级到高级、由简单到复杂发展起来的。现代通信技术是研究传递各类信息的科学。从广义来说,通信应包括电报、电话、广播、电视、传真、数据和计算机通信等。将雷达、导航、遥测、射频天文学、生物工程学等与通信综合在一起构成了一门完整的信息科学,通信则是其中的一个主要组成部分。

1.2 通信系统的组成

消息的传递必然有发送者和接收者,发送者和接收者可以是人也可以是各种机器。换句话说,通信可以在人与人之间,也可以在人与机器或机器与机器之间进行。如今大量的通信最终都是通过各种机器,并在机器间进行的。广播、电视、计算机等之间的通信都属于机器间的通信。

电信系统在传递消息时,首先要把消息变成电的信号,对方接收到信号后再按相同的逆规则将电信号再生为消息。在发送端利用发送设备中的各种元器件,将非电信息变换成初级电信号,或称为原始电信号,然后送到信道中去传输。信道是传输电信号的通道。信道可以是有线的也可以是无线的,可以是模拟的也可以是数字的。在接收端利用接收设备中的各种部件,将从信道中得到的电信号变换成非电信息,这是一个通信的整个过程。从这个过程中可以将通信系统概括为如图 1.2.1 所示的模型。

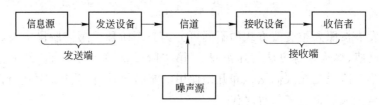

图 1.2.1　通信系统的一般模型

通信系统由信息源、收信者、发送设备、接收设备和传输媒介几部分组成。

1. 信息源

信息源简称信源。不同的信息源输出信号的性质是不一样的,一般将其分为模拟信源和离散信源。

模拟信源输出的信号在时间和幅度上都是连续的,如语音、图像以及模拟传感器输出的信号等。离散信源的输出是离散的或可数的,如符号、文字以及脉冲序列等。离散信源又称为数字信源。

原始的消息经变换后成为电信号或本身就是电信号。模拟信号可以通过抽样和量化编码变为离散信号。换句话说,一切消息理论上都可以变换成离散的信号,这也是数字通信技术得到迅猛发展的一个主要原因。

信息源的另一个重要特点是不同的信源有不同的信息速率。比如,电报信道的信息速率一般为 150 bit/s;阅读的信息速率一般为 400 bit/s 左右;彩色电视为 90 Mbit/s 等。不同速率的信息源对整个传输系统的要求也各不相同。

2. 收信者

收信者是在接收的一方将经过各种变换和传输的信息还原成所需要的消息形式。一般情况下收信者需要的消息应和发信者发出的消息类型一样。对于收信者和发信者来说，不管中间经过什么样的变换和传输，都不应该将二者所传递的消息改变。收到和发出的消息的相同程度越高越好。

3. 发送设备

发送设备是发送端的重要部分，它的功能是将信息源和传输媒介连接起来，将信源输出的信号变为适合于传输的信号形式。变换的方式很多，采用什么样的变换则要根据信号类型、传输媒介和质量要求等决定。有时可以将电信号直接送于媒介传送，有时则要进行频谱的搬移。在需要搬移时，调制则是最常用的一种变换方式。

如果通信系统是数字的，对于模拟信号则需要进行抽样、量化和编码。此时发送设备又可以分为信源编码和信道编码两部分。信源编码是把连续的模拟信号变为数字信号，信道编码则是把数字信号与传输媒介匹配起来，以提高传输的有效性或可靠性。

对于其他的一些特殊要求，发送设备应有为满足这些要求所需要的各种处理，最常见的如差错控制编码、多路复用等。

4. 接收设备

对接收设备的基本要求就是能够将收到的信号变换成与发送端信源发出的消息完全一样的或基本一样的原始消息。从这一点出发，接收设备显然应该是发送设备的反变换，不仅如此，它还要克服在传输过程中干扰所带来的影响。

5. 传输媒介

传输媒介是用来传递发送设备和接收设备之间信号的。传输媒介有很多种，概括起来可分为无线和有线两大类。每一类都有优点和缺点，一般根据通信的具体情况和要求以及信号的类型来决定采用哪一类。在传输的过程中，各种干扰（比如热噪声、衰减等）必然会随之进入系统，因此干扰也是选用媒介的重要因素之一。

按照信道中传输的是模拟信号还是数字信号，可以把通信系统分为模拟通信系统和数字通信系统。

模拟通信系统是利用模拟信号来传递信息的通信系统。信源发出的原始电信号的频谱一般是从零频附近开始，这种信号具有频率很低的频谱分量，一般不宜直接传输，这就需要把它变换成其频带适合在信道中传输的信号，并可在接收端进行反变换。完成这种变换和反变换作用的通常是调制器和解调器，经过调制以后的信号称为已调信号。

消息从发送端到接收端的传递过程中，除有连续消息与原始电信号和原始电信号与已调信号之间的两种变换，实际通信系统中还可能有滤波、放大、天线辐射、控制等过程。由于调制与解调两种变换起主要作用，其他过程不会使信号发生质的变化，只是对信号进行放大或改善信号特性，一般被认为是理想的不参与讨论。

模拟通信系统模型如图1.2.2所示，图中的调制器和解调器代表图1.2.1中的发送设备和接收设备。

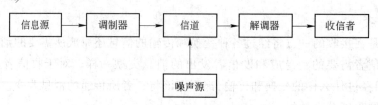

图 1.2.2　模拟通信系统模型

数字通信系统是利用数字信号来传递信息的通信系统,其模型如图 1.2.3 所示。数字通信研究的技术问题主要有信源编码/译码、信道编码/译码、数字调制/解调、数字复接、同步以及加密等。

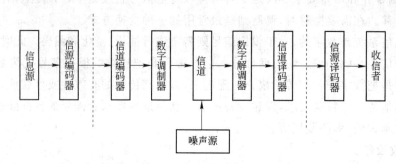

图 1.2.3　数字通信系统模型

信源编码的作用大致有两个:其一是当信息源给出的是模拟语音信号时,信源编码器将其转换成数字信号,以实现模拟信号的数字化传输;其二是设法减少码元数目和降低码元速率,也就是数据压缩。码元速率决定传输所占的带宽,而传输带宽反映了通信的有效性。信源译码是信源编码的逆过程。

信道编码是为了克服数字信号在信道传输时,由噪声、衰落以及人为干扰等引起的差错。信道编码器对传输的信息码元按一定的规则加入监督码元,接收端的信道译码器按相应的逆规则进行解码,从中发现错误或纠正错误,提高通信系统抗干扰能力。

为了保密通信,给被传输的数字序列加上密码,即扰乱,这个过程称为加密。在接收端利用相应的逆规则对收到的数字序列进行解密,恢复原来信息。

对于大多数通信系统来说,每一方不仅是收信者也是信源,也就是说,每一方都应具备发送和接收的功能。因此每一方也必须有发送设备和接收设备。

数字调制是把所传输的数字序列的频谱搬移到适合在信道中传输的频带上。基本的数字调制方式有幅移键控(ASK)、频移键控(FSK)、绝对相移键控(PSK)、相对(差分)相移键控(DPSK)。在接收端可以采用相干解调或非相干解调还原数字序列。对高斯噪声下的信号检测,一般用相关接收机或匹配滤波器来实现。

同步是保证数字通信系统有序、准确、可靠工作的基本条件。同步就是使收、发两端的信号在时间上保持步调一致。同步可分为载波同步、位同步、群同步和网同步等。数字复接则是依据时分复用的基本原理把若干个低速数字信号合并成一个高速数字信号,以扩大传输容量和提高传输效率。

图 1.2.3 是数字通信系统的一般模型,而在实际应用中,数字通信系统不一定包括图中

的所有环节,可以只有其中的某些部分。另外,模拟信号经过数字化后可以在数字通信系统中传输。当然,数字信号也可以在模拟通信系统中传输,如计算机数据可以通过模拟电话线路传输,但这时必须使用调制解调器(modem)将数字序列进行正弦调制,以适应模拟信道的传输特性。

模拟通信和数字通信的应用都很广泛,数字通信的发展却非常迅速,已成为现代通信技术的主流。与模拟通信相比,数字通信有以下一些特点:

(1)抗干扰能力强。比如二进制数字信号的取值只有两个,这样接收时只需判别两种状态。信号在传输过程中因噪声造成的波形畸变不会影响两个状态的辨别,只要噪声的大小不足以影响判决的正确,就能正确接收。而模拟通信需要高保真地重现信号波形,如果模拟信号叠加上噪声,则很难消除。对于中继通信,各中继站对数字信号波形进行整形再生从而消除噪声积累。

(2)差错可以控制。采用信道编码技术来降低误码率,提高传输的可靠性。

(3)可以进行大规模集成,容易使通信设备微型化。

(4)能与各种数字终端直接相连。用计算机技术对信号进行处理、加工、变换、存储。

(5)容易实现保密通信。

(6)传输和交换可以有机地结合起来,将各种不同的消息源都变换成同一类的数字信号,为实现综合业务通信网奠定了基础。

(7)容易实现多路复用。

数字通信的上述优点使其得到了广泛应用。但这些优点是用比模拟通信占据更宽的系统频带为代价而换取的。例如,一路4 kHz带宽的模拟信号,用接近同样质量的数字信号传输需要20～60 kHz的带宽,可见数字通信的频带利用率很低。另外,由于数字通信对同步要求很高,因而系统设备比较复杂。不过,随着宽带传输技术的采用,窄带调制技术和超大规模集成电路的发展,数字通信的这些缺点是可以克服的。尤其是微电子技术和计算机技术的迅猛发展和广泛应用,数字通信将逐步取代模拟通信而占主导地位。

以上所述是典型的点对点通信系统。在现代社会生活中,人们不可能只进行一点到一点的固定式通信,更多的则要求能够与所有在线的任何一方进行通信。这样就必须有一种设备去完成这种任何一方与任何另一方的选择通信功能,这个设备就是通信网络中的交换系统。显然,交换系统是通信网络中非常重要的部分。

1.3 通信系统的分类

通信系统从不同的角度可以有不同的分类方法,分类的方法是多种多样的。下面讨论几种常见的分类。

1. 根据消息的物理特征分类

按照消息的物理特征,通信系统可以分为电话、电报、数据、图像等。它们相互之间可以是兼容的,也可以是并存的。电话通信应用最为广泛,因此发展得也最为迅速,目前的通信网大部分都是建立在电话通信系统基础之上的。尤其是电话通信有着最多的用户,其他的通信系统常常需要通过电话通信系统发展用户。

2. 根据传输信号的特征分类

当消息变换成电信号以后,二者之间应该存在着——对应的关系,这是接收端能恢复出原始消息的最基本的条件。电信号可以是模拟信号也可以是数字信号,根据信道传输的电信号是模拟的还是数字的,可以把对应的通信系统分为模拟通信系统和数字通信系统。

3. 根据调制方式分类

首先根据是否采用调制可将通信系统分为基带传输和调制传输。

基带传输是直接传输由消息变换而来的电信号,如电话音频信号、数字基带信号等。它不需要调制。

调制传输则是将由消息变换而来的电信号,再经过调制变换后进行传输。调制传输有以下优点:

(1) 将消息变换为有利传输的形式。例如,将低频信号设法携带在高频信号上,以便在自由空间中传输。将话音的连续信号变换为脉冲编码调制信号,使其能够在数字信道中传输。

(2) 能够提高抗干扰能力。

(3) 可以方便地在指定的频带内传输。

调制传输的方式很多,常见的调制方式又分为连续波调制和脉冲调制。

连续波调制就是载波为连续的模拟信号,最常用的连续信号一般为正弦波。脉冲调制的载波为脉冲序列。

连续波调制又分为线性调制、非线性调制和数字调制。

线性调制有常规双边带调幅(AM),主要用于广播;抑制载波双边带调幅(DSB),主要用于立体声广播;单边带调幅(SSB),主要用于载波通信、无线电台等;残留边带调幅(VSB),主要用于电视广播和传真等。

非线性调制有频率调制(FM),主要用于微波中继、卫星通信、广播;相位调制(PM),主要用于中间调制方式。

数字调制有幅移键控(ASK),用于数据传输;频移键控(FSK),主要用于数据传输;相移键控(PSK、DPSK、QPSK 等),主要用于数据传输、数字微波通信、空间通信;其他高效数字调制(QAM、MSK),主要用于数字微波通信、空间通信。

脉冲调制可分为脉冲模拟调制和脉冲数字调制。

脉冲模拟调制有脉冲幅度调制(PAM),主要用于中间调制方式和遥测系统中;脉宽调制(PDM 或 PWM),用于中间调制方式;脉位调制(PPM),用于遥测、光纤传输等。

脉冲数字调制有脉冲编码调制(PCM),主要用于市话通信、卫星通信、空间通信等;增量调制(DM、CVSD、DVSD),用于军用和民用电话;差分脉码调制(DPCM),主要用于电视电话、图像编码;其他语音编码方式 ADPCM、APC、LPC 等,主要用于低速、中速数字电话。

在实际的使用当中并非只是某种单一的方式,往往采用复合调制方式,用不同的调制方式进行多级调制。

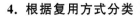

4. 根据复用方式分类

在同一信道上传送多路信号时要采用复用的方式。复用的方式一般有四种,即频分复用(FDM)、时分复用(TDM)、码分复用(CDM)和空分复用(SDM)。前三种应用比较广泛,在后面的章节中将作详细的介绍。

模拟通信中都采用频分复用的方式,数字通信大多采用时分复用通信系统,码分复用主要用在扩频通信系统中。

5. 根据传输媒介分类

通信系统按照传输媒介的不同可分为有线和无线两类,其中有线包括光纤传输。在各个频段上都可以使用有线传输和无线传输。

有线传输一般有线对、同轴电缆、波导和光纤等媒介。无线传输有长波、中波、短波、米波、分米波、厘米波、毫米波和激光空间传播等。

表1.3.1列出了通信使用的频段、常用的传输媒质及主要用途。

表1.3.1 通信波段与传输媒质

频率范围	波 长	符 号	传输媒质	用 途
3 Hz～30 kHz	10^8～10^4 m	甚低频(VLF)	有线线对、长波无线电	音频、电话、数据终端长距离导航、时标
30 kHz～300 kHz	10^4～10^3 m	低频(LF)	有线线对、长波无线电	导航、信标、电力线通信
300 kHz～3 MHz	10^3～10^2 m	中频(MF)	同轴电缆、短波无线电	调幅广播、移动陆地通信、业余无线电
3 MHz～30 MHz	10^2～10 m	高频(HF)	同轴电缆、短波无线电	移动无线电话、短波广播定点军用通信、业余无线电
30 MHz～300 MHz	10～1 m	甚高频(VHF)	同轴电缆、米波无线电	电视、调频广播、空中管制、车辆、通信、导航
300 MHz～3 GHz	100～10 cm	特高频(UHF)	波导、分米波无线电	电视、空间遥测、雷达导航、点对点通信、移动通信
3 GHz～30 GHz	10～1 cm	超高频(SHF)	波导、厘米波无线电	微波接力、卫星和空间通信、雷达
30 GHz～300 GHz	10～1 mm	极高频(EHF)	波导、毫米波无线电	雷达、微波接力、射电天文学
10^5 GHz～10^7 GHz	$3×10^{-4}$～$3×10^{-6}$ cm	紫外、可见光、红外	光纤、激光空间传播	光通信

通信中工作频率和工作波长可互换,公式为

$$\lambda = \frac{c}{f}$$

式中,λ 为工作波长;f 为工作频率;c 为电波在自由空间中的传播速度,通常认为 $c = 3×10^8$ m/s。

每一种媒介都有相应的通信系统。随着数字通信的快速发展,光纤传输的应用越来越广泛。

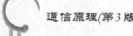

1.4 通 信 方 式

前面讨论的通信系统是单向通信系统,在实际应用中,多数情况是双向通信,这时通信双方都要有发送设备和接收设备,每个方向上都有自己的传输媒质。当然通信双方也可以共用一个信道,但此时必须用频率或时间分割的方法来共享信道。因此,通信方式与信道复用是通信的一个重要问题。这里简单介绍一下通信方式。

1. 按消息传递的方向与时间关系分

在点对点之间的通信当中,根据消息传送的方向与时间关系,可以将通信方式分成单工通信、半双工通信及全双工通信三种方式。

单工通信就是指消息只能从一点沿一个方向传输给另一点,而不能沿反方向传输的工作方式。这种工作方式一般多用于遥测、遥控等。其传输的工作过程如图1.4.1(a)所示。

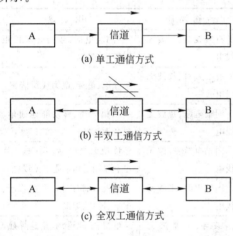

(a) 单工通信方式

(b) 半双工通信方式

(c) 全双工通信方式

图 1.4.1 通信方式

半双工通信就是指通信的两点间虽然能够在两个方向上传输消息,但在某一时刻信道中只能有一个方向的信号在传输,即不能同时进行双向传输。对通信者来说就是不能同时进行收发。这种工作方式的工作过程如图1.4.1(b)所示。一般使用同一载频工作的无线电对讲机的工作方式就是半双工通信方式。

全双工通信是指通信的两点间可以同时双向的传输消息的工作方式。对于通信的双方来说就像是在面对面的进行消息的传递。普通电话就是一个典型的全双工通信方式。

全双工通信方式的工作过程如图1.4.1(c)所示。

2. 按数字信号排列顺序分

对于数字通信来说,数字信号码元的排列可以是并序的,也可以是串序的。

并序传输将数字信号码元序列分割成两路以上的码元序列同时在信道中传输,如图1.4.2(a)所示。

串序传输中则将数字信号的码元序列按时间的顺序一个接一个地在信道中传输,如图1.4.2(b)所示。

并序传输的优点是节省传输时间,经常应用于近距离数字通信中或设备机内的码元传输,但由于其占用的通路的数量随着并序路数的增加而增加,对于远距离传输来说很不经济。因此,远距离传输多采用串序的传输方式。

另外,还可以按通信的网络形式划分为三种,即两点间直通方式、分支方式和交换方式。由于后两种属通信网理论的内容,不作讨论。这里的重点放在点与点之间的通信上。

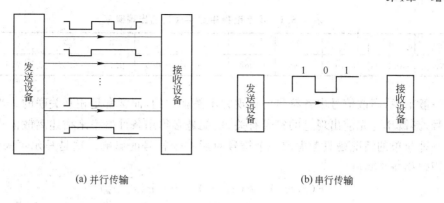

(a) 并行传输   (b) 串行传输

图 1.4.2 并行传输和串行传输

1.5 信息论的基本概念

本节介绍信息论的一些基本概念,如信息量、熵等,比较抽象和概括地叙述通信中的信息传输过程。

通信的任务是传递信息,信息包含在消息当中。在通信系统中形式上传输的是消息,但实质上传输的是信息。消息只是表达信息的工具、载荷信息的客体。在通信中被利用的实际客体是不重要的,重要的是信息。消息是以某种具体形式表现出来,而信息则是抽象的、本质的内容。香农认为信息是事物运动状态或存在方式的不确定性的描述。通信的结果是消除或部分消除不确定性,从而获得信息。

用数学语言描述,不确定性就是随机性,具有不确定性的事件就是随机事件。可以用概率论和随机过程理论对这种不确定性进行测度。具有不确定性的消息才有传输的意义。一个预先确知的消息不会给接收者带来任何信息,也就失去了传递的必要。因此,在讨论信息的测度之前先讨论消息的统计特性。

1. 消息的统计特性

可以将消息分成两大类,即离散消息和连续消息。产生离散消息的信源称为离散信源;产生连续消息的信源则称为连续信源。

离散信源只能产生有限种或可数种符号,离散消息可表征为有限个状态的随机序列,可以用离散型随机过程的统计特性来描述。

若离散信源是包含 n 种符号 $x_1, x_2, \cdots, x_n$ 的集合,每个符号出现的概率分别为 $P(x_1), P(x_2), \cdots, P(x_n)$,可以用概率场

$$\begin{pmatrix} x_1 & x_2 & \cdots & x_n \\ P(x_1) & P(x_2) & \cdots & P(x_n) \end{pmatrix}, \quad \sum_{i=1}^{n} P(x_i) = 1 \tag{1.5.1}$$

来描述离散信源。例如,汉字电报的四单位十进制数字电码中,数字 $0 \sim 9$ 的出现概率如表 1.5.1 所示。

表 1.5.1　汉字电报中数字代码的出现概率

数字	0	1	2	3	4	5	6	7	8	9
概率	0.26	0.16	0.08	0.062	0.06	0.063	0.155	0.062	0.048	0.052

一般来说,离散信号中各符号的出现并不是独立的,而常常是相互关联的。当前出现的符号,其概率与先前出现过的符号有关,也就是必须用条件概率来描述离散消息。

一种简单的情况是只考虑前一个符号对后一个符号的影响。这是马尔可夫链问题,可以用转移概率矩阵

$$\begin{bmatrix} P(x_1/x_1) & P(x_1/x_2) & \cdots & P(x_1/x_n) \\ P(x_2/x_1) & P(x_2/x_2) & \cdots & P(x_2/x_n) \\ \vdots & \vdots & & \vdots \\ P(x_n/x_1) & P(x_n/x_2) & \cdots & P(x_n/x_n) \end{bmatrix} \tag{1.5.2}$$

来描述。

连续信源可能产生的消息数目是无限的,其消息取值也是无限的,必须用概率密度函数才能反映其统计特性。消息各点之间的统计关联性可以用二维甚至多维概率密度函数来描述。通常只考虑各态历经的平稳随机过程。

2. 离散信源的信息量

我们必须定义一个物理量来描述信息量的大小,这个物理量应当符合客观规律和逻辑上的合理性。

根据客观事实和人们的习惯概念,消息出现的可能性越小,其携带的信息就越多。如果秋天气象预报西安有雨,人们觉着很正常,则其信息量很小。若气象预报西安有雪,人们会很意外,显然这个信息量就很大,因为秋天有雪的可能性极小。可见信息量的大小与消息出现的概率有关。

另一方面,当消息的持续时间增加时,其信息量也随之增加。一般来说,一份 100 字的报文所包含的信息量大体上是另一份 50 字报文的两倍。可以推论,若干独立消息之和的信息量应该是每个消息所含信息量的线性叠加,即信息具有相加性。这样推论是合乎逻辑的。

然而,对于由有限个符号组成的离散信息源来说,随着消息长度的增加,其可能出现的消息数目却是按指数增加的。

例如,二元离散序列中,10 位符号所构成的随机离散序列的信息量是 20 位符号序列信息量的 1/2,但 10 位序列可能出现的消息数为 2^{10},而 20 位序列可能出现的消息数却为 2^{20}。

考虑到这些因素,1928 年哈特莱在他的《信息的传输》一书中,首先提出用消息出现概率的对数测度作为离散消息的信息度量单位。

离散消息 x_i 所携带的信息量为

$$I(x_i) = \log \frac{1}{P(x_i)} = -\log P(x_i) \tag{1.5.3}$$

式中,$P(x_i)$ 为消息 x_i 发生的概率。

当对数以 2 为底时,信息量单位称为比特(bit);

当对数以 e 为底时，信息量单位称为奈特（nit）；

当对数以 10 为底时，信息量单位称为哈特莱。

目前应用最为广泛的单位是比特，经常将 $\log_2$ 简写为 $\log$ 。

注意，这里的比特（bit，binary unit ）与计算机术语中的"比特（binary digit 二元数字）"的含义有所不同，它们之间的关系是每个二元数字所能提供的最大平均信息量为 1 比特。

例 1.5.1 已知二元离散信源有"0""1"两种符号，若"0"出现概率为 1/4，求出现"1"的信息量。

解 由于全概率为 1，因此出现"1"的概率为 3/4 。由信息量定义式（1.5.3）可知，出现"1"的信息量为

$$I(1) = \left(\log \frac{4}{3}\right)\text{bit} = 0.415 \text{ bit}$$

以上是单一符号出现时的信息量。

对于由一串符号构成的消息，假设各符号的出现互相统计独立，离散信源的概率场如式（1.5.1）所示，则根据信息相加性概念，整个消息的信息量为

$$I = -\sum_{i=1}^{n} m_i \log P(x_i) \tag{1.5.4}$$

式中，m_i 为第 i 个符号出现的次数；$P(x_i)$ 为第 i 个符号出现的概率；n 为离散消息源的符号数目。

以上讨论的是单个离散信源 X 所产生的信息量。当存在两个离散信源 X 和 Y 时，它们所出现的符号分别为 x_i 和 y_i，则定义这两个信源的联合信息量为

$$I(x_i y_j) = -\log P(x_i y_j) \tag{1.5.5}$$

式中，$P(x_i y_j)$ 为信源 X 出现 x_i 而信源 Y 出现 y_j 的联合概率。可见，当 X 和 Y 统计独立时，联合信息量即等于 X 和 Y 各自信息量之和。

对于通信系统来说，发送端信源发出的消息和接收端收到的消息可以分别看成是离散符号集合 X 和 Y，X 为发送的符号集合，通常它的概率场是已知的，$P(x_i)$ 称为先验概率。接收端每收到离散信源 Y 中的一个符号 y_j 以后，接收者要重新估计发送端各符号 x_i 的出现概率分布，条件概率 $P(x_i/y_j)$ 又称为后验概率。

这里定义，后验概率与先验概率之比的对数为互信息量，即

$$I(x_i, y_j) = \log \frac{P(x_i/y_j)}{P(x_i)} \tag{1.5.6}$$

互信息量反映了两个随机事件 x_i 与 y_j 之间的统计关联程度。在通信系统中的物理意义是接收端所能获取的关于 X 的信息的多少。

当 x_i 与 y_j 统计独立时，互信息量为零；当后验概率为 1 时，互信息量等于信源 X 的信息量。

3. 离散信源的平均信息量

用符号出现概率来计算长消息的信息量非常烦琐，为此引入平均信息量的概念。

平均信息量是指每个符号所含信息量的统计平均值，n 个符号的离散消息源的平均

信息量为

$$H(X) = -\sum_{i=1}^{n} P(x_i) \log P(x_i) \tag{1.5.7}$$

这个平均信息量的计算公式与统计物理学中热熵的表达式很相似。在统计物理学中,热熵是一个物理系统杂乱性的度量,在概念上二者也有相似之处。因此我们把信源输出消息的平均信息量称为信源的熵。

当消息中各符号的出现统计相关时,平均信息量不能再用式(1.5.7)来计算,而要用条件概率来计算。若只考虑前一个符号的影响,也就是相邻两符号间具有统计关联性,那么前后符号分别为 x_i 和 x_j 的条件平均信息量为

$$\begin{aligned} H(x_j/x_i) &= \sum_{i=1}^{n} P(x_i) \sum_{j=1}^{n} \left[-P(x_j/x_i) \log P(x_j/x_i) \right] \\ &= -\sum_{i=1}^{n} \sum_{j=1}^{n} P(x_i) P(x_j/x_i) \log P(x_j/x_i) \\ &= -\sum_{i=1}^{n} \sum_{j=1}^{n} P(x_i, x_j) \log P(x_j/x_i) \end{aligned} \tag{1.5.8}$$

条件平均信息量又称为条件熵。

当离散信源中每个符号等概率出现且各符号的出现统计独立时,可以证明该信源的平均信息量最大,且最大熵为

$$H_{\max} = -\sum_{i=1}^{n} \frac{1}{n} \log \frac{1}{n} = \log n \tag{1.5.9}$$

因此,减小或消除符号间的关联,并使各符号的出现趋于等概率,将使离散信源达到最大熵。以最少的符号数传送最大的信息量,是通信理论中信源编码所要研究的问题。

4. 连续信源的信息度量

在后面将详细讨论的抽样定理中指出,如果一个连续信号的频带限制在 $0 \sim f_H$ 内,则可用间隔为 $1/(2f_H)$ 的抽样序列无失真地表示它。

通过抽样把时间上连续的信号变成时间上离散的样值序列,再经过量化使之成为时间上和幅度上都是离散的离散消息,这样把连续消息可以看成是离散消息在时间上和幅度上取值为无限多个的极限情况。因此可以定义连续消息的平均信息量为

$$h(X) = -\int_{-\infty}^{+\infty} p(x) \log p(x) \mathrm{d}x \tag{1.5.10}$$

式中,$p(x)$ 为连续消息信号在每个抽样点上取值的一元概率密度函数。称 $h(X)$ 为相对熵,其与绝对熵相差 $\log(1/\mathrm{d}x)$。

应当注意,式(1.5.10)表示的是相对的信息度量,它与坐标系有关。这一点是可以理解的,因为连续信源的可能取值数是无限多个,若设取值是等概率分布,则信源的不确定性为无限大。当确知输出为某值后,所获得的信息量也将是无限大。可见,$h(X)$ 已不能代表信源的平均不确定性的大小,也不能代表连续信源输出的信息量。但这样定义可与离散信源的熵在形式上统一起来,而且在任何包含有熵差的问题中这样定义的连续信源的熵具有信息的特性,因此,连续信源的熵 $h(X)$ 也称为差熵。

前面指出,离散消息源当其所有符号等概率输出时,其熵最大。而连续消息源的最大

熵条件则取决于消息源输出取值上所受到的限制。常见的限制有两种,即峰值受限和均方值受限。

可以求出均方值受限时最佳分布的最大熵为

$$h_{\max}(X) = \log \sigma \sqrt{2\pi e} \qquad (1.5.11)$$

式中,σ^2 为 x 的均方值;$h_{\max}(X)$ 的单位为 bit。

峰值受限情况下最佳分布时的最大熵为

$$h_{\max}(X) = \log(2A) \qquad (1.5.12)$$

式中,A 为连续消息源输出的峰值,即 x 的取值范围为 $(-A, A)$;$h_{\max}(X)$ 的单位为 bit。

使连续消息的概率密度函数变换为最佳分布以求得最大熵,同样也是信源编码所要解决的问题。

1.6 通信系统的性能度量

通信系统的优劣必须有一套度量的方法。使用这套度量的方法对整个系统进行综合评估,可以反映出通信系统在通信的有效性、可靠性、适应性、标准性和经济性等方面的质量水平。显然度量通信系统的性能是一个非常复杂的问题。但是,从研究信息的传输来说,通信的有效性和可靠性最为重要。

所谓有效性是指传输一定的信息量所消耗的信道资源的多少,信道的资源包括信道的带宽和时间。而可靠性则是指传输信息的准确程度。此二者是度量通信系统性能最基本的指标。

有效性和可靠性始终是矛盾的。在一定可靠性指标下,尽量提高消息的传输速率;或在一定有效性条件下,使消息的传输质量尽可能提高。根据香农公式可以知道在信道容量一定时,可靠性和有效性之间可以彼此互换。

由于模拟通信系统和数字通信系统之间的区别,二者对可靠性和有效性的要求有很大的差别,其度量的方法也不一样。

1. 模拟通信系统的性能度量

(1) 有效性

模拟通信系统的有效性用有效带宽来度量,同样的消息采用不同的调制方式,则需要不同的频带宽度。频带宽度占用的越窄,效率越高,有效性越好。

(2) 可靠性

模拟通信系统的可靠性一般用接收端接收设备输出的信噪比来度量。信噪比越大,通信质量越高,可靠性越好。信噪比是信号功率与传输中引入的噪声功率之比。不同的系统在同样的信道条件下所得到的信噪比是不同的。

2. 数字通信系统的性能度量

在数字通信中,用传输信息的速率来衡量有效性,用差错率来衡量可靠性。

(1) 传输速率

携带有一定信息量的码元组成数字信号。

定义单位时间传输的码元个数为码元速率,用符号 R_s 表示,单位为码元/秒,称为波特(Baud),简记为 B,有时也称为波特率。

定义单位时间传输的信息量为信息速率,用符号 R_b 表示,单位为 bit/s(比特/秒),又称为比特率。

对于二进制数字信号来说,一个码元的信息量为 1 bit,而 M 进制数字信号,一个码元的信息量则为 $\log_2 M$,因此码元速率 R_s 和信息速率 R_b 之间的关系为

$$R_b = R_s \log M \tag{1.6.1}$$

$$R_s = \frac{R_b}{\log M} \tag{1.6.2}$$

式中,R_b 的单位为 bit/s,R_s 的单位为 Baud。

二进制的码元速率和信息速率在数量上相等,有时称它们为数码率。

数字信号的传输带宽 B 取决于码元速率 R_s,而码元速率与信息速率 R_b 有确定的关系。定义频率利用率为

$$\eta_b = \frac{R_b}{B} \tag{1.6.3}$$

其物理意义为单位频带所能够传输的信息速率,单位为 bit/(s·Hz)。

例 1.6.1 已知二进制数字信号在 0.5 min 内共传送了 48 000 个码元,①问其码元速率 R_{s2} 和信息速率 R_{b2} 各为多少?②如果码元速率不变,但改为八进制数字信号,其码元速率 R_{s8} 和信息速率 R_{b8} 各为多少?

解 ① 在 0.5×60 s=30 s 内传送了 48 000 个码元,

$$R_{s2} = 48\,000/30 \text{ Baud} = 1\,600 \text{ Baud}$$
$$R_{b2} = R_{s2} = 1\,600 \text{ bit/s}$$

② 若改为八进制,则

$$R_{s8} = 48\,000/30 \text{ Baud} = 1\,600 \text{ Baud}$$
$$R_{b8} = R_{s8} \cdot \log 8 = 4\,800 \text{ bit/s}$$

(2)差错率

定义误比特率为

$$P_b = \frac{\text{错误比特数}}{\text{传输总比特数}} \tag{1.6.4}$$

有时也称为误信率。它是指接收错误的信息量在传送的总信息量中所占的比例,也就是码元的信息量在传输中出现传输错误的概率。

定义误码元率为

$$P_s = \frac{\text{错误码元数}}{\text{传输总码元数}} \tag{1.6.5}$$

有时也称为误码率。它是指接收错误的码元数在传送总码元数中所占的比例,也就是码元在传输系统中被传错的概率。

显然,差错率越小,通信的可靠性越高。

例 1.6.2 已知某八进制数字通信系统的信息速率为 6 000 bit/s,在接收端 10 min 内共测得出现了 24 个错误码元,试求系统的误码率 P_s。

解

$$R_{b8} = 6\,000\ \text{bit/s}$$
$$R_{s8} = R_{b8}/\log 8 = 2\,000\ \text{Baud}$$
$$P_s = \frac{24}{2\,000 \times 10 \times 60} = 2 \times 10^{-5}$$

1.7 通信发展史简介

自从人类开始利用电信号进行通信以来,电信发展非常迅速,特别是近几十年来随着科学技术各门类的不断发展,通信技术也是以一日千里的速度飞速发展。1838 年摩尔斯发明的有线电报标志着电通信的开始,以下列出了从此以后通信技术的发展历程。

1838 年,摩尔斯发明有线电报。

1864 年,麦克斯韦尔提出电磁辐射方程。

1876 年,贝尔发明电话。

1896 年,马可尼发明无线电报。

1906 年,真空管出现。

1918 年,调幅无线电广播、超外差接收机问世。

1925 年,开始采用三路明线载波电话、多路通信。

1936 年,调频无线电广播开播。

1937 年,发明脉冲编码调制原理。

1938 年,电视广播开播。

1940—1945 年,"第二次世界大战"刺激了雷达和微波通信系统的发展。

1948 年,发明晶体管;香农提出了信息论,通信统计理论开始建立。

1950 年,时分多路通信应用于电话。

1956 年,敷设了越洋电缆。

1957 年,发射第一颗人造卫星。

1958 年,发射第一颗通信卫星。

1960 年,发明激光。

1961 年,发明集成电路。

1962 年,发射第一颗同步通信卫星;脉冲编码调制进入实用阶段。

1960—1970 年,彩色电视问世;"阿波罗"宇宙飞船登月;数字传输的理论和技术得到了迅速发展;出现高速数字电子计算机。

1970—1980 年,大规模集成电路、商用卫星通信、程控数字交换机、光纤通信系统、微处理机等迅速发展。

1980 年以后,超大规模集成电路、长波长光纤通信系统广泛应用;互联网崛起。

进入 21 世纪以后,随着微电子技术和计算机技术的发展,以及人类对生命科学和大自然认识的进一步深化,通信技术将会进入一个新的发展阶段。

习 题

1.1 数字通信有哪些特点？

1.2 通信系统是如何分类的？

1.3 通信方式是如何确定的？

1.4 通信系统的主要性能指标是什么？

1.5 什么是误码率？什么是误信率？它们之间的关系如何？

1.6 什么是码元速率？什么是信息速率？它们之间的关系如何？

1.7 设一信息源的输出由 128 个不同符号组成,其中 16 个符号出现的概率为1/32,其余 112 个符号出现的概率为 1/224。信息源每秒发出 1 000 个符号,且每个符号彼此独立。试计算信息源的平均信息速率。

1.8 设一数字传输系统传送二进制码元的速率为 1 200 Baud,试求该系统的信息速率;若该系统改成传送十六进制信号码元,码元速率为 2 400 Baud,则这时的系统信息速率为多少？

随机信号分析

2.1 概　　述

在实际生活中,信号可以分为两类:一类是在每个时刻信号都有确定的值;另一类则在每个时刻信号的值是不确定的。前一类信号称为确定信号,在"信号与系统"课程中,已对其进行了系统学习。后一类信号称为随机信号或统计信号,是现实生活中更具有普遍性的信号,通信系统中要传递的消息就属于后一类信号。因此,对随机信号及其分析方法的研究就成为通信系统的重要内容。本章将在集中复习和学习概率、分布函数、随机变量、随机过程的基础上,重点介绍通信系统必备的随机信号分析的知识,为通信系统后续内容的学习打下牢固的基础。

随机信号的随机不确定性常常表现在信号有、无的不确定,或者信号参数(如正弦波的振幅、频率和相位)大小的不确定上,但是它们的随机不确定性均满足一定的统计规律,本章的重点就是研究这些规律。

2.2 概率、随机变量及其分布

本节将对工程数学概率论中的主要基本概念进行集中、概要的复习(对该部分内容熟悉的读者可以跳过不读)。

2.2.1 概率论的基本概念

1. 随机试验、样本空间、随机事件

(1) 随机试验

满足以下三个条件的试验称为随机试验 E,简称试验。

① 在相同条件下可以重复进行;

② 每次试验的结果不止一个,但能事先明确试验所有可能的结果;

③ 进行一次试验之前,不能确定会出现哪一个结果。

(2) 样本空间

由所有可能的试验结果构成的集合称为该试验的样本空间,记作 S。样本空间中的每个元素,称为样本点或基本事件。

（3）随机事件

在一次试验中可能发生也可能不发生,而在大量重复试验中具有某种规律性的试验结果称为随机事件,简称事件。

2. 概率

（1）概率的公理化定义

设 E 是一个随机试验,S 为其样本空间,以 E 中所有事件组成的集合为定义域,对于其中的任一事件 A,规定一个实数 $P(A)$,如果 $P(A)$ 满足下列三个公理：

① 对任一事件 A,有 $0 \leqslant P(A) \leqslant 1$；

② $P(S)=1,P(\varnothing)=0$；

③ 如果事件 $A_1,A_2,\cdots$ 两两互斥,则

$$P\left(\bigcup_{i=1}^{\infty} A_i\right) = \sum_{i=1}^{\infty} P(A_i) \tag{2.2.1}$$

称 $P(A)$ 是事件 A 的概率。

（2）条件概率的定义

设有两个随机事件 A,B,且 $P(B)>0$,则"在给定 B 发生的条件下 A 发生的概率"记作 $P(A|B)$,定义为

$$P(A|B) = \frac{P(AB)}{P(B)} \tag{2.2.2}$$

（3）概率的计算

① 乘法公式

$$P(AB) = P(B)P(A|B) \quad (若\ P(B)>0)$$
$$= P(A)P(B|A) \quad (若\ P(A)>0) \tag{2.2.3}$$

若 n 个事件 $A_1,A_2,\cdots,A_n$ 满足 $P(A_1 A_2 \cdots A_{n-1})>0$,则有

$$P(A_1 A_2 \cdots A_n) = P(A_1)P(A_2|A_1)P(A_3|A_1 A_2)\cdots P(A_n|A_1 A_2 \cdots A_{n-1}) \tag{2.2.4}$$

② 全概率公式

若 $A_1,A_2,\cdots,A_n$ 两两互斥,且 $\bigcup_{i=1}^{n} A_i = S,P(A_i)>0,i=1,2,\cdots,n$,则对任一事件 B,有

$$P(B) = \sum_{i=1}^{n} P(A_i)P(B|A_i) \tag{2.2.5}$$

③ 贝叶斯公式

若 $A_1,A_2,\cdots,A_n$ 两两互斥,且 $\bigcup_{i=1}^{n} A_i = S$,$P(A_i)>0,i=1,2,\cdots,n$,则当 $P(B)>0$ 时,有

$$P(A_k|B) = \frac{P(B|A_k)P(A_k)}{\sum_{i=1}^{n} P(A_i)P(B|A_i)}, \quad k=1,2,\cdots,n \tag{2.2.6}$$

（4）事件的独立性定义

若对任意的 $k(1 \leqslant k \leqslant n)$,任意 $1 \leqslant i_1 < i_2 < \cdots < i_k \leqslant n$,有

$$P(A_{i_1} A_{i_2} \cdots A_{i_k}) = P(A_{i_1})P(A_{i_2})\cdots P(A_{i_k}) \tag{2.2.7}$$

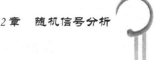

则称事件 $A_1,A_2,\cdots,A_n$ 互相独立,简称独立。

若 $P(AB)=P(A)P(B)$,则称事件 A,B 独立。

若事件 A,B 相互独立,且 $P(A)>0$,则 $P(B|A)=P(B)$,反之亦然。

2.2.2　随机变量及其分布

1. 随机变量与分布函数

(1) 概念

设随机试验 E,样本空间 S,在 S 上定义一个单值实函数 $X=X(\omega)$,$\omega\in S$,如对 $\forall x\in R$,事件 $\{X\leqslant x\}=\{\omega:X(\omega)\leqslant x\}$ 总有确定的概率,则称 X 为随机变量,称函数 $F(x)=P\{X\leqslant x\}$ 为随机变量 X 的分布函数。

(2) 分布函数 $F(x)$ 的主要性质

① $F(x)$ 是一个不减函数,因此,对于任意实数 $x_1,x_2(x_1<x_2)$,有

$$F(x_2)-F(x_1)=P\{x_1<X\leqslant x_2\}\geqslant 0 \tag{2.2.8}$$

② $0\leqslant F(x)\leqslant 1$,且

$$F(-\infty)=\lim_{x\to-\infty}F(x)=0,F(+\infty)=\lim_{x\to+\infty}F(x)=1 \tag{2.2.9}$$

2. 离散型随机变量的概率分布

(1) 概念

若随机变量 X 的全部可能取值为有限个或可列无限多个,则称 X 为离散型随机变量。其概率分布(或称分布律)为:$P\{X=x_i\}=p_i$,$i=1,2,\cdots$,可以用表格表示为:

X	x_1	x_2	$\cdots$	x_i	$\cdots$
p_k	p_1	p_2	$\cdots$	p_i	$\cdots$

(2) 离散型随机变量分布律的基本性质

①
$$p_i\geqslant 0,i=1,2,\cdots \tag{2.2.10}$$

②
$$\sum_{i=1}^{\infty}p_i=1 \tag{2.2.11}$$

(3) 离散型随机变量的分布函数

离散型随机变量的分布函数为

$$F(x)=\sum_{i:x_i\leqslant x}p_i \tag{2.2.12}$$

$F(x)$ 是一个取值在 $[0,1]$ 上的非减阶梯函数,在 $x=x_i$ 处跳变,跳变值为 $p_i=F(x_i)-F(x_{i-1})$,$i=1,2,\cdots$。

3. 连续型随机变量的概率分布

(1) 概念

若对随机变量 X 的分布函数 $F(x)$,存在非负可积函数 $f(x)$,使得对任意实数 x,有 $F(x)=\int_{-\infty}^{x}f(t)\mathrm{d}t$ 成立,则称 X 为连续型随机变量,函数 $f(x)$ 称为 X 的概率密度函数。

（2）X 的概率密度函数 $f(x)$ 的主要性质

①
$$f(x) \geqslant 0, -\infty < x < +\infty \qquad (2.2.13)$$

②
$$\int_{-\infty}^{+\infty} f(x)\mathrm{d}x = 1 \qquad (2.2.14)$$

③ 对任意常数 $a < b$，有

$$P\{a \leqslant X \leqslant b\} = F(b) - F(a) = \int_a^b f(x)\mathrm{d}x \qquad (2.2.15)$$

④ 在 $f(x)$ 的连续点处，

$$F'(x) = f(x) \qquad (2.2.16)$$

2.3 随机过程的概念和统计特性

2.3.1 随机过程的概念

在通信技术中，常常面对的是随时间而变化的随机变量，实际上，这就是随机过程的通俗解释。下面通过一个例子来更深入地理解随机过程的概念。

例如：有一个仪器厂，要对 n 台同样型号的示波器进行同一条件的测试，第一台的测试结果如图 2.3.1 的 $x_1(t)$ 所示，第二台的测试结果如 $x_2(t)$ 所示，第 n 台的测试结果如 $x_n(t)$ 所示，那么，$x_1(t), x_2(t), \cdots, x_n(t), \cdots$ 即为若干次随机试验样本，如果每一个试验样本 $x_i(t)$ 都对应一个样本函数 s_i，所有可能的样本函数 $\{s_i\}, i = 1, 2, \cdots, n, \cdots$ 构成了样本空间 S。则可以说，就一次观察来看，试验结果肯定是所有可能波形中的一个，而所有可能的波形 $x_1(t), x_2(t), \cdots x_n(t), \cdots$ 的集合 $\{x_i(t)\}, i = 1, 2, \cdots, n, \cdots$ 构成了随机过程 $\xi(t)$。

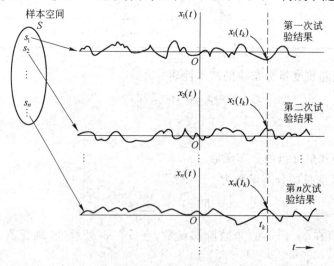

图 2.3.1　n 次随机试验的试验结果

在图 2.3.1 中，选 t_k 时刻观察随机过程，在整个样本空间 S 中，得到样值集 $x_1(t_k)$，$x_2(t_k), \cdots, x_n(t_k), \cdots$，或 $\{x_i(t_k)\}, i = 1, 2, \cdots, n, \cdots$ 是一个随机变量，即随机过程在 t_k 时刻的量 $\xi(t_k)$ 是一个随机变量。同理，随机过程在 $t_1, t_2, \cdots, t_n$ 时刻，分别是随机变量 $\xi(t_1)$，$\xi(t_2), \cdots, \xi(t_n)$。因此可以说，随时间 t 变化的随机变量的全体就是随机过程。下面给出

随机过程的两种定义。

定义 1 设 E 是随机试验，样本空间 $S=\{s\}$，参数集 $T\subset(-\infty,+\infty)$，如果对于每一个 $s\in S$，总有一个确定的时间函数 $\xi(s,t)$ 与之对应，这样对于所有的 $s\in S$，就可以得到一族时间 t 的函数，称 $\{\xi(s,t),t\in T\}$ 为随机过程。

定义 2 设 E 是随机试验，样本空间 $S=\{s\}$，参数集 $T\subset(-\infty,+\infty)$，如果对于每一个 $t\in T$，总有一个定义在 S 上的随机变量 $\xi(s,t)$ 与之对应，则称 $\{\xi(s,t),t\in T\}$ 为随机过程。

在不产生混淆的情况下，$\{\xi(s,t),t\in T\}$ 简记为 $\xi(t)$。

注：如把 $\xi(s,t)$ 当作二元函数，则 $\{\xi(s,t),t\in T\}$ 有如下含义：

(1) 当 $t\in T$ 取定，$\xi(s,t)$ 是一随机变量，那么 $\{\xi(s,t),t\in T\}$ 是一族随机变量。

(2) 当 $s\in S$ 取定，$\xi(s,t)$ 是一自变量为 t，定义域为 T 的普通函数，那么 $\{\xi(s,t),t\in T\}$ 是一族确定函数。

(3) 当 $t\in T,s\in S$ 取定，则 $\xi(s,t)$ 是一确定数值。

(4) 为了方便，也常将符合随机过程定义的信号称为随机信号。

例 2.3.1 考察信号 $\xi(t)=a\cos(\omega t+\theta)$，其中：$a,\omega$ 是常数，$t\in(-\infty,+\infty)$，θ 是 $(0,2\pi)$ 上均匀分布的随机变量。

解 对某一时刻 $t=t_1$，$\xi(t_1)=a\cos(\omega t_1+\theta)$ 是一随机变量，取若干时刻，则得到一族随机变量。

如果在 $(0,2\pi)$ 内随机取一个数 θ_1，就可以得到这个随机过程的一个样本函数，$\xi_1(t)=a\cos(\omega t+\theta_1)$，其中 $t\in(-\infty,+\infty)$，取若干个相位，则得到一族确知函数。

所以 $\{\xi(t)\}$ 是一随机过程。一般称该信号为随机相位正弦波。

2.3.2 随机过程的概率分布

随机过程 $\xi(t)$ 的一维分布函数，就是随机过程 $\xi(t)$ 在 t_1 时刻所对应的随机变量 $\xi(t_1)$ 的分布函数，即

$$F_1(x_1,t_1)=P\{\xi(t_1)\leqslant x_1\} \tag{2.3.1}$$

随机过程 $\xi(t)$ 的一维概率密度函数为

$$\frac{\partial F_1(x_1,t_1)}{\partial x_1}=f_1(x_1,t_1) \tag{2.3.2}$$

用一维分布函数来表述随机过程的统计特性是极不充分的，通常需观察足够多的时刻，这就要考虑随机过程 $\xi(t)$ 的 n 维分布函数。

对于 n 个时刻 $t_1,t_2,\cdots,t_n$，对应着 n 个随机变量 $\xi(t_1),\xi(t_2),\cdots,\xi(t_n)$，因此，联合事件 $\xi(t_1)\leqslant x_1,\xi(t_2)\leqslant x_2,\cdots,\xi(t_n)\leqslant x_n$ 的 n 维联合分布函数可表示为

$$F_n(x_1,x_2,\cdots x_n;t_1,t_2,\cdots,t_n)=P\{\xi(t_1)\leqslant x_1,\xi(t_2)\leqslant x_2,\cdots,\xi(t_n)\leqslant x_n\} \tag{2.3.3}$$

随机过程 $\xi(t)$ 的 n 维概率密度函数为

$$\frac{\partial^n F_n(x_1,x_2,\cdots,x_n;t_1,t_2,\cdots,t_n)}{\partial x_1\partial x_2\cdots\partial x_n}=f_n(x_1,x_2,\cdots,x_n;t_1,t_2,\cdots,t_n) \tag{2.3.4}$$

注：n 越大，其 n 维分布函数和概率密度函数对随机过程的描述越充分。

2.3.3 随机过程的数字特征

随机过程的 n 维分布函数能完整地描述随机过程的统计特性,但在实际中,人们往往只能得到部分统计特性,因此有必要引入随机过程的基本数字特征,它们既能描述随机过程的重要特征,又便于实际测量。

1. 随机过程 $\xi(t)$ 的数学期望 $E[\xi(t)]$

$$E[\xi(t)] = \int_{-\infty}^{+\infty} x f_1(x,t) \mathrm{d}x = a(t)$$

记作
$$E[\xi(t)] = a(t) \tag{2.3.5}$$

注:$a(t)$ 是随机过程的所有样本函数在时刻 t 的函数值的平均值,因此,随机过程的数学期望也称为随机过程的均值。它表示了随机过程 $\xi(t)$ 在每个时刻的波动中心,反映了随机过程的一维统计特性,一般情况下,它是时间 t 的函数。

2. 随机过程 $\xi(t)$ 的方差 $D[\xi(t)]$

$$D[\xi(t)] = E\{\xi(t) - E[\xi(t)]\}^2 = E[\xi^2(t)] - E^2[\xi(t)]$$
$$= \int_{-\infty}^{+\infty} x^2 f_1(x,t) \mathrm{d}x - a^2(t) = \sigma^2(t) \tag{2.3.6}$$

记作 $D[\xi(t)] = \sigma^2(t)$。其中,

$$E[\xi^2(t)] = \int_{-\infty}^{+\infty} x^2 f(x,t) \mathrm{d}x \tag{2.3.7}$$

是随机过程 $\xi(t)$ 的均方值。

注:① $\sigma^2(t)$ 是随机过程的所有样本函数在时刻 t 与均值偏离量的平方的统计平均值,它表示了随机过程 $\xi(t)$ 的各个样本对于其数学期望的偏离程度,反映的是随机过程的一维统计特性,且总是正数。一般情况下,它也是时间 t 的函数。

② 随机过程 $\xi(t)$ 的数学期望 $E[\xi(t)]$ 表示了随机信号的直流分量,所以 $E^2[\xi(t)]$ 是随机信号在 $1\,\Omega$ 电阻上的直流平均功率;均方值 $E[\xi^2(t)]$ 和方差 $\sigma^2(t)$ 分别表示随机信号在 $1\,\Omega$ 电阻上的平均功率与交流平均功率,它们之间的关系如下:

$$\sigma^2(t) = E[\xi^2(t)] - E^2[\xi(t)] \tag{2.3.8}$$

3. 自协方差函数 $B(t_1, t_2)$

自协方差函数,常简称为协方差函数,描述了随机过程 $\xi(t)$ 在任意两个时刻 t_1 和 t_2,相对于均值的起伏量之间的相关程度。随机过程 $\xi(t)$ 的自协方差函数 $B(t_1, t_2)$ 定义为

$$B(t_1, t_2) = E\{[\xi(t_1) - a(t_1)][\xi(t_2) - a(t_2)]\}$$
$$= \int_{-\infty}^{+\infty} \int_{-\infty}^{+\infty} [x_1 - a(t_1)][x_2 - a(t_2)] \cdot f_2(x_1, x_2; t_1, t_2) \mathrm{d}x_1 \mathrm{d}x_2 \tag{2.3.9}$$

其中,$f_2(x_1, x_2; t_1, t_2)$ 是随机过程 $\xi(t)$ 的二维概率密度函数。

4. 自相关函数 $R(t_1, t_2)$

自相关函数常简称为相关函数。设 $\xi(t_1)$、$\xi(t_2)$ 是随机过程 $\xi(t)$ 在任意两个时刻 t_1 和 t_2 上的两个随机变量,其相应的二维概率密度函数为 $f_2(x_1, x_2; t_1, t_2)$,随机过程的自相关函数为

$$R(t_1, t_2) = E[\xi(t_1)\xi(t_2)] = \int_{-\infty}^{+\infty} \int_{-\infty}^{+\infty} x_1 x_2 f_2(x_1, x_2; t_1, t_2) \mathrm{d}x_1 \mathrm{d}x_2 \tag{2.3.10}$$

注：① 自协方差函数和自相关函数体现了随机过程的二维统计特性。

② 自协方差函数和自相关函数二者有如下关系：

$$B(t_1,t_2)=R(t_1,t_2)-E[\xi(t_1)]E[\xi(t_2)]$$
$$=R(t_1,t_2)-a(t_1)a(t_2) \tag{2.3.11}$$

当 $a(t_1)$ 或 $a(t_2)$ 为零时，有 $B(t_1,t_2)=R(t_1,t_2)$。

③ 若 $t_2=t_1+\tau$，则 $R(t_1,t_2)$ 可以表示为 $R(t_1,t_1+\tau)$，即自相关函数与时间的起点 t_1 和时间间隔 τ 有关。当 $t_2=t_1=t$ 时，有

$$B(t,t)=R(t,t)-E[\xi(t)]E[\xi(t)]=E[\xi^2(t)]-a(t)^2=\sigma^2(t)$$

5. 相关系数 $\rho(t_1,t_2)$

随机过程 $\xi(t)$ 的相关系数为

$$\rho(t_1,t_2)=\frac{B(t_1,t_2)}{\sigma(t_1)\sigma(t_2)}=\frac{R(t_1,t_2)-a(t_1)a(t_2)}{\sigma(t_1)\sigma(t_2)} \tag{2.3.12}$$

注：随机过程 $\xi(t)$ 的相关系数表示在任意两个时刻 t_1 和 t_2 上的两个随机变量 $\xi(t_1)$ 和 $\xi(t_2)$ 的相关程度。若 $\rho(t_1,t_2)=0$，则 $B(t_1,t_2)=0$，表明 $\xi(t_1)$ 和 $\xi(t_2)$ 不相关。

6. 互协方差函数 $B_{\xi\eta}(t_1,t_2)$ 和互相关函数 $R_{\xi\eta}(t_1,t_2)$

随机过程 $\xi(t)$ 与 $\eta(t)$ 的互协方差函数定义为

$$B_{\xi\eta}(t_1,t_2)=E\{[\xi(t_1)-a_\xi(t_1)][\eta(t_2)-a_\eta(t_2)]\} \tag{2.3.13}$$

随机过程 $\xi(t)$ 与 $\eta(t)$ 的互相关函数定义为

$$R_{\xi\eta}(t_1,t_2)=E[\xi(t_1)\eta(t_2)] \tag{2.3.14}$$

注：随机过程 $\xi(t)$ 与 $\eta(t)$ 的互协方差函数表明的是，在任意两个时刻两过程起伏值之间的相关性，而互相关函数表明了在任意两个时刻，两过程之间的相关性。它们二者的关系可以用下式表示：

$$B_{\xi\eta}(t_1,t_2)=R_{\xi\eta}(t_1,t_2)-a_\xi(t_1)a_\eta(t_2) \tag{2.3.15}$$

例 2.3.2 有一随机信号为 $\xi(t)=V\cos(\omega_0 t)$，其中 ω_0 是常数，V 是标准正态分布的随机变量，试求该随机信号的均值、方差、自相关函数和自协方差函数。

解 因为 V 是标准正态分布，所以 V 的均值 $E[V]=0$，方差 $D[V]=1$。由式(2.3.8)可以求出随机变量 V 的均方值为

$$E[V^2]=D[V]+E^2[V]=1$$

随机信号的数学期望 $E\{\xi(t)\}$ 为

$$a(t)=E\{\xi(t)\}=E\{V\cos(\omega_0 t)\}=\cos(\omega_0 t)E[V]=0$$

因为 $\cos(\omega_0 t)$ 是随机变量，所以，在作统计平均运算时应将其当作常数。

随机信号的方差 $D\{\xi(t)\}$ 为

$$\sigma^2(t)=D\{\xi(t)\}=D\{V\cos(\omega_0 t)\}=\cos^2(\omega_0 t)D[V]=\cos^2(\omega_0 t)$$

随机信号的自相关函数 $R(t_1,t_2)$ 为

$$R(t_1,t_2)=E\{\xi(t_1)\cdot\xi(t_2)\}=E\{V\cos(\omega_0 t_1)\cdot V\cos(\omega_0 t_2)\}$$
$$=\cos(\omega_0 t_1)\cos(\omega_0 t_2)E[V^2]$$
$$=\cos(\omega_0 t_1)\cos(\omega_0 t_2)$$

随机信号的协方差函数 $B(t_1,t_2)$ 为

$$B(t_1, t_2) = E\{[\xi(t_1) - a(t_1)][\xi(t_2) - a(t_2)]\}$$
$$= R(t_1, t_2) = \cos(\omega_0 t_1)\cos(\omega_0 t_2)$$

2.4 平稳随机过程

平稳随机过程是随机过程中非常重要的过程之一,这不仅表现在它具有许多突出的特性上,还表现在它提供了一类分析问题的方法。许多非平稳随机过程可以化为局部平稳过程来分析,而实际中我们关心的通信信号正是采用了这样的分析方法和思路。

2.4.1 平稳随机过程的基本概念及统计特性

1. 平稳随机过程

一个随机过程 $\xi(t)$,如果在时域上时移 τ,而其统计特性不变,则称之为严格的平稳随机过程(或狭义平稳过程)。以概率密度函数来表示,其平稳性可描述为

$$f_n(x_1, x_2, \cdots, x_n; t_1, t_2, \cdots, t_n) = f_n(x_1, x_2, \cdots, x_n; t_1 + \tau, t_2 + \tau, \cdots, t_n + \tau) \quad (2.4.1)$$

所以,平稳随机过程的统计特性将不随时间的推移而改变。例如,今天测得某个随机过程的统计特性,与上次(可能是一个月前)测得的统计特性是一样的。

2. 平稳随机过程概率密度函数的基本性质

(1) 平稳随机过程的一维概率密度函数与时间无关

因为

$$f_1(x_1; t_1) = f_1(x_1; t_1 + \tau) = f_1(x_1; 0) = f_1(x_1) \quad (2.4.2)$$

(2) 平稳随机过程的二维概率密度函数与时间的起点无关,只与时间间隔 τ 有关

由 $f_2(x_1, x_2; t_1, t_2) = f_2(x_1, x_2; t_1, t_1 + \tau) = f_2(x_1, x_2; t_1 + \varepsilon, t_1 + \tau + \varepsilon)$,令 $t_1 + \varepsilon = 0$,所以有

$$f_2(x_1, x_2; t_1, t_2) = f_2(x_1, x_2; 0, t_2 - t_1) = f_2(x_1, x_2; \tau) \quad (2.4.3)$$

3. 平稳随机过程的数字特征

(1) 数学期望和方差

平稳随机过程 $\xi(t)$ 的数学期望、方差和均方值都与时间 t 无关,是常数。

$$E[\xi(t)] = \int_{-\infty}^{+\infty} x f_1(x, t)\,dx = \int_{-\infty}^{+\infty} x f_1(x)\,dx = a \quad (2.4.4)$$

$$D[\xi(t)] = E\{\xi(t) - E[\xi(t)]\}^2 = \int_{-\infty}^{+\infty} x^2 f_1(x)\,dx - a^2 = \sigma^2 \quad (2.4.5)$$

$$E[\xi^2(t)] = \int_{-\infty}^{+\infty} x^2 f_1(x, t)\,dx = \int_{-\infty}^{+\infty} x^2 f_1(x)\,dx \quad (2.4.6)$$

这是因为,数学期望、方差和均方值反映的都是随机过程的一维统计特性,而平稳随机过程 $\xi(t)$ 的一维概率密度函数由式(2.4.2)可知与时间 t 无关。

(2) 自相关函数

平稳随机过程 $\xi(t)$ 的自相关函数只与时间间隔 τ 有关,与时间的起点无关,即

$$R(t_1, t_2) = \int_{-\infty}^{+\infty}\int_{-\infty}^{+\infty} x_1 x_2 f_2(x_1, x_2; t_1, t_2)\,dx_1 dx_2$$
$$= \int_{-\infty}^{+\infty}\int_{-\infty}^{+\infty} x_1 x_2 f_2(x_1, x_2; \tau)\,dx_1 dx_2 = R(\tau) \quad (2.4.7)$$

其中,$\tau = t_2 - t_1$。

这是因为,平稳随机过程 $\xi(t)$ 的二维概率密度函数由式(2.4.3)可知与时间的起点无关,只与时间间隔 τ 有关。

(3) 协方差函数

平稳随机过程 $\xi(t)$ 的协方差函数只与时间间隔 τ 有关,与时间的起点无关,即

$$B(t_1, t_2) = R(t_1, t_2) - a(t)^2 = R(\tau) - a^2 \tag{2.4.8}$$

例 2.4.1 有一随机相位信号为 $\xi(t) = A\sin(\omega_0 t + \Phi)$,其中 A、ω_0 是常数,Φ 是 $(0, 2\pi)$ 上均匀分布的随机变量,试求该随机信号的均值、方差、相关函数和协方差函数。

解 依题意,Φ 的概率密度为

$$f(\Phi) = \begin{cases} \dfrac{1}{2\pi}, & 0 \leqslant \Phi \leqslant 2\pi \\ 0, & \text{其他} \end{cases}$$

由随机过程数字特征的定义,可求得随机信号的数学期望 $E\{\xi(t)\}$ 为

$$a(t) = E[\xi(t)] = E[A\sin(\omega_0 t + \Phi)] = \int_0^{2\pi} A\sin(\omega_0 t + \Phi) \cdot \frac{1}{2\pi} d\Phi = 0$$

随机信号的方差 $D\{\xi(t)\}$ 为

$$\sigma^2(t) = D\{\xi(t)\} = E\{[A\sin(\omega_0 t + \Phi) - a(t)]^2\} = E\{A^2\sin^2(\omega_0 t + \Phi)\}$$

$$= A^2 E\{\sin^2(\omega_0 t + \Phi)\} = A^2 E\left\{\frac{1 - \cos 2(\omega_0 t + \Phi)}{2}\right\}$$

$$= \frac{A^2}{2} - \frac{A^2}{2} E\{\cos 2(\omega_0 t + \Phi)\} = \frac{A^2}{2}$$

随机信号的自相关函数 $R(t_1, t_2)$ 为

$$R(t_1, t_2) = E\{\xi(t_1) \cdot \xi(t_2)\} = E\{A\sin(\omega_0 t_1 + \Phi) \cdot A\sin(\omega_0 t_2 + \Phi)\}$$

$$= \frac{A^2}{2} E[\cos(\omega_0 t_1 - \omega_0 t_2) - \cos(\omega_0 t_1 + \omega_0 t_2 + 2\Phi)]$$

$$= \frac{A^2}{2}\cos(\omega_0 t_1 - \omega_0 t_2) = \frac{A^2}{2}\cos\omega_0(t_1 - t_2) = R(t_1 - t_2)$$

随机信号的协方差函数 $B(t_1, t_2)$ 为

$$B(t_1, t_2) = E\{[\xi(t_1) - a(t_1)][\xi(t_2) - a(t_2)]\}$$

$$= R(t_1, t_2)$$

$$= \frac{A^2}{2}\cos\omega_0(t_1 - t_2)$$

4. 广义平稳随机过程

在实际中,要得到随机过程的 n 维概率密度函数,并依定义判其是严平稳过程非常困难,因此我们更关注的是随机过程的一、二阶统计特性。而随机过程的一、二阶统计特性,例如在电子技术上反映的就是我们关心的信号平均功率、交流平均功率、功率谱密度等物理量,因此,我们希望了解满足一、二阶平稳定义的随机过程的特性。

若随机过程的数学期望和方差与时间 t 无关(分别为 a 及 σ^2),且其自相关函数只与时间间隔 τ 有关(即 $R(t_1, t_2) = R(t_1 - t_2) = R(\tau)$),则称该随机过程为广义平稳随机过程(也称宽平稳随机过程)。

一个严平稳随机过程必定是宽平稳随机过程,但反过来,一个宽平稳随机过程不一定是严平稳随机过程。但也有例外,如正态随机过程,因为后面将看到,正态随机过程的 n 维概率密度函数是由均值和协方差函数完全确定的,因而,如果其均值和协方差函数不随时间平移而变化,其 n 维概率密度函数也将不随时间的变化而变化,所以,一个宽平稳的正态随机过程也是严平稳的随机过程。以后如果没有特别指出,本书所说的平稳过程均为宽平稳随机过程。

5. 平稳随机过程的各态历经性

在以上的讨论中可以看到,随机过程的统计特性都是在大量试验样本函数的基础上得到的,这在实际中无疑增大了试验的工作量和处理的复杂度。依据平稳随机过程的统计特性与时间起点无关的特性,是否可以找到更简捷的方法来得到平稳随机过程的统计特性呢?

辛钦已经证明,在附加一定的补充条件后,对平稳随机过程的一个样本函数观察足够长的时间,对该样本函数取时间平均,得到的时间平均特性从概率上趋于统计平均。对于这样的平稳随机过程则说它具有各态历经性(或称遍历性)。

平稳随机过程的各态历经性可以理解为,平稳随机过程的各个样本函数都同样经历了随机过程的所有可能状态,因此从随机过程的任何一个样本函数都能得到随机过程的全部统计特性,即可以用其任意一次的试验样本函数的时间平均代替其统计平均,从而方便地得到随机过程的统计特性。

设平稳遍历随机过程 $\xi(t)$ 的一次试验样本函数为 $x(t)$,则其统计平均可以用如下时间平均来代替。

平稳随机过程 $\xi(t)$ 数学期望的时间平均表示为

$$\lim_{t \to \infty} \frac{1}{t} \int_{-\frac{t}{2}}^{\frac{t}{2}} x(t) \mathrm{d}t = \bar{a} \text{(与时间无关)} \tag{2.4.9}$$

平稳随机过程方差的时间平均表示为

$$\lim_{t \to \infty} \frac{1}{t} \int_{-\frac{t}{2}}^{\frac{t}{2}} \left[x(t) - \bar{a} \right]^2 \mathrm{d}t = \overline{\sigma^2} \text{(与时间无关)} \tag{2.4.10}$$

平稳随机过程自相关函数的时间平均表示为

$$\lim_{t \to \infty} \frac{1}{t} \int_{-\frac{t}{2}}^{\frac{t}{2}} x(t) x(t + \tau) \mathrm{d}t = \overline{R(\tau)} \text{(与时间的起点无关)} \tag{2.4.11}$$

对于平稳遍历随机过程 $\xi(t)$ 则有

$$\left. \begin{array}{l} E[\xi(t)] = \bar{a} \\ D[\xi(t)] = \overline{\sigma^2} \\ E[\xi(t)\xi(t+\tau)] = R(\tau) = \overline{R(\tau)} \end{array} \right\} \tag{2.4.12}$$

必须指出,只有平稳随机过程才具有各态历经性,但并不是所有的平稳过程都具有各态历经性。平稳过程的各态历经性,大大简化了实际试验和计算。本书如无特别说明,则所给出的平稳随机过程均为具有各态历经性的平稳随机过程。

2.4.2 平稳随机过程相关函数的性质

平稳随机过程的相关函数中包含了随机过程的一、二阶统计特性,而随机过程的一、

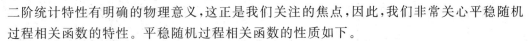

二阶统计特性有明确的物理意义,这正是我们关注的焦点,因此,我们非常关心平稳随机过程相关函数的特性。平稳随机过程相关函数的性质如下。

(1)
$$R(0) = E[\xi^2(t)] \geqslant 0 \qquad (2.4.13)$$

它是随机信号的均方值,表示了信号在 $1\ \Omega$ 电阻上的平均功率。

(2)
$$R(\infty) = E^2[\xi(t)] \qquad (2.4.14)$$

它是随机信号在 $1\ \Omega$ 电阻上的直流分量平均功率。

$$R(\infty) = \lim_{\tau \to \infty} R(\tau) = \lim_{\tau \to \infty} E[\xi(t)\xi(t+\tau)]$$
$$= E[\xi(t)]E[\xi(t+\tau)] = E^2[\xi(t)]$$

在这里认为,当 $\tau \to \infty$ 时,$\xi(t)$ 和 $\xi(t+\tau)$ 统计独立。

(3)
$$R(0) - R(\infty) = \sigma^2 \qquad (2.4.15)$$

随机信号的方差是其在 $1\ \Omega$ 电阻上的交流分量平均功率,它等于随机信号的平均功率减去其直流分量平均功率。

$$D[\xi(t)] = \sigma^2 = E[\xi^2(t)] - E^2[\xi(t)] = R(0) - R(\infty)$$

(4)
$$|R(\tau)| \leqslant R(0) \qquad (2.4.16)$$

式(2.4.16)说明平稳随机过程的自相关函数有上界,在 $\tau = 0$ 取得最大值。因为

$$E\{[\xi(t) \pm \xi(t+\tau)]^2\} = E[\xi^2(t)] \pm 2E[\xi(t)\xi(t+\tau)] + E[\xi^2(t+\tau)] \geqslant 0$$
$$2R(0) \pm 2R(\tau) \geqslant 0$$

所以

$$|R(\tau)| \leqslant R(0)$$

(5)
$$R(\tau) = R(-\tau) \qquad (2.4.17)$$

式(2.4.17)说明实平稳随机过程的自相关函数是一个偶函数。

2.4.3　平稳随机过程的相关函数与功率谱密度

对于确定信号,我们已经非常习惯于在时间域和频率域中来分析、讨论问题。确定信号的频谱就是将其进行傅里叶变换,那么对于随机信号,是否也有其频谱? 本节将研究这个问题。

1. 平稳随机过程的功率谱密度

确定功率信号 $f(t)$ 的功率谱密度函数 $p_f(\omega)$ 定义为

$$p_f(\omega) = \lim_{T \to \infty} \frac{|F_T(\omega)|^2}{T} \qquad (2.4.18)$$

其中,

$$F_T(\omega) \leftrightarrow f_T(t) = \begin{cases} f(t), & |t| \leqslant T/2 \\ 0, & \text{其他} \end{cases}$$

$f_T(t)$ 称作 $f(t)$ 的截断信号。

而一般平稳随机过程的每一个实现(即样本函数)就是一个功率信号,因此每一个实现的功率谱密度均可由式(2.4.18)表示。所以随机过程的功率谱密度可以认为是所有可能实现的功率谱密度的统计平均。

设随机过程 $\xi(t)$ 的功率谱密度函数为 $p_\xi(\omega)$,$f_T(t)$ 是随机过程某一实现的截断信

号，且有$f_T(t) \leftrightarrow F_T(\omega)$，于是，平稳随机过程$\xi(t)$的功率谱密度函数$p_\xi(\omega)$为

$$p_\xi(\omega)=E[p_f(\omega)]=\lim_{T\to\infty}\frac{E|F_T(\omega)|^2}{T} \tag{2.4.19}$$

有了随机过程$\xi(t)$的功率谱密度函数为$p_\xi(\omega)$，则随机过程$\xi(t)$的平均功率P_ξ可表示为

$$\begin{aligned} P_\xi &= \frac{1}{2\pi}\int_{-\infty}^{+\infty} p_\xi(\omega)\mathrm{d}\omega = \frac{1}{2\pi}\int_{-\infty}^{+\infty}\lim_{T\to\infty}\frac{E\,|F_T(\omega)|^2}{T}\mathrm{d}\omega \\ &= \int_{-\infty}^{+\infty}\lim_{T\to\infty}\frac{E\,|F_T(2\pi f)|^2}{T}\mathrm{d}f \end{aligned} \tag{2.4.20}$$

2. 平稳随机过程的功率谱密度函数$p_\xi(\omega)$与其自相关函数$R(\tau)$互为傅里叶变换与反变换

证明平稳随机过程有$R(\tau)\leftrightarrow p_\xi(\omega)$的转换关系。

证明 由定义

$$p_\xi(\omega)=E[p_f(\omega)]=\lim_{T\to\infty}\frac{E|F_T(\omega)|^2}{T}$$

其中，

$$\begin{aligned} \frac{E\,|F_T(\omega)|^2}{T} &= \frac{1}{T}E\left\{\int_{-\infty}^{+\infty} f_T(t_1)\mathrm{e}^{-\mathrm{j}\omega t_1}\mathrm{d}t_1\int_{-\infty}^{+\infty} f_T(t_2)\mathrm{e}^{\mathrm{j}\omega t_2}\mathrm{d}t_2\right\} \\ &= E\left\{\frac{1}{T}\int_{-T/2}^{T/2} f(t_1)\mathrm{e}^{-\mathrm{j}\omega t_1}\mathrm{d}t_1\int_{-T/2}^{T/2} f(t_2)\mathrm{e}^{\mathrm{j}\omega t_2}\mathrm{d}t_2\right\} \\ &= \frac{1}{T}\int_{-T/2}^{T/2}\int_{-T/2}^{T/2} E[f(t_1)f(t_2)]\mathrm{e}^{-\mathrm{j}\omega(t_1-t_2)}\mathrm{d}t_1\mathrm{d}t_2 \\ &= \frac{1}{T}\int_{-T/2}^{T/2}\int_{-T/2}^{T/2} R(t_1-t_2)\mathrm{e}^{-\mathrm{j}\omega(t_1-t_2)}\mathrm{d}t_1\mathrm{d}t_2 \end{aligned}$$

令$t=t_2$，则$\mathrm{d}t=\mathrm{d}t_2$；$\tau=t_1-t_2=t_1-t$，则$\mathrm{d}t_1=\mathrm{d}\tau$，代入定义式得

$$p_\xi(\omega) = \lim_{T\to\infty}\frac{E\,|F_T(\omega)|^2}{T} = \lim_{T\to\infty}\frac{1}{T}\int_{-T/2-t}^{T/2-t}\int_{-T/2}^{T/2} R(\tau)\mathrm{e}^{-\mathrm{j}\omega(\tau)}\mathrm{d}\tau\mathrm{d}t$$

由上式可见，积分区域如图 2.4.1 所示，因此积分区间可分为$\tau>0$和$\tau<0$，有

$$\begin{aligned} p_\xi(\omega) &= \lim_{T\to\infty}\frac{1}{T}\left[\int_{-T}^{0}\int_{-\frac{T}{2}-\tau}^{\frac{T}{2}} R(\tau)\mathrm{e}^{-\mathrm{j}\omega(\tau)}\mathrm{d}t\mathrm{d}\tau + \int_{0}^{T}\int_{-\frac{T}{2}}^{\frac{T}{2}-\tau} R(\tau)\mathrm{e}^{-\mathrm{j}\omega(\tau)}\mathrm{d}t\mathrm{d}\tau\right] \\ &= \lim_{T\to\infty}\frac{1}{T}\left[\int_{-T}^{0}(T+\tau)R(\tau)\mathrm{e}^{-\mathrm{j}\omega(\tau)}\mathrm{d}\tau + \int_{0}^{T}(T-\tau)R(\tau)\mathrm{e}^{-\mathrm{j}\omega(\tau)}\mathrm{d}\tau\right] \\ &= \lim_{T\to\infty}\int_{-T}^{T}\left(1-\frac{|\tau|}{T}\right)R(\tau)\mathrm{e}^{-\mathrm{j}\omega(\tau)}\mathrm{d}\tau \\ &= \int_{-\infty}^{+\infty} R(\tau)\mathrm{e}^{-\mathrm{j}\omega(\tau)}\mathrm{d}\tau \end{aligned}$$

所以平稳随机过程有$R(\tau)\leftrightarrow p_\xi(\omega)$的转换关系。

这就是著名的维纳-辛钦定理，它是分析随机信号的最重要、最基本的定理之一。

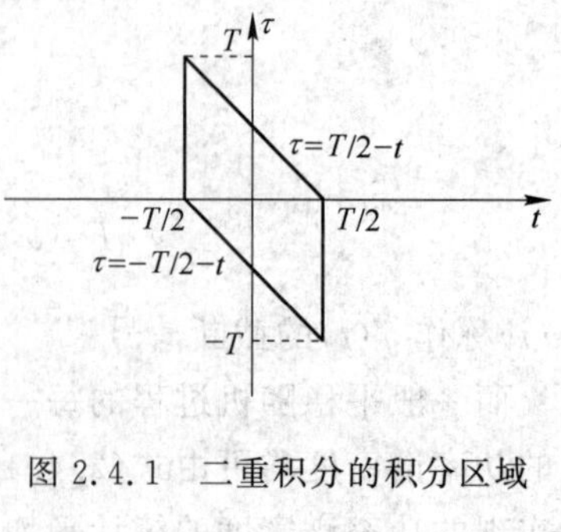

图 2.4.1 二重积分的积分区域

注意：在上面的推导中用到了平稳随机过程的自相关函数与时间的间隔有关，与时间的起点无关的性质。对于非平稳过程的功率谱密度，也有类似的结论，感兴趣的读者可以阅读其他相关资料。

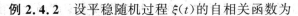

例 2.4.2　设平稳随机过程 $\xi(t)$ 的自相关函数为

$$R_\xi(\tau) = \begin{cases} 1 - |\tau|, & |\tau| \leqslant 1 \\ 0, & \text{其他} \end{cases}$$

求其功率谱密度函数 $p_\xi(\omega)$。

解　依据平稳随机过程的性质,可以求出该过程的功率谱密度函数 $p_\xi(\omega)$ 为

$$p_\xi(\omega) = \int_{-\infty}^{+\infty} R_\xi(\tau) e^{-j\omega\tau} \, d\tau = 2 \int_0^1 (1-\tau) \cos \omega\tau \, d\tau$$

$$= \frac{\sin^2 \dfrac{\omega}{2}}{\left(\dfrac{\omega}{2}\right)^2} = \mathrm{Sa}^2\left(\frac{\omega}{2}\right)$$

2.5　高斯随机过程

由于在电子系统中遇到最多的是高斯随机过程(正态随机过程),例如,电阻的热噪声、半导体器件中的散弹噪声等,加之高斯过程的一些特性,使其便于数学分析,因此在实际中,它常作为噪声过程的数学模型。高斯过程将是以后各章研究的主要随机过程,下面介绍该过程的概念及性质。

2.5.1　高斯随机过程的概念

有一随机过程 $\xi(t)$,如果其 n 维概率分布符合高斯分布,则称它为高斯随机过程,也称为正态随机过程。高斯过程的 n 维联合概率密度函数可表示为

$$f_n(x_1, x_2, \cdots, x_n; t_1, t_2, \cdots, t_n)$$

$$= \frac{1}{(2\pi)^{n/2} \sigma_1 \sigma_2 \cdots \sigma_n |B|^{1/2}} \exp\left[\frac{-1}{2|B|} \sum_{j=1}^n \sum_{k=1}^n |B|_{jk} \left(\frac{x_j - a_j}{\sigma_j}\right)\left(\frac{x_k - a_k}{\sigma_k}\right)\right] \quad (2.5.1)$$

其中,$a_k = E[\xi(t_k)]$,是随机过程在 t_k 时刻对应的随机变量 $\xi(t_k)$ 的数学期望;$\sigma_k^2 = E[\xi(t_k) - a_k]^2$,是随机过程在 t_k 时刻对应的随机变量 $\xi(t_k)$ 的方差;

$$|B| = \begin{vmatrix} 1 & b_{12} & \cdots & b_{1n} \\ b_{21} & 1 & \cdots & b_{2n} \\ \vdots & \vdots & & \vdots \\ b_{n1} & b_{n2} & \cdots & 1 \end{vmatrix}$$

是随机过程归一化协方差矩阵的行列式;$|B|_{jk}$ 为行列式 $|B|$ 中元素 b_{jk} 的代数余子式,b_{jk} 是归一化协方差函数,

$$b_{jk} = \frac{E\{[\xi(t_j) - a_j][\xi(t_k) - a_k]\}}{\sigma_j \sigma_k} \quad (2.5.2)$$

2.5.2　高斯过程的重要性质

(1)高斯过程 $\xi(t)$ 的全部统计特性由它的一阶(均值、方差)和二阶(协方差函数)统计特性完全确定。

这是因为从式(2.5.1)可以看出,高斯随机过程 $\xi(t)$ 的 n 维联合概率密度函数是由 n 个随机变量的均值($a_k=E[\xi(t_k)],k=1,2,\cdots,n$)、方差($\sigma_k^2=E[\xi(t_k)-a_k]^2,k=1,2,\cdots,n$),以及这些随机变量两两之间的协方差函数($b_{jk},j,k=1,2,\cdots,n$)完全确定的。

(2) 高斯过程 $\xi(t)$ 如果是宽平稳的话,也将是严平稳过程。

这一性质已在介绍随机过程的平稳性时作过阐述。

(3) 如果对高斯过程,在 n 个不同时刻 $t_1,t_2,\cdots,t_n$ 进行采样,所得一组 n 个随机变量 $\xi(t_1),\xi(t_2),\cdots,\xi(t_n)$ 两两之间互不相关,即

$$B(t_j,t_k)=E\{[\xi(t_j)-a_j][\xi(t_k)-a_k]\}=0,\ j\neq k$$

则这些随机变量也是相互独立的。

因为 $\xi(t_1),\xi(t_2),\cdots,\xi(t_n)$ 两两之间互不相关,就有 $j\neq k$ 时,$b_{jk}=0$;$j=k$ 时,$b_{jk}=1$。所以,随机过程归一化协方差矩阵的行列式 B 是 n 阶单位矩阵,将此结论代入式(2.5.1)得

$$\begin{aligned}
f_n(x_1,x_2,\cdots,x_n;t_1,t_2,\cdots,t_n) &= \frac{1}{(2\pi)^{n/2}\sigma_1\sigma_2\cdots\sigma_n}\exp\left[-\frac{1}{2}\sum_{j=1}^{n}\left(\frac{x_j-a_j}{\sigma_j}\right)^2\right] \\
&= \prod_{j=1}^{n}\frac{1}{(2\pi)^{n/2}\sigma_j}\exp\left[-\frac{(x_j-a_j)^2}{2\sigma_j^2}\right] \\
&= f_1(x_1,t_1)f_1(x_2,t_2)\cdots f_1(x_n,t_n) \qquad (2.5.3)
\end{aligned}$$

式(2.5.3)表明,若高斯随机过程的随机变量之间互不相关,则它们之间互相统计独立,其 n 维联合概率密度函数等于 n 个一维高斯概率密度函数之积。对于高斯过程来说,不相关与独立是等价的。该结论可推广到多个高斯过程的情况中,如两个高斯过程不相关,则它们也是相互独立的。

(4) 高斯过程经过线性变换仍是高斯过程。

例 2.5.1 随机过程 $\xi(t)=A\cos\omega_0 t+B\sin\omega_0 t$,其中 ω_0 是常量,A、B 是两个互相独立的高斯随机变量。它们有:$E[A]=0,E[B]=0,E[A^2]=E[B^2]=\sigma^2$。试求此过程的自相关函数和一维概率密度函数。

解 依题意以及高斯过程经过线性变换仍是高斯过程的性质可知,随机过程 $\xi(t)$ 也是高斯过程。因此要求出该过程的均值、方差和协方差函数。

高斯随机过程 $\xi(t)$ 的均值为

$$\begin{aligned}
E[\xi(t)] &= E[A\cos\omega_0 t+B\sin\omega_0 t]=E[A\cos\omega_0 t]+E[B\sin\omega_0 t] \\
&= E[A]\cos\omega_0 t+E[B]\sin\omega_0 t=0 \qquad (1)
\end{aligned}$$

高斯随机过程 $\xi(t)$ 的相关函数为

$$\begin{aligned}
R(t,t+\tau) &= E[\xi(t)\xi(t+\tau)] \\
&= E\{[A\cos\omega_0 t+B\sin\omega_0 t][A\cos\omega_0(t+\tau)+B\sin\omega_0(t+\tau)]\} \\
&= E[A^2]\cos\omega_0 t\cos\omega_0(t+\tau)+E[B^2]\sin\omega_0 t\sin\omega_0(t+\tau)+ \\
&\quad\ E[AB]\sin\omega_0 t\cos\omega_0(t+\tau)+E[AB]\cos\omega_0 t\sin\omega_0(t+\tau) \qquad (2)
\end{aligned}$$

由于,A、B 是两个互相独立的高斯随机变量,所以有

$$E[AB]=E[A]E[B]=0$$

代入(2)式,有

$$R(t, t+\tau) = E[A^2]\cos \omega_0 t \cos \omega_0(t+\tau) + E[B^2]\sin \omega_0 t \sin \omega_0(t+\tau)$$
$$= \sigma^2 [\cos \omega_0 t \cos \omega_0(t+\tau) + \sin \omega_0 t \sin \omega_0(t+\tau)] \quad (3)$$
$$= \sigma^2 \cos \omega_0 \tau = R(\tau)$$

由(1)、(3)式可知,该高斯过程是一个宽平稳过程,也即严平稳过程。

由(3)式可以求出该过程的方差为

$$\sigma_\xi^2 = R(0) - E^2[\xi(t)] = \sigma^2 \cos(0) - 0 = \sigma^2 \quad (4)$$

高斯随机过程 $\xi(t)$ 的一维概率密度函数为

$$f(x) = \frac{1}{\sqrt{2\pi}\,\sigma} e^{-\frac{x^2}{2\sigma^2}}$$

2.5.3 高斯过程的一维统计特性

(1) 高斯过程在时间 t 得到一随机变量 $\xi(t)$,其概率密度函数为

$$f(x) = \frac{1}{\sqrt{2\pi}\,\sigma} e^{-\frac{(x-a)^2}{2\sigma^2}} \quad (2.5.4)$$

它是高斯过程的一维统计特性,其中 a、σ^2(分别表示该随机变量的均值和方差)是常数。$f(x)$ 如图 2.5.1 所示。

一维概率密度函数具有以下特性:

① $f(x)$ 对称于直线 $x=a$,即 $f(a+x) = f(a-x)$;

② $f(x)$ 在 $(-\infty, a)$ 上单调增,在 $(a, +\infty)$ 上单调减,在 a 点处有最大值 $1/(\sqrt{2\pi}\sigma)$;当 $x \to \pm\infty$ 时,$f(x) \to 0$;

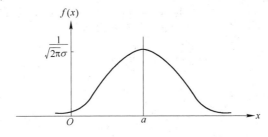

图 2.5.1 高斯过程的一维概率密度函数

③
$$\int_{-\infty}^{+\infty} f(x)\mathrm{d}x = 1 \quad (2.5.5)$$

且
$$\int_{-\infty}^{a} f(x)\mathrm{d}x = \int_{a}^{\infty} f(x)\mathrm{d}x = \frac{1}{2} \quad (2.5.6)$$

④ 当 σ^2 不变,a 改变时,$f(x)$ 的形状不变,只是左右平移,即 a 增大向右,a 减小向左;当 a 不变,σ^2 改变时,$f(x)$ 的位置不变,形状改变,即随 σ^2 的增大而变矮变宽,随 σ^2 的减小而变高变窄;

⑤ 当 $a=0$,$\sigma^2 = 1$ 时,有

$$f(x) = \frac{1}{\sqrt{2\pi}} e^{-\frac{x^2}{2}} \quad (2.5.7)$$

称这种高斯分布为标准高斯分布。

（2）高斯过程在时间 t 得到一随机变量 $\xi(t)$ 的分布函数为

$$F(x) = P(\xi(t) \leqslant x) = \int_{-\infty}^{x} \frac{1}{\sqrt{2\pi}\,\sigma} e^{-\frac{(z-a)^2}{2\sigma^2}} dz = \frac{1}{\sqrt{2\pi}\,\sigma} \int_{-\infty}^{x} e^{-\frac{(z-a)^2}{2\sigma^2}} dz$$

$$= \frac{1}{\sqrt{2\pi}} \int_{-\infty}^{x} e^{-\frac{(z-a)^2}{2\sigma^2}} d\left(\frac{z-a}{\sigma}\right) = Q\left(\frac{x-a}{\sigma}\right) \tag{2.5.8}$$

式中，$Q(x)$ 是概率积分函数，其定义如下：

$$Q(x) = \frac{1}{\sqrt{2\pi}} \int_{-\infty}^{x} e^{-\frac{z^2}{2}} dz \tag{2.5.9}$$

概率积分函数的求解可以通过查表得到近似值，见附录 C。

（3）用误差函数或误差互补函数表示分布函数

误差函数 erf x 定义如下：

$$\mathrm{erf}\, x = \frac{2}{\sqrt{\pi}} \int_{0}^{x} e^{-t^2} dt \tag{2.5.10}$$

误差互补函数 erfc x 定义如下：

$$\mathrm{erfc}\, x = \frac{2}{\sqrt{\pi}} \int_{x}^{\infty} e^{-t^2} dt = 1 - \frac{2}{\sqrt{\pi}} \int_{0}^{x} e^{-t^2} dt \tag{2.5.11}$$

当 $x \geqslant a$ 时，

$$F(x) = \frac{1}{2} + \frac{1}{2} \mathrm{erf} \frac{x-a}{\sqrt{2}\sigma} \tag{2.5.12}$$

证

$$F(x) = \int_{-\infty}^{x} \frac{1}{\sqrt{2\pi}\,\sigma} e^{-\frac{(z-a)^2}{2\sigma^2}} dz = \frac{1}{\sqrt{2\pi}\,\sigma} \left[\int_{-\infty}^{a} e^{-\frac{(z-a)^2}{2\sigma^2}} dz + \int_{a}^{x} e^{-\frac{(z-a)^2}{2\sigma^2}} dz \right]$$

$$= \frac{1}{2} + \frac{1}{\sqrt{2\pi}} \int_{a}^{x} e^{-\frac{(z-a)^2}{2\sigma^2}} d\left(\frac{z-a}{\sigma}\right)$$

$$= \frac{1}{2} + \frac{1}{2} \mathrm{erf} \frac{x-a}{\sqrt{2}\sigma}$$

当 $x \leqslant a$ 时，

$$F(x) = 1 - \frac{1}{2} \mathrm{erfc} \frac{x-a}{\sqrt{2}\sigma} \tag{2.5.13}$$

证

$$F(x) = \int_{-\infty}^{x} \frac{1}{\sqrt{2\pi}\sigma} e^{-\frac{(z-a)^2}{2\sigma^2}} dz = \frac{1}{\sqrt{2\pi}\sigma} \left[\int_{-\infty}^{+\infty} e^{-\frac{(z-a)^2}{2\sigma^2}} dz - \int_{x}^{+\infty} e^{-\frac{(z-a)^2}{2\sigma^2}} dz \right]$$

$$= 1 - \frac{1}{\sqrt{2\pi}} \int_{x}^{+\infty} e^{-\frac{(z-a)^2}{2\sigma^2}} d\left(\frac{z-a}{\sigma}\right)$$

$$= 1 - \frac{1}{2} \mathrm{erfc} \frac{x-a}{\sqrt{2}\sigma}$$

例 2.5.2 有一高斯平稳过程，均值是 0，相关函数为 $R(\tau) = \frac{1}{9} e^{-2|\tau|}$，试求在时刻 t_1，随机变量 $\xi(t_1)$ 取值大于 0.5 的概率。

解 依题意,高斯过程的均值 $a=0$,均方值 $R(0)=\dfrac{1}{9}$,所以,方差为

$$D[\xi(t)]=\sigma^2=R(0)-a^2=\frac{1}{9}, \quad \sigma=\frac{1}{3}$$

因此,随机变量 $\xi(t_1)$ 取值大于 0.5 的概率为

$$P\{0.5\leqslant x\}=1-P\{x\leqslant 0.5\}=1-\frac{1}{2}-\frac{1}{2}\operatorname{erf}\left(\frac{0.5-a}{\sqrt{2}\sigma}\right)$$

$$\approx\frac{1}{2}-\frac{1}{2}\operatorname{erf}(1.061)\approx\frac{1}{2}-\frac{1}{2}\times 0.862\ 5=0.068\ 75$$

2.6 窄带随机过程

通信系统中遇到的宽带和窄带随机过程,是依据它们的功率谱密度来划分的。前者的功率谱密度占有较宽的频率带宽,并往往从零频或很低频率就开始分布;而后者的功率谱密度以远远大于零频率的 ω_0 为中心,占据的频带宽度 $\Delta\omega$ 满足 $\Delta\omega\ll\omega_0$,是通信系统中常见的随机信号。

2.6.1 定义

一个平稳随机过程 $\xi(t)$,若其功率谱密度 $p_\xi(\omega)$ 满足:

$$p_\xi(\omega)=\begin{cases}p_\xi(\omega), & \omega_0-\Delta\omega/2\leqslant|\omega|\leqslant\omega_0+\Delta\omega/2 \\ 0, & \text{其他}\end{cases} \tag{2.6.1}$$

而且,带宽 $\Delta\omega$ 满足 $\Delta\omega\ll\omega_0$,ω_0 是频带的中心频率,$\omega_0\gg0$,则称该过程为窄带随机过程。如图 2.6.1 所示。

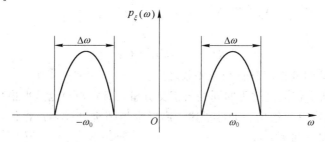

图 2.6.1 窄带随机信号的功率谱密度

2.6.2 窄带随机过程 $\xi(t)$ 的表示方法

(1) 准正弦表示式:

$$\xi(t)=Z(t)\cos[\omega_0 t+\varphi(t)] \tag{2.6.2}$$

其中,$Z(t)$、$\varphi(t)$ 分别是窄带过程的包络和相位,它们都是相对于 ω_0 来说的慢变化的限带随机过程。

(2) 莱斯表示式:

$$\xi(t)=X(t)\cos\omega_0 t-Y(t)\sin\omega_0 t \tag{2.6.3}$$

其中，

$$X(t) = Z(t)\cos[\varphi(t)], \quad Y(t) = Z(t)\sin[\varphi(t)] \tag{2.6.4}$$

分别称作随机过程 $\xi(t)$ 的同相分量和正交分量，它们也都是相对于 ω_0 来说的慢变化的限带随机过程。

$X(t)$、$Y(t)$ 与 $Z(t)$、$\varphi(t)$ 的关系为

$$Z(t) = \sqrt{X^2(t) + Y^2(t)}, \quad \varphi(t) = \arctan[Y(t)/X(t)] \tag{2.6.5}$$

从图 2.6.1 中可以看出窄带随机信号的功率依频率分布的情况。窄带随机信号的时域示意波形如图 2.6.2 所示。

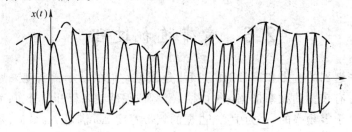

图 2.6.2　窄带随机信号的时域波形示意图

2.6.3　均值为零、方差为 σ^2 的平稳高斯窄带随机过程的统计特性

(1) 均值为零、方差为 σ^2 的平稳高斯窄带随机过程，其同相与正交随机过程 $X(t)$、$Y(t)$ 的均值也为零，方差也为 σ^2。

因为若要

$$E[\xi(t)] = E\{X(t)\cos \omega_0 t - Y(t)\sin \omega_0 t\} = E[X(t)]\cos \omega_0 t - E[Y(t)]\sin \omega_0 t$$

$$= \sqrt{E^2[X(t)] + E^2[Y(t)]}\cos[\omega_0 t + \varphi(t)] = 0$$

则必有

$$E[X(t)] = 0, \quad E[Y(t)] = 0 \tag{2.6.6}$$

关于方差的证明放在求解自相关函数之后。

(2) 平稳高斯窄带随机过程的同相与正交分量 $X(t)$、$Y(t)$ 也是平稳高斯过程。

对于该性质，本书只给出一般性描述。高斯窄带随机过程 $\xi(t)$ 在任意时刻 t_i 都对应着高斯分布的随机变量 $\xi(t_i)$：

$$\xi(t_i) = X(t_i)\cos \omega_0 t_i - Y(t_i)\sin \omega_0 t_i$$

其中，$X(t_i) = Z(t_i)\cos \varphi(t_i)$，$Y(t_i) = Z(t_i)\sin \varphi(t_i)$。

可见 $X(t_i)$、$Y(t_i)$ 是同分布的随机变量。而它们的线性组合是高斯随机变量 $\xi(t_i)$，因此，$X(t_i)$、$Y(t_i)$ 也是高斯变量。$X(t)$、$Y(t)$ 是高斯随机过程。

(3) 平稳高斯窄带随机过程的同相与正交分量 $X(t)$、$Y(t)$ 在同一时刻的取值是不相关的，也即是相互独立的随机变量。

下面来求解平稳高斯过程的相关函数 $R(\tau)$。

$$R(\tau) = E\{\xi(t)\xi(t+\tau)\}$$

$$= E\{[X(t)\cos \omega_0 t - Y(t)\sin \omega_0 t][X(t+\tau)\cos \omega_0(t+\tau) - Y(t+\tau)\sin \omega_0(t+\tau)]\}$$

$$= E[X(t)X(t+\tau)]\cos \omega_0 t \cos \omega_0(t+\tau) + E[Y(t)Y(t+\tau)]\sin \omega_0 t \sin \omega_0(t+\tau) -$$
$$E[X(t)Y(t+\tau)]\cos \omega_0 t \sin \omega_0(t+\tau) - E[Y(t)X(t+\tau)]\sin \omega_0 t \cos \omega_0(t+\tau)$$
$$= R_{XX}(t,t+\tau)\cos \omega_0 t \cos \omega_0(t+\tau) + R_{YY}(t,t+\tau)\sin \omega_0 t \sin \omega_0(t+\tau) -$$
$$R_{XY}(t,t+\tau)\cos \omega_0 t \sin \omega_0(t+\tau) - R_{YX}(t,t+\tau)\sin \omega_0 t \cos \omega_0(t+\tau) \qquad (2.6.7)$$

其中，
$$R_{XX}(t,t+\tau) = E[X(t)X(t+\tau)], \quad R_{YY}(t,t+\tau) = E[Y(t)Y(t+\tau)]$$
$$R_{XY}(t,t+\tau) = E[X(t)Y(t+\tau)], \quad R_{YX}(t,t+\tau) = E[Y(t)X(t+\tau)]$$

如取令 $\sin \omega_0 t = 0$ 的所有 t 值,则式(2.6.7)简化为
$$R(\tau) = R_{XX}(t,t+\tau)\cos \omega_0 \tau - R_{XY}(t,t+\tau)\sin \omega_0 \tau \qquad (2.6.8)$$

因为 $\xi(t)$ 是平稳高斯过程,因此其自相关函数与 t 无关,只与时间间隔 τ 有关,因此应有
$$R_{XX}(t,t+\tau) = R_{XX}(\tau), \quad R_{XY}(t,t+\tau) = R_{XY}(\tau) \qquad (2.6.9)$$

将式(2.6.9)代入式(2.6.8)有
$$R(\tau) = R_{XX}(\tau)\cos \omega_0 \tau - R_{XY}(\tau)\sin \omega_0 \tau \qquad (2.6.10)$$

如取令 $\cos \omega_0 t = 0$ 的所有 t 值,式(2.6.7)简化为
$$R(\tau) = R_{YY}(t,t+\tau)\cos \omega_0 \tau + R_{YX}(t,t+\tau)\sin \omega_0 \tau \qquad (2.6.11)$$

同理应有
$$R_{YY}(t,t+\tau) = R_{YY}(\tau), \quad R_{YX}(t,t+\tau) = R_{YX}(\tau) \qquad (2.6.12)$$

将式(2.6.12)代入式(2.6.11)有
$$R(\tau) = R_{YY}(\tau)\cos \omega_0 \tau + R_{YX}(\tau)\sin \omega_0 \tau \qquad (2.6.13)$$

综上所述,可以得出平稳高斯窄带过程的同相分量、正交分量均为平稳高斯过程。

若要让式(2.6.10)和式(2.6.13)同时成立,显然应当满足
$$R_{XX}(\tau) = R_{YY}(\tau) \qquad (2.6.14)$$
$$R_{XY}(\tau) = -R_{YX}(\tau) \qquad (2.6.15)$$

又由互相关函数的定义可得
$$R_{YX}(\tau) = E\{Y(t)X(t+\tau)\} = E\{Y(t'-\tau)X(t')\}$$
$$= E\{X(t')Y(t'-\tau)\} = R_{XY}(-\tau) \qquad (2.6.16)$$

将式(2.6.16)代入式(2.6.15)有
$$R_{XY}(\tau) = -R_{XY}(-\tau) \qquad (2.6.17)$$

同理可得
$$R_{YX}(\tau) = -R_{YX}(-\tau) \qquad (2.6.18)$$

由式(2.6.17)和式(2.6.18)可以看出,$X(t)$、$Y(t)$ 的互相关函数 $R_{XY}(\tau)$、$R_{YX}(\tau)$ 都是奇函数,有
$$R_{XY}(0) = 0, \quad R_{YX}(0) = 0 \qquad (2.6.19)$$

式(2.6.19)说明,在同一时刻 $X(t)$、$Y(t)$ 的取值是不相关的随机变量,又因为它们都是高斯变量,因此它们统计独立。

下面再考察式(2.6.10)和式(2.6.13),在 $\tau=0$ 时,有
$$R(0) = R_{XX}(0) = R_{YY}(0) = \sigma^2 = \sigma_X^2 = \sigma_Y^2 \qquad (2.6.20)$$

式(2.6.20)说明,$\xi(t)$、$X(t)$、$Y(t)$ 三个随机信号具有相同的平均功率。

另外,式(2.6.14)说明,窄带高斯过程的同相分量和正交分量有相同的自相关函数。

(4) 现在可以得到零均值、σ^2 方差的平稳高斯随机过程相互独立的 $X(t)$、$Y(t)$ 的联合概率密度函数 $f(x,y)$ 为

$$f(x,y)=f(x)f(y)=\frac{1}{\sqrt{2\pi}\sigma_X}\exp\left[-\frac{x^2}{2\sigma_X^2}\right]\times\frac{1}{\sqrt{2\pi}\sigma_Y}\exp\left[-\frac{y^2}{2\sigma_Y^2}\right]$$

$$=\frac{1}{2\pi\sigma^2}\exp\left[-\frac{x^2+y^2}{2\sigma^2}\right] \tag{2.6.21}$$

(5) 依据 $X(t)$、$Y(t)$ 的联合概率密度函数 $f(x,y)$,求解高斯窄带随机过程准正弦表示式中随机包络 $Z(t)$ 和随机相位 $\varphi(t)$ 过程的统计特性。

依据概率论中的知识,可以得到随机包络 $Z(t)$ 和随机相位 $\varphi(t)$ 的联合概率密度函数为

$$f(z,\varphi)=f(x,y)\left|\frac{\partial(x,y)}{\partial(z,\varphi)}\right| \tag{2.6.22}$$

其中,$\left|\dfrac{\partial(x,y)}{\partial(z,\varphi)}\right|$ 是雅克比行列式,可以由式(2.6.4)关于 x、y 与 z、φ 的关系求得:

$$\left|\frac{\partial(x,y)}{\partial(z,\varphi)}\right|=\begin{vmatrix}\dfrac{\partial x}{\partial z} & \dfrac{\partial y}{\partial z}\\[2mm]\dfrac{\partial x}{\partial\varphi} & \dfrac{\partial y}{\partial\varphi}\end{vmatrix}=\begin{vmatrix}\cos\varphi & \sin\varphi\\ -z\sin\varphi & z\cos\varphi\end{vmatrix}=z \tag{2.6.23}$$

将式(2.6.23)代入式(2.6.22),可以求得随机包络 $Z(t)$ 和随机相位 $\varphi(t)$ 的联合概率密度函数为

$$f(z,\varphi)=zf(x,y)=\frac{z}{2\pi\sigma^2}\exp\left[-\frac{x^2+y^2}{2\sigma^2}\right]=\frac{z}{2\pi\sigma^2}\exp\left[-\frac{z^2}{2\sigma^2}\right] \tag{2.6.24}$$

注意:因为 $Z(t)$ 是包络过程,所以应有 $z\geqslant0$,而 φ 在区间$(0,2\pi)$内取值。

(6) 依据 $Z(t)$、$\varphi(t)$ 的联合概率密度函数 $f(z,\varphi)$,求解边际概率密度 $f(z)$ 和 $f(\varphi)$

$$f(z)=\int_0^{2\pi}f(z,\varphi)\mathrm{d}\varphi=\int_0^{2\pi}\frac{z}{2\pi\sigma^2}\exp\left[-\frac{z^2}{2\sigma^2}\right]\mathrm{d}\varphi$$

$$=\frac{z}{\sigma^2}\exp\left[-\frac{z^2}{2\sigma^2}\right]\qquad z\geqslant0 \tag{2.6.25}$$

由式(2.6.25)可以看出,包络过程的一维统计特性服从瑞利分布。

$$f(\varphi)=\int_0^{+\infty}f(z,\varphi)\mathrm{d}z=\int_0^{+\infty}\frac{z}{2\pi\sigma^2}\exp\left[-\frac{z^2}{2\sigma^2}\right]\mathrm{d}z$$

$$=\frac{1}{2\pi}\int_0^{+\infty}\frac{z}{\sigma^2}\exp\left[-\frac{z^2}{2\sigma^2}\right]\mathrm{d}z=\frac{1}{2\pi}\qquad 0\leqslant\varphi\leqslant2\pi \tag{2.6.26}$$

由式(2.6.26)可以看出,相位过程的一维统计特性是在区间$(0,2\pi)$内的均匀分布。

由式(2.6.25)和(2.6.26)可以看出,有:

$$f(z,\varphi)=f(z)f(\varphi)$$

因此,在同一时刻得到的包络随机变量和相位随机变量统计独立。

总结以上对平稳高斯窄带随机过程的分析,可以得到如下的结论:均值为零、方差为 σ^2 的平稳高斯窄带随机过程,其同相分量和正交分量是平稳高斯随机过程,而且均值都

为零,方差都为σ^2,在同一时刻,得到的同相和正交随机变量相互独立;平稳高斯窄带随机过程的随机包络过程的一维统计特性服从瑞利分布,随机相位过程的一维统计特性服从均匀分布。在同一时刻得到的包络随机变量和相位随机变量统计独立。

2.7　白噪声过程

白噪声是一类在通信中非常重要的平稳随机过程。

2.7.1　理想白噪声

理想白噪声是宽带随机过程的一个典型例子,在理论分析中有极其重要的作用,它常常作为信道噪声的数学模型。其定义如下:随机过程的功率谱密度$p_n(\omega)$在整个频域内都是大于零的常数的噪声过程称为白噪声,即

$$p_n(\omega) = n_0/2, \quad -\infty < \omega < +\infty \tag{2.7.1}$$

其中,n_0是大于零的常数。功率谱密度$p_n(\omega)$的单位是 W/rad 或 W/Hz,其图形如图 2.7.1(a)所示。

在式(2.7.1)里,给出的是双边功率谱密度,它的频率范围从$-\infty \sim +\infty$。如果按单边定义功率谱密度,则应为

$$p_n(\omega) = n_0, \quad 0 \leq \omega < +\infty \tag{2.7.2}$$

由平稳随机过程功率谱密度与其自相关函数的关系,得到白噪声的自相关函数为

$$R(\tau) = \frac{1}{2\pi} \int_{-\infty}^{+\infty} p_n(\omega) e^{j\omega\tau} d\omega = \frac{1}{2\pi} \int_{-\infty}^{+\infty} \frac{n_0}{2} e^{j\omega\tau} d\omega = \frac{n_0}{2} \delta(\tau) \tag{2.7.3}$$

可见,白噪声只有在$\tau = 0$时才相关,当均值为零时,它在任意两个不同时刻的随机变量均不相关。图 2.7.1(b)给出了白噪声自相关函数$R(\tau)$的图形。

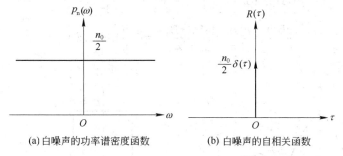

(a)白噪声的功率谱密度函数　　　　　(b)白噪声的自相关函数

图 2.7.1　白噪声的功率谱密度函数和自相关函数

需要说明的是,实际中不存在理想的白噪声,因为实际系统的频带总是有限的。但一般来说,如果噪声的功率谱在比使用频带宽得多的范围上保持常数,则仍可以把它当作白噪声来处理。

2.7.2　带限白噪声

在通信系统中,传输系统的带宽是有限的,当白噪声信号通过低通滤波器时,通带里

的频率成分得到了输出,阻带里的频率成分受到了衰减,白噪声的输出功率谱密度 $p(\omega)$ 将不再是一条直线(如图 2.7.2 所示),这样的噪声称为频带受限的噪声。

1. 带限白噪声的等效带宽

在对噪声信号进行分析时,噪声的带宽是一个重要的参数,下面给出一种常用的噪声等效带宽定义。一个带限噪声的功率谱密度函数为 $p(\omega)$,如图 2.7.2 所示。其等效噪声带宽为

$$B_{\mathrm{n}} = \frac{1}{2\pi p_{\max}} \int_{-\infty}^{\infty} p(\omega)\,\mathrm{d}\omega \ \text{或} \ B_{\mathrm{n}} p_{\max} = \frac{2}{2\pi} \int_{0}^{\infty} p(\omega)\,\mathrm{d}\omega \qquad (2.7.4)$$

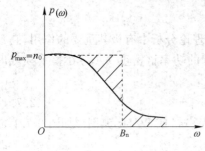

其中,$p_{\max}$ 是 $p(\omega)$ 的最大幅度。

等效噪声带宽 B_{n} 的含义是,白噪声通过带宽为 B_{n} 的理想低通滤波器的平均功率等于白噪声通过实际低通滤波器的平均功率。而在等效噪声带宽 B_{n} 里,噪声的功率谱密度保持常数 $p_{\max}$,就像白噪声在整个频带上保持常数一样,因此也称其为带限白噪声。有了这样的等效,可以方便地求解噪声平均功率 $N = B_{\mathrm{n}} p_{\max} = B_{\mathrm{n}} n_0$,并依此来计算信噪比,用以评价噪声的影响。

图 2.7.2　带限噪声的功率谱密度

另外,也可以将具有图 2.7.2 中虚线所示的功率谱密度函数的带限噪声称为理想带限白噪声。

2. 理想带限白噪声的自相关函数

设理想带限白噪声的功率谱密度函数 $p(\omega)$ 如图 2.7.3(b) 所示。由平稳随机过程功率谱密度函数与其自相关函数的关系,得到带限白噪声的自相关函数为

$$R(\tau) = \frac{1}{2\pi} \int_{-\infty}^{+\infty} p(\omega)\,\mathrm{e}^{\mathrm{j}\omega\tau}\,\mathrm{d}\omega = \frac{1}{2\pi} \int_{-B_{\mathrm{n}}}^{B_{\mathrm{n}}} \frac{n_0}{2} \mathrm{e}^{\mathrm{j}\omega\tau}\,\mathrm{d}\omega = \frac{n_0}{2\pi} \times \frac{\mathrm{e}^{\mathrm{j}\tau B_{\mathrm{n}}} - \mathrm{e}^{-\mathrm{j}\tau B_{\mathrm{n}}}}{\mathrm{j}2\tau}$$

$$= \frac{n_0}{2\pi} \times \frac{\sin(\tau B_{\mathrm{n}})}{\tau} = \frac{n_0 B_{\mathrm{n}}}{2\pi} \times \frac{\sin(\tau B_{\mathrm{n}})}{\tau B_{\mathrm{n}}} = \frac{n_0 B_{\mathrm{n}}}{2\pi} \mathrm{Sa}(\tau B_{\mathrm{n}}) \qquad (2.7.5)$$

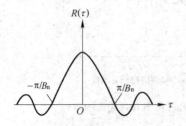
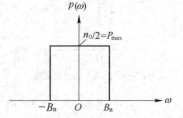

(a) 带限白噪声的自相关函数波形　　　　　(b) 带限白噪声的功率谱密度函数

图 2.7.3　带限白噪声的自相关函数波形和功率谱密度函数

由式(2.7.5)可以看出,在 $\tau = k\pi/B_{\mathrm{n}}$,$k = 1, 2, \cdots$ 时,$R(\tau) = 0$。这表明:理想带限白噪声波形以 π/B_{n} 等间隔采样时,各样值间是互不相关的随机变量,注意这里的不相关隐含着平稳理想带限白噪声均值为零的条件。

由式(2.7.5)可以得到理想带限白噪声的自相关函数 $R(\tau)$ 的波形如图 2.7.3(a)所示。

2.7.3 带通白噪声

在频带通信系统中,系统的通带常常是远离零频的某个频段,信号和白噪声信号通过这样的系统时,各频率成分在通带和阻带里受到了不同的处理,噪声的输出功率谱密度函数不再是一条直线,如图 2.7.4 所示,这样的噪声称为带通型的噪声。

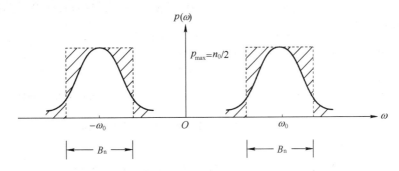

图 2.7.4 带通型噪声的功率谱密度 $p(\omega)$ 及等效带宽 B_n

1. 带通白噪声的等效带宽

一个带通噪声的功率谱密度函数为 $p(\omega)$,如图 2.7.4 所示,ω_0 为中心频率,则等效噪声带宽 B_n 为

$$B_n = \frac{1}{2\pi p_{max}} \int_{-\infty}^{+\infty} p(\omega) \, d\omega \quad \text{或} \quad B_n p_{max} = \frac{2}{2\pi} \int_{0}^{+\infty} p(\omega) \, d\omega \qquad (2.7.6)$$

其中,p_{max} 是 $p(\omega)$ 的最大幅度。

等效噪声带宽 B_n 的含义是,白噪声通过 B_n 带宽的理想带通系统后的平均功率等于白噪声通过实际带通系统的平均功率。而在等效噪声带宽 B_n 里,噪声的功率谱密度保持常数 p_{max},就像白噪声在整个频带上保持常数一样,因此也称其为带通型白噪声。

同样,具有图 2.7.4 中虚线所示的功率谱密度函数的噪声也称为理想带通白噪声。

2. 理想带通白噪声的自相关函数

设理想带通白噪声的功率谱密度函数 $p(\omega)$ 如图 2.7.5(a)所示。由平稳随机过程功率谱密度函数与其自相关函数的关系知,理想带通白噪声的自相关函数为

$$\begin{aligned}
R(\tau) &= \frac{1}{2\pi} \int_{-\infty}^{+\infty} p_n(\omega) e^{j\omega\tau} \, d\omega \\
&= \frac{1}{2\pi} \int_{-(\omega_0+B_n/2)}^{-(\omega_0-B_n/2)} \frac{n_0}{2} e^{j\omega\tau} \, d\omega + \frac{1}{2\pi} \int_{(\omega_0-B_n/2)}^{(\omega_0+B_n/2)} \frac{n_0}{2} e^{j\omega\tau} \, d\omega \\
&= \frac{n_0 B_n}{2\pi} \cdot \frac{\sin(\tau B_n/2)}{\tau B_n/2} \cos \omega_0 \tau
\end{aligned} \qquad (2.7.7)$$

由式(2.7.7)可以看出,在 $\tau = 2k\pi/B_n, k=1,2,\cdots$ 或 $\tau = m\pi/\omega_0 + \pi/(2\omega_0), m=0,1,2,\cdots$ 时,$R(\tau)=0$。这表明:理想带通白噪声的波形在抽样满足上述条件时抽得的样值是互不相关的随机变量,且它的自相关函数 $R(\tau)$ 是包络为 $\dfrac{\sin(\tau B_n/2)}{\tau B_n/2}$ 的幅度调制信号,载

波频率为 ω_0。理想带通白噪声的自相关函数 $R(\tau)$ 的波形如图 2.7.5(b)所示。

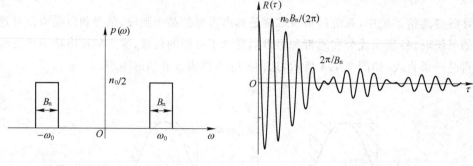

(a) 带通白噪声的功率谱密度函数　　　　　(b) 带通白噪声的自相关函数

图 2.7.5　带通白噪声的功率谱密度函数和自相关函数

2.8　正弦波加窄带高斯过程

在通信系统中,有用信号经过信道传输时会受到噪声及信道特性不理想的干扰,故在接收端收到的信号是受畸变的有用信号与各种干扰的合成波。本节只讨论最简单的一种情形——信道特性理想,不会引起信号畸变,噪声干扰为加性平稳窄带高斯白噪声。

2.8.1　正弦波加窄带高斯过程的表示

设传送的有用信号是正弦信号 $s(t)=A\cos(\omega_0 t+\theta)$,其中,$A$ 和 ω_0 是常数,θ 是 $(0,2\pi)$ 内均匀分布的随机变量。传输时信道中引入干扰噪声信号 $n(t)$,它是以零为均值,以 σ^2 为方差的平稳窄带高斯过程,

$$n(t)=n_x(t)\cos \omega_0 t-n_y(t)\sin \omega_0 t$$

因此,在接收端收到的是正弦信号与平稳窄带高斯噪声的合成信号

$$
\begin{aligned}
r(t) &= s(t)+n(t)\\
&= A\cos(\omega_0 t+\theta)+n_x(t)\cos \omega_0 t-n_y(t)\sin \omega_0 t\\
&= [A\cos \theta+n_x(t)]\cos\omega_0 t-[A\sin\theta+n_y(t)]\sin\omega_0 t\\
&= X(t)\cos\omega_0 t-Y(t)\sin\omega_0 t\\
&= Z(t)\cos[\omega_0 t+\varphi(t)]
\end{aligned}
\tag{2.8.1}
$$

式中,

$$X(t)=A\cos\theta+n_x(t),\quad Y(t)=A\sin\theta+n_y(t) \tag{2.8.2}$$

是接收信号 $r(t)$ 的同相分量和正交分量,

$$Z(t)=\sqrt{X^2(t)+Y^2(t)},\quad \varphi(t)=\arctan\frac{Y(t)}{X(t)} \tag{2.8.3}$$

是接收信号 $r(t)$ 的包络信号和相位信号。

同相分量、正交分量与包络信号和相位信号的关系如下:

$$X(t)=Z(t)\cos \varphi(t),\quad Y(t)=Z(t)\sin \varphi(t) \tag{2.8.4}$$

由于信道噪声 $n(t)$ 是平稳窄带高斯过程，由其性质可知，当 θ 给定时，接收到的合成波信号 $r(t)$ 也是高斯过程，其同相分量和正交分量也是高斯过程，且两个分量在同一时刻取得的两随机变量相互独立。

2.8.2　正弦波加窄带高斯过程的统计特性

（1）正弦波加窄带高斯过程的同相分量和正交分量的联合概率密度函数

在正弦信号初相位 θ 给定的情况下，由前面的分析可知，接收信号 $r(t)$ 的同相分量和正交分量的联合概率密度函数 $f(x,y|\theta)$，是同相和正交二分量一维概率密度函数 $f(x|\theta)$ 和 $f(y|\theta)$ 之积，而它们二者都符合高斯分布，因此需先求出高斯分布的均值和方差

$$E[X(t)]=E[A\cos\theta+n_x(t)]=A\cos\theta+E[n_x(t)]=A\cos\theta \tag{2.8.5}$$

这里用到了零均值平稳窄带高斯过程的同相分量和正交分量的均值也是零的性质。

同理可得

$$E[Y(t)]=A\sin\theta \tag{2.8.6}$$

$$D[X(t)]=E\{[(A\cos\theta+n_x(t))-A\cos\theta]^2\}=E[n_x^2(t)]=\sigma^2 \tag{2.8.7}$$

同理可得

$$D[Y(t)]=E[n_y^2(t)]=\sigma^2 \tag{2.8.8}$$

因此，接收信号 $r(t)$ 的同相分量和正交分量在 θ 给定条件下的联合概率密度函数 $f(x,y|\theta)$ 为

$$
\begin{aligned}
f(x,y|\theta)&=f(x|\theta)f(y|\theta)\\
&=\frac{1}{\sqrt{2\pi}\sigma}\exp\left[-\frac{(x-A\cos\theta)^2}{2\sigma^2}\right]\frac{1}{\sqrt{2\pi}\sigma}\exp\left[-\frac{(y-A\sin\theta)^2}{2\sigma^2}\right]\\
&=\frac{1}{2\pi\sigma^2}\exp\left[-\frac{(x-A\cos\theta)^2+(y-A\sin\theta)^2}{2\sigma^2}\right]
\end{aligned}
\tag{2.8.9}
$$

（2）正弦信号加窄带高斯过程的包络和相位的概率密度函数

① 正弦信号加窄带高斯过程的包络的概率密度函数

由式（2.8.9）和概率论的知识，可以得到在 θ 给定的条件下，接收信号 $r(t)$ 的包络和相位的联合概率密度函数为

$$f(z,\varphi|\theta)=f(x,y|\theta)\left|\frac{\partial(x,y)}{\partial(z,\varphi)}\right|$$

利用式（2.8.4）得到

$$f(z,\varphi|\theta)=z\cdot f(x,y|\theta)$$

将式（2.8.9）代入上式得

$$
\begin{aligned}
f(z,\varphi|\theta)&=\frac{z}{2\pi\sigma^2}\exp\left[-\frac{(x-A\cos\theta)^2+(y-A\sin\theta)^2}{2\sigma^2}\right]\\
&=\frac{z}{2\pi\sigma^2}\exp\left[-\frac{x^2-2xA\cos\theta+y^2-2yA\sin\theta+A^2}{2\sigma^2}\right]
\end{aligned}
$$

利用式（2.8.3）得到

$$f(z,\varphi|\theta)=\frac{z}{2\pi\sigma^2}\exp\left[-\frac{z^2-2A(x\cos\theta+y\sin\theta)+A^2}{2\sigma^2}\right]$$

利用式（2.8.4）得到

$$f(z,\varphi|\theta)=\frac{z}{2\pi\sigma^2}\exp\left[-\frac{z^2-2A(z\cos\varphi\cos\theta+z\sin\varphi\sin\theta)+A^2}{2\sigma^2}\right]$$

$$=\frac{z}{2\pi\sigma^2}\exp\left[-\frac{z^2-2Az\cos(\theta-\varphi)+A^2}{2\sigma^2}\right] \tag{2.8.10}$$

求边际条件,可以得到在 θ 给定的条件下,接收信号 $r(t)$ 的包络的一维概率密度函数为

$$f(z|\theta)=\int_0^{2\pi}f(z,\varphi|\theta)\mathrm{d}\varphi$$

$$=\int_0^{2\pi}\frac{z}{2\pi\sigma^2}\exp\left[-\frac{z^2-2Az\cos(\theta-\varphi)+A^2}{2\sigma^2}\right]\mathrm{d}\varphi$$

$$=\frac{z}{2\pi\sigma^2}\exp\left(-\frac{z^2+A^2}{2\sigma^2}\right)\int_0^{2\pi}\exp\left[\frac{Az\cos(\theta-\varphi)}{\sigma^2}\right]\mathrm{d}\varphi$$

$$=\frac{z}{\sigma^2}\exp\left(-\frac{z^2+A^2}{2\sigma^2}\right)\mathrm{I}_0\left(\frac{Az}{\sigma^2}\right) \tag{2.8.11}$$

式中,I_0 是零阶修正贝塞尔函数:

$$\mathrm{I}_0(x)=\frac{1}{2\pi}\int_0^{2\pi}\exp(x\cos\theta)\mathrm{d}\theta=\sum_{n=0}^{\infty}\frac{x^{2n}}{4^n(n!)^2}$$

$$=1+\frac{x^2}{4}+\frac{x^4}{64}+\cdots \tag{2.8.12}$$

由式(2.8.11)可以看出 $f(z|\theta)$ 与 θ 无关,因此可以得到正弦信号加窄带高斯噪声包络的概率密度函数为

$$f(z)=f(z|\theta)=\frac{z}{\sigma^2}\exp\left(-\frac{z^2+A^2}{2\sigma^2}\right)\mathrm{I}_0\left(\frac{Az}{\sigma^2}\right) \tag{2.8.13}$$

式(2.8.13)称为莱斯分布函数,也称广义瑞利分布。由式(2.8.12)可以得到,当 $x\ll 1$ 时,

$$\mathrm{I}_0(x)\approx 1 \tag{2.8.14}$$

当 $x\gg 1$ 时,

$$\mathrm{I}_0(x)\approx\frac{\mathrm{e}^x}{\sqrt{2\pi x}} \tag{2.8.15}$$

可以由式(2.8.14)和(2.8.15)来讨论并简化式(2.8.13):

当 $x\ll 1$(对应着 $A\approx 0$,即有用信号近似为零,信噪比很低)时,$\mathrm{I}_0(x)|_{x\to 0}\approx 1$,此时,接收信号包络的概率密度函数为

$$f(z)=\frac{z}{\sigma^2}\exp\left(-\frac{z^2}{2\sigma^2}\right) \tag{2.8.16}$$

式(2.8.16)说明,在信噪比很低的情况下,正弦信号加窄带高斯噪声信号的包络的概率密度函数 $f(z)$ 近似为瑞利分布,与窄带高斯噪声的包络的概率密度函数相同,如图 2.8.1 所示。

当 $x\gg 1$(对应着有用信号相对于窄带噪声较大,$z\approx A$,信噪比较大)时,由式(2.8.15)可化简接收信号包络的概率密度函数 $f(z)$ 近似为

$$f(z)\approx\frac{1}{\sqrt{2\pi}\,\sigma}\exp\left[-\frac{(z-A)^2}{2\sigma^2}\right] \tag{2.8.17}$$

式(2.8.17)说明,在大信噪比的情况下,正弦信号加窄带高斯噪声的包络的概率密度函数 $f(z)$ 近似为高斯分布,如图 2.8.1 所示。

图 2.8.1 给出了正弦信号加窄带高斯噪声信号的包络分布。正弦信号的平均功率是 $A^2/2$,零均值窄带噪声信号的平均功率是 σ^2,因此 A/σ 可以看作接收端接收信号的信噪比。图 2.8.1 给出了随信噪比变化的一族包络分布函数的曲线。

结论:正弦信号加窄带高斯噪声的包络分布与信道输出的信噪比有关。在小信噪比时,它服从瑞利分布;在大信噪比时,它服从高斯分布;信噪比介于以上两者之间的,则服从莱斯分布。

② 正弦波加窄带高斯过程的相位的概率密度函数

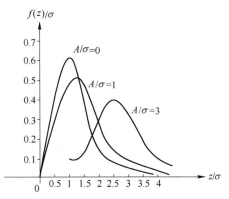

图 2.8.1　正弦信号加窄带高斯噪声信号的包络分布

正弦波加窄带高斯过程的相位的概率密度函数 $f(\varphi|\theta)$ 的推导比较复杂,在此不作推导,只给出结论。

正弦信号加窄带高斯噪声信号的相位分布与信道输出的信噪比有关。在小信噪比时,它近似服从均匀分布;在大信噪比时,随机相位主要集中在信号相位附近,如图 2.8.2 所示。

图 2.8.2 显示出了正弦信号加窄带高斯噪声信号的相位分布随接收端接收信号的信噪比变化的一族曲线。

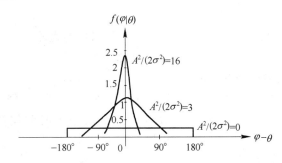

图 2.8.2　正弦信号加窄带高斯噪声信号的相位分布

2.9　平稳随机过程通过系统

平稳随机过程通过系统后,其输出也是一个随机过程。如果已知输入过程的统计特性和系统特性,那么输出过程的统计特性如何? 要得到答案,显然是一个非常困难的事情,下面就两类在通信系统中常见的系统进行分析。

2.9.1 平稳随机过程通过线性系统

平稳随机过程 $X(t)$，通过单位冲激响应为 $h(t)$ 的线性系统后，其输出仍是随机过程 $Y(t)$，如图 2.9.1 所示。

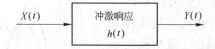

图 2.9.1 一个随机过程 $X(t)$ 通过线性系统

就一次试验而言，输入 $x(t)$ 和输出 $y(t)$ 均为确知信号，它们之间应满足卷积关系

$$y(t) = x(t) * h(t) = \int_{-\infty}^{+\infty} h(u)x(t-u)\mathrm{d}u \qquad (2.9.1)$$

由随机过程的概念可知，所有试验样本的集合 $\{y_i(t), i=1,2,\cdots\}$ 就是输出随机过程 $Y(t)$。若每次试验式(2.9.1)都存在，则在均方意义下，随机输出过程 $Y(t)$ 等于输入过程 $X(t)$ 与系统单位冲激响应 $h(t)$ 的卷积，即

$$Y(t) = X(t) * h(t) = \int_{-\infty}^{+\infty} h(u)X(t-u)\mathrm{d}u \qquad (2.9.2)$$

1. 输出随机过程的数学期望

假设输入平稳随机过程 $X(t)$，其均值为 $E[X(t)]=a_x$，那么，经过线性系统 $h(t) \leftrightarrow H(\omega)$ 之后，输出随机过程 $Y(t)$ 的数学期望 $E[Y(t)]$ 等于输入随机过程的数学期望 a_x 与 $H(0)$ 相乘，它是一个常数。即

$$E[Y(t)] = E\left[\int_{-\infty}^{+\infty} X(t-u)h(u)\mathrm{d}u\right] = \int_{-\infty}^{+\infty} E[X(t-u)]h(u)\mathrm{d}u$$

$$= a_x \int_{-\infty}^{+\infty} h(u)\mathrm{e}^{-\mathrm{j}\cdot 0 \cdot u}\mathrm{d}u = a_x H(0) \qquad (2.9.3)$$

其物理意义为：平稳随机过程通过线性系统后，输出的直流分量 $E[Y(t)]$ 等于输入的直流分量 $E[X(t)]=a_x$ 乘以系统的直流传递函数 $H(0)$。

2. 输出随机过程的自相关函数

假设输入平稳随机过程 $X(t)$，其相关函数为 $R_x(\tau)$，那么，经过线性系统 $h(t) \leftrightarrow H(\omega)$ 之后，输出随机过程的自相关函数 $R_y(\tau)$ 只依赖于时间间隔 τ，而与时间起点 t 无关。

由自相关函数的定义，有

$$R_y(t,t+\tau) = E\{Y(t)Y(t+\tau)\}$$

$$= E\left[\int_{-\infty}^{+\infty} h(u)x(t-u)\mathrm{d}u \int_{-\infty}^{+\infty} h(v)x(t+\tau-v)\mathrm{d}v\right]$$

$$= \int_{-\infty}^{+\infty}\int_{-\infty}^{+\infty} E[x(t-u)x(t+\tau-v)]h(u)h(v)\mathrm{d}u\mathrm{d}v$$

$$= \int_{-\infty}^{+\infty}\int_{-\infty}^{+\infty} R_x(\tau+u-v)h(u)h(v)\mathrm{d}u\mathrm{d}v$$

$$= R_y(\tau) \qquad (2.9.4)$$

由式(2.9.4)可以看出：二次积分之后，输出随机过程的自相关函数 $R_y(\tau)$ 只依赖于

时间间隔 τ，而与时间起点 t 无关。

由以上两个性质可以得到这样的结论：平稳随机过程经过线性系统之后，输出仍是平稳随机过程。

3. 输出随机过程的功率谱密度

假设输入平稳随机过程 $X(t)$，其功率谱密度为 $p_x(\omega)$，那么，经过线性系统 $h(t) \leftrightarrow H(\omega)$ 之后，输出随机过程的功率谱密度 $p_y(\omega)$ 等于输入随机过程功率谱密度 $p_x(\omega)$ 与系统传递函数模平方 $|H(\omega)|^2$ 之积。

由前述两个性质可知，输出随机过程是平稳过程，因此输出随机过程的功率谱密度函数 $p_y(\omega)$ 等于其自相关函数 $R_y(\tau)$ 的傅里叶变换，

$$p_y(\omega) = \int_{-\infty}^{+\infty} R_y(\tau) e^{-j\omega\tau} d\tau = \int_{-\infty}^{+\infty}\int_{-\infty}^{+\infty}\int_{-\infty}^{+\infty} R_x(\tau+u-v)h(u)h(v)dudv e^{-j\omega\tau} d\tau$$

$$= \int_{-\infty}^{+\infty} h(u) \int_{-\infty}^{+\infty} h(v) \int_{-\infty}^{+\infty} R_x(\tau+u-v) e^{-j\omega\tau} d\tau dudv \qquad (2.9.5)$$

令 $\tau' = \tau+u-v$，代入式(2.9.5)，得

$$p_y(\omega) = \int_{-\infty}^{+\infty} h(u) \int_{-\infty}^{+\infty} h(v) \int_{-\infty}^{+\infty} R_x(\tau') e^{-j\omega(\tau'+v-u)} dudv d\tau'$$

$$= \int_{-\infty}^{+\infty} h(u) e^{j\omega u} du \int_{-\infty}^{+\infty} h(v) e^{-j\omega v} dv \int_{-\infty}^{+\infty} R_x(\tau') e^{-j\omega\tau'} d\tau'$$

$$= H(-\omega)H(\omega) p_x(\omega) = |H(\omega)|^2 p_x(\omega) \qquad (2.9.6)$$

由以上推导得到这样的结论：线性系统输出的平稳随机过程的功率谱密度 $p_y(\omega)$ 是输入平稳过程的功率谱密度 $p_x(\omega)$ 与线性系统传递函数模平方 $|H(\omega)|^2$ 之积。

4. 输出随机过程的分布

假设输入的是高斯过程 $X(t)$，经过线性系统 $h(t)$ 之后，其输出过程 $Y(t)$ 仍是高斯过程，只是其数字特征和功率谱密度函数与输入不同。因为由前面的介绍，可以得到

$$Y(t) = \int_{-\infty}^{+\infty} X(t-\tau)h(\tau)d\tau = \lim_{\Delta\tau_i \to 0} \sum_{i=1}^{\infty} X(t-\tau_i)h(\tau_i)\Delta\tau_i \qquad (2.9.7)$$

式(2.9.7)说明，$Y(t)$ 是高斯过程 $X(t)$ 的线性组合，由高斯过程的性质知，$Y(t)$ 也是高斯过程。

2.9.2 平稳随机过程通过乘法器

在通信系统中，普遍采用的线性调制器和相干解调器，其基本功能是乘法器，因此下面就平稳随机过程通过乘法器的问题作一介绍。

基本乘法器可以看作一个六端口网络，它有两个输入，一个输出，其模型如图 2.9.2 所示。在作线性调制器和相干解调器中的乘法器时，$m(t)$ 是要传送的消息信号，$c(t)$ 是用来承载消息的载波信号，乘法器的输出 $y(t)$ 称为已调信号。这里选择最常用的正弦信号 $\cos\omega_c t$ 作为讨论的载波信号，其中 ω_c 为确定的载波频率。

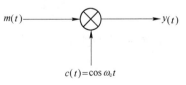

图 2.9.2 乘法器模型

设乘法器的激励是平稳随机过程 $m(t)$,输出过程为

$$y(t) = m(t)\cos \omega_c t \tag{2.9.8}$$

1. 输出过程的自相关函数 $R_y(\tau, t)$

依自相关函数的定义,有

$$
\begin{aligned}
R_y(\tau, t) &= E[y(t)y(t+\tau)] \\
&= E[m(t)\cos \omega_c t \cdot m(t+\tau)\cos \omega_c(t+\tau)] \\
&= E[m(t)m(t+\tau)]\cos \omega_c t \cdot \cos \omega_c(t+\tau) \\
&= \frac{R_m(\tau)}{2}[\cos \omega_c \tau + \cos(2\omega_c t + \tau)]
\end{aligned} \tag{2.9.9}
$$

式中,$R_m(\tau) = E[m(t)m(t+\tau)]$ 是输入平稳过程的自相关函数。

由式(2.9.9)可以看出,当乘法器输入平稳过程时,其输出不是平稳过程,因其自相关函数不仅与时间的间隔有关,还与时间的起点 t 有关,且是周期函数,有些书也将其称为循环平稳。

2. 输出过程的功率谱密度函数 $p_y(\omega)$

由上面所得结论可知,输出过程是一非平稳过程,因此不能直接用自相关函数的傅里叶变换来求输出过程的功率谱密度函数。

假设采用的载波信号是 $\cos \omega_c t$,要传送的消息信号是某一随机过程 $m(t)$,其功率谱密度函数为 $p_m(\omega)$,依据定义,有

$$p_m(\omega) = \lim_{T \to \infty} \frac{E|M_T(\omega)|^2}{T} \tag{2.9.10}$$

其中,$M_T(\omega)$ 是消息截断信号的频谱。

截断的消息信号为 $m_T(t)$,

$$
m_T(t) = \begin{cases} m(t), & |t| \leqslant T \\ 0, & \text{其他} \end{cases}
$$

其频谱为 $M_T(\omega)$,

$$m_T(t) \leftrightarrow M_T(\omega) \tag{2.9.11}$$

消息经过乘法器输出为 $y(t)$,

$$y(t) = m(t)\cos \omega_c t$$

其截断后为

$$y_T(t) = m_T(t)\cos \omega_c t$$

截断后频谱为

$$Y_T(\omega) = \frac{1}{2}[M_T(\omega+\omega_c) + M_T(\omega-\omega_c)] \tag{2.9.12}$$

依定义,经过乘法器后 $y(t)$ 信号的功率谱密度为

$$p_y(\omega) = \lim_{T \to \infty} \frac{E|Y_T(\omega)|^2}{T}$$

将式(2.9.12)代入上式,得

$$p_y(\omega) = \lim_{T \to \infty} \frac{\dfrac{1}{4}E|M_T(\omega+\omega_c) + M_T(\omega-\omega_c)|^2}{T}$$

$$= \frac{1}{4}\left[\lim_{T\to\infty}\frac{E|M_T(\omega+\omega_c)|^2}{T}+\lim_{T\to\infty}\frac{E|M_T(\omega-\omega_c)|^2}{T}\right]$$

$$= \frac{1}{4}\left[p_x(\omega+\omega_c)+p_x(\omega-\omega_c)\right] \tag{2.9.13}$$

注意:作线性调制时,消息 $m(t)$ 的最高截止频率远小于载波频率 ω_c,因此,$M_T(\omega+\omega_c)$、$M_T(\omega-\omega_c)$ 两项没有公共部分,二者之积为零。

由式(2.9.13)可以得出这样的结论:低频平稳随机过程通过乘法器,其输出过程的功率谱密度函数是将输入过程的功率谱密度函数在频率轴上搬移到 $-\omega_c$ 和 $+\omega_c$ 处,且幅度减小为原来的 1/4。

习　　题

2.1　盒内有 100 只电阻,其中有 40 只为 10 Ω,35 只为 47 Ω,25 只为 82 Ω,现从盒中作一次随机抽取,试确定取得 10 Ω 或 47 Ω 电阻的概率。

2.2　试求随机变量 X 的数学期望和方差,其概率密度函数分别如题图 2.1 和题图 2.2 所示。

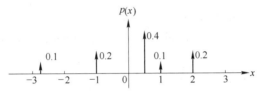

题图 2.1　离散型随机变量 X 的概率密度函数

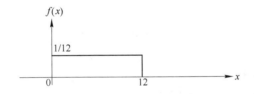

题图 2.2　连续型随机变量 X 的概率密度函数

2.3　若随机过程 $\xi(t)=A\cos 4t$,$-\infty<t<+\infty$,其中 A 是一随机变量,它的数学期望和方差分别是 10 和 2,试求:随机过程 $\xi(t)$ 的数学期望、方差和相关函数。

2.4　试证明:(1)随机过程 $\xi(t)$ 加上确定的时间信号 $x(t)$,其方差不变。(2)随机过程 $\xi(t)$ 乘以确定的时间信号 $x(t)$ 后,其自相关函数为随机过程 $\xi(t)$ 的自相关函数乘以确定信号的自相关函数。

2.5　设有两个随机过程 $X_1(t)=Y+X$ 和 $X_2(t)=X\cos \omega_0 t$,式中 X 和 Y 是零均值、互不相关的随机变量,试分别讨论 $X_1(t)$、$X_2(t)$ 的平稳性。

2.6　已知平稳随机过程 $X(t)$ 的自相关函数为 $R_x(\tau)=36+\dfrac{4}{1+5\tau^2}$,求 $X(t)$ 的数学期望和方差。

2.7　随机过程 $X(t)$ 和 $Y(t)$ 的样本空间 S 的样本分别如题图 2.3(a)、(b)所示,每个样本出现的概率相等,试分别求解两过程的均值和自相关函数。并讨论它们的平稳性。

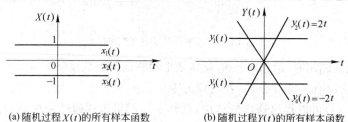

(a) 随机过程 $X(t)$ 的所有样本函数　　　(b) 随机过程 $Y(t)$ 的所有样本函数

题图 2.3　随机过程 $X(t)$ 和 $Y(t)$ 的样本函数

2.8　$n(t)$ 是零均值的高斯白噪声,单边功率谱密度函数为 n_0,设有两个随机变量 $X_1 = \int_0^T n(t) \cos \omega_0 t \mathrm{d}t$ 和 $X_2 = \int_0^T n(t) \sin \omega_0 t \mathrm{d}t$,试求 $E(X_1 X_2)$,并判断它们是否互相独立。

2.9　有一窄带过程:

$$\xi(t) = X(t) \cos \omega_0 t - Y(t) \sin \omega_0 t = Z(t) \cos[\omega_0 t + \varphi(t)]$$

其同相分量和正交分量的联合概率密度函数为 $f(x, y) = \dfrac{4}{\pi} x^2 \mathrm{e}^{-(x^2 + y^2)}$。求随机过程 $\xi(t)$ 包络 $Z(t)$ 的一维概率密度函数 $f(z)$。

2.10　试设计一个系统,使窄带过程 $\xi(t) = X(t) \cos \omega_0 t - Y(t) \sin \omega_0 t$ 通过该系统后,输出其正交分量。

2.11　二平稳过程的自相关函数分别为

$$R_1(\tau) = \begin{cases} 1, & |\tau| \geqslant T \\ 0, & \text{其他} \end{cases}$$

和

$$R_2(\tau) = \begin{cases} -\tau + 1, & 0 \leqslant \tau \leqslant 1 \\ \tau + 1, & -1 \leqslant \tau \leqslant 0 \\ 0, & \text{其他} \end{cases}$$

试分别求它们的功率谱密度函数。

2.12　某平稳过程的功率谱密度函数为

$$p(\omega) = \begin{cases} n_0, & \omega_0 - B/2 \leqslant |\omega| \leqslant \omega_0 + B/2 \\ 0, & \text{其他} \end{cases}$$

试求它的自相关函数。

2.13　$n(t)$ 是平稳零均值的高斯白噪声,双边功率谱密度为 $n_0/2$,让其通过如题图 2.4 所示的理想低通网络,输出过程为 $\xi(t)$,再对其进行 $2f_H$ 速率的抽样,所得样值为 $\xi(t), \xi\left(t - \dfrac{1}{2f_H}\right), \xi\left(t - \dfrac{2}{2f_H}\right), \cdots$,求 N 个样值的联合概率密度函数。

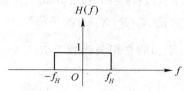

题图 2.4　理想低通滤波器

2.14 如果系统的输入 $X(t)$ 为平稳随机过程,其均值为 a_x,功率谱密度函数为 $p_x(\omega)$,系统的输出过程为 $Y(t)=X(t)+X(t-T)$,试求:

(1) 输出过程的均值;

(2) 输出过程的功率谱密度函数;

(3) 输出过程的自相关函数。

2.15 有一零均值高斯白噪声 $n(t)$,其自相关函数为 $\frac{n_0}{2}\delta(\tau)$,通过如题图 2.5 所示的线性系统,试求解输出过程 $n_0(t)$ 的均值和功率谱密度函数。

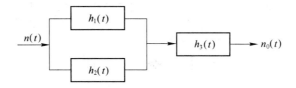

题图 2.5 线性系统

信 道

3.1 概　述

　　信道是通信系统的重要组成部分,其特性对于通信系统的性能有很大影响。本章研究信道分类、信道模型以及信道特性对信号传输的影响,并介绍信道容量等重要概念。

　　一般来说,实际信道都不是理想的。首先,这些信道具有非理想的频率响应特性,另外还有噪声干扰和信号通过信道传输时掺杂进去的其他干扰。例如,有来自邻近信道中所传输信号的串音(干扰);有电子设备(如收—发信机中的放大器和滤波器)中产生的热噪声;有有线信道中交换瞬间和无线信道中的雷电所引起的脉冲干扰和噪声;还有信道中人为发射的干扰等。这些噪声和干扰在本章中统称为噪声,噪声损害了发送信号并使接收的信号波形产生失真或使接收的数字序列产生错误。信道噪声和带宽影响着信道的容量。

　　研究信道及噪声的最终目的就是弄清它们对信号传输的影响,寻求提高通信有效性与可靠性的方法。对信道的分析成为研究通信科学的一个基础。

3.2　信道的定义和分类

　　信道按照其不同特征有不同的分类方法。按信道的组成可将其分为狭义信道与广义信道。

　　图 3.2.1 是通信系统的框图。

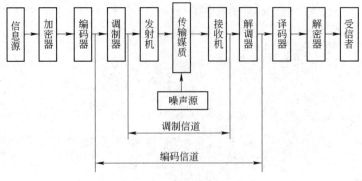

图 3.2.1　通信系统框图

信号的传输媒质称为狭义信道。

如果除传输媒质外,还包括通信系统的某些设备,例如,收发信机、编译码器、调制解调器等,则所构成的系统称为广义信道。由调制器、传输媒质、解调器组成的广义信道称为编码信道;由发射机、传输媒质、接收机所组成的广义信道称为调制信道,如图3.2.1所示。

按照信道输入输出端信号的类型可将其分为连续信道(模拟信道)和离散信道(数字信道)。连续信道的输入输出信号为连续信号(又称模拟信号),例如广义信道中的调制信道即属于连续信道。离散信道的输入输出信号为离散信号(又称数字信号),广义信道中的编码信道即属于离散信道。如果输入为连续信号,输出为离散信号;或反之,则称为半连续和半离散信道。

按照信道的物理性质可将其分为无线信道、有线信道和光信道等。

从建立信道的数学模型和对其性能分析的角度考虑,按输入输出信号类型分类比较合理。

连续信道又可分为恒参信道和随参信道。恒参信道的性质(参数)不随时间变化。如果实际信道的性质(参数)不随时间变化,或者基本不随时间变化,或者变化极慢,则可以认为是恒参信道。

随参信道的性质(参数)随时间随机变化。

一般有线信道可看作是恒参信道,部分无线信道可看作是恒参信道,另一部分是随参信道。

3.3 信道的数学模型

为了分析信道的性质及其对信号传输的影响,需要建立信道的数学模型。信道的数学模型反映信道的输出和输入之间的关系。

1. 连续信道模型

经过对连续信道大量观察和分析,可得出它具有以下主要性质:

(1) 具有一对(或多对)输入和输出端。

(2) 大多数信道是线性的,即满足叠加原理。

(3) 信号经过信道会有延时,并会受到固定的或时变的损耗。

(4) 无输入信号时,在信道的输出端仍有噪声输出。

根据上述性质,可以用一个两端(或多端)时变线性网络来表示连续信道,如图3.3.1(a)所示。

$$e_o(t) = f[e_i(t)] + n(t)$$

式中,$f[\ ]$ 为时变线性算子;$n(t)$ 为加性干扰。

一般情况下,连续信道可能有不止一个输入端(假设为 m 个)和不止一个输出端(假设为 n 个),这种连续信道的数学模型是一个多输入端和多输出端的时变线性网络,如图3.3.1(b)所示。下式是这种信道模型的数学表达式:

$$e_{oj}(t) = f_{jt}[e_{i1}(t), e_{i2}(t), \cdots, e_{im}(t)] + n_j(t), \quad j = 1, 2, \cdots, n$$

单输入单输出连续信道是最简单也是最基本的。连续信道的输入和输出信号都是连续信号。连续信号也称为模拟信号,所以也称连续信道为模拟信道。

如果信道模型的线性算子与时间无关(即为非时变线性算子),则信道称为恒参信道;如果线性算子与时间有关(即为时变线性算子),则信道称为时变信道;如果线性算子随时间随机变化,则称信道为随参信道。从物理角度讲,恒参信道的特性不随时间变化;时变信道的特性随时间变化;随参信道的特性随时间随机变化。

连续信道的输出中叠加在信号上的干扰称为加性干扰。加性干扰的产生源可分为三大类:人为干扰、自然干扰和内部干扰(常称作内部噪声)。人为干扰是由于人们的活动行为造成的,例如,邻台信号、开关干扰、工业电器设备产生的干扰等;自然干扰是由于自然现象引起的,例如,闪电、大气中的电磁暴、宇宙噪声等;内部噪声是电子设备系统中产生的各种噪声,例如,电阻内自由电子热运动产生的热噪声、半导体中载流子数的起伏变化形成的散弹噪声、电源干扰等。

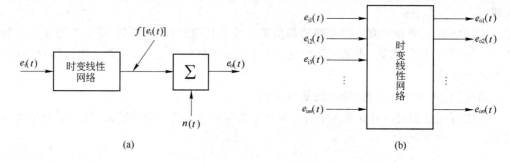

图 3.3.1　连续信道模型

从对通信影响的角度看,可将加性干扰按其性质分为三大类:窄带干扰、脉冲干扰和起伏噪声。窄带干扰也称单频干扰,通常是幅度和相位随机变化的一种正弦波,例如,邻台信号等。窄带干扰时间上是连续变化的,频率集中在某一载波附近的一个较窄的频带内。脉冲干扰是幅度随机变化、占空比很小且随机变化的脉冲序列,时间上具有突发性,即脉冲幅度可能很大而脉宽比脉冲间隔时间小得多,具有较宽的频带。起伏噪声时间上连续随机变化,频域具有非常大的带宽,例如热噪声就是一种典型的起伏噪声,其功率谱密度从 $0\sim10^{13}$ Hz,为常数,即其带宽达 10^4 GHz,这意味着热噪声存在于通信所使用的所有频段和所有时刻。另外,由半导体器件中电子发射的不均匀性引起的散弹噪声和由天体辐射所形成的宇宙噪声等都属于起伏噪声。起伏噪声的概率分布一般是高斯分布,其均值为零,具有非常宽的平坦的功率谱密度。因此通常用高斯白噪声作为其数学模型。

2. 离散信道模型

离散信道的输入和输出都是离散信号,广义信道的编码信道就是一种离散信道。离散信道的数学模型反映其输出离散信号与其输入离散信号之间的关系,通常是一种概率关系,常用输入输出离散信号的转移概率描述。图 3.3.2 是二进制离散信道模型,其中,

$$P(0/0)=P\left(\frac{输出为\ 0}{输入为\ 0}\right); \quad P(0/1)=P\left(\frac{输出为\ 0}{输入为\ 1}\right)$$

$$P(1/0)=P\left(\frac{输出为\ 1}{输入为\ 0}\right); \quad P(1/1)=P\left(\frac{输出为\ 1}{输入为\ 1}\right)$$

二进制离散信道模型可用转移概率矩阵来表示，

$$T = \begin{pmatrix} P(0/0) & P(0/1) \\ P(1/0) & P(1/1) \end{pmatrix}$$

如果离散信道的输入和输出为四进制码序列，则称为四进制编码信道。图 3.3.3 为四进制编码信道模型。

如果编码信道码元的转移概率与其前后码元的取值无关，则称这种信道为无记忆编码信道；否则称为有记忆编码信道。如果二进制编码信道的转移概率 $P(0/1) = P(1/0)$，则称其为二进制对称编码信道。二进制无记忆对称编码信道是最简单的一种编码信道。

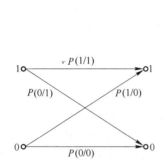 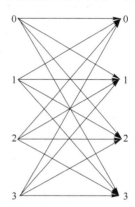

图 3.3.2 二进制离散信道模型　　　图 3.3.3 四进制编码信道模型

由图 3.2.1 可见，编码信道包括了调制信道和调制解调器，因此其性质主要决定于调制信道和调制解调器的性质。因为编码信道的输入信号就是编码器的输出信号，其输出信号就是译码器的输入信号，所以编码信道模型对于编译码理论和技术具有重要意义，是信息论和编码理论的重要组成部分。

3.4　恒参信道举例

1. 有线信道

一般的有线信道均可看作是恒参信道。常见的有线信道有明线、对称电缆和同轴电缆等。明线是平行而相互绝缘的架空线路，其传输损耗较小，通频带在 $0.3 \sim 27\ \text{kHz}$ 之间。对称电缆是在同一保护套内有许多对相互绝缘的双导线的电缆，其传输损耗比明线大得多，通频带在 $12 \sim 250\ \text{kHz}$ 之间。同轴电缆由同轴的两个导体组成，外导体是一个圆柱形的空管，通常由金属丝编织而成；内导体是金属芯线。内外导体之间填充着介质（塑料或者空气）。通常在一个大的保护套内安装若干根同轴线管芯，还装入一些二芯绞线或四芯线组用做传输控制信号。同轴线的外导体是接地的，对外界干扰起到屏蔽作用。同轴电缆分小同轴电缆和中同轴电缆。小同轴电缆的通频带在 $60 \sim 4\ 100\ \text{kHz}$ 之间，增音段长度约为 $8\ \text{km}$ 和 $4\ \text{km}$；中同轴电缆的通频带在 $300 \sim 60\ 000\ \text{kHz}$ 之间，增音段长度约为 $6\ \text{km}$、$4.5\ \text{km}$ 和 $1.5\ \text{km}$。

2. 光纤信道

光纤信道是以光导纤维(简称光纤)为传输媒质、以光波为载波的信道,具有极宽的通频带,能够提供极大的传输容量。光纤的特点是:损耗低、通频带宽、重量轻、不怕腐蚀以及不受电磁干扰等。利用光纤代替电缆可节省大量有色金属。目前的技术可使光纤的损耗低于0.2 dB/km,随着科学技术的发展这个数字还会下降。

由于光纤的物理性质非常稳定而且不受电磁干扰,因此光纤信道的性质非常稳定,可以看作是典型的恒参信道。

3. 无线电视距中继信道

无线电视距中继通信工作在超短波和微波波段,利用定向天线实现视距直线传播。由于直线视距一般在40~50 km,因此需要中继方式实现长距离通信。相邻中继站间距离为直线视距40~50 km。由于中继站之间采用定向天线实现点对点的传输,并且距离较短,因此传播条件比较稳定,可以看作是恒参信道。这种系统具有传输容量大、发射功率小、通信可靠稳定等特点。

4. 卫星信道

卫星通信是利用人造地球卫星作为中继转发站实现的通信。当人造地球卫星的运行轨道在赤道平面上、距离地面35 860 km时,其绕地球一周的时间为24 h,在地球上看到的该卫星是相对静止的,因此称其为地球同步卫星。利用它作为中继站,可以实现地球上18 000 km范围内的多点通信。采用三个适当配置的同步卫星作中继站就可以几乎覆盖全球通信(除南北两极盲区外)。同步卫星通信是电磁波直线传播,因此其信道传播性能稳定可靠,传输距离远,容量大,覆盖地域广,广泛用于传输多路电话、电报、图像数据和电视节目。同步卫星中继信道可以看作是恒参信道。

3.5 恒参信道特性及其对信号传输的影响

恒参信道可以看作是一个非时变线性网络。线性网络的特性可用其单位冲激响应(时域)和传输特性(频域)表征。由线性电路理论可知

$$x(t) \rightarrow [h(t) \Leftrightarrow H(\omega)] \rightarrow y(t) = x(t) * h(t)$$

$$x(t) \Leftrightarrow X(\omega); \quad y(t) \Leftrightarrow Y(\omega)$$

$$Y(\omega) = X(\omega)H(\omega); \quad H(\omega) = |H(\omega)| e^{j\varphi(\omega)}$$

式中,$|H(\omega)|$为幅频特性;$\varphi(\omega)$为相频特性。

1. 信号经过信道不失真的要求

信号经过信道不失真的要求是

$$y(t) = kx(t - t_0)$$

式中,k、t_0为常数。

满足信号经过信道不失真的要求的充分条件是

$$h(t) = k\delta(t - t_0)$$

实际上,

$$y(t) = x(t) * k\delta(t - t_0) = kx(t - t_0)$$

由此得到满足信号经过信道不失真所要求的 $H(\omega)$ 应为

$$H(\omega) = |H(\omega)|\,\mathrm{e}^{\mathrm{j}\varphi(\omega)} = k\,\mathrm{e}^{-\mathrm{j}\omega t_0}$$

即 $\qquad\qquad |H(\omega)| = k,\quad \varphi(\omega) = -\omega t_0 \qquad\qquad (3.5.1)$

理想信道传输特性如图 3.5.1 所示。

式(3.5.1)是不失真的充分条件；对于实际限带信号，式(3.5.1)只需在信号的频谱范围以内成立即可，如图 3.5.2 所示。

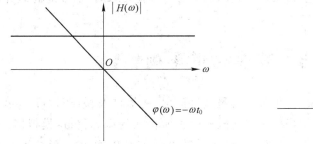

图 3.5.1　理想信道传输特性　　　　　图 3.5.2　限带信号频谱

限带基带信号通过理想低通滤波器不失真，限带频带信号通过理想带通滤波器也不失真，如图 3.5.3 和图 3.5.4 所示。

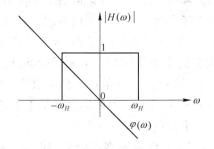 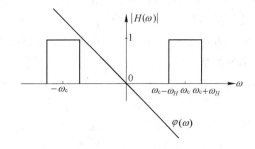

图 3.5.3　理想低通特性　　　　　　图 3.5.4　理想带通特性

理想低通与理想带通特性实际上是不可实现的，实际低通与带通特性只能近似接近理想特性。

信道带宽是指基本满足信号经过信道不失真要求的频率范围的宽度。

2. 信道的时延特性及群时延特性

$\cos\omega t$ 通过信道后变为

$$|H(\omega)|\cos[\omega t + \varphi(\omega)] = |H(\omega)|\cos[\omega(t-\tau)] = |H(\omega)|\cos(\omega t - \omega\tau)$$

由此有

$$\varphi(\omega) = -\omega\tau \qquad\qquad (3.5.2)$$

称

$$\tau(\omega) = \frac{-\varphi(\omega)}{\omega}$$

为信道的时延特性，它表示不同频率的正弦型信号经过信道后的时延与其角频率的关系。

称

$$\tau_G(\omega) = \frac{-\mathrm{d}\varphi(\omega)}{\mathrm{d}\omega}$$

为信道的群时延特性。

时延特性与群时延特性一般不相同。当相频特性是一条通过原点的直线时,时延特性与群时延特性相同;不满足上述条件时,则不相同。它们对信号传输的影响也不一样。时延特性为常数时,信号传输不引起信号的波形失真;群时延特性为常数时,信号传输不引起信号包络的失真。

3.6　随参信道举例

无线信道中由短波电离层反射,超短波流星余迹散射,超短波及微波对流层散射,超短波电离层散射,以及超短波视距绕射等传输媒质分别所构成的调制信道(模拟信道)的特性,由于上述传输媒质性质的随机变化和电磁波信号的多径传输而随机变化,因此这些信道的模型应该属于随参信道模型。这里介绍两种较典型的随参信道的例子。

1. 短波电离层反射信道

波长为 $10 \sim 100$ m(频率为 $30 \sim 3$ MHz)的无线电波称为短波。短波可以沿地面传播,简称为地波传播;也可以由电离层反射传播,简称为天波传播。由于地面的吸收作用,地波传播的距离较短,约为几十公里。而天波传播由于经电离层一次反射或多次反射,传输距离可达几千公里甚至上万公里。电离层为距离地面高 $60 \sim 600$ km 的大气层。在太阳辐射的紫外线和 X 射线的作用下,大气分子产生电离而形成电离层。电离层能够反射短波电磁波。由发送天线发出的短波信号经由电离层一次或多次反射传播到接收端,如同经过一次或多次无源中继。很显然,这种中继既不同于卫星通信中的通过通信卫星的中继方式,也不同于微波中继通信的中继方式。它有以下特点:

(1) 由于电离层不是一个平面而是有一定厚度的,并且有不同高度的两到四层(D、E、F_1、F_2),所以发送天线发出的信号经不同高度的电离层反射到达接收端的信号是由许多经不同长度路径和损耗的信号之和,这种信号称为多径信号;这种现象称为多径传播。

(2) 电离层的性质(例如电离层的电子密度、高度、厚度等)受太阳辐射和其他许多因素的影响,不断地随机变化。例如,四层中的 D 层和 F_1 层白天存在,夜晚消失,电离层的电子密度随昼夜、季节以及年份而变化等。

所以短波反射信道是典型的随参信道。

2. 对流层散射信道

对流层是离地面 $10 \sim 12$ km 的大气层。在对流层中由于大气湍流运动等因素引起大气层的不均匀性。当电磁波射入对流层时,这种不均匀性就会引起电磁波的散射,也就是漫反射,一部分电磁波向接收端方向散射,起到了中继的作用。通常一跳的通信距离约为 $100 \sim 500$ km,对流层的性质受许多因素的影响随机变化;另外,对流层不是一个平面而是一个散体,电波信号经过对流层散射也会产生多径传播。因此对流层散射信道也是随参信道。

3.7 随参信道特性及其对信号传输的影响

1. 随参信道的数学模型

观测表明,随参信道的传输媒质具有三个特点:

(1) 对信号的衰减随时间变化;

(2) 对信号的时延随时间变化;

(3) 多径传播。

根据上述三个特点可以建立随参信道的数学模型。

令发送端的信号为

$$s(t) = A \sum_{n=-\infty}^{\infty} a_n g(t-nT) \cos \omega_0 t$$

式中,A 为信号幅度;a_n 为信息码元;$g(t)$ 为信息码元波形;ω_0 为载波角频率。为便于分析,设

$$b(t) = \sum_{n=-\infty}^{\infty} a_n g(t-nT)$$

则有

$$s(t) = Ab(t) \cos \omega_0 t$$

经多径传播到接收端的信号可表示为

$$r(t) = A \sum_{i=1}^{n} \mu_i(t) b[t-\tau_i(t)] \cos \omega_0 [t-\tau_i(t)] \tag{3.7.1}$$

式中,$\mu_i(t)$ 为第 i 条路径信号衰耗因子,随时间随机变化;$\tau_i(t)$ 为第 i 条路径的传输时延,也是时间的随机函数。

令 $\varphi_i(t) = -\omega_0 \tau_i(t)$,则有

$$r(t) = A \sum_{i=1}^{n} \mu_i(t) b[t-\tau_i(t)] \cos[\omega_0 t + \varphi_i(t)] \tag{3.7.2}$$

经大量观测可知,$\mu_i(t)$ 和 $\varphi_i(t)$ 与载波 $\cos \omega_0 t$ 相比,变化缓慢得多,因此 $r(t)$ 可看作是窄带随机过程。

式(3.7.2)可写成另一形式

$$r(t) = A \sum_{i=1}^{n} \mu_i(t) \cos \varphi_i(t) b[t-\tau_i(t)] \cos \omega_0 t -$$
$$A \sum_{i=1}^{n} \mu_i(t) \sin \varphi_i(t) b[t-\tau_i(t)] \sin \omega_0 t \tag{3.7.3}$$

式(3.7.3)可作为随参信道的数学模型,利用它可以分析随参信道对信号传输的影响。

2. 随参信道对信号传输的影响

为了分析方便,分为两种情况:

(1) $|\tau_i(t)|_{\max} \ll T$(信息码元间隔)时可认为

$$\sum_{i=1}^{n} b[t-\tau_i(t)] \approx b[t-\overline{\tau_i(t)}]$$

式(3.7.3)可写成

$$r(t) = Ab\left[t - \overline{\tau_i(t)}\right]\left[\sum_{i=1}^{n} \mu_i(t)\cos\varphi_i(t)\cos\omega_0 t - \sum_{i=1}^{n} \mu_i(t)\sin\varphi_i(t)\sin\omega_0 t\right]$$

$$(3.7.4)$$

令

$$X_c(t) = \sum_{i=1}^{n} \mu_i(t)\cos\varphi_i(t) \qquad X_s(t) = \sum_{i=1}^{n} \mu_i(t)\sin\varphi_i(t)$$

则有

$$r(t) = Ab\left[t - \overline{\tau_i(t)}\right]\left[X_c(t)\cos\omega_0 t - X_s(t)\sin\omega_0 t\right]$$

$$= Ab\left[t - \overline{\tau_i(t)}\right]V(t)\cos\left[\omega_0 t + \varphi(t)\right] \qquad (3.7.5)$$

式中,

$$V(t) = \sqrt{X_c^2(t) + X_s^2(t)}$$

为 $r(t)$ 的随机包络;

$$\varphi(t) = \arctan\frac{X_s(t)}{X_c(t)}$$

为 $r(t)$ 的随机相位。

由式(3.7.5)可见,多径传输和信道特性的变化,导致接收端信号幅度随机起伏变化,载波相位随机变化,而基带信号 $b(t)$ 的波形变化不大,其畸变可以忽略。这种现象称作平坦性衰落或一般性衰落。

(2) $|\tau_i(t)|_{\max}$ 与 T 相当,这时 $\sum_{i=1}^{n} b[t - \tau_i(t)]$ 与 $b[t - \overline{\tau_i(t)}]$ 有很大差别。不同路径信号的不同信息码元之间会产生很大的相互干扰,称作码间干扰或符号间干扰,使数字信号波形产生严重失真,引起很大误码,严重时不能正常通信。

在这种情况下,不仅接收信号的幅度和相位随机变化,而且其信号波形也产生了很大畸变。从频域看,其不同频率分量受到不同程度的衰落,因此这种衰落称作频率选择性衰落。

随参信道多径时延的最大值的倒数称作信道的相关带宽,即

$$\Delta f = \frac{1}{\tau_{\max}}$$

由于数字信号的带宽与码元宽度 T 成反比,即

$$\Delta f_s = \frac{1}{T}$$

所以, $\tau_{\max} \geqslant T$,等效 $\Delta f \leqslant \Delta f_s$。因此,从频域看,若信号带宽大于信道的相关带宽,则会产生频率选择性衰落;若 $\Delta f \gg \Delta f_s$,则只会产生平坦性衰落或称一般性衰落。

随参信道中的多径时延限制了数字通信的码元速率,例如,短波反射信道的最大多径时延可达数毫秒,因此,在短波信道中的数字码元速率一般只能在 $100 \sim 300$ Baud 左右。

3. 衰落特性

经不同路径到达接收点的不同信号相关性很小。根据中心极限定理,当路径数很大时,多径信号之和的概率分布趋于高斯分布,即式(3.7.5)中的 $X_c(t)$ 和 $X_s(t)$ 为高斯过程。观测表明对于实际无线信道, $X_c(t)$ 和 $X_s(t)$ 的变化速率约几十赫兹至几百赫兹,相

对于载波而言是慢变化过程,因此过程 $r(t)$ 是一窄带高斯平稳随机过程,其包络 $V(t)$ 的概率分布为瑞利分布,相位 $\varphi(t)$ 为均匀分布,这种衰落称为瑞利衰落。

如果接收信号中有一路很强的信号(例如直射信号),则接收点的信号可看作是余弦波加窄带高斯过程,这时其包络概率分布为广义瑞利分布或称莱斯分布。

由于多径传输和信道特性变化引起的衰落频率约几十到几百赫兹,这种衰落称作快衰落。由于信道特性的慢变化(周期为若干小时、若干天等)引起的信号幅度的随机变化称为慢衰落。

衰落严重影响通信质量,引起信噪比下降,造成大片差错(误码),甚至会引起通信瞬时中断。为了减少衰落对信号传输的影响,可以采取多种抗衰落的方法,例如,扩频通信技术、交织技术、抗突发差错编译码技术、自适应信道均衡器等,其中效果明显的方法之一就是分集接收技术。

3.8　分　集　接　收

分集接收是一种有效的抗一般性衰落的技术。其原理是利用两个以上的信号传送同一信息,并且这些不同信号的衰落相互独立。接收端以适当的方式将这些信号合并起来加以利用,解出信息。

获得不相关支路信号的主要方法有:

(1) 用两个天线接收同一信号,如果两个天线的距离大于载波波长的 100 倍以上,则两个接收天线的输出信号的衰落将不相关,这种分集方式称为空间分集。用两个天线接收称作二重空间分集;若用三个天线接收,则称为三重空间分集,依此类推。实际中多采用二重空间分集。

(2) 利用两个以上不同载波频率的信号传送同一信息,如果不同载波频率的差大于信道的相关带宽,则在接收端不同载波频率信号的衰落将不相关,这种分集方式称作频率分集。采用两个载波频率称作二重频率分集,采用三个载波频率称作三重频率分集,依次类推。

(3) 由不同指向的天线波束得到互不相关的衰落信号,这种分集方式称作角度分集。

(4) 接收水平极化的信号与垂直极化的信号的衰落也不相关,这种分集方式称作极化分集。

(5) 如果采用扩频信号传送消息,则可以在接收端将不同时延的多径信号分离开,得到的不同时延信号的衰落也互不相关,这种分集方式称作多径分集接收(Rake)。

不同支路信号合并的主要方式有:

• 最佳选择式。比较各支路的信噪比,选择信噪比最大的一路为接收信号。

• 等增益相加。将各支路信号直接相加作为接收信号。

• 最佳比例相加。以各支路的信噪比为加权系数将各支路信号相加作为接收信号。

不同合并方式的分集效果不同,最佳选择式效果最差,但最简单;最佳比例相加效果最好,但最复杂。分集接收的主要作用是使合并信号的衰落相对各支路信号的衰落平滑了,其实质是对随参信道特性的一种改善,使其趋近于恒参信道。

必须指出,分集接收方法中除多径分集方法外,其他分集方法只对一般性(平坦性)衰落有明显效果,而不能消除由于多径传输引起的码间干扰。

3.9 信道的加性噪声

信道中存在有加性和乘性两大类噪声,其中加性噪声叠加在接收信号上,对通信质量有很大影响,是限制信号传输或检测的重要因素,因此本节主要讨论加性噪声。

加性噪声按来源不同,大致分为人为噪声、自然噪声和通信系统内部噪声三类,其中前两类噪声都是信道外的噪声源作用于信道上所产生的,统称为外部噪声。

(1) 人为噪声

人为噪声主要来自各种电气装置所产生的工业干扰和无线电干扰,如别的无线电发射机、电力线、电气开关、电车和电气铁道、电焊机、高频电炉等所产生的电磁干扰或电火花干扰。

(2) 自然噪声

自然噪声是指宇宙辐射噪声、天电噪声、大气噪声等自然界存在的各种电磁波源,如闪电、宇宙射线、太阳黑子活动等。

(3) 通信系统内部噪声

内部噪声来源于信道内的设备和元器件,如电阻一类的各种导体中自由电子的热运动所产生的热噪声;电子管及晶体管等电子器件中的电子或载流子发射不均匀而产生的散弹效应形成的散弹噪声;电源设备滤波不良而引起的交流声等。

从研究噪声对信号传输影响的角度来看,按噪声的性质进行分类更有利,可分为单频噪声、脉冲噪声和起伏噪声。

(1) 单频噪声

单频噪声是一种连续波的干扰,其频谱集中在某个频率附近较窄的范围之内,主要是指无线电噪声,还有电源的交流声、信道内设备的自激振荡、高频电炉干扰等也在此类之列。不过干扰的频率可以通过实测来确定,因而只要采取适当的措施便可能防止或削弱其对通信的影响。

(2) 脉冲噪声

脉冲噪声的特点是突发性、持续时间短,但每个突发的脉冲幅度大,相邻突发脉冲之间有较长的平静期,如工业噪声中的电火花、电路开关噪声、天电干扰中的雷电等。

(3) 起伏噪声

起伏噪声是最基本的噪声来源,是普遍存在和不可避免的,其波形随时间作不规律的随机变化,且具有很宽的频谱,主要包括信道内元器件所产生的热噪声、散弹噪声和天电噪声中的宇宙噪声。从它的统计特性来看,可认为起伏噪声是一种高斯噪声,且在相当宽的频率范围内具有平坦的功率密度谱,可称其为白噪声,故而起伏噪声又可表述为高斯白噪声。

应当指出,在以上所列的三种加性噪声中,单频噪声不是所有的信道中都有的,且较易防止;脉冲噪声虽然对模拟通信的影响不大,但在数字通信中,一旦突发噪声脉冲,由于它的幅度大,会导致一连串误码,造成严重的危害,通常采用纠错编码技术来减轻这一危害。

起伏噪声是信道所固有的一种连续噪声,既不能避免,又始终起作用。下面介绍几种主要的起伏噪声产生的物理原因和性质。

1. 热噪声

任何电阻(导体)即使不与电源接通,它的两端也仍有电压,这是由于导体中组成传导电流的自由电子无规则的热运动而引起的。因为,某一瞬间向一个方向运动的电子有可能比向另一个方向运动的电子数目多,也就是说,在任何时刻通过导体每个截面的电子数目的代数和是不等于零的,即由自由电子的随机热骚动带来一个大小和方向都不确定(随机)的电流——起伏电流(噪声电流),它们流过导体就产生一个与其电阻成正比的随时间而变的电压——起伏电压(噪声电压)。但在没有外加电场的情况下,这些起伏电流(或电压)相互抵消,使其净电流(或电压)的平均值为零。

通过实验对热噪声的详细研究,并根据热力学原理在理论上的进一步推导,结果表明,电阻中热噪声电压始终存在。而且,热噪声具有极宽的频谱,热噪声电压在从直流到 10^{13} Hz 频率的范围内具有均匀的功率谱密度。

2. 散弹噪声

散弹噪声又称散粒噪声或颗粒噪声,是 1918 年肖特基研究此类噪声时,根据打在靶子上的子弹的噪声而命名的。

散弹噪声出现在电子管和半导体器件中。电子管中的散弹噪声是由阴极表面发射电子的不均匀性引起的。在半导体二极管和三极管中的散弹噪声则是由载流子扩散的不均匀性与电子空穴对产生和复合的随机性引起的。

散弹噪声的性质可用平板型二极管的热阴极电子发射来说明。二极管的电流是由阴极发射的电子飞越到阳极而形成的。每个电子带有一个负电荷,到达阳极时产生小的电流脉冲,所有电流脉冲之和产生了二极管的平均阳极电流。

然而,阴极在单位时间内所发射的电子数并不恒定,它随时间作不规则的随机变化。电子的发射是一个随机过程,因而二极管电流中包含着时变分量。

3. 宇宙噪声

宇宙噪声是指天体辐射波对接收机形成的噪声,它在整个空间的分布是不均匀的,最强的来自银河系的中部,其强度与季节、频率等因素有关。实测表明,在 $20\sim300$ MHz 的频率范围内,它的强度与频率的三次方成反比。因而,当工作频率低于 300 MHz 时就要考虑到它的影响。

实践证明,宇宙噪声也是服从高斯分布的。在一般的工作频率范围内,它也具有平坦的功率谱密度。

有必要指出,无论是散弹噪声、热噪声,还是宇宙噪声,其噪声电压(电流)均符合中心极限定理条件,可以断定其瞬时值的分布服从高斯分布。因此,称起伏噪声是高斯噪声。同时,在一般的工作频率范围内,它具有平坦的功率谱密度。均匀分布的噪声可以认为是恒定值,又称为白噪声。信道模型中的噪声源是分散在通信系统各处的噪声的集中表示,在今后的讨论中,将不再详细区分是散弹噪声、热噪声还是宇宙噪声,而集中把它们表示为起伏噪声,并一律把起伏噪声定义为高斯白噪声。

从调制信道的角度来看,到达或集中于解调器输入端的噪声并不是上述起伏噪声本身。它们在到达解调器之前,被接收转换器滤波成为一种带通噪声。当研究调制与解调的问题时,调制信道的加性噪声可直接表述为窄带高斯噪声。

3.10 信 道 容 量

信道容量是指该信道能够传送的最大信息量。它等于信道输入与输出互信息的最大可能值,其值决定于信道自身的性质,与其输入信号的特性无关。

1. 离散信道(编码信道)的信道容量

令信道的输入为 $X \in (x_1, x_2, \cdots, x_n)$,输出为 $Y \in (y_1, y_2, \cdots, y_n)$,给定 X 的先验概率 $P(x_i), i = 1, 2, \cdots, n, X$ 与 Y 的互信息量为

$$I(X, Y) = H(X) - H(X/Y) = H(Y) - H(Y/X)$$

式中,$H(X)$ 为 X 的符号熵;$H(X/Y)$ 为 X 的条件符号熵;$H(Y)$ 为 Y 的符号熵;$H(Y/X)$ 为 Y 的条件符号熵。

互信息量 $I(X, Y)$ 既与信道特性有关,也与 X 的概率分布 $P(x_i)$ 有关。对于一定的信道,不同概率分布对应不同的 $I(X, Y)$,即是 $P_i(i = 1, 2, \cdots, n)$ 的函数,其中某一种概率分布 P_i(其中 $i = 1, 2, \cdots, n$)对应的 $I(X, Y)$ 最大,表示为

$$C = \max_{P(x_i)} I(X, Y)$$

C 是通过信道每个符号平均能够传送的最大信息量,定义为信道容量。信道容量的另一种常用的定义为单位时间信道能传送的最大信息量 C_0。若 X 的符号速率为 V_B(符号/秒),则

$$C_0 = V_B C = V_B \max_{P(x_i)} I(X, Y)$$

一般情况信道容量的计算比较复杂。现以最简单的二元无记忆对称信道为例,计算信道容量。

已知信道的输入 $X \in (1, 0)$,输出 $Y \in (1, 0)$,转移概率为

$$P(Y = 1/X = 0) = P(1/0) = \mu$$
$$P(Y = 0/X = 1) = P(0/1) = \mu$$

由此有

$$P(0/0) = 1 - \mu$$
$$P(1/1) = 1 - \mu$$

可算得条件符号熵

$$H(Y/X) = -\mu \log \mu - (1 - \mu) \log(1 - \mu)$$

由于信道的对称性,此值与 $P(x_i)$ 的分布无关。

信道容量(符号)

$$C = \max_{P(x_i)} [H(Y) - H(Y/X)] = \max_{P(x_i)} [H(Y)] + \mu \log \mu + (1 - \mu) \log(1 - \mu)$$

根据最大熵定理,当 $P(Y = 1) = P(Y = 0) = 1/2$ 时,$H(Y)$ 最大并且等于 1 比特/符号,可得

$$C = 1 + \mu \log \mu + (1-\mu) \log(1-\mu)$$

由上式可知,当 $\mu = 1/2$ 时,$C = 0$。单位时间的信道容量

$$C_0 = V_B C$$

式中,V_B 为信源 X 的符号速率,即每秒钟发送的符号数。

2. 连续信道的信道容量

连续信道的输入 X 与输出 Y 均为连续的随机变量。X 与 Y 的互信息量为

$$I(X,Y) = h(X) - h(X/Y) = h(Y) - h(Y/X)$$
$$= h(Y) - \int_{-\infty}^{+\infty} p(x) \int_{-\infty}^{+\infty} p(y/x) \log p(y/x) \mathrm{d}y \mathrm{d}x$$

式中,$p(x)$ 是 X 的概率密度;$p(y/x)$ 是 $X = x$ 时 Y 的条件概率密度。$p(y/x)$ 与信道性质有关;$p(x)$ 与信道性质无关。而互信息量既与 $p(y/x)$ 有关,又与 $p(x)$ 有关,即互信息是 $p(x)$ 的泛函数,可表示为 $I[X,Y,p(x)]$。

连续信道的信道容量定义为

$$C = \max_{p(x)} I[X,Y,p(x)]$$

以上信道称作单符号连续信道。其输入为单符号 X,输出为单符号 Y。若信道的输入为 $X(t_1), X(t_2), \cdots, X(t_n), \cdots$,则称为多符号信道。多符号信道的信道容量定义与单符号信道一样,只是其输入是随机向量 $\boldsymbol{X} \in [\cdots, X(t_1), X(t_2), \cdots, X(t_n), \cdots]$,输出是随机向量 $\boldsymbol{Y} \in [\cdots, Y(t_1), Y(t_2), \cdots, Y(t_n), \cdots]$,而其概率特性是相应的多维概率密度。

多符号信道的信道容量的理论分析和计算更为复杂,详细内容可参阅有关文献。

对于连续信道,一般定义单位时间内传送的最大信息量为信道容量。通过计算可得

$$C = B \log \left(1 + \frac{S}{\sigma^2}\right)$$

式中,S 是信号的平均功率;σ^2 是噪声的平均功率;B 是信道的带宽;C 是信道容量;S/σ^2 是信号功率与噪声功率之比,简称信噪比。

此式就是信道容量公式,常称为香农公式,在信息论中具有十分重要的意义。

香农公式还可以写成另一种形式

$$C = B \log \left(1 + \frac{S}{N_0 B}\right)$$

式中,N_0 是限带高斯白噪声 $n(t)$ 的单边功率谱密度。

由上式可知,当信号功率 $S \to \infty$ 时,信道容量 $C \to \infty$;而当信道带宽 $B \to \infty$ 时,信道容量并不趋于无穷大,而是趋于一个定值。现证明如下:

$$C = \frac{S}{N_0} \frac{N_0 B}{S} \log \left(1 + \frac{S}{N_0 B}\right)$$

$$\lim_{B \to \infty} C = \lim_{B \to \infty} \left[\frac{N_0 B}{S} \log \left(1 + \frac{S}{N_0 B}\right)\right] \left(\frac{S}{N_0}\right)$$

考虑到

$$\lim_{x \to 0} \frac{1}{x} \log(1+x) = \log e \approx 1.44$$

得

$$\lim_{B \to \infty} C = \frac{S}{N_0} \log e \approx 1.44 \frac{S}{N_0}$$

证毕。

由公式可知,在保证一定信道容量的情况下,带宽 B 和信噪比 S/σ_2 可以互换,即增加带宽可以降低信噪比;或增加信噪比可以减小带宽。

香农编码定理揭示了信源信息速率与信道容量的关系,其表述为:如果信源的信息速率(即每秒钟发出的信息量)小于信道容量,则存在一种编码方式可保证通过该信道传送信源信息的差错率任意小;如果信源的信息速率大于信道容量,则不可能存在一种编码方式能保证无误传输,传送信息的差错率将很大。香农编码定理的证明比较复杂,可参阅有关文献。

通常称达到香农公式信道容量的通信系统为理想通信系统。香农证明了理想系统的存在性,但没有指出实现理想系统的方法。理想通信系统一般只能作为实际通信系统的理论界限。实际通信系统的信息传输速率不可能大于理想系统的信道容量。已知现有的多数通信系统的信息传输速率都远小于信道容量,说明还有很大的发展潜力。

习　题

3.1　什么是调制信道?什么是编码信道?

3.2　什么是恒参信道?什么是随参信道?

3.3　目前常见的信道中哪些属于恒参信道?哪些属于随参信道?

3.4　信号在恒参信道中传输时主要有哪些失真?如何减小这些失真?

3.5　信道容量是如何定义的?连续信道容量和离散信道容量的定义有何区别?

3.6　信道中常见的起伏噪声有哪些?其主要特点是什么?

3.7　什么是高斯白噪声?它的概率密度函数和功率谱密度函数如何表示?

3.8　什么是分集接收?

3.9　香农公式有何意义?信道容量与"三要素"的关系如何?

3.10　具有 6.5 MHz 带宽的某高斯信道,若信道中信号功率与噪声功率谱密度之比为 45.5 MHz,试求其信道容量。

3.11　某一待传输的图片约含 2.25×10^6 个像元。为了很好地重现图片需要 12 个亮度电平。假若所有这些亮度电平等概率出现,试计算用 3 min 传送一张图片时所需的信道带宽(设信道中信噪功率比为 30 dB)。

第 **4** 章

模拟调制系统

从信号传输的角度看,调制与解调是通信系统中重要的环节,它使信号发生了本质性的变化。本章讨论的模拟调制就是把模拟基带信号加载在正弦载波的某些参量上,如振幅、频率和相位,分别对应的是调幅、调频和调相。调制还可以分为线性调制(幅度调制:AM、DSB、SSB 和 VSB)与非线性调制(角度调制:FM 和 PM)。

讨论的主要内容有:各种信号产生(调制)与接收(解调)的基本原理、方法、技术以及调制系统的抗噪声性能分析。在详细讨论各种调制方式之前,首先介绍一下调制在通信系统中的作用、调制的分类、调制中需要讨论的主要问题和主要参数等问题。

4.1 概 述

一般对语音、音乐、图像等信息源直接转换得到的电信号是频率很低的电信号,这类信号的频谱特点是低频成分非常丰富,有时还包括直流分量,如电话信号的频率范围在 $0.3 \sim 3.4 \text{ kHz}$,通常称这种信号为基带信号。通常将一个由直流(零赫兹或接近零赫兹)到小于兆赫级的有限频谱分量构成的信号称为基带信号或低通型信号。模拟基带信号可以直接通过架空明线、电缆和光缆等有线信道传输,但不可能直接在无线信道中传输。另外,即使可以在有线信道传输,但一对线路上只能传输一路信号,其信道利用率是非常低的,而且很不经济。为了使模拟基带信号能够在无线信道中进行频带传输,同时也为了使有线信道的频带利用率高,及单一信道实现多路模拟基带信号的传输,就需要采用调制解调技术。

在发送端把基带信号频谱(频谱分布在零频附近)搬移到给定信道通带(处在较高频段)内的过程称为调制,而在接收端把已搬到给定信道通带内的频谱还原为基带信号频谱的过程称为解调。调制和解调在一个通信系统中总是同时出现的,因此往往把调制和解调合起来称为调制系统。从信号传输的角度看,调制和解调是通信系统中的一个极为重要的组成部分,一个通信系统性能的好坏,在很大程度上由调制方式来决定。

4.1.1 调制的作用

在通信系统中,调制不仅使信号频谱发生了搬移,也使信号的形式发生了变化,它具有以下几个重要作用。

1. 为了实现有效辐射(频率变换)

为了充分发挥天线的辐射能力,一般要求天线的尺寸和发送信号的波长在同一个数量级,例如常用天线的长度应为所传信号波长的 1/4。如果把语音信号(0.3～3.4 kHz)直接通过天线发射,那么天线的长度应为

$$l = \frac{\lambda}{4} = \frac{c}{4f} = \frac{3 \times 10^8}{4 \times 3.4 \times 10^3} \text{km} \approx 22 \text{ km}$$

长度(高度)为 22 km 的天线显然是无法实现的。但是如果把语音信号的频率首先进行频谱搬移,搬移到 900 kHz,则天线的高度就变为 $l \approx 84$ m。因此调制是为了使天线容易辐射。

2. 为了实现频率分配

为使各个无线电台发出的信号互不干扰,每个电台都被分配给不同的频率。这样利用调制技术把各种语音、音乐、图像等基带信号调制到不同的载频上,以便用户任意选择各个电台,收看收听所需节目。

3. 为了实现多路复用

如果传输信道的通带较宽,可以用一个信道同时传输多个基带信号,只要把基带信号分别调制到相应的频带上,然后将它们一起送入信道传输即可。这种在频域上实行的多路复用称为频分复用(FDM)。

4. 为了提高系统抗噪性能

通信中噪声和干扰是无法完全消除的,可以通过选择适当的调制方式来减少其不利影响。在本章中不同的调制系统会具有不同的抗噪声性能。例如通过调制使已调信号的传输带宽变宽,用增加带宽的方法换取噪声影响的减少,这是通信系统设计中常采用的一种方法。调频信号的传输带宽比调幅的宽得多,因此调频系统抗噪性能要优于调幅系统。

4.1.2 调制的分类

调制器的模型通常可用一个三端非线性网络来表示,如图 4.1.1 所示。图中 $m(t)$ 为输入调制信号,即基带信号;$c(t)$ 为载波信号;$s(t)$ 为输出已调信号。调制的本质是进行频谱变换,把携带消息的基带信号变为频带信号。经过调制后的已调信号应该具有两个基本特性:一是仍然携带有原来基带信号的消息;二是具有较高的频谱,适合于信道传输。

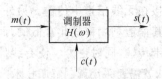

图 4.1.1 调制器模型

根据不同的 $m(t)$、$c(t)$ 和不同的调制器功能,可将调制分成如下几类:

1. 根据输入调制信号 $m(t)$ 的不同分类

调制信号有模拟信号和数字信号之分,因此调制可以分为:

(1) 模拟调制。指 $m(t)$ 为幅度连续变化的模拟量,本章介绍的各种调制都属于模拟调制。

(2) 数字调制。指 $m(t)$ 为幅度离散的数字量,第 6 章介绍的内容都属于数字调制。

2. 根据载波 $c(t)$ 的不同分类

载波通常有连续波和脉冲之分,因此调制可以分为:

(1) 连续波调制。$c(t)$ 为一个连续波形,通常可用单频正弦波表示。

（2）脉冲调制。$c(t)$为一个脉冲序列，通常以矩形周期脉冲序列表示。

3. 根据载波 $c(t)$ 的参量变化不同分类

载波的参量有幅度、频率和相位，因此调制可以分为：

（1）幅度调制。$m(t)$改变$c(t)$的振幅参量，使其随$m(t)$的大小而变化，如调幅（AM）、脉冲振幅调制（PAM）、幅移键控（ASK）等。

（2）频率调制。$m(t)$改变$c(t)$的频率参量，使其随$m(t)$的大小而变化，如调频（FM）、脉冲频率调制（PFM）、频移键控（FSK）等。

（3）相位调制。$m(t)$改变$c(t)$的相位参量，使其随$m(t)$的大小而变化，如调相（PM）、脉冲位置调制（PPM）、相移键控（PSK）等。

4. 根据调制器频谱特性的不同分类

调制器的频谱特性对调制信号的影响，可以归结为已调信号与调制信号频谱之间的关系。因此调制可以分为：

（1）线性调制。$s(t)$的频谱和$m(t)$的频谱之间呈线性搬移关系，如调幅（AM）、双边带调制（DSB）、单边带调制（SSB）、残留边带调制（VSB）等。

（2）非线性调制。$s(t)$的频谱和$m(t)$的频谱之间呈非线性关系，即输出已调信号的频谱与调制信号频谱相比，不呈线性对应关系，出现了频率扩展或增生，如调频（FM）、调相（PM）、频移键控（FSK）等。

4.2 线 性 调 制

如果输出已调信号的频谱和输入调制信号的频谱之间满足线性搬移关系，称为线性调制，通常也称为幅度调制。线性调制的主要特征是调制前、后的信号频谱在形状上看没有发生根本变化，仅仅是频谱的幅度和位置发生了变化。即把基带信号的频谱线性搬移到与信道相应的某个频带上。线性调制中，载频为f_c的余弦载波的幅度参数随着输入的基带信号的变化而变化。线性调制具体有四种方法：

（1）振幅调制（Amplitude Modulation，AM）；

（2）双边带调制（Double Side Band，DSB）；

（3）单边带调制（Single Side Band，SSB）；

（4）残留边带调制（Vestigial Side Band，VSB）。

下面分别加以介绍。

4.2.1 振幅调制

1. 基本概念

（1）时域表达式

如果已调信号的包络与输入调制信号呈线性对应关系，而且时间波形数学表达式为

$$s_{AM}(t) = [A_0 + m(t)]\cos(\omega_c t + \theta_0) \tag{4.2.1}$$

则称为振幅调制。式中，$m(t)$为输入调制信号，它的最高频率为f_m，$m(t)$可以是确定信号，也可以是随机信号；ω_c为载波的频率；θ_0为载波的初始相位，在以后的分析中，为了方

便通常假定 $\theta_0 = 0$,这样假定并不影响讨论的一般性;A_0 为外加的直流分量,如果调制信号中有直流分量,可以把调制信号中的直流分量归到 A_0 中。在实际中为了实现线性调幅,必须要求

$$|m(t)|_{\max} \leqslant A_0 \tag{4.2.2}$$

否则将会出现过调幅现象,在接收端采用包络检波法解调时,会产生严重的失真。

如果调制信号为单频信号,假定

$$m(t) = A_m \cos(\omega_m t + \theta_m) \tag{4.2.3}$$

则

$$
\begin{aligned}
s_{AM}(t) &= [A_0 + A_m \cos(\omega_m t + \theta_m)]\cos(\omega_c t + \theta_0) \\
&= A_0[1 + \beta_{AM}\cos(\omega_m t + \theta_m)]\cos(\omega_c t + \theta_0)
\end{aligned} \tag{4.2.4}
$$

式中,$\beta_{AM} = \dfrac{A_m}{A_0} \leqslant 1$,称为调幅指数,也叫调幅度,它是调制信号幅度与载波信号幅度之比。调幅指数的值介于 0 和 1 之间。对于一般振幅调制信号,调幅度 β 可以定义为

$$\beta = \frac{[f(t)]_{\max} - [f(t)]_{\min}}{[f(t)]_{\max} + [f(t)]_{\min}} \tag{4.2.5}$$

$$f(t) = A_0 + m(t) \tag{4.2.6}$$

在式(4.2.5)中,通常 $\beta < 1$;当 $\beta > 1$ 时称为过调幅,只有 $f(t)_{\min}$ 为负值时才出现这种情况;当 $\beta = 1$ 时称为满调幅(临界调幅)。

(2) AM 信号波形

AM 信号的波形如图 4.2.1 所示。图 4.2.1(a)中假设调制信号 $m(t)$ 是单频正弦信号,在图 4.2.1(b)中可以清楚地看出,AM 信号 $s_{AM}(t)$ 的包络完全反映了调制信号 $m(t)$ 的变化规律。

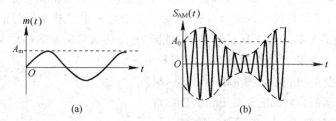

图 4.2.1 AM 信号的波形

(3) AM 信号频谱

对式(4.2.1)进行傅里叶变换,可以得到 AM 信号 $s_{AM}(t)$ 的频谱 $S_{AM}(\omega)$。

$$
\begin{aligned}
S_{AM}(\omega) &= \mathscr{F}[s_{AM}(t)] \\
&= \frac{1}{2}[M(\omega + \omega_c) + M(\omega - \omega_c)] + \pi A_0[\delta(\omega + \omega_c) + \delta(\omega - \omega_c)]
\end{aligned} \tag{4.2.7}
$$

式(4.2.18)中,$M(\omega)$ 是调制信号 $m(t)$ 的频谱。调制信号的频谱图如图 4.2.2(a)所示,AM 信号的频谱图如图 4.2.2(b)所示。

通过 AM 信号的频谱图可以得出以下结论:

① 已调信号的频谱完全是基带信号频谱结构在频域内的简单搬移,精确到常数因子,这种搬移是线性的,幅度调制通常又称为线性调制。但应注意,这里的"线性"并不意

味着已调信号与调制信号之间符合线性变换关系。事实上,任何调制过程都是一种非线性的变换过程。

② AM 信号的频谱由位于 $\pm f_c$ 处的冲激函数和分布在 $\pm f_c$ 处两边的边带频谱组成。

③ 调制前基带信号的频带宽度为 f_m,调制后,AM 信号的频带宽度变为

$$B_{AM} = f_H - f_L = (f_c + f_m) - (f_c - f_m) = 2f_m \tag{4.2.8}$$

信号的频带宽度是通信中研究信号与系统时一个非常重要的参数指标,应记住各种信号的频带宽度。

④ 一般把频率的绝对值大于载波频率的信号频谱称为上边带(USB),把频率的绝对值小于载波频率的信号频谱称为下边带(LSB)。

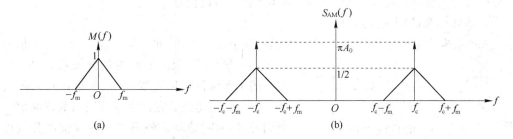

图 4.2.2 振幅调制频谱图

(4) AM 信号平均功率

信号的平均功率认为是信号通过 $1\,\Omega$ 电阻时消耗的平均功率,它等于信号的均方值。AM 信号的平均功率 P_{AM} 可以用下式计算:

$$
\begin{aligned}
P_{AM} &= \lim_{T \to \infty} \frac{1}{T} \int_{-T/2}^{T/2} s_{AM}^2(t)\,\mathrm{d}t = \overline{s_{AM}^2(t)} \\
&= \overline{\{[A_0 + m(t)]\cos \omega_c t\}^2} \\
&= \frac{1}{2}\,\overline{[A_0 + m(t)]^2} \\
&= \frac{A_0^2}{2} + \frac{\overline{m^2(t)}}{2}
\end{aligned} \tag{4.2.9}
$$

式中,$\overline{m^2(t)}$ 是调制信号的平均功率,在计算中已经利用了下面几个公式:

$$\overline{\cos^2 x} = \overline{\sin^2 x} = 1/2 \tag{4.2.10}$$

$$\overline{\cos x} = \overline{\sin x} = 0 \tag{4.2.11}$$

$$\overline{m(t)} = 0 \tag{4.2.12}$$

这几个公式在信号功率计算时非常有用,对式(4.2.11)和式(4.2.12)可以这样理解,由于 $\cos x$、$\sin x$ 和调制信号 $m(t)$ 均无直流成分,只是交变分量,因此其平均值为零。

通过式(4.2.9)可以知道,AM 信号的平均功率由两部分组成,第一部分通常称为载波功率 P_c,它不带信息;第二部分称为边带功率(也叫边频功率)P_f,它携带有调制信号的信息。即

$$P_c = \frac{A_0^2}{2} \tag{4.2.13}$$

$$P_f = \frac{\overline{m^2(t)}}{2} \tag{4.2.14}$$

$$P_{AM} = P_c + P_f \tag{4.2.15}$$

（5）AM 信号调制效率

通常把边带功率 P_f 与信号的总功率 P_{AM} 的比值称为调制效率，用符号 η_{AM} 表示，

$$\eta_{AM} = \frac{P_f}{P_{AM}} = \frac{\overline{m^2(t)}}{A_0^2 + \overline{m^2(t)}} \tag{4.2.16}$$

在不出现过调幅的情况下，$\beta=1$ 时，如果 $m(t)$ 为常数，则最大可以得到 $\eta_{AM}=50\%$；如果 $m(t)$ 为正弦波时可以得到 $\eta_{AM}=33.3\%$。一般情况下，β 不一定都能达到 1。因此，η_{AM} 是比较低的，这是振幅调制的最大缺点。但振幅调制有一个很大的优点，就是在接收端可以用包络检波法解调信号，而不需要本地同步载波信号。

2. AM 信号的产生（调制）

AM 信号产生的原理图，可以直接由其数学表达式画出，如图 4.2.3 所示。AM 信号调制器由加法器、乘法器和带通滤波器（BPF）组

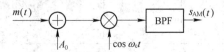

图 4.2.3　AM 信号的产生

成。图中乘法器用以实现调制（频谱搬移），带通滤波器的作用是让处在该频带范围内的调幅信号顺利通过，同时抑制带外噪声和各次谐波分量进入下级系统。

根据已调信号的时域数学表达式，画出调制器（信号产生）原理方框图是通信原理中常用的基本方法之一，应该掌握好。

产生 AM 信号的具体电路比较多，其方法名称归纳在表 4.2.1 中。

表 4.2.1　振幅调制的方法

AM 信号产生方法	高电平调制	基极调幅
		集电极调幅
		集电极-基极调幅
	低电平调制	单二极管调制
		二极管平衡调制器
		模拟乘法器调制

有关 AM 信号调制器的具体电路与原理，读者可以参阅相关高频电路书籍。这里不再赘述。

3. AM 信号的接收（解调）

AM 信号的解调一般有两种方法，一种是相干解调法，也叫相干接收法或同步解调（接收）法；另一种是非相干解调法，就是通常讲的包络检波法。由于包络检波法电路很简单，而且又不需要接收端提供同步载波，因此，对 AM 信号的解调大都采用包络检波法。

（1）相干解调法

用相干解调法接收 AM 信号的原理方框图如图 4.2.4 所示。相干解调法一般由乘法器、低通滤波器（LPF）和带通滤波器（BPF）组成。相干解调法的简单工作原理是：AM

信号通过信道后,自然会叠加有噪声,经过接收天线进入带通滤波器。BPF 的作用有两个,一是让 AM 信号顺利通过;二是抑制(滤除)带外噪声。AM 信号 $s_{AM}(t)$ 通过 BPF 后与本地载波 $\cos \omega_c t$ 相乘后,实现解调(频谱搬移)然后进入 LPF,LPF 的截止频率设定为 f_c(也

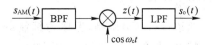

图 4.2.4 AM 信号的相干解调法

可以为 f_m),它不允许频率大于截止频率的成分通过,因此 LPF 的输出仅为需要的信号。

相干解调法的工作原理还可以用各点数学表达式清楚地说明。

$$s_{AM}(t)=[A_0+m(t)]\cos \omega_c t$$

$$z(t)=s_{AM}(t) \cdot \cos \omega_c t=[A_0+m(t)]\cos \omega_c t \cdot \cos \omega_c t$$

$$=\frac{1}{2}(1+\cos 2\omega_c t)[A_0+m(t)] \tag{4.2.17}$$

$$s_o(t)=\frac{A_0}{2}+\frac{1}{2}m(t) \tag{4.2.18}$$

式(4.2.18)中,常数 $A_0/2$ 为直流成分,可以方便地用一个隔直流电容来去除。原理图(图 4.2.4)中没有画出。

在通信原理中讲述工作原理时,通常有三种方式:文字叙述、各点数学表达式(时域或频域)和各点波形(时域或频域)。在以后的讨论中会反复地应用这三种方式。

值得说明的是,本地载波 $\cos \omega_c t$ 是通过对接收到的 AM 信号进行同步载波提取而获得的。本地载波必须与发送端的载波保持严格的同频率同相位。如何进行同步载波提取将在第 9 章同步原理中介绍。

相干解调法的优点是接收性能好,缺点是要求在接收端提供一个与发送端同频率同相位的载波信号。

(2) 非相干接收法

AM 信号非相干接收法的原理方框图如图 4.2.5 所示,它由带通滤波器(BPF)、线性包络检波器(LED)和低通滤波器(LPF)组成。图 4.2.5 中 BPF 的作用与相干接收法中的 BPF 作用完全相同;LED 是个关键部件,它把 AM 信号的包络直接提取出来,即把一个高频信号直接变成了低频调制信号;LED 后面的 LPF 在这里只是起平滑作用。如果仅仅从原理来讲,非相干接收法原理图仅用一个 LED 也可以。LED 通常可用二极管、电容、电阻来实现,具体电路参见有关高频电子线路的书籍。

图 4.2.5 AM 信号的非相干解调法

非相干接收法(包络检波法)的优点是实现简单,成本低,不需要同步载波,但系统抗噪声性能较差,存在门限效应。

由于 AM 信号的调制效率低下,单音调制时最高仅有 33.3% 左右,主要原因是 AM 信号中有一个载波 $A_0\cos \omega_c t$ 分量,它消耗了大部分发射功率。从提高调制效率角度出发,下面介绍一种调制效率为 100% 的调制方式。

4.2.2　双边带调制

双边带(DSB)调制,也称为抑制载波双边带调幅(DSB/SC),它是振幅调制(AM)的一种特例,即在 AM 信号表达式中,令 $A_0 = 0$ 的一种特殊情况。

1. 基本概念

(1) 时域表达式

DSB 信号的数学表达式为

$$s_{\text{DSB}}(t) = m(t)\cos(\omega_c t + \theta_0) \tag{4.2.19}$$

为了方便,常令初始相位为零,即

$$s_{\text{DSB}}(t) = m(t)\cos\omega_c t \tag{4.2.20}$$

(2) DSB 信号波形

DSB 信号的时域波形如图 4.2.6(b)所示,图 4.2.6(a)是调制信号的波形,DSB 信号与 AM 信号波形的区别是,DSB 信号在调制信号极性变化时(由正变负或由负变正时)会出现反相点(相位出现不连续的点)。

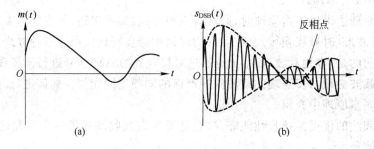

图 4.2.6　DSB 信号的波形

(3) DSB 信号频谱

对式(4.2.20)进行傅里叶变换,可以得到 DSB 信号的频谱表达式

$$S_{\text{DSB}}(\omega) = \mathscr{F}[s_{\text{DSB}}(t)] = \frac{1}{2}[M(\omega + \omega_c) + M(\omega - \omega_c)] \tag{4.2.21}$$

DSB 信号的频谱是由位于载频 $\pm f_c$ 处两边的边频(上边带和下边带)组成。DSB 与 AM 信号的频谱区别是,它在载频 $\pm f_c$ 处没有冲激函数。DSB 信号频谱图如图 4.2.7 所示。从频谱图 4.2.7 可以得出 DSB 信号的频带宽度为

$$B_{\text{DSB}} = 2f_m \tag{4.2.22}$$

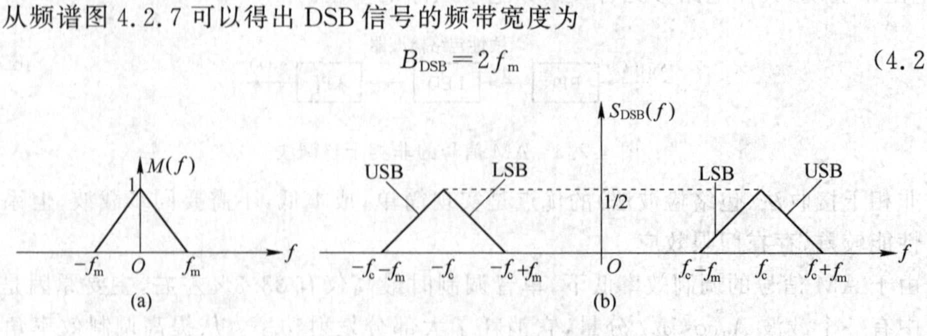

图 4.2.7　DSB 信号频谱图

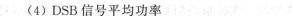

(4) DSB信号平均功率

DSB信号的平均功率 P_{DSB} 可以用下式计算

$$\begin{aligned} P_{DSB} &= \lim_{T\to\infty}\frac{1}{T}\int_{-T/2}^{T/2} s_{DSB}^2(t)\,dt = \overline{s_{DSB}^2(t)} \\ &= \overline{\{m(t)\cos\omega_c t\}^2} \\ &= \frac{1}{2}\overline{m^2(t)} = P_f \end{aligned} \tag{4.2.23}$$

DSB信号的平均功率只有边带功率 P_f，没有载波功率 P_c，因此，DSB调制效率 η_{DSB} 为100％，即

$$\eta_{DSB}=\frac{P_f}{P_{DSB}}=\frac{\overline{m^2(t)/2}}{\overline{m^2(t)/2}}=100\% \tag{4.2.24}$$

2. DSB信号的产生

DSB信号产生的原理图，也可以直接由其数学表达式画出，如图4.2.8所示。AM信号调制器由乘法器和带通滤波器(BPF)组成。图4.2.8中带通滤波器(BPF)的中心频率应在 f_c 处，频带宽度应为 $2f_m$。DSB信号调制器的工作原理与AM信号基本一样，这里不再赘述。

图4.2.8 DSB信号产生方框图

3. DSB信号的解调

DSB信号的解调只能采用相干解调法，不能用非相干接收法，这是因为包络检波器取出的信号包络始终为正值，而当调制信号为负值时，取出的信号包络是其镜像(以时间轴)，从而出现失真。相干解调法接收DSB信号的原理方框图与AM信号相干接收法原理方框图一样(见图4.2.4)。

相干法接收DSB信号的工作原理可以对照图4.2.4，再结合各点数学表达式加以理解。

$$s_{DSB}(t)=m(t)\cos\omega_c t \tag{4.2.25}$$

$$\begin{aligned} z(t) &= s_{DSB}(t)\cdot\cos\omega_c t \\ &= m(t)\cos\omega_c t\cdot\cos\omega_c t \\ &= \frac{m(t)}{2}(1+\cos 2\omega_c t) \end{aligned} \tag{4.2.26}$$

$$s_o(t)=\frac{1}{2}m(t) \tag{4.2.27}$$

DSB与AM相比，虽然调制效率达到了100％，但是还要注意到，在DSB和AM的频谱图中，它们的频谱都是由位于载频左右两侧的上下边带组成。信号的上、下边带其实携带的调制信号的信息完全一样，只不过上边带在载频的上侧，下边带在载频的下侧。这样没有必要同时都把上、下两个边带进行传输，只要选择其中一个边带传输即可。如果只传输一个边带，则可以节省一半的发射功率。基于此，就出现了下面将要介绍的单边带调制。

4.2.3 单边带调制

通信系统中信号发送功率和系统传输带宽是两个主要参数，振幅调制(AM)和双边

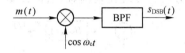

带调制(DSB)的功率和带宽都是不够节约的。在振幅调制系统中,有用信号边带功率只占总功率的一部分,充其量也不过是只占 1/3～1/2,而传输带宽是基带信号的两倍;在双边带调制系统中,虽然载波被抑制后,发送功率比振幅调制有所改善,调制效率达到100%,但是它的传输带宽仍和振幅调制时的一样,是基带信号的两倍。在双边带信号 $m(t)\cos\omega_c t$ 中,它具有上、下两个边带,这两个边带都携带着相同的调制信号 $m(t)$ 的全部信息。因此在传输已调信号过程中没有必要同时传送上、下两个边带,而只要传送其中任何一个就可以了,这种传输一个边带的通信方式称为单边带通信。

单边带(SSB)就是指在传输信号的过程中,只传输上边带或下边带部分,从而达到节省发射功率和系统频带的目的。SSB 与振幅调制和双边带调制比较起来可以节约一半传输频带宽度,因此大大提高了通信信道频带利用率,增加了通信的有效性。但是,SSB 调制方式的实现比较困难,通信设备也较复杂。

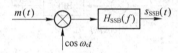

图 4.2.9 SSB 信号产生方框图

SSB 信号实质就是把 DSB 信号的一个边带(上边带或下边带)去除掉后,剩余的信号即为 SSB 信号。产生 SSB 信号的方框图可以画成如图4.2.9 的形式。产生 SSB 信号的方框图与产生 DSB 信号方框图一样,只不过是把一个频带宽度为 $2f_m$ 的 BPF换成了频带宽度为 f_m 的 BPF,边带滤波器的传输特性用 $H_{SSB}(f)$ 表示,图 4.2.10 画出了 $H_{SSB}(f)$ 的传输特性。单边带调制的基本原理是将基带信号 $m(t)$ 和载波信号经乘法器相乘后得到双边带信号,再将此双边带信号通过理想的单边带滤波器滤去一个边带就得到需要的单边带信号。如果要传输下边带信号,可以用图 4.2.10(a)所示的带通特性和图4.2.10(b)所示的低通特性;如果要传输上边带信号,可以用图 4.2.10(c)所示的带通特性和图 4.2.10(d)的高通特性。

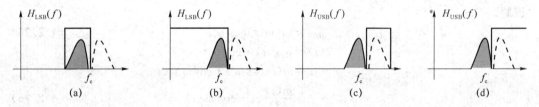

图 4.2.10 $H_{SSB}(f)$ 的传输特性

1. 单边带信号表达式

单边带信号的时域表达式推导起来是比较困难的,但是当调制信号是单音信号时还是比较方便推出的,下面从单音调制出发,得到单音调制的单边带信号时域表达式,然后不加证明地将它推广到一般基带信号调制时的单边带信号的时域表达式。

设单音信号 $m(t)=A\cos\omega_m t$,经相乘后成为双边带信号 $m(t)\cos\omega_c t=A\cos\omega_m t\cos\omega_c t$,如果通过上边带滤波器 $H_{USB}(f)$,则得到 USB 信号为

$$s_{USB}(t)=\frac{A}{2}\cos(\omega_m+\omega_c)t$$

$$=\frac{A}{2}\cos\omega_m t\cos\omega_c t-\frac{A}{2}\sin\omega_m t\sin\omega_c t$$

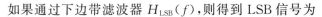

如果通过下边带滤波器 $H_{LSB}(f)$，则得到 LSB 信号为

$$s_{LSB}(t) = \frac{A}{2}\cos(\omega_c - \omega_m)t$$

$$= \frac{A}{2}\cos\omega_m t\cos\omega_c t + \frac{A}{2}\sin\omega_m t\sin\omega_c t$$

把上、下两个边带合并起来可以写成

$$s_{SSB}(t) = \frac{A}{2}\left[\cos\omega_m t\cos\omega_c t \mp \sin\omega_m t\sin\omega_c t\right] \qquad (4.2.28)$$

式中，符号"－"表示传输上边带信号，符号"＋"表示传输下边带信号。

从式(4.2.28)可以看出：单音调制的单边带信号由两部分组成，第一部分是单音信号和载波信号的乘积，它就是双边带调制信号的表达式(多了一个系数 1/2)；第二部分是单音信号 $A\cos\omega_m t$ 和载波信号 $\cos\omega_c t$ 分别移相 90°后再相乘的一半。

以传输上边带信号为例，单音信号调制时的单边带信号的波形图如图 4.2.11(a)所示，其相应的频谱图如图 4.2.11(b)所示。

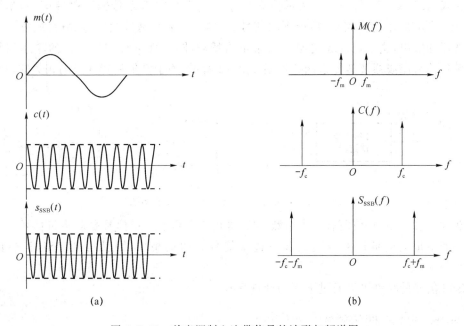

图 4.2.11　单音调制上边带信号的波形与频谱图

式(4.2.28)虽是在单音调制下得到的，但是它仍不失一般性，具有一般表达式的形式。因为对于一个一般的调制信号(基带信号)，按照非周期信号的傅里叶分析方法，它总可以表示成许多正弦信号之和。将每一个正弦信号，经单边带调制后的时域表达式再相加起来就是一般调制信号的单边带调制的时域表达式。

设调制信号由 n 个余弦信号之和表示

$$m(t) = \sum_{i=1}^{n} A_i \cos\omega_i t$$

经双边带调制，有

$$m(t)\cos\omega_c t = \sum_{i=1}^{n} A_i \cos\omega_i t \cos\omega_c t$$

设经上边带滤波器滤波取出上边带信号,则相应有

$$
\begin{aligned}
s_{\text{USB}}(t) &= \sum_{i=1}^{n} \frac{A_i}{2}\cos(\omega_i + \omega_c)t \\
&= \sum_{i=1}^{n} \frac{A_i}{2}\cos\omega_i t \cos\omega_c t - \sum_{i=1}^{n} \frac{A_i}{2}\sin\omega_i t \sin\omega_c t \\
&= \frac{1}{2}m(t)\cos\omega_c t - \frac{1}{2}\hat{m}(t)\sin\omega_c t
\end{aligned}
\tag{4.2.29}
$$

式中,$\hat{m}(t) = \sum_{i=1}^{n} A_i \sin\omega_i t$,它是将$m(t)$中所有频率成分均相移90°后得到的结果。因此单边带信号表达式写成一般的形式有

$$s_{\text{SSB}}(t) = \frac{1}{2}\left[m(t)\cos\omega_c t \mp \hat{m}(t)\sin\omega_c t\right] \tag{4.2.30}$$

在式(4.2.30)中,符号"−"表示传输上边带,符号"+"表示传输下边带;$\hat{m}(t)$是调制信号$m(t)$所有频率均移相90°后得到的信号。实际上$\hat{m}(t)$是调制信号$m(t)$通过一个宽带滤波器的输出,这个宽带滤波器称为希尔伯特滤波器,即$\hat{m}(t)$是$m(t)$的希尔伯特变换。希尔伯特滤波器及其传递函数如图4.2.12所示,关于希尔伯特变换的相关知识见附录B。

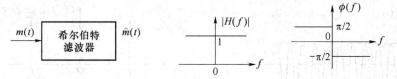

图4.2.12　希尔伯特滤波器及其传递函数

在式(4.2.30)中,前面有一个系数1/2,这是考虑到单边带信号是双边带信号一半的缘故。如果把上边带信号表达式和下边带信号表达式相加,则就得到 DSB 信号的表达式。

SSB 信号的频谱可以通过下面的计算得到

$$
\begin{aligned}
S_{\text{SSB}}(\omega) &= \mathscr{F}\left\{\frac{1}{2}\left[m(t)\cos\omega_c t \mp \hat{m}(t)\sin\omega_c t\right]\right\} \\
&= \frac{1}{4}\left[M(\omega-\omega_c) + M(\omega+\omega_c)\right] \mp \frac{\mathrm{j}}{4}\left[\hat{M}(\omega+\omega_c) - \hat{M}(\omega-\omega_c)\right] \\
&= \frac{1}{4}\left[M(\omega-\omega_c) + M(\omega+\omega_c)\right] \mp \\
&\quad \frac{1}{4}\left[M(\omega+\omega_c)\cdot\text{sgn}(\omega+\omega_c) - M(\omega-\omega_c)\cdot\text{sgn}(\omega-\omega_c)\right] \\
&= \frac{1}{4}\left\{M(\omega-\omega_c)\left[1\pm\text{sgn}(\omega-\omega_c)\right] + M(\omega+\omega_c)\left[1\mp\text{sgn}(\omega+\omega_c)\right]\right\}
\end{aligned}
\tag{4.2.31}
$$

在式(4.2.31)的推导中,首先利用了调制定理,随后用了希尔伯特滤波器的传递函数 $H(\omega)$,

$$H(\omega) = -\mathrm{j}\cdot\text{sgn}\,\omega \tag{4.2.32}$$

$$\hat{F}(\omega) = -\mathrm{j} \cdot F(\omega) \cdot \mathrm{sgn}\,\omega \tag{4.2.33}$$

式(4.2.32)和式(4.2.33)中，$\mathrm{sgn}\,\omega$ 是单位模函数，也称为符号函数，定义式为

$$\mathrm{sgn}\,\omega = \begin{cases} 1, & \omega > 0 \\ -1, & \omega < 0 \end{cases} \tag{4.2.34}$$

2. SSB 信号平均功率和频带宽度

单边带信号产生的过程是将双边带调制中的一个边带完全抑制掉，所以它的发送功率和传输带宽都应该是双边带调制时的一半，即单边带发送功率

$$P_{\mathrm{SSB}} = \frac{1}{2} P_{\mathrm{DSB}} = \frac{1}{4} \overline{m^2(t)} \tag{4.2.35}$$

当然，SSB 信号的平均功率也可以直接按定义求出，即

$$\begin{aligned} P_{\mathrm{SSB}} &= \overline{s_{\mathrm{SSB}}^2(t)} = \frac{1}{4} \overline{\left[m(t)\cos\omega_c t \mp \hat{m}(t)\sin\omega_c t \right]^2} \\ &= \frac{1}{4} \left[\frac{1}{2}\overline{m^2(t)} + \frac{1}{2}\overline{\hat{m}^2(t)} \mp 2\,\overline{m(t)\hat{m}(t)\sin\omega_c t\cos\omega_c t} \right] \\ &= \frac{1}{4}\overline{m^2(t)} \end{aligned} \tag{4.2.36}$$

在式(4.2.36)计算中，由于 $m(t)$、$\cos\omega_c t$ 与 $\hat{m}(t)$、$\sin\omega_c t$ 各自正交，故其相乘之积的平均值为零。另外，调制信号的平均功率与调制信号经过 90°相移后的信号，其功率是一样的，即

$$\overline{\hat{m}^2(t)} = \overline{m^2(t)} \tag{4.2.37}$$

顾名思义，单边带信号的频带宽度为

$$B_{\mathrm{SSB}} = f_{\mathrm{m}} \tag{4.2.38}$$

3. SSB 信号的产生

SSB 信号的产生方法，归纳起来有三种：滤波法、相移法、混合法。

（1）滤波法

滤波法就是上面介绍的用边带滤波器滤除双边带的一个边带，保留一个边带的方法，其原理方框图如图 4.2.9 所示。滤波法产生 SSB 信号的工作原理是非常简单和容易理解的，但是在实际中实现却相当困难。因为调制器需要一个接近理想的、频率特性非常陡峭的边带滤波器（如图 4.2.10 所示）。制作一个非常陡峭的边带滤波器，特别当在频率比较高时很难实现。

从图 4.2.13 可知，如果单边带滤波器的频率特性 $H_{\mathrm{SSB}}(f)$ 不是理想的（见图中的实线），难免对所需的边带有些衰减，而对不需要的边带又抑制不干净，造成单边带信号的失真。一般许多基带信号（不是全部），如音乐、语音等，它的低频成分很小或没有，可以认为语音的频谱范围为 300～3 000 Hz，这样，经双边带调制后，两个边带间的过渡带为 600 Hz，在这样窄的过渡带内要求阻带衰减增加到 40 dB 以上，才能保证有用边带振幅对无用边带振幅的有效抑制。因此，要用高品质因数(Q)滤波器才能实现。但是，Q 值相同的滤波器，由于工作频率 f_c 不同，要达到同样大小的阻带衰减，它的过渡带宽度是各不相同的。显然工作频率高的相应过渡带较宽。为了便于边带滤波器

的实现,应使过渡带宽度 $2a$ 与载波工作频率 f_c 的比值不小于 0.01,即

$$\frac{2a}{f_c} \geqslant 0.01 \qquad (4.2.39)$$

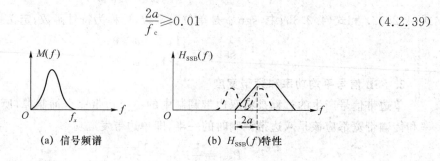

(a) 信号频谱   (b) $H_{SSB}(f)$ 特性

图 4.2.13 单边带滤波器特性

    如语音信号低频成分从 300 Hz 开始,即 $a=300$ Hz,则根据式(4.2.39)计算,调制时载波频率 $f_c \leqslant 2a/0.01 = 60$ kHz。就是说,过渡带宽度若为 600 Hz 时,滤波器的中心工作频率不应超过 60 kHz,否则边带滤波器不好做。实际应用中,如短波通信工作频率在 2~30 MHz 范围,如果想把语音信号直接用单边带调制方法调制到这样高的工作频率上,显然是不行的,必须经过多次单边带频谱搬移。图 4.2.14 表示一个二级频谱搬移的方框图和频谱搬移图,第一级经乘法器相乘和上边带滤波器滤波后,将语音信号频谱搬移到 60 kHz 上;第二级又经相乘和上边带滤波就可得到所需的单边带信号 $s_{USB}(t)$。因第二级乘法器输出的双边带信号其两个边带之间的过渡带增为 2×60.3 kHz,根据式(4.2.39)可以算得第二个滤波器的工作频率 $f_{c2} \leqslant 2a/0.01 = 2 \times 60.3$ kHz$/0.01 = 12.06$ MHz,如果工作频率超过 12 MHz,则需要采用三级频谱搬移才能满足要求。这种多级频谱搬移的方法在单边带电台中得到广泛的应用。

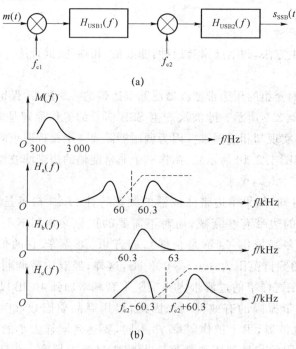

图 4.2.14 二次频谱搬移

多级频谱搬移的滤波法对于基带信号为语音或音乐信号时比较合适,因为它们频谱中的低频成分很小或没有。但是对于数字信号或图像信号,滤波法就不太适用了。因为它们的频谱低端接近零频,而且低频端的幅度也比较大,如果仍用边带滤波器来滤出有用边带,抑制无用边带就更为困难了,这时容易引起单边带信号本身的失真,而在多路复用时,容易产生对邻路的干扰,影响了通信质量。

(2) 相移法

相移法产生单边带信号,可以不用边带滤波器。因此可以避免滤波法带来的缺点。根据单边带信号的时域表示式(4.2.30),可以构成相移法产生的单边带信号原理方框图,它由希尔伯特滤波器、乘法器、合路器组成,如图 4.2.15 所示。

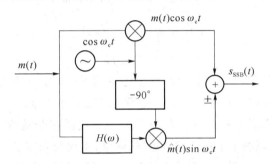

图 4.2.15　相移法产生单边带信号

图中 $H(\omega)$ 是希尔伯特滤波器的传递函数,如果合路器下端取"－"号可得到上边带输出,取"＋"号可得到下边带输出。从方框图中可知,相移法产生单边带信号中有两个乘法器,第一个乘法器(上路)产生一般的双边带信号,第二个乘法器(下路)的输入载波需要移相90°,这是单个频率移相90°,用移相网络比较容易实现。输入基带信号 $\hat{m}(t)$ 是 $m(t)$ 中各个频率成分均移相90°的结果,希尔伯特滤波器是一个宽带移相网络。

实际上宽带移相网络也是不易实现的。特别是当调制信号的范围比较宽时就更难实现。而下面介绍的混合法可以克服以上两种方法的不足。

(3) 混合法

单边带信号的产生,在滤波法中存在着边带滤波器难以实现的问题,而在相移法中又存在着 90°宽带相移网络(希尔伯特滤波器)实现难的问题,因此出现了避开这两种方法的布置,继承这两种方法的优点的混合方法。这种方法是在相移法产生单边带信号的基础上,用滤波法代替宽带相移网络,混合法因此而得名。混合法产生单边带信号的方框图如图 4.2.16 所示。

混合法产生 SSB 信号的方框图由四个乘法器、两个低通滤波器(LPF)与合路器组成,图 4.2.16 中虚线框的右边与相移法产生单边带信号的方框图相似,C、D 两点的左边虚线方框内等效为一个宽带相移网络,使 C、D 两点得到相移为－90°的两路调制信号。

设 f_{max} 和 f_{min} 分别为基带调制信号频谱的最高频率和最低频率,通常两个载频值的选择如下:

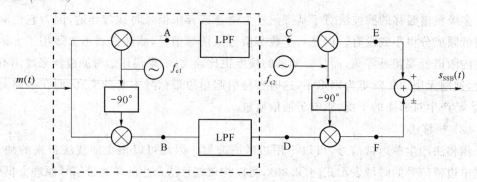

图 4.2.16 混合法产生单边带信号

$$f_{c1} = \frac{1}{2}(f_{max} + f_{min}) \tag{4.2.40}$$

$$f_{c2} = f_c \pm f_{c1} \tag{4.2.41}$$

式中，f_c 为实际的载频，符号"$+$"表示产生上边带信号；减号"$-$"表示产生下边带信号。低通滤波器的截止频率取为基带信号最高频率与最低频率之差的二分之一。

用混合法产生 SSB 信号的好处是避免了用一个包括整个基带信号频谱范围的宽带相移网络，而只是代之以两个单频相移$-90°$的网络，实现起来容易。另外，方框图中也用了边带滤波器(即低通滤波器)，但它的工作频率在低频范围，故滤波器的频率特性比较容易达到要求。

4. SSB 信号的接收(解调)

单边带信号的解调一般不能用简单的包络检波法，这是因为 SSB 信号的包络没有直接反映出基带调制信号的波形。例如，当调制信号为单频正弦信号时，单边带信号也是一个单频正弦信号，仅仅是频率发生了变化，而包络没有起伏。通常 SSB 信号要用相干解调法。相干解调法的原理方框图如图 4.2.17 所示。

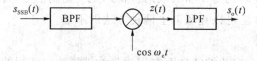

图 4.2.17 SSB 信号的相干解调

相干解调法的工作原理还可以用各点的数学表达式清楚地说明。

$$s_{SSB}(t) = \frac{1}{2}[m(t)\cos \omega_c t \mp \hat{m}(t)\sin \omega_c t]$$

$$z(t) = s_{SSB}(t) \cdot \cos \omega_c t$$

$$= \frac{1}{2}[m(t)\cos \omega_c t \mp \hat{m}(t)\sin \omega_c t] \cdot \cos \omega_c t$$

$$= \frac{1}{4}m(t)(1 + \cos 2\omega_c t) \mp \frac{1}{4}\hat{m}(t)\sin 2\omega_c t \tag{4.2.42}$$

$$s_o(t) = \frac{1}{4}m(t) \tag{4.2.43}$$

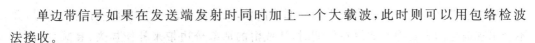

单边带信号如果在发送端发射时同时加上一个大载波,此时则可以用包络检波法接收。

4.2.4 残留边带调制

残留边带(VSB)调制为了降低设备制作的复杂性,若设法让一个边带通过,另一个边带不完全抑制而保留一部分,这种调制方法称为残留边带调制。

单边带信号与双边带信号相比,虽然它的频带与功率节省了一半,但是付出的代价是设备实现非常困难,如边带滤波器不容易得到陡峭的频率特性,或对基带信号各频率成分不可能都做到 $-90°$ 的移相等。如果传输电视信号、传真信号和高速数据信号的话,由于它们的频谱范围较宽,而且极低频分量的也比较多,这样产生 SSB 信号的边带滤波器和宽带相移网络就更难实现了。为了解决这个问题,可以采用介于单边带和双边带二者之间的一种调制方式,即残留边带调制。这种调制方法不像单边带调制那样将一个边带完全抑制,也不像双边带调制那样将另两个边带完全保存。而是介于二者之间,就是让一个边带绝大部分顺利通过,同时有一点衰减,而让另一个边带残留一小部分。残留边带调制是单边带调制和双边带调制的一种折中方案。

1. 工作原理

残留边带信号调制(产生)与解调(接收)的方框图如图 4.2.18 所示。VSB 信号的解调器与双边带、单边带解调器一样,调制器中仅是乘法器后的滤波器略有区别。后面接的滤波器不同,就得到不同的调制方式,如接双边带滤波器,则得到双边带信号输出;接单边带滤波器,则得到单边带信号输出;接残留边带滤波器,则得到残留边带信号输出。三种滤波器的滤波特性如图 4.2.19 所示。图(a)为双边带滤波特性,(b)为上(或下)边带滤波特性,(c)为上(或下)残留边带滤波特性。

图 4.2.18 VSB 信号调制器和解调器原理图

通过图 4.2.19(c)可以看到,残留边带滤波器的特性让一个边带绝大部分顺利通过,仅衰减了靠近 f_c 附近的一小部分信号的频谱分量,而让另一个边带绝大部分被抑制,只保留靠近 f_c 附近的一小部分。

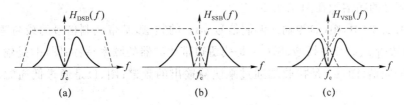

图 4.2.19 三种滤波器的特性

残留边带这种残留了一个边带的一部分信号,又衰减了另一个边带一小部分信号,会不会出现信号的失真呢? 如果在解调时,让残留的那部分边带来补偿损失(衰减)的部分边带,那么解调后的输出信号是不会发生失真的。下面从 VSB 信号用相干法解调出发,分析为使残留边带信号解调后的信号不失真,对调制器中残留边带滤波器的传输特性要求。

设调制器中残留边带滤波器的传输特性为 $H_{VSB}(f)$,根据图 4.2.18 可以求得残留边带信号的输出频谱为

$$S_{VSB}(f) = \frac{1}{2}[M(f-f_c) + M(f+f_c)] \cdot H_{VSB}(f) \tag{4.2.44}$$

在接收端解调残留边带信号时,将 VSB 信号 $s_{VSB}(t)$ 和本地载波信号 $\cos \omega_c t$ 相乘,它的频谱为

$$\mathscr{F}[s_{VSB}(t)\cos \omega_c t] = S_{VSB}(f) * C(f)$$

$$= \frac{1}{2}[S_{VSB}(f+f_c) + S_{VSB}(f-f_c)]$$

$$= \frac{1}{4}\{[M(f-2f_c) + M(f)]H_{VSB}(f-f_c) +$$

$$[M(f) + M(f+2f_c)]H_{VSB}(f+f_c)\} \tag{4.2.45}$$

式(4.2.45)共有四部分,通过低通滤波器(LPF)后,LPF 的截止频率为 f_c,滤除了二次谐波 $M(f-2f_c)$ 和 $M(f+2f_c)$ 部分,所以取出的输出信号频谱为

$$S_o(f) = \frac{1}{4}[M(f)H_{VSB}(f-f_c) + M(f)H_{VSB}(f+f_c)]$$

$$= \frac{1}{4}M(f)[H_{VSB}(f-f_c) + H_{VSB}(f+f_c)] \tag{4.2.46}$$

可以看出只要在 $M(f)$ 的频谱范围内,有

$$H_{VSB}(f-f_c) + H_{VSB}(f+f_c) = 常数 \tag{4.2.47}$$

这时,式(4.2.46)变为

$$S_o(f) = \frac{C}{4}M(f) \tag{4.2.48}$$

这正是要恢复的基带信号 $m(t)$ 的频谱。通常把满足式(4.2.47)的残留边带滤波器特性,称为具有互补对称特性。

为了更好地理解残留边带调制系统的工作原理,下面把图 4.2.18 残留边带调制系统中的各点信号的频谱画在图 4.2.20 中。

在图 4.2.20 中,图(a)为输入调制信号 $m(t)$ 的频谱,基带调制信号的最高频率为 f_x;图(b)是双边带 $s_{DSB}(t)$ 的频谱;图(c)是残留边带滤波器的频率特性;图(d)是输出残留信号 $s_{VSB}(t)$ 的频谱;图(e)是接收端通过乘法器输出的频谱;图(f)是通过低通滤波器输出的频谱。

从图中可以看到,为了保证输出信号不失真,要求残留边带滤波器频率特性 $H_{VSB}(f)$ 在 $f_c \pm b$ 范围内,具有互补对称特性,即 $f = f_c$ 时 $H_{VSB}(f_c) = 1/2$,b 取决于边带残留的大

小，一般情况下 $0 \leqslant b \leqslant f_x$。若 $f = f_c + b$，有 $H_{VSB}(f_c + b) = 1$；若 $f = f_c - b$，有 $H_{VSB}(f_c - b) = 0$。为了方便，把残留边带正频率轴的特性重画，如图 4.2.21 所示。把它看作是单边带滤波特性和一个在 $f = f_c$ 时幅度为 1/2 的、对 f_c 呈奇对称的频率特性 $H_b(f)$ 之差，即

$$H_{VSB}(f) = H_{SSB}(f) - H_b(f) \tag{4.2.49}$$

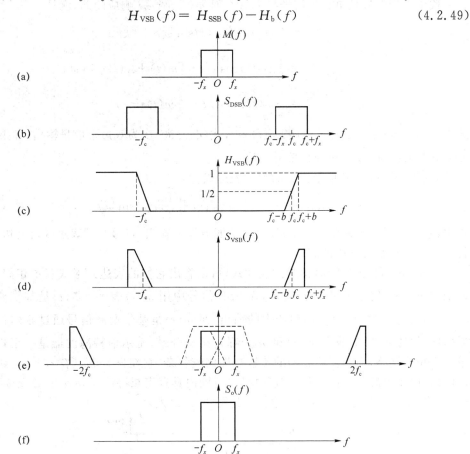

图 4.2.20　残留上边带调制系统中各点的频谱

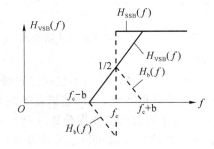

图 4.2.21　残留边带滤波特性

双边带频谱 $S_{DSB}(f)$ 通过 $H_{SSB}(f)$ 可以得到单边带信号，单边带输出的时域表示式为

$$s_{SSB}(t) = \frac{1}{2} \left[m(t) \cos \omega_c t - \hat{m}(t) \sin \omega_c t \right]$$

双边带频谱 $S_{DSB}(f)$ 通过对 f_c 呈奇对称的 $H_b(f)$ 后，它的输出时域表示式为

$$\frac{1}{2}s_b(t)\sin \omega_c t$$

残留边带信号是单边带信号与 $H_b(f)$ 对 $m(t)\cos \omega_c t$ 响应的差，就是

$$s_{VSB}(t) = s_{SSB}(t) - \frac{1}{2}s_b(t)\sin \omega_c t$$

$$= \frac{1}{2}\{m(t)\cos \omega_c t - [\hat{m}(t) + s_b(t)]\sin \omega_c t\}$$

$$= \frac{1}{2}m(t)\cos \omega_c t - \frac{1}{2}\tilde{m}(t)\sin \omega_c t \tag{4.2.50}$$

式中，$\tilde{m}(t) = \hat{m}(t) + s_b(t)$。如果 $\tilde{m}(t) = 0$，式(4.2.50)变为双边带信号输出；如果 $\tilde{m}(t) = \hat{m}(t)$，式(4.2.50)变为单边带信号表达式。

一般情况下，VSB 信号完整的数学表达式为

$$s_{VSB}(t) = \frac{1}{2}m(t)\cos \omega_c t \mp \frac{1}{2}\tilde{m}(t)\sin \omega_c t \tag{4.2.51}$$

式中，$\tilde{m}(t)$ 是基带调制信号 $m(t)$ 通过正交滤波器的输出；符号"$-$"表示残留上边带信号；符号"$+$"表示残留下边带信号。

比较 SSB 信号和 VSB 信号的表达式，可以看出它们的表达式形式基本相同，唯一的差别就是 VSB 信号中用 $\tilde{m}(t)$ 表示，而 SSB 信号中用 $\hat{m}(t)$ 表示。$\tilde{m}(t)$ 是基带调制信号 $m(t)$ 通过正交滤波器 $H_Q(\omega)$ 后产生的输出，而 $\hat{m}(t)$ 是基带调制信号通过希尔伯特滤波器(希尔伯特变换)的输出，$\hat{m}(t)$ 和 $\tilde{m}(t)$ 都是正交分量，希尔伯特滤波器是一个理想的宽带 $\pi/2$ 相移网络，而正交滤波器的传输特性比较复杂，它在 $|\omega| < \omega_b$(在 $\omega_c - \omega_b$ 到 $\omega_c + \omega_b$ 范围内，边带滤波器特性呈互补对称特性)范围内具有衰减特性。只有在 $|\omega| > \omega_b$ 后才有 $\pi/2$ 相移特性。正交滤波器的传输特性如图 4.2.22 所示。

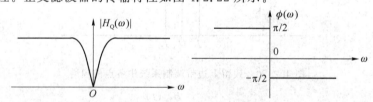

图 4.2.22　正交滤波器的传输特性

2. 发送功率 P_{VSB} 和频带宽度 B_{VSB}

满足残留边带滤波器特性具有互补特性线型不仅仅是直线，还可能是其他曲线，如余弦形、对数形等，它们只要具有互补对称特性，也都能满足不失真解调的要求。互补对称特性波形的不同，其信号的功率也不同，因此，要准确地求出 VSB 信号的平均功率是比较困难的。VSB 信号的功率值介于单边带和双边带信号功率之间，即大于单边带而小于双边带信号的功率。

$$P_{SSB} \leqslant P_{VSB} \leqslant P_{DSB} \tag{4.2.52}$$

VSB 信号的频带宽度介于单边带和双边带之间，即

$$B_{SSB} \leqslant B_{VSB} \leqslant B_{DSB}$$

$$B_{VSB} = (1 \sim 2)f_m \tag{4.2.53}$$

4.3　线性调制系统性能分析

4.2 节主要讨论了 AM、DSB、SSB 及 VSB 四种线性调制信号的产生与接收,那么这四种信号在系统传输中,它们的抗噪声性能如何,是本节讨论的核心。

各种线性调制信号通过信道传输到接收端,由于信道特性的不理想和信道中存在的各种噪声,在接收端接收到的信号不可避免地要受到信道噪声的影响。为了讨论问题简单起见,在分析系统性能时,认为信道中的噪声是加性噪声,即到达接收机输入端的波形是信道所传信号与信道噪声相加的形式。

在分析系统的抗噪声性能时,可以把信道用图 4.3.1 所示的模型来代表。图中 BPF 为带通滤波器,它允许信号通过,同时又对信号加以限制与损耗,这个滤波器也正好体现了信道的定义。既然认为 BPF 让所传信号顺利通过,那么,BPF 的输出中的信号形式应该与已调信号的表达式一样。图中左边的加法器是考虑到信道噪声为加性噪声的形式,$n(t)$ 为信道噪声,一般把发射机和接收机中的内部噪声也归到信道噪声中去。分析中都认为 $n(t)$ 是窄带高斯白噪声,数学表达式为

$$n(t) = n_i(t) = n_c(t)\cos \omega_c t - n_s(t)\sin \omega_c t \tag{4.3.1}$$

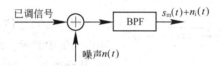

图 4.3.1　信道的模型

噪声的均值为零,双边功率谱密度为 $n_0/2$,即

$$E[n(t)] = 0$$

$$P_n(\omega) = \frac{n_0}{2}W \quad (-\infty < \omega < +\infty) \tag{4.3.2}$$

在接收机中一般都有高放、中放及各种高、中频滤波器等电路,这些部件和电路可以等效为理想的带通滤波器(BPF),自然也可以划归在图 4.3.1 中的 BPF 内。

本章在分析各种信号的抗噪声性能时,只研究加性噪声对通信系统的影响,不考虑系统中如正弦干扰等其他影响,并且认为通信系统中的调制器、解调器和各种放大器、滤波器都是理想的。

对于模拟通信系统,在衡量和评价其可靠性指标时,通常用信噪比或均方误差来衡量。一个通信系统质量的好坏,最终是要看接收机解调器输出端信号平均功率 S_o 和噪声平均功率 N_o 之比。显然,输出信噪比 S_o/N_o 越大越好。但是,输出信噪功率比 S_o/N_o 不仅和解调器输入端的输入信噪比 S_i/N_i 有关,而且还和解调方式有关,同样的输入信噪比,通过不同的解调方式后具有不同的输出信噪比。因此为了比较各种调制系统的好坏,可用信噪比增益 G(或叫调制制度增益)来表示,即输出信噪比与输入信噪比的比值。在分析模拟系统抗噪声性能时,主要就是为了计算输入信噪比、输出信噪比和信噪比增

益,即

$$\frac{S_i}{N_i} = \frac{解调器输入端信号功率}{解调器输入端噪声功率} \qquad (4.3.3)$$

$$\frac{S_o}{N_o} = \frac{解调器输出端信号功率}{解调器输出端噪声功率} \qquad (4.3.4)$$

$$G = \frac{S_o/N_o}{S_i/N_i} \qquad (4.3.5)$$

一般情况下,G 越大,说明这种调制制度的抗干扰性能越好。

另外,还有一种评价各种调制系统抗噪声性能好坏的方法,是与基带系统作比较,这种方法比较直观。就是各种线性调制系统在解调器输入端的信号功率和基带系统输入端的信号功率大小相等时,解调器输出端的信噪比和基带系统输出端的信噪比进行比较。

下面按照相干接收法(同步解调)和非相干接收法的解调方式,分别对 AM、DSB、SSB 和 VSB 信号的抗噪声性能加以分析。

4.3.1　相干解调系统性能分析

采用相干解调法解调各种信号的抗噪声性能的分析模型如图 4.3.2 所示。其中输入信号 $s_m(t)$ 是指接收端的信号,也就是解调器输入端的信号,即是 $s_{AM}(t)$、$s_{DSB}(t)$、$s_{SSB}(t)$ 和 $s_{VSB}(t)$。

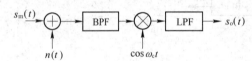

图 4.3.2　相干解调分析模型

噪声 $n(t)$ 是信道噪声和接收机、发射机中噪声的集中表示。通常认为它是加性高斯白噪声,其均值为零,双边功率谱密度为 $n_0/2$。

由于接收机的输入电路、高放、中放等可以等效为理想的带通滤波器,可以保证已调信号无失真地顺利通过,而带外噪声被抑制掉。因此,通过带通滤波器(BPF)后的信号和接收机输入信号 $s_m(t)$ 相同,而通过 BPF 后的噪声由高斯白噪声变为窄带高斯白噪声(简称窄带高斯噪声)。这是因为,BPF 的中心频率与其频带宽度相比非常的大,如对于中波广播,中心频率为几百到几兆赫兹,而频带宽度则为 4 kHz,因此它是一个窄带系统。

本地载波 $\cos \omega_c t$ 应该与接收到的信号的载波完全同步。这不仅是指收端本地载波信号与发送端载波信号同频同相,而且是指发送端的已调信号的载波,通过信道传输后到达解调器输入端时,载波的频率与相位同本地载波的频率与相位完全一样。

低通滤波器 LPF 仅让调制信号的频谱通过,而抑制载频及其他高次项成分。

下面分别对 AM、DSB、SSB 和 VSB 信号在解调器的输入端、输出端的信号的平均功率、噪声平均功率进行分析计算,从而得出输入信噪比、输出信噪比和调制制度增益,以便比较这四种线性调制系统抗噪声性能。

1. DSB 调制系统的性能

(1) 输入信噪比

根据前面的假设,到达解调器输入端的 DSB 信号平均功率信号为

$$S_i = \overline{s_{DSB}^2(t)} = \overline{m^2(t)\cos^2 \omega_c t}$$

$$= \frac{1}{2}\overline{m^2(t)} + \frac{1}{2}\overline{m^2(t)\cos 2\omega_c t} = \frac{1}{2}\overline{m^2(t)} \tag{4.3.6}$$

因为解调器输入端的噪声（用 $n_i(t)$ 表示）为窄带高斯白噪声，双边噪声功率谱密度为 $n_0/2$。所以解调器输入端的噪声平均功率 N_i 为

$$N_i = \overline{n_i^2(t)} = \frac{1}{2\pi}\int_{-\infty}^{+\infty} p_n(\omega)\mathrm{d}\omega = 2\int_0^{\infty} p_n(f)\mathrm{d}f$$

$$= 2\int_{f_c-f_m}^{f_c+f_m} \frac{n_0}{2}\mathrm{d}f = n_0 \cdot 2f_m = n_0 B_{DSB} \tag{4.3.7}$$

式 (4.3.7) 带有普遍性，计算各种已调信号在解调器输入端的噪声功率都是如此。由式(4.3.6)和式(4.3.7)可以方便地得出输入信噪比为

$$\left(\frac{S_i}{N_i}\right)_{DSB} = \frac{\frac{1}{2}\overline{m^2(t)}}{2n_0 f_m} = \frac{\overline{m^2(t)}}{4n_0 f_m} \tag{4.3.8}$$

（2）输出信噪比

要计算解调器输出端的信噪比，必须先写出输出端的信号与噪声的表达式。在图 4.3.2 中 BPF 的输出端，信号加噪声的表达式为

$$s_{DSB}(t) + n_i(t) = m(t)\cos\omega_c t + n_c(t)\cos\omega_c t - n_s(t)\sin\omega_c t$$

$$= [m(t) + n_c(t)]\cos\omega_c t - n_s(t)\sin\omega_c t \tag{4.3.9}$$

通过乘法器后表达式为

$$z(t) = \{[m(t) + n_c(t)]\cos\omega_c t - n_s(t)\sin\omega_c t\}\cos\omega_c t$$

$$= \frac{1}{2}(1 + \cos 2\omega_c t)[m(t) + n_c(t)] - \frac{1}{2}n_s(t)\sin 2\omega_c t \tag{4.3.10}$$

通过低通滤波器，滤去上式中的二次谐波（$2\omega_c$）成分，取出调制信号及相应的噪声，即得

$$s_o(t) + n_0(t) = \frac{1}{2}m(t) + \frac{1}{2}n_c(t) \tag{4.3.11}$$

由式(4.3.11)可以算出解调器输出端的信号平均功率为

$$S_o = \overline{s_o^2(t)} = \overline{\left[\frac{1}{2}m(t)\right]^2} = \frac{1}{4}\overline{m^2(t)} \tag{4.3.12}$$

解调器输出端的噪声平均功率为

$$N_o = \overline{n_0^2(t)} = \frac{1}{4}\overline{n_c^2(t)}$$

根据式(2.6.20)，可得

$$\overline{n_c^2(t)} = \overline{n_s^2(t)} = \overline{n_i^2(t)}$$

所以

$$N_o = \frac{1}{4}\overline{n_i^2(t)} = \frac{1}{4}N_i = \frac{1}{4}\times 2n_0 f_m = \frac{1}{2}n_0 f_m \tag{4.3.13}$$

这样得到的解调器输出端信噪比为

$$\left(\frac{S_o}{N_o}\right)_{DSB} = \frac{\frac{1}{4}\overline{m^2(t)}}{\frac{1}{2}n_0 f_m} = \frac{\overline{m^2(t)}}{2n_0 f_m} \tag{4.3.14}$$

（3）调制制度增益

式（4.3.8）与式（4.3.14）相除，得到 DSB 信号的调制制度增益为

$$G_{\text{DSB}}=\frac{S_o/N_o}{S_i/N_i}=\frac{\overline{m^2(t)}/2n_0 f_{\text{m}}}{\overline{m^2(t)}/4n_0 f_{\text{m}}}=2 \qquad (4.3.15)$$

由此可知，DSB 调制的制度增益为 2。也就是说，DSB 解调后输出信噪比 S_o/N_o 增加一倍，这是因为采用同步解调法后滤去了正交成分的噪声。

2. AM 系统的性能

（1）输入信噪比

分析方法基本与 DSB 相似，解调器输入端的信号平均功率为

$$S_i=\overline{s_{\text{AM}}^2(t)}=\overline{[A_0+m(t)]^2 \cos^2 \omega_c t}=\frac{1}{2}\overline{[A_0^2+m^2(t)+2A_0 m(t)]}$$

$$=\frac{1}{2}A_0^2+\frac{1}{2}\overline{m^2(t)} \qquad (4.3.16)$$

式中，$\frac{1}{2}A_0^2$ 表示 AM 信号的载波功率，$\frac{1}{2}\overline{m^2(t)}$ 表示 AM 信号的两个边带功率。

根据式（4.3.7），解调器输入端的噪声平均功率为

$$N_i=n_0 \cdot B_{\text{AM}}=2n_0 f_{\text{m}} \qquad (4.3.17)$$

因此，解调器输入端的信噪比为

$$\left(\frac{S_i}{N_i}\right)_{\text{AM}}=\frac{[A_0^2+\overline{m^2(t)}]/2}{2n_0 f_{\text{m}}}=\frac{A_0^2+\overline{m^2(t)}}{4n_0 f_{\text{m}}} \qquad (4.3.18)$$

同理，可以求出解调器输出端信号功率比。

（2）输出信噪比

在图 4.3.2 中 BPF 的输出端，信号加噪声的表达式为

$$s_{\text{AM}}(t)+n_i(t)=[A_0+m(t)]\cos \omega_c t+n_c(t)\cos \omega_c t-n_s(t)\sin \omega_c t$$

$$=[A_0+m(t)+n_c(t)]\cos \omega_c t-n_s(t)\sin \omega_c t \qquad (4.3.19)$$

通过乘法器后表达式为

$$z(t)=\{[A_0+m(t)+n_c(t)]\cos \omega_c t-n_s(t)\sin \omega_c t\}\cos \omega_c t$$

$$=\frac{1}{2}(1+\cos 2\omega_c t)[A_0+m(t)+n_c(t)]-\frac{1}{2}n_s(t)\sin 2\omega_c t \qquad (4.3.20)$$

通过低通滤波器，滤去上式中的二次谐波（$2\omega_c$）成分，取出调制信号及相应的噪声，即得

$$s_o(t)+n_0(t)=\frac{1}{2}A_0+\frac{1}{2}m(t)+\frac{1}{2}n_c(t) \qquad (4.3.21)$$

注意式（4.3.21）中，第三项是噪声；第二项是解调出的信号；第一项不能算信号，也不能算噪声，它可以通过隔直流电容滤除掉。所以解调器输出端的信号平均功率为

$$S_o=\overline{s_o^2(t)}=\overline{\left[\frac{1}{2}m(t)\right]^2}=\frac{1}{4}\overline{m^2(t)} \qquad (4.3.22)$$

解调器输出端的噪声平均功率为

$$N_o=\overline{n_0^2(t)}=\frac{1}{4}\overline{n_c^2(t)}=\frac{1}{4}\overline{n_i^2(t)}=\frac{1}{4}N_i=\frac{1}{4}\times 2n_0 f_{\text{m}}=\frac{1}{2}n_0 f_{\text{m}} \qquad (4.3.23)$$

这样得到的解调器输出端的信噪比为

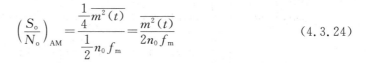

$$\left(\frac{S_o}{N_o}\right)_{AM} = \frac{\frac{1}{4}\overline{m^2(t)}}{\frac{1}{2}n_0 f_m} = \frac{\overline{m^2(t)}}{2n_0 f_m} \tag{4.3.24}$$

（3）调制制度增益

AM 的调制制度增益为

$$G_{AM} = \frac{\overline{m^2(t)}/2n_0 f_m}{[A_0^2 + \overline{m^2(t)}]/4n_0 f_m} = \frac{2\overline{m^2(t)}}{A_0^2 + \overline{m^2(t)}} \tag{4.3.25}$$

可以看出，由于载波幅度 A_0 一般比调制信号幅度大，所以，AM 信号的调制制度增益通常小于 1。对于单音调制信号，即 $m(t) = A_m\cos\Omega t$，则

$$\overline{m^2(t)} = \frac{1}{2}A_m^2 \tag{4.3.26}$$

如果采用满调幅，即 $A_0 = A_m$，此时调制制度增益最大值为

$$G_{max} = \frac{2A_m^2/2}{A_0^2 + A_m^2/2} = \frac{2}{3} \tag{4.3.27}$$

式（4.3.27）表示 AM 调制系统的调制制度增益在单音频调制时最多为 2/3，因此 AM 系统的抗噪声性能没有 DSB 系统的抗噪声性能好。

3. SSB 调制系统性能

（1）输入信噪比

已知单边带信号的表达式为

$$s_{SSB}(t) = \frac{1}{2}\left[m(t)\cos\omega_c t \mp \hat{m}(t)\sin\omega_c t\right]$$

其中符号"－"表示上边带，符号"＋"表示下边带。解调器输入端 SSB 信号的平均功率为

$$S_i = \overline{s_{SSB}^2(t)} = \overline{\frac{1}{4}\left[m(t)\cos\omega_c(t) \mp \hat{m}(t)\sin\omega_c t\right]^2}$$

$$= \frac{1}{8}\overline{m^2(t)} + \frac{1}{8}\overline{\hat{m}^2(t)} \mp \frac{1}{4}\overline{m(t)\hat{m}(t)\sin 2\omega_c t}$$

$$= \frac{1}{4}\overline{m^2(t)} \tag{4.3.28}$$

SSB 信号解调器输入端的噪声平均功率为

$$N_i = n_0 \cdot B_{SSB} = n_0 f_m \tag{4.3.29}$$

这样，解调器输入端的信噪比

$$\left(\frac{S_i}{N_i}\right)_{SSB} = \frac{\overline{m^2(t)}}{4n_0 f_m} \tag{4.3.30}$$

把 SSB 解调器输入信噪比公式（4.3.30）与 DSB 解调器输入信噪比公式（4.3.8）进行比较，可以看出它们一样，这是完全合乎实际情况的。虽然单边带信号是双边带信号的一半，但单边带系统的带宽也是双边带系统的一半，因此它们的输入信噪比应该是一样的。

（2）输出信噪比

结合相干解调法的性能分析模型，先分析 SSB 信号加上噪声后在解调器中各点的数学表达式，随后根据输出表达式求出输出信号与噪声的平均功率。

SSB 信号加上噪声的表达式为

$$s_{\text{SSB}}(t)+n_i(t)=\frac{1}{2}\left[m(t)\cos\omega_c t\mp\hat{m}(t)\sin\omega_c t\right]+n_c(t)\cos\omega_c t-n_s(t)\sin\omega_c t$$

$$=\left[\frac{1}{2}m(t)+n_c(t)\right]\cos\omega_c t-\left[n_s(t)\pm\frac{1}{2}\hat{m}(t)\right]\sin\omega_c t \tag{4.3.31}$$

信号叠加噪声进入乘法器,乘法器的输出表达式为

$$\left[\frac{1}{2}m(t)+n_c(t)\right]\cos^2\omega_c t-\left[n_s(t)\pm\frac{1}{2}\hat{m}(t)\right]\sin\omega_c t\cdot\cos\omega_c t$$

$$=\frac{1}{2}\left[\frac{1}{2}m(t)+n_c(t)\right](1+\cos 2\omega_c t)-\frac{1}{2}\left[n_s(t)\pm\frac{1}{2}\hat{m}(t)\right]\sin 2\omega_c t \tag{4.3.32}$$

通过低通滤波器后,取出恢复后的调制信号和噪声为

$$s_o(t)+n_0(t)=\frac{1}{4}m(t)+\frac{1}{2}n_c(t) \tag{4.3.33}$$

所以,解调器输出端的信号平均功率为

$$S_o=\overline{s_o^2(t)}=\left[\frac{1}{4}m(t)\right]^2=\frac{1}{16}\overline{m^2(t)} \tag{4.3.34}$$

解调器输出端的平均噪声功率为

$$N_o=\frac{1}{4}\overline{n_c^2(t)}=\frac{1}{4}\overline{n_i^2(t)}=\frac{1}{4}n_0 f_m \tag{4.3.35}$$

故解调器输出信噪比为

$$\left(\frac{S_o}{N_o}\right)_{\text{SSB}}=\frac{\frac{1}{16}\overline{m^2(t)}}{\frac{1}{4}n_0 f_m}=\frac{\overline{m^2(t)}}{4n_0 f_m} \tag{4.3.36}$$

可以求得 SSB 信号的调制制度增益为

$$G_{\text{SSB}}=\frac{\overline{m^2(t)}/4n_0 f_m}{\overline{m^2(t)}/4n_0 f_m}=1 \tag{4.3.37}$$

比较式(4.3.15)与式(4.3.37)可以看出,DSB 解调器的信噪比增益是 SSB 的两倍。造成这个结果的原因是单边带信号中的 $\hat{m}(t)\sin\omega_c t$ 分量被解调器滤除了,而在输入端它却是 SSB 信号功率的组成部分。

因为双边带调制制度增益等于 2,单边带调制制度增益等于 1,所以双边带解调性能比单边带解调性能好一倍。这种说法是不正确的。因为,单边带信号所需频带是双边带信号的一半,因而在相同的噪声功率谱密度情况下,DSB 解调器的输入功率是 SSB 的两倍。因此,尽管双边带解调器的调制制度增益是单边带的一倍,但它的实际解调性能不会优于单边带解调性能。如果解调器输入噪声功率谱密度相同,且输入信号功率相同,则单边带解调性能与双边带解调性能是相同的。

4. VSB 调制系统性能

残留边带信号的表达式与单边带信号的表达式形式相似,只要把 SSB 信号表达式中 $\hat{m}(t)$ 用 $\tilde{m}(t)$ 替换即可,因此整个分析过程完全与单边带信号的一样。下面的讨论仅给出结论。

(1) 输入信噪比

$$S_i=\overline{s_{\text{VSB}}^2(t)}=\overline{\frac{1}{4}\left[m(t)\cos\omega_c(t)\mp\tilde{m}(t)\sin\omega_c(t)\right]^2}$$

$$=\frac{1}{8}\overline{m^2(t)}+\frac{1}{8}\overline{\tilde{m}^2(t)}=\frac{1}{4}\overline{m^2(t)} \tag{4.3.38}$$

$$N_i = n_0 \cdot B_{VSB} = (1 \sim 2) n_0 f_m \tag{4.3.39}$$

$$\left(\frac{S_i}{N_i} \right)_{VSB} = \frac{\overline{m^2(t)}}{4 n_0 B_{VSB}} \tag{4.3.40}$$

（2）输出信噪比

在解调器输出端,即通过低通滤波器后输出信号与噪声的表达式为

$$s_o(t) + n_0(t) = \frac{1}{4} m(t) + \frac{1}{2} n_c t \tag{4.3.41}$$

$$S_o = \overline{s_o^2(t)} = \overline{\left[\frac{1}{4} m(t) \right]^2} = \frac{1}{16} \overline{m^2(t)} \tag{4.3.42}$$

$$N_o = \frac{1}{4} \overline{n_c^2(t)} = \frac{1}{4} \overline{n_i^2(t)} = \frac{1}{4} n_0 B_{VSB} \tag{4.3.43}$$

$$\left(\frac{S_o}{N_o} \right)_{VSB} = \frac{\frac{1}{16} \overline{m^2(t)}}{\frac{1}{4} n_0 B_{VSB}} = \frac{\overline{m^2(t)}}{4 n_0 B_{VSB}} \tag{4.3.44}$$

$$G_{VSB} = \frac{\overline{m^2(t)} / 4 n_0 B_{VSB}}{\overline{m^2(t)} / 4 n_0 B_{VSB}} = 1 \tag{4.3.45}$$

比较式(4.3.45)与式(4.3.37)可以看出,VSB 解调器的信噪比增益与 SSB 的信噪比增益一样,都等于 1。

4.3.2　非相干解调系统性能分析

非相干解调系统性能分析模型如图 4.3.3 所示。图中左边的加法器和 BPF 组成信道模型,同时 BPF 又和线性包络检波器(LED)、LPF 组成非相干解调方框图。由于非相干解调只适用于 AM 信号,故非相干解调系统性能分析实质就是 AM 信号的性能分析。

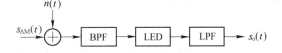

图 4.3.3　非相干解调性能分析模型

线性包络检波就是检波器的输出电压大小与输入高频信号(电压)的包络变化成正比例关系。由于 AM 信号的包络变化恰好反映了调制信号的大小,所以用包络检波器解调 AM 信号是比较合适的。

分析 AM 信号用包络检波器解调的系统性能时可以分为两种情况:一种是接收机输入为大信噪比的情况,这时,AM 信号在非相干解调时的抗噪声性能和在相干解调时的抗噪声性能相同;另一种是接收机输入为小信噪比的情况,这时,AM 信号的非相干解调的抗噪声性能迅速恶化,出现所谓"门限效应"。下面分析 AM 信号的非相干解调的抗噪声性能。

1. 输入信噪比

AM 信号非相干解调时,解调器输入端的输入信噪比与相干解调时的输入信噪比相同,即

$$\left(\frac{S_i}{N_i} \right)_{AM} = \frac{[A_0^2 + \overline{m^2(t)}]/2}{2 n_0 f_m} = \frac{A_0^2 + \overline{m^2(t)}}{4 n_0 f_m} \tag{4.3.46}$$

2. 输出信噪比

要计算包络检波器的输出信噪比,必须首先写出到达包络检波器输入端的信号加噪声的包络,因为

$$s_{AM}(t) + n_i(t) = [A_0 + m(t)]\cos\omega_c t + n_c(t)\cos\omega_c t - n_s(t)\sin\omega_c t$$
$$= [A_0 + m(t) + n_c(t)]\cos\omega_c t - n_s(t)\sin\omega_c t$$
$$= \rho(t)\cos[\omega_c t + \varphi(t)] \tag{4.3.47}$$

式(4.3.47)中,$\rho(t)$是信号与噪声合成波形的包络;$\varphi(t)$是信号与噪声合成波形的相位。它们分别为

$$\rho(t) = \sqrt{[A_0 + m(t) + n_c(t)]^2 + n_s^2(t)} \tag{4.3.48}$$

$$\varphi(t) = \arctan\frac{n_s(t)}{A_0 + m(t) + n_c(t)} \tag{4.3.49}$$

包络检波器输出波形就是包络 $\rho(t)$,它是关键量。从式(4.3.48)可知,包络 $\rho(t)$ 和调制信号 $m(t)$ 呈复杂的非线性关系。

通过数学分析与近似计算,目的是设法把式(4.3.48)变成用信号 $m(t)$ 和噪声 $n(t)$ 的线性叠加表示出来的一个简单的线性关系。为使问题分析简化,下面仅仅考虑两种特殊情况,一种是大输入信噪比情况;另一种是小输入信噪比情况。

(1) 大输入信噪比情况

在大输入信噪比情况下,通常认为下列条件成立

$$[A_0 + m(t)] \gg n_i(t) = \sqrt{n_c^2(t) + n_s^2(t)} \tag{4.3.50a}$$

也就是

$$[A_0 + m(t)] \gg n_c(t) \tag{4.3.50b}$$

$$[A_0 + m(t)] \gg n_s(t) \tag{4.3.50c}$$

将式(4.3.50)应用于式(4.3.48),进行近似变换得

$$\rho(t) = \sqrt{[A_0 + m(t) + n_c(t)]^2 + n_s^2(t)}$$
$$\approx \sqrt{[A_0 + m(t)]^2 + 2[A_0 + m(t)]n_c(t)}$$
$$= [A_0 + m(t)]\sqrt{1 + \frac{2n_c(t)}{A_0 + m(t)}}$$
$$\approx [A_0 + m(t)]\left[1 + \frac{n_c(t)}{A_0 + m(t)}\right]$$
$$= A_0 + m(t) + n_c(t) \tag{4.3.51}$$

在式(4.3.51)的推导中,第一步用了近似,仅把高阶无穷小 $n_s^2(t)$、$n_c^2(t)$ 近似为零;第二步把 $[A_0 + m(t)]$ 提到了根号外;第三步利用了数学近似公式

$$(1 + x)^n \approx 1 + n \cdot x \qquad |x| \ll 1$$

在式(4.3.51)中,第一项是直流,可以滤除掉;第二项是信号;第三项是噪声。因此在大输入信噪比情况下,包络检波法解调器输出端的信号平均功率为

$$S_o = \overline{m^2(t)} \tag{4.3.52}$$

包络检波法解调器输出端的噪声平均功率为

$$N_o = \overline{n_c^2(t)} = \overline{n_i^2(t)} = 2n_0 f_m \tag{4.3.53}$$

因此,非相干解调输出信噪比为

$$\left(\frac{S_o}{N_o}\right)_{\text{AM}} = \frac{\overline{m^2(t)}}{2n_0 f_{\text{m}}} \tag{4.3.54}$$

由求出的输入信噪比和输出信噪比公式,得出信噪比增益为

$$G_{\text{AM,非}} = \frac{2\,\overline{m^2(t)}}{A_0^2 + \overline{m^2(t)}} \tag{4.3.55}$$

此结果与相干解调时的信噪比增益相同。这说明在大信噪比情况下,对 AM 信号来说,采用包络检波的性能与采用相干解调的性能几乎一样,但不是完全一样,因为在大信噪比时用了近似计算。

另外,从式(4.3.55)得出,AM 信号的信噪比增益 G 是随着载波幅度 A_0 的减少而增大。但对包络检波器来说,为了不发生过载现象,载波幅度 A_0 不能小于调制信号幅度的最大值,因此,若对于单音调制,且是满调幅调制时,则有

$$\overline{m^2(t)} = \frac{A_0^2}{2} \tag{4.3.56}$$

此时,非相干解调信噪比增益

$$G = \frac{A_0^2}{A_0^2 + \frac{A_0^2}{2}} = \frac{2}{3} \tag{4.3.57}$$

这是包络检波器能够得到的最大信噪比增益,一般 AM 信号的调幅度常是小于 1 的,所以信噪比增益 G 一般小于 2/3。

(2) 小输入信噪比情况

小输入信噪比情况是指满足下面条件的情况,即

$$[A_0 + m(t)] \ll n_i(t) = \sqrt{n_c^2(t) + n_s^2(t)} \tag{4.3.58a}$$

也就是

$$[A_0 + m(t)] \ll n_c(t) \tag{4.3.58b}$$

$$[A_0 + m(t)] \ll n_s(t) \tag{4.3.58c}$$

把小信噪比的条件应用于式(4.3.48),对其进行近似与化简得

$$\begin{aligned}
\rho(t) &= \sqrt{[A_0 + m(t) + n_c(t)]^2 + n_s^2(t)} \\
&= \sqrt{[A_0 + m(t)]^2 + 2[A_0 + m(t)]n_c(t) + n_c^2(t) + n_s^2(t)} \\
&\approx \sqrt{2[A_0 + m(t)]n_c(t) + n_c^2(t) + n_s^2(t)} \\
&= \sqrt{n_c^2(t) + n_s^2(t)} \left\{1 + \frac{2n_c(t)}{n_c^2(t) + n_s^2(t)}[A_0 + m(t)]\right\}^{\frac{1}{2}} \\
&\approx \sqrt{n_c^2(t) + n_s^2(t)} \left\{1 + \frac{n_c(t)}{n_c^2(t) + n_s^2(t)}[A_0 + m(t)]\right\} \\
&= \sqrt{n_c^2(t) + n_s^2(t)} + \frac{n_c(t)}{\sqrt{n_c^2(t) + n_s^2(t)}}[A_0 + m(t)]
\end{aligned} \tag{4.3.59}$$

式(4.3.59)中没有单独的信号项,它表明在小输入信噪比情况下,包络检波器输出端的信号始终受到噪声的严重影响,信号无法从噪声中分离出来,即信号已经完全被噪声所淹没。

式(4.3.59)中信号项 $m(t)$ 与一个噪声的随机函数相乘,这个随机函数实际上就是一个随机噪声。因此,有用信号 $m(t)$ 被包络检波器扰乱,致使信号与噪声之积项也变成了噪声。所以输出信噪比就大大下降,信噪比增益也急剧下降。

由于小输入信噪比时,包络检波器输出信噪比的计算很复杂,而且详细计算它也没有必要。根据实践及有关资料,可以近似认为:小信噪比输入时,包络检波器的输出信噪比为

$$\left(\frac{S_o}{N_o}\right)_{AM} \approx \left(\frac{S_i}{N_i}\right)_{AM}^2 \tag{4.3.60}$$

由式(4.3.59)可得输出信噪比基本上和输入信噪比的平方成比例,当 AM 的输入信噪比小于 1 时,则输出信噪比远远小于 1,以致出现输出信号的严重恶化。在大信噪比输入时,对于单音满调幅调制时的正弦波来说,包络检波的信噪比增益 $G=2/3$,若以 $G=2/3$ 为大信噪比的渐近线,而小信噪比输入时以输出信噪比为渐近线,这样可以画出包络检波时输出信噪比与输入信噪比关系的示意图,如图 4.3.4 所示。

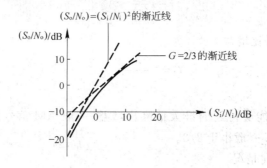

图 4.3.4　包络检波器的性能

非相干解调都存在"门限效应"情况。所谓门限效应是指,当输入信噪比下降到某一值时,出现输出信噪比的值随之急剧下降,发生严重恶化的现象,这个值称为门限。门限效应是由于包络检波器的非线性解调作用而引起的,相干解调时一般不存在门限效应。

对于 AM 信号,可以得出结论:在输入大信噪比情况下,包络检波器的性能几乎与相干解调法的性能一样。但随着输入信噪比的减少,包络检波器在一个特定输入信噪比值上出现门限效应,门限效应发生后,包络检波器的输出信噪比会急剧恶化。

4.4　非线性调制

线性调制后的已调信号频谱只是基带调制信号的频谱在频率轴上的搬移,虽然频率位置发生了变化,但频谱的结构没有变化。非线性调制也是把基带调制信号的频谱在频率轴上进行频谱搬移,但它并不保持线性搬移关系,已调信号的频谱结构发生了根本变化。调制后信号的频带宽度一般也要比调制信号的带宽大得多。

非线性调制也叫角度调制,它通常是通过改变载波的角度(频率或相位)来完成的。即载波的幅度不变,而载波的频率或相位随着调制信号变化。角度调制是频率调制(FM)和相位调制(PM)的统称。

实质上,频率调制和相位调制在本质上没有多大区别,它们之间可以相互转换,FM 用得较多,因此这里着重讨论频率调制系统。由于频率调制系统的抗干扰性能比振幅调制系统的性能强,同时 FM 信号的产生和接收方法也并不复杂,故 FM 系统应用广泛。但是,FM 系统的频带宽度比振幅调制宽得多,因此,系统的有效性差。

本节讨论角度调制的表示、频谱、功率、传输带宽及其产生和解调方法等问题。

4.4.1　角度调制的基本概念

线性调制是通过调制信号改变余弦载波的幅度参数来实现调制的,而非线性调制是通过调制信号改变余弦载波的角度(频率或相位)来实现的。

任何一个余弦载波,当它的幅度保持不变时,可用下式表示:

$$c(t) = A\cos\theta(t) \tag{4.4.1}$$

式中,$\theta(t)$ 称为余弦载波的瞬时相位。如果对瞬时相位 $\theta(t)$ 进行求导,可得到载波的瞬时角频率 $\omega(t)$,即

$$\omega(t) = \frac{\mathrm{d}\theta(t)}{\mathrm{d}t} \tag{4.4.2}$$

$\omega(t)$ 与 $\theta(t)$ 的关系可用下式表示:

$$\theta(t) = \int_{-\infty}^{t} \omega(\tau)\mathrm{d}\tau \tag{4.4.3}$$

1. 角度调制的一般表示式

角度调制的波形一般可以写成

$$s_{\mathrm{m}}(t) = A_0\cos[\omega_{\mathrm{c}}t + \varphi(t)] \tag{4.4.4}$$

式中,A_0 为已调载波的振幅;$\omega_{\mathrm{c}}t + \varphi(t)$ 称为信号的瞬时相位,$d[\omega_{\mathrm{c}}t + \varphi(t)]/\mathrm{d}t = \omega_{\mathrm{c}} + \dfrac{\mathrm{d}\varphi(t)}{\mathrm{d}t}$ 称为瞬时角频率(也称为瞬时频率);$\varphi(t)$ 称为瞬时相位偏移(简称瞬时相偏),$\dfrac{\mathrm{d}\varphi(t)}{\mathrm{d}t} = \omega(t) - \omega_{\mathrm{c}}$ 称为瞬时频率偏移(简称瞬时频偏)。

2. 调相波的概念

所谓相位调制,是指载波的振幅不变,载波的瞬时相位随着基带调制信号的大小而变化,实际上是载波瞬时相位偏移与调制信号成比例变化。反过来说,相位调制是由调制信号 $m(t)$ 去控制载波的相位而实现其调制的一种方法。

由于载波瞬时相位偏移与调制信号成比例的变化,因此令 $\varphi(t) = k_{\mathrm{p}}m(t)$,其中 k_{p} 为比例常数(常称为调相灵敏度)。所以,调相波的表示式为

$$s_{\mathrm{PM}}(t) = A_0\cos[\omega_{\mathrm{c}}t + k_{\mathrm{p}} \cdot m(t)] \tag{4.4.5}$$

式中,$\omega_{\mathrm{c}}t + k_{\mathrm{p}} \cdot m(t)$ 是 PM 信号的瞬时相位;$k_{\mathrm{p}} \cdot m(t)$ 是瞬时相位偏移;$\omega_{\mathrm{c}} + k_{\mathrm{p}} \cdot \dfrac{\mathrm{d}}{\mathrm{d}t}m(t)$ 是瞬时频率;$k_{\mathrm{p}} \cdot \dfrac{\mathrm{d}}{\mathrm{d}t} = m(t)$ 是瞬时频率偏移(瞬时频偏);最大相位偏移为

$$|\varphi(t)|_{\max} = |k_{\mathrm{p}}m(t)|_{\max} = k_{\mathrm{p}}|m(t)|_{\max} \tag{4.4.6}$$

最大频率偏移为

$$\left|\frac{\mathrm{d}\varphi(t)}{\mathrm{d}t}\right|_{\max} = k_\mathrm{p}\left|\frac{\mathrm{d}m(t)}{\mathrm{d}t}\right|_{\max} \tag{4.4.7}$$

3. 调频波的概念

所谓频率调制,是指载波的振幅不变,用调制信号 $m(t)$ 去控制载波的瞬时频率偏移来实现其调制的一种方法。已调信号的瞬时频率随着调制信号的大小变化,实际上是载波的瞬时频率偏移与调制信号成比例变化。因此设

$$\frac{\mathrm{d}\varphi(t)}{\mathrm{d}t} = k_\mathrm{f}m(t) \tag{4.4.8}$$

式中,k_f 为比例常数,单位为 $\mathrm{rad}/(\mathrm{s \cdot V})$,称为调频器的灵敏度。对 $k_\mathrm{f}m(t)$ 进行积分,有

$$\varphi(t) = \int_{-\infty}^{t} k_\mathrm{f}m(\tau)\mathrm{d}\tau = k_\mathrm{f}\int_{0}^{t} m(\tau)\mathrm{d}\tau + \varphi_0 \tag{4.4.9}$$

式中,$\varphi_0 = \int_{-\infty}^{0} k_\mathrm{f}m(\tau)\mathrm{d}\tau$ 是初始相位,一般认为它等于零。调频波的表示式为

$$s_\mathrm{FM}(t) = A_0 \cos\left[\omega_\mathrm{c}t + k_\mathrm{f}\int_{-\infty}^{t} m(\tau)\mathrm{d}\tau\right] \tag{4.4.10}$$

FM 信号的瞬时相位是 $\omega_\mathrm{c}t + k_\mathrm{f}\int_{-\infty}^{t} m(\tau)\mathrm{d}\tau$;瞬时频率是 $\omega_\mathrm{c} + k_\mathrm{f}m(t)$;瞬时相位偏移为 $k_\mathrm{f}\int_{-\infty}^{t} m(\tau)\mathrm{d}\tau$;瞬时频率偏移为 $k_\mathrm{f}m(t)$;最大频偏为 $|k_\mathrm{f}m(t)|_{\max}$;最大相偏为 $k_\mathrm{f}\left|\int_{-\infty}^{t} m(\tau)\mathrm{d}\tau\right|_{\max}$。

例 4.4.1 已知单音调制信号为 $m(t) = A\cos\omega_\mathrm{m}t$,试求此时的调相波和调频波,并进行讨论。

解 已知调制信号的表达式,可将其直接代入到 PM 和 FM 信号的公式中,得到 PM 波形和 FM 波形。

$$s_\mathrm{PM}(t) = A_0 \cos[\omega_\mathrm{c}t + k_\mathrm{p}A_\mathrm{m}\cos\omega_\mathrm{m}t]$$

$$s_\mathrm{FM}(t) = A_0 \cos\left[\omega_\mathrm{c}t + k_\mathrm{f}\int_{-\infty}^{t} A_\mathrm{m}\cos\omega_\mathrm{m}\tau\mathrm{d}\tau\right]$$

$$= A_0 \cos\left[\omega_\mathrm{c}t + \frac{k_\mathrm{f}A_\mathrm{m}}{\omega_\mathrm{m}}\sin\omega_\mathrm{m}t\right]$$

在 PM 表达式中,瞬时相位为 $\omega_\mathrm{c}t + k_\mathrm{p}A_\mathrm{m}\cos\omega_\mathrm{m}t$;瞬时相偏为 $k_\mathrm{p}A_\mathrm{m}\cos\omega_\mathrm{m}t$;最大相偏为 $k_\mathrm{p}A_\mathrm{m}$;瞬时频率为 $\omega_\mathrm{c} - k_\mathrm{p}A_\mathrm{m}\omega_\mathrm{m}\sin\omega_\mathrm{m}t$;瞬时频偏为 $k_\mathrm{p}A_\mathrm{m}\omega_\mathrm{m}\sin\omega_\mathrm{m}t$;最大频偏为 $k_\mathrm{p}A_\mathrm{m}\omega_\mathrm{m}$。

在 FM 表达式中,瞬时相位为 $\omega_\mathrm{c}t + k_\mathrm{f}\int_{-\infty}^{t} A_\mathrm{m}\cos\omega_\mathrm{m}\tau\mathrm{d}\tau$;瞬时相偏为 $k_\mathrm{f}\int_{-\infty}^{t} A_\mathrm{m}\cos\omega_\mathrm{m}\tau\mathrm{d}\tau$;最大相偏为 $\frac{k_\mathrm{f}A_\mathrm{m}}{\omega_\mathrm{m}}$;瞬时频率为 $\omega_\mathrm{c} + k_\mathrm{f}A_\mathrm{m}\cos\omega_\mathrm{m}t$;瞬时频偏为 $k_\mathrm{f}A_\mathrm{m}\cos\omega_\mathrm{m}t$;最大频偏为 $k_\mathrm{f}A_\mathrm{m}$。

为了便于比较,下面把一般 PM 和 FM 信号的瞬时相位、瞬时频率、相位偏移、频率偏移归纳如表 4.4.1 所示。

表 4.4.1　PM 和 FM 信号的几个概念

调制方式	瞬时相位 $\theta(t)=\omega_c t+\varphi(t)$	瞬时相位偏移 $\varphi(t)$	瞬时频率 $\omega(t)=\omega_c+\dfrac{\mathrm{d}\varphi(t)}{\mathrm{d}t}$	瞬时频率偏移 $\dfrac{\mathrm{d}\varphi(t)}{\mathrm{d}t}$
PM	$\omega_c t+k_p m(t)$	$k_p m(t)$	$\omega_c+k_p\dfrac{\mathrm{d}m(t)}{\mathrm{d}t}$	$k_p\dfrac{\mathrm{d}m(t)}{\mathrm{d}t}$
FM	$\omega_c t+\displaystyle\int_{-\infty}^{t} k_f m(\tau)\mathrm{d}\tau$	$k_f\displaystyle\int_{-\infty}^{t} m(\tau)\mathrm{d}\tau$	$\omega_c+k_f m(t)$	$k_f m(t)$

　　PM 信号和 FM 信号的波形一般不容易画出,只有当调制信号是一些特殊波形时才能画出。图 4.4.1 画出了基带调制信号是三角波、正弦波、双极性矩形脉冲时的 AM、FM 和 PM 波形示意图。

　　从图 4.4.1 中可以看到:

　　① PM 与 FM 信号的幅度恒定不变。

　　② 调制信号 $m(t)$ 的大小反映在 FM 信号与时间轴交点(即零点)的疏密上。$m(t)$ 越大,则零点越多。FM 信号零点的变化规律直接反映了 $m(t)$ 的变化规律,而 PM 信号零点的变化规律不直接反映 $m(t)$ 的变化规律,而是反映 $m(t)$ 的斜率变化规律。

　　③ 单音正弦波调制时,PM 和 FM 信号的波形是很难区分的,它们有着密切的关系。

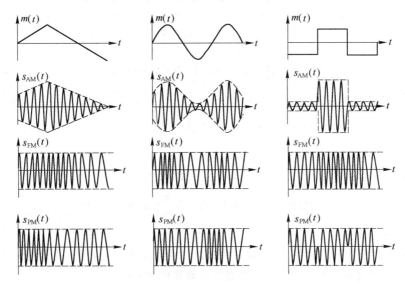

图 4.4.1　AM、FM、PM 波形

4. 窄带角度调制

　　前面只确定了调相波和调频波的时间表达式,而没有给出它们的频谱,这是因为式(4.4.5)和式(4.4.10)对于任意调制信号的展开是比较困难的。但是如果对它们的最大相位偏移加以限制,其情况就简单得多。下面给出窄带角度调制的概念,随后再讨论其频谱。

　　窄带角度调制分为窄带调频(NBFM)和窄带调相(NBPM)。这里需要说明的是从频谱来看,它们都属于线性调制。

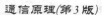

在角度调制表达式(4.4.4)中,如果最大相位偏移满足下面的条件:

$$|\varphi(t)|_{\max} \leqslant \frac{\pi}{6} \text{(或 0.5 rad)} \tag{4.4.11}$$

则称其为窄带角度调制。

(1) 窄带调频

如果调频信号的最大相位偏移满足下面的条件:

$$|\varphi(t)|_{\max} = \left|k_{\mathrm{f}}\int m(\tau)\mathrm{d}\tau\right|_{\max} \leqslant \frac{\pi}{6} \text{(或 0.5 rad)} \tag{4.4.12}$$

则称其为窄带调频。

在窄带调频中,可以求出它的任意调制信号的频谱表示式。如果最大相位偏移比较大,这时,调频信号的频谱比较宽,属于宽带调频(WBFM)。

把窄带调频的条件应用于式(4.4.10)并对其展开,得

$$s_{\mathrm{FM}}(t) = A_0\cos\left[\omega_{\mathrm{c}}t + k_{\mathrm{f}}\int_{-\infty}^{t}m(\tau)\mathrm{d}\tau\right]$$

$$= A_0\cos\left[k_{\mathrm{f}}\int_{-\infty}^{t}m(\tau)\mathrm{d}\tau\right]\cdot\cos\omega_{\mathrm{c}}t - A_0\sin\left[k_{\mathrm{f}}\int_{-\infty}^{t}m(\tau)\mathrm{d}\tau\right]\cdot\sin\omega_{\mathrm{c}}t$$

因为 $k_{\mathrm{f}}\int_{-\infty}^{t}m(\tau)\mathrm{d}\tau < \frac{\pi}{6}$ (或 0.5 rad),此条件下可以有下式成立,

$$\cos\left[k_{\mathrm{f}}\int_{-\infty}^{t}m(\tau)\mathrm{d}\tau\right] \approx 1$$

$$\sin\left[k_{\mathrm{f}}\int_{-\infty}^{t}m(\tau)\mathrm{d}\tau\right] \approx k_{\mathrm{f}}\int_{-\infty}^{t}m(\tau)\mathrm{d}\tau \tag{4.4.13}$$

则 FM 信号的表达式就变为 NBFM 信号表达式,即

$$s_{\mathrm{NBFM}}(t) \approx A_0\cos\omega_{\mathrm{c}}t - k_{\mathrm{f}}A_0\int_{-\infty}^{t}m(\tau)\mathrm{d}\tau\cdot\sin\omega_{\mathrm{c}}t \tag{4.4.14}$$

(2) 窄带调相

同样,如果调相信号的最大相位偏移满足下面的条件

$$|\varphi(t)|_{\max} = |k_{\mathrm{f}}m(t)|_{\max} \leqslant \frac{\pi}{6} \text{(或 0.5 rad)} \tag{4.4.15}$$

则称其为窄带调相。

如果最大相位偏移不满足上式,此时调相信号的频谱比较宽,属于宽带调相(WBPM)。

与窄带调频分析基本一样,可以得到窄带调相的表达式为

$$s_{\mathrm{NBPM}}(t) = A_0\cos\omega_{\mathrm{c}}t - k_{\mathrm{p}}A_0m(t)\cdot\sin\omega_{\mathrm{c}}t \tag{4.4.16}$$

5. 窄带调频的频谱和带宽

对公式(4.4.14)进行傅里叶变换,再利用傅里叶变换公式,有

$$m(t) \leftrightarrow M(\omega)$$

$$\cos\omega_{\mathrm{c}}t \leftrightarrow \pi[\delta(\omega+\omega_{\mathrm{c}}) + \delta(\omega-\omega_{\mathrm{c}})]$$

$$f(t)\cdot\sin\omega_{\mathrm{c}}t \leftrightarrow \frac{\mathrm{j}}{2}[F(\omega+\omega_{\mathrm{c}}) - F(\omega-\omega_{\mathrm{c}})]$$

$$k_{\mathrm{f}}\int_{-\infty}^{t}m(\tau)\mathrm{d}\tau \leftrightarrow k_{\mathrm{f}}\frac{M(\omega)}{\mathrm{j}\omega} \quad \text{(设 } m(\tau) \text{ 中无直流成分)}$$

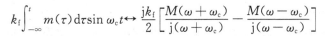

$$k_{\mathrm{f}} \int_{-\infty}^{t} m(\tau) \mathrm{d}\tau \sin \omega_{\mathrm{c}} t \leftrightarrow \frac{\mathrm{j}k_{\mathrm{f}}}{2}\left[\frac{M(\omega+\omega_{\mathrm{c}})}{\mathrm{j}(\omega+\omega_{\mathrm{c}})}-\frac{M(\omega-\omega_{\mathrm{c}})}{\mathrm{j}(\omega-\omega_{\mathrm{c}})}\right]$$

可以得到 NBFM 的频谱为

$$S_{\mathrm{NBFM}}(\omega)=\pi A_0\left[\delta(\omega+\omega_{\mathrm{c}})+\delta(\omega-\omega_{\mathrm{c}})\right]+A_0\frac{k_{\mathrm{f}}}{2}\left[\frac{M(\omega-\omega_{\mathrm{c}})}{\omega-\omega_{\mathrm{c}}}-\frac{M(\omega+\omega_{\mathrm{c}})}{\omega+\omega_{\mathrm{c}}}\right]$$

$$(4.4.17)$$

可以看出,NBFM 信号的频谱是由 $\pm\omega_{\mathrm{c}}$ 处的载频和位于载频两侧的边频组成。与 AM 信号的频谱

$$S_{\mathrm{AM}}(\omega)=\pi A_0\left[\delta(\omega+\omega_{\mathrm{c}})+\delta(\omega-\omega_{\mathrm{c}})\right]+\frac{1}{2}\left[M(\omega-\omega_{\mathrm{c}})+M(\omega+\omega_{\mathrm{c}})\right]$$

相比较,两者很相似,所不同的是 NBFM 的两个边频在正频域内乘了一个系数 $1/(\omega-\omega_{\mathrm{c}})$,在负频域内乘了一个系数 $1/(\omega+\omega_{\mathrm{c}})$,而且负频域的边带频域相位倒转 180°。

NBFM 信号的频带宽度与 AM 信号的一样,为

$$B_{\mathrm{NBFM}}=2f_{\mathrm{m}} \qquad (4.4.18)$$

NBFM 信号的最大相位偏移很小,使得调频系统抗干扰性能强的优点不能充分发挥出来,因此,应用受到限制,只用于抗干扰性能要求不高的短距离的通信,或作为宽带调频的前置级,即先进行窄带调频,然后再倍频,变成宽带调频信号。

6. 宽带调频的频谱与带宽

宽带调频信号的频谱分析,由于其调频信号展开式不能作像窄带调频时那样的处理,因而给频谱分析带来了困难。问题集中在对 $\cos\left[k_{\mathrm{f}}\int_{-\infty}^{t}m(\tau)\mathrm{d}\tau\right]$ 及 $\sin\left[k_{\mathrm{f}}\int_{-\infty}^{t}m(\tau)\mathrm{d}\tau\right]$ 如何处理上。为了使问题简化,分析思路是:先假设 $m(t)$ 为单音调制,求出单音调制时的 WBFM 的频谱表示式以及带宽。如果调制信号不是单音信号,而是任意的波形,对于调制信号则是周期性的任意信号,则可用傅里叶级数分解,相当于多个单音信号之和。这样,可把单音调制时的结论加以推广应用。如果任意信号是随机信号的话,则分析将会更复杂,本书对这类情况不作讨论。

(1) 单音调制时的频谱和带宽

设单音调制信号为 $m(t)=A_{\mathrm{m}}\cos\omega_{\mathrm{m}}t$,则

$$A_{\mathrm{m}}k_{\mathrm{f}}\int_{-\infty}^{t}m(\tau)\mathrm{d}\tau=\frac{A_{\mathrm{m}}k_{\mathrm{f}}}{\omega_{\mathrm{m}}}\sin\omega_{\mathrm{m}}t=m_{\mathrm{f}}\sin\omega_{\mathrm{m}}t \qquad (4.4.19)$$

式中,$\dfrac{A_{\mathrm{m}}k_{\mathrm{f}}}{\omega_{\mathrm{m}}}=m_{\mathrm{f}}$ 是调频信号的最大相位偏移,也称其为调频指数。利用三角公式展开式(4.4.10),此时调频信号的表达式为

$$s_{\mathrm{FM}}(t)=A_0\left[\cos\omega_{\mathrm{c}}t\cos(m_{\mathrm{f}}\sin\omega_{\mathrm{m}}t)-\sin\omega_{\mathrm{c}}t\sin(m_{\mathrm{f}}\sin\omega_{\mathrm{m}}t)\right] \qquad (4.4.20)$$

将两个因子 $\cos(m_{\mathrm{f}}\sin\omega_{\mathrm{m}}t)$ 和 $\sin(m_{\mathrm{f}}\sin\omega_{\mathrm{m}}t)$ 分别展开成傅里叶级数的形式,有

$$\cos(m_{\mathrm{f}}\sin\omega_{\mathrm{m}}t)$$
$$=\mathrm{J}_0(m_{\mathrm{f}})+2\mathrm{J}_2(m_{\mathrm{f}})\cos 2\omega_{\mathrm{m}}t+2\mathrm{J}_4(m_{\mathrm{f}})\cos 4\omega_{\mathrm{m}}t+\cdots+2\mathrm{J}_{2n}(m_{\mathrm{f}})\cos 2n\omega_{\mathrm{m}}t+\cdots$$
$$=\mathrm{J}_0(m_{\mathrm{f}})+\sum_{n=1}^{\infty}2\mathrm{J}_{2n}(m_{\mathrm{f}})\cos 2n\omega_{\mathrm{m}}t \qquad (4.4.21)$$

$$\sin(m_{\mathrm{f}}\sin\omega_{\mathrm{m}}t)$$
$$=2\mathrm{J}_1(m_{\mathrm{f}})\sin\omega_{\mathrm{m}}t+2\mathrm{J}_3(m_{\mathrm{f}})\sin3\omega_{\mathrm{m}}t+\cdots+2\mathrm{J}_{2n+1}(m_{\mathrm{f}})\sin(2n+1)\omega_{\mathrm{m}}t+\cdots$$
$$=2\sum_{n=0}^{\infty}\mathrm{J}_{2n+1}(m_{\mathrm{f}})\sin(2n+1)\omega_{\mathrm{m}}t \tag{4.4.22}$$

式中,$\mathrm{J}_n(m_{\mathrm{f}})$ 称为 n 阶第一类贝塞尔(Bessel)函数,

$$\mathrm{J}_n(m_{\mathrm{f}})=\sum_{j=0}^{\infty}\frac{(-1)^j(m_{\mathrm{f}}/2)^{2j+n}}{j!(n+j)!} \tag{4.4.23}$$

可以看出,贝塞尔函数是调频指数 m_{f} 的函数,图 4.4.2 是 $\mathrm{J}_n(m_{\mathrm{f}})$ 随调频指数变化的关系曲线。这里包括 $n=0$ 到 $n=5$(详细数据可参见贝塞尔函数表)。

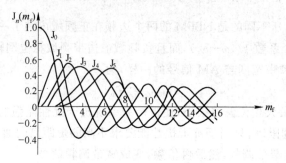

图 4.4.2 $\mathrm{J}_n(m_{\mathrm{f}})$ 关系曲线

将式(4.4.21)和式(4.4.22)代入式(4.4.20),并利用积化和差的三角公式,可得

$$s_{\mathrm{FM}}(t)=A_0\{\mathrm{J}_0(m_{\mathrm{f}})\cos\omega_{\mathrm{c}}t-\mathrm{J}_1(m_{\mathrm{f}})[\cos(\omega_{\mathrm{c}}-\omega_{\mathrm{m}})t-\cos(\omega_{\mathrm{c}}+\omega_{\mathrm{m}})t]+$$
$$\mathrm{J}_2(m_{\mathrm{f}})[\cos(\omega_{\mathrm{c}}-2\omega_{\mathrm{m}})t+\cos(\omega_{\mathrm{c}}+2\omega_{\mathrm{m}})t]-$$
$$\mathrm{J}_3(m_{\mathrm{f}})[\cos(\omega_{\mathrm{c}}-3\omega_{\mathrm{m}})t-\cos(\omega_{\mathrm{c}}+3\omega_{\mathrm{m}})t]+\cdots\}$$
$$=A_0\sum_{n=-\infty}^{\infty}\mathrm{J}_n(m_{\mathrm{f}})\cos(\omega_{\mathrm{c}}+n\omega_{\mathrm{m}})t \tag{4.4.24}$$

在式(4.4.24)中利用了

$$\mathrm{J}_n(m_{\mathrm{f}})=\mathrm{J}_{-n}(m_{\mathrm{f}}) \qquad \text{当 } n \text{ 为偶数时}$$
$$\mathrm{J}_n(m_{\mathrm{f}})=-\mathrm{J}_{-n}(m_{\mathrm{f}}) \qquad \text{当 } n \text{ 为奇数时} \tag{4.4.25}$$

式(4.4.25)说明在 n 为奇数时,分布在载频附近的上下边频幅度具有相反的符号;而在 n 为偶数时,它们具有相同的符号;$n=0$ 时就是载频本身的幅度 $\mathrm{J}_0(m_{\mathrm{f}})$。调频信号的频谱如图 4.4.3 所示。

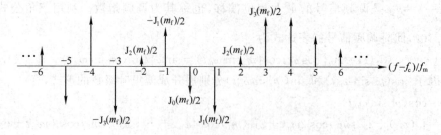

图 4.4.3 调频信号的频谱($m_{\mathrm{f}}=5, f_{\mathrm{c}}\gg f_{\mathrm{m}}$)

由式(4.4.24)可见,即使在单音调制的情况下,FM 信号也是由无限多个频率分量所组成,或者说,FM 信号的频谱可以扩展到无限宽。这点是宽带调频与窄带调频以及 AM 信号频谱的明显区别。

实际上无限多个频率分量是不必要的。因为贝塞尔函数 $J_n(m_f)$ 的值随着阶数 n 的增大而下降,因此,只要取适当的 n 值,可以使 $|J_n(m_f)|$ 下降到可以忽略的程度,则比它更高的边频分量就可以完全略去不计,使调频信号的频谱约束在有限的频谱范围之内。通常认为,在有限频带内的功率占总功率的 98% 以上,则解调后的信号不会有明显的失真。如果考虑在有限频带内的功率为总功率的 98%~99%,那么可以把边频幅度为未调载波幅度的 10%~15% 以下的那些分量忽略掉。当 $m_f \geqslant 1$ 以后,取边频数 $n = m_f + 1$ 即可,因为 $n > m_f + 1$ 以上的 $J_n(m_f)$ 值均小于 0.1,此时 $\omega_c \pm n\omega_m$ 成分产生的功率均在总功率的 2% 以下,这样就可以略去不计 $n > m_f + 1$ 以上的 $J_n(m_f)$ 值。

如果把幅度小于 0.1 倍载波幅度的边频忽略不计,则可以得到调频信号的带宽为

$$B_{FM} \approx 2(m_f + 1)f_m = 2(\Delta f + f_m) \tag{4.4.26}$$

式中,$\Delta f = m_f f_m$ 称为最大频偏,单位为 Hz。如果 $m_f \geqslant 10$,则 FM 信号的频带宽度公式通常可以简化为

$$B_{FM} \approx 2\Delta f \tag{4.4.27}$$

(2) 双频及多频调制时 FM 信号的频谱

设双频调制信号为

$$m(t) = A_1 \cos \omega_{m1} t + A_2 \cos \omega_{m2} t$$

由 FM 信号的一般表达式(4.4.10)可得

$$
\begin{aligned}
s_{FM}(t) &= A_0 \cos\left(\omega_c t + \frac{k_f A_1}{\omega_{m1}} \sin \omega_{m1} t + \frac{k_f A_2}{\omega_{m2}} \sin \omega_{m2} t\right) \\
&= A_0 \cos(\omega_c t + m_{f1} \sin \omega_{m1} t + m_{f2} \sin \omega_{m2} t) \\
&= A_0 \sum_{n=-\infty}^{\infty} \sum_{k=-\infty}^{\infty} J_n(m_{f1}) J_k(m_{f2}) \cos(\omega_c + n\omega_{m1} + k\omega_{m2})t
\end{aligned} \tag{4.4.28}
$$

则双频调制信号时 FM 信号的频谱为

$$S_{FM}(\omega) = A_0 \pi \sum_{n=-\infty}^{\infty} \sum_{k=-\infty}^{\infty} J_n(m_{f1}) J_k(m_{f2}) \big[\delta(\omega + \omega_c + n\omega_{m1} + k\omega_{m2}) + \delta(\omega - \omega_c - n\omega_{m1} - k\omega_{m2})\big]$$

$$\tag{4.4.29}$$

可以看出,双频调制时的 FM 信号频谱并不是两个单频调制的 FM 信号频谱的线性叠加,它有无穷多个交叉频率分量。而线性调制中双频信号调制的频谱则是两个单频调制频谱的线性叠加,这是两者的本质差别。

对于 n 个单频信号时,FM 信号有相似的结果,

$$s_{FM}(t) = A_0 \sum_{n=-\infty}^{\infty} \sum_{k=-\infty}^{\infty} \cdots \sum_{i=-\infty}^{\infty} J_n(m_{f1}) J_k(m_{f2}) \cdots J_i(m_{fn}) \cos(\omega_c + n\omega_{m1} + k\omega_{m2} + \cdots + i\omega_{mn})t$$

$$\tag{4.4.30}$$

$$
\begin{aligned}
S_{FM}(\omega) = A_0 \pi \sum_{n=-\infty}^{\infty} \sum_{k=-\infty}^{\infty} \cdots \sum_{i=-\infty}^{\infty} J_n(m_{f1}) J_k(m_{f2}) \cdots J_i(m_{fn}) \cdot \\
\big[\delta(\omega + \omega_c + n\omega_{m1} + k\omega_{m2} + i\omega_{mn}) + \delta(\omega - \omega_c - n\omega_{m1} - k\omega_{m2} \cdots - i\omega_{mn})\big]
\end{aligned}
$$

$$\tag{4.4.31}$$

随着调制信号中频率分量的增加,FM 信号中的交叉分量急剧增加。

（3）周期性调制信号时调频信号的频谱和带宽

周期性信号可以用傅里叶级数分解为无穷多个频率分量之和,如果只取其中有限项则可以用多频调制表达式(4.4.31)计算出调频信号的各个边频分量。当所取频率分量项数较大时,式(4.4.31)的计算是非常复杂的。FM 信号的频谱可用下式计算:

$$S_{\mathrm{FM}}(\omega) = A_0 \pi \sum_{n=-\infty}^{\infty} \left[C_n \delta(\omega - \omega_c - n\Omega) + C_n^* \delta(\omega + \omega_c + n\Omega) \right] \tag{4.4.32}$$

式中,Ω 是调制信号 $m(t)$ 的基频,$m(t)$ 的周期为 $T = 2\pi/\Omega$;C_n 是函数 $q(t)$ 的傅里叶系数;C_n^* 是函数 $q^*(t)$ 的傅里叶系数,$q(t)$ 和 $q^*(t)$ 互为复共轭。

$$q(t) = \mathrm{e}^{\mathrm{j}k_f \int m(t)\mathrm{d}t} = \sum_{n=-\infty}^{\infty} C_n \cdot \mathrm{e}^{\mathrm{j}n\Omega t} \tag{4.4.33}$$

$$C_n = \frac{1}{T} \int_{-T/2}^{T/2} q(t) \mathrm{e}^{-\mathrm{j}n\Omega t} \mathrm{d}t \tag{4.4.34}$$

任意 FM 信号频带宽度的一般应用近似（经验）公式为

$$B_{\mathrm{FM}} \approx 2(D+1) f_{\mathrm{m}} \tag{4.4.35}$$

式中,f_{m} 是基带调制信号的最高频率;$D = \Delta f / f_{\mathrm{m}}$,$\Delta f$ 为最大频偏。

（4）随机信号调频的谱密度函数

当调制信号 $m(t)$ 是一个均值为零,幅度的概率密度函数为 $f(\rho)$ 的随机信号时,FM 信号的功率谱密度函数为

$$p_{\mathrm{FM}}(\omega) = \frac{A_0^2 \pi}{2k_{\mathrm{f}}} \left[f\left(\frac{\omega - \omega_c}{k_{\mathrm{f}}}\right) + f\left(\frac{\omega + \omega_c}{k_{\mathrm{f}}}\right) \right] \tag{4.4.36}$$

式中,$\dfrac{A_0^2}{2}$ 为 FM 信号的平均功率。

以上讨论了 FM 信号的频谱分析及频带宽度,对于 PM 信号有相似的分析方法和相似的结论,限于篇幅这里不作讨论。

7. 调频信号的平均功率

因为 FM 信号的表达式(4.4.10)是 $A\cos x$ 的形式,因此直接可以求出 FM 信号的平均功率为

$$P_{\mathrm{FM}} = \overline{s_{\mathrm{FM}}^2(t)} = \frac{A_0^2}{2} \tag{4.4.37}$$

另外,由贝塞尔函数的性质可知,对于任意的调频指数 m_{f} 有

$$\sum_{n=-\infty}^{\infty} \mathrm{J}_n^2(m_{\mathrm{f}}) = 1 \tag{4.4.38}$$

所以单音调频信号的平均功率为

$$P_{\mathrm{FM}} = \overline{s_{\mathrm{FM}}^2(t)} = \overline{\left[A_0 \sum_{n=-\infty}^{\infty} \mathrm{J}_n(m_f) \cos(\omega_c + n\omega_{\mathrm{m}})t \right]^2}$$

$$= \frac{1}{2} A_0^2 \sum_{n=-\infty}^{\infty} \mathrm{J}_n^2(m_f) = \frac{A_0^2}{2} \tag{4.4.39}$$

实际上,从调频波形图可以比较直观地看到,当载波频率远大于调制频率时,调频波

的疏密变化是缓慢的,在调制周期内,调频信号的平均功率等于未调制时的载波功率。

宽带调频有着广泛的应用,虽然它的频谱较宽,但却换来了较强的抗干扰性能,如FM广播就比振幅调制广播的音质好。调频常应用于远距离、高质量的通信系统,如微波接力通信、卫星通信以及优质调频广播与高保真信号的传输中。

4.4.2 调频信号的调制

1. 调频信号与调相信号的关系

调频信号和调相信号的产生有直接法和间接法两种,例如对于调频波的产生,如果$m(t)$直接对载波的频率进行调制,则为直接调频;如果对$m(t)$先积分,后进行相位调制,得到的也是调频信号,称它为间接调频。

同样,将$m(t)$直接对载波相位进行调制,称为直接调相;如果对$m(t)$先微分,后进行频率调制,得到的也是调相信号,称它为间接调相。直接调频、间接调频、直接调相和间接调相的方框图分别如图4.4.4(a)、(b)、(c)、(d)所示。由于相位调制器的调制范围不大,所以直接调相和间接调频常用于窄带调制情况,而直接调频和间接调相则用于宽带调制情况。

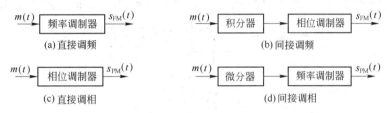

图 4.4.4 FM 与 PM 之间的关系

2. 调频信号的产生

产生调频信号的方法主要有两种:直接法和间接法。

直接法是采用压控振荡器(VCO)作为产生 FM 的调制器,使压控振荡器的瞬时频率随调制信号$m(t)$的变化而呈线性变化。当工作在微波时,采用反射式速调管很容易实现压控振荡器。在工作频率较低时,可以采用电抗管、变容管或集成电路作为 VCO。

间接法也称倍频法。它先用调制信号产生一个 NBFM 信号,然后将 NBFM 信号通过倍频器得到 WBFM 信号。

(1) 直接调频

在调频电台中广泛应用一种利用 VCO 进行直接调频的方法。直接调频的示意图如图 4.4.5 所示,图中 L 和 C 为调谐回路的元件,改变 L、C 的数值即可改变回路的谐振频率。

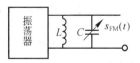

图 4.4.5 LC 直接调频

如果将调制信号 $m(t)$ 加在回路的变容管上,则回路的容量 $c(t)$ 随 $m(t)$ 的变化而变化。设 $C(t)=C_0-km(t)$,此时振荡器的谐振频率

$$f_i = \frac{1}{2\pi\sqrt{LC(t)}} = \frac{1}{2\pi\sqrt{L[C_0-km(t)]}} = \frac{1}{2\pi\sqrt{LC_0}} \cdot \frac{1}{\sqrt{1-\frac{k}{C_0}m(t)}}$$

式中,C_0 是变容管静态电容。如果令未调制时的载频为

$$f_c = \frac{1}{2\pi\sqrt{LC_0}}$$

则通常有 $\left| \dfrac{k}{C_0} m(t) \right| \ll 1$,根据近似公式,当 x 远小于 1 时,有 $(1-x)^{-\frac{1}{2}} = 1 + \dfrac{x}{2}$。

$$f_i \approx f_c \left[1 + \frac{1}{2} \frac{k}{C_0} m(t) \right] = f_c + \frac{k f_c}{2 C_0} m(t) = f_c + \Delta f \cdot m(t) \tag{4.4.40}$$

式中,Δf 为变容管调频的最大频偏。

由于输入波形的瞬时频率 f_i 和调制信号 $m(t)$ 成线性变化,所以毫无疑问输出的波形是调频波。

直接调频的主要优点是可以得到较大的频偏,但是,如果振荡器的频率稳定度不是很高的话,载频的漂移也是很大的,甚至达到和调频信号的最大频偏同一数量级。为了使载波频率比较稳定,一般需要对载频进行稳频处理。

(2) 间接调频

间接调频先将 $m(t)$ 积分然后再对载波进行相位调制,产生出一个窄带调频信号,随后再经 N 次倍频器,通过倍频得到需要的宽带调频信号,其方框图如图 4.4.6 所示。

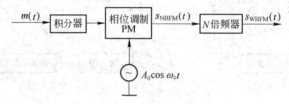

图 4.4.6　间接调频框图

间接调频器中,通过 N 次倍频器,调频信号的载频增加 N 倍,而且调频指数也增加 N 倍。因此虽然窄带调频时的调制指数 m_f 小于 0.5,但经过 N 次倍频后,调制指数就可以远大于 1 而成为宽带调频。常常经 N 次倍频后调制指数满足了要求的值,但输出载波频率可能不符合要求,此时需要用混频器混频,将载波变换到要求的值。混频器混频时只改变载波频率而不会改变调制指数的大小。

(3) NBFM 的产生

一种易于理解而且简单的产生方法是直接由 NBFM 信号的表达式画出其产生方框图。NBFM 信号的表达式为

$$s_{\text{NBFM}}(t) = A_0 \cos \omega_c t - k_f A_0 \int_{-\infty}^{t} m(\tau) \mathrm{d}\tau \cdot \sin \omega_c t$$

则其对应产生的方框图如图 4.4.7 所示。图中的积分器应该带有 k_f 的增益量。

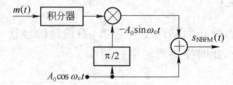

图 4.4.7　NBFM 产生的方框图

4.4.3　调频信号的解调

调频信号的解调是要产生一个与输入调频波的频率成线性关系的输出电压，以及恢复出原来的调制信号。完成这个频率—电压变换关系的器件是频率检波器，简称鉴频器。鉴频器的种类很多，有振幅鉴频器、相位鉴频器、比例鉴频器、正交鉴频器、斜率鉴频器、频率负反馈解调器、锁相环解调器等。下面扼要介绍各种鉴频器的基本工作原理。

1. 振幅鉴频器

把输入的等幅 FM 信号经过频率/幅度变换器，变换为振幅和频率都随调制信号变化的 FM-AM 波，再通过包络检波器还原成原来的调制信号。常见的振幅鉴频器有：失谐回路振幅鉴频器、差分峰值振幅鉴频器、斜率鉴频器等。

设输入到鉴频器的调频信号为

$$s_{FM}(t) = A_0 \cos\left[\omega_c t + k_f \int_{-\infty}^{t} m(\tau)d\tau\right]$$

此时鉴频器输出电压

$$m_o(t) = k_d k_f m(t)$$

式中，k_d 是鉴频器的鉴频跨导或称鉴频器的灵敏度，单位为 V/rad/s。理想的鉴频特性如图 4.4.8 所示。

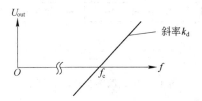

图 4.4.8　理想的鉴频特性

一般用微分器后接包络检波器能组成具有近似理想的鉴频特性，它的方框图组成如图4.4.9所示。这种解调器通常也称为非相干解调器。

图 4.4.9　非相干解调 FM 信号

图中，限幅器是将调频信号在传输过程中引起的幅度变化部分削去，变成固定幅度的调频波，这点非常重要。如果没有限幅器，微分器的工作将受到影响。带通滤波器（BPF）是让调频信号顺利通过，同时滤除带外噪声及信号的高次谐波分量。微分器的作用是把调频信号变成了一个调幅调频波（FM-AM 波）。包络检波器从幅度变化中检出调制信号。微分器和包络检波器组成鉴频器。

2. 相位鉴频器

把输入的等幅 FM 信号经过频率/相位变换器，变换为频率和相位都随调制信号变化的调相调频波（PM-FM 波）。再根据 PM-FM 波相位受调制的特征，通过相位检波器还原成原来的调制信号。常见的相位鉴频器有互感耦合回路相位鉴频器、电容耦合相位鉴频器。

3. 反馈解调器

反馈解调器在有噪声的情况下,解调性能比无反馈要好得多。反馈解调器有频率负反馈解调器和锁相环解调器两种。

（1）调频负反馈解调器

宽带调频的调频指数增加的结果,一方面使鉴频后的输出调制信号幅度增大,另一方面要求鉴频器前的带通滤波器的带宽也要增大。带宽增大是在假设接收机输入的噪声单边功率谱密度函数 n_0 不变的情况下,那么鉴频器输入端的噪声功率就会增加,这会导致输入信噪比减小。后面将会看到,调频信号解调和调幅非相干解调一样,都存在所谓"门限效应"。

从减小解调器输入端的噪声功率入手,应该使带通滤波器的带宽窄一些,但是,带宽太窄,又不能使调频信号全部通过,反而引起调频信号的失真。通常采用调频负反馈技术来解决这个问题。

图 4.4.10 是调频负反馈解调器的方框图。如果没有 VCO 环路,即把图中的 VCO 断开,则此电路和一般鉴频器电路没有太大的区别,只把窄带 BPF 变成宽带 BPF,保证宽带调频信号无失真通过就行了。

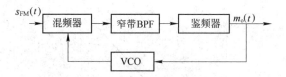

图 4.4.10　调频负反馈解调器

当把 VCO 反馈电路接上,使 VCO 的频率变化跟踪输入调频信号频率偏移变化时,混频后的中频信号就是频偏受到压缩的调频信号。所以,中频滤波器可以由窄带滤波器担任。由于中频滤波器的输出信号频偏和输入的调频信号频偏成正比例变化,所以鉴频器输出端同样可以得到无失真的调制信号,只是输出调制信号的幅度减小了。

VCO 在 $m_o(t)=0$ 时,它的角频率为 $\omega_c-\omega_i$;$m_o(t)\neq0$ 时,它的角频率 $\omega_{VCO}(t)=(\omega_c-\omega_i)+k_{VCO}m_o(t)$,此时,VCO 的输出信号

$$m_{VCO}(t) = A_V\cos\left[(\omega_c-\omega_i)t + k_{VCO}\int_{-\infty}^{t} m_o(\tau)\mathrm{d}\tau\right]$$

经混频器（乘法器）混频后可得

$$s_{FM}(t)m_{VCO}(t) = \frac{1}{2}A_0A_V\cos\left[\omega_i t + k_f\int_{-\infty}^{t} m(\tau)\mathrm{d}\tau - k_{VCO}\int_{-\infty}^{t} m_o(\tau)\mathrm{d}\tau\right] +$$
$$\frac{1}{2}A_0A_V\cos\left[(2\omega_c-\omega_i)t + k_f\int_{-\infty}^{t} m(\tau)\mathrm{d}\tau + k_{VCO}\int_{-\infty}^{t} m_o(\tau)\mathrm{d}\tau\right]$$

通过中心角频率为 ω_i 的中频窄带滤波器,取出差频成分,有

$$s_{iFM}(t) = A_i\cos\left[\omega_i t + k_f\int_{-\infty}^{t} m(\tau)\mathrm{d}\tau - k_{VCO}\int_{-\infty}^{t} m_o(\tau)\mathrm{d}\tau\right]$$

式中,$A_i=A_VA_0A_B/2$,A_B 为乘法器和滤波器的传输系数。

当中频调频波 $s_{iFM}(t)$ 通过鉴频器,对它进行微分后成为调幅调频波,得

$$\frac{\mathrm{d}s_{i\mathrm{FM}}(t)}{\mathrm{d}t}=-A_i\big[\omega_i+k_f m(t)-k_{\mathrm{VCO}}m_o(t)\big]\sin\Big[\omega_i t+k_f\int_{-\infty}^{t}m(\tau)\mathrm{d}\tau-k_{\mathrm{VCO}}\int_{-\infty}^{t}m_o(\tau)\mathrm{d}\tau\Big]$$

式中，ω_i 为固定分量，可以隔离消除；$k_f m(t)-k_{\mathrm{VCO}}m_o(t)$ 为变化分量。通过包络检波后鉴频器的输出电压为

$$m_o(t)=k_d\big[k_f m(t)-k_{\mathrm{VCO}}m_o(t)\big]$$

式中，k_d 是鉴频器的灵敏度。简化后可得

$$m_o(t)=\frac{k_d k_f m(t)}{1+k_d k_{\mathrm{VCO}}} \tag{4.4.41}$$

通过式(4.4.41)可以看到：鉴频器输出电压 $m_o(t)$ 和调制信号 $m(t)$ 成正比；调频负反馈解调器比一般鉴频器的输出小 $(1+k_d k_{\mathrm{VCO}})$ 倍，如果 $k_d k_{\mathrm{VCO}}$ 乘积越大，则输出电压越小，这是因为中频调频信号的频偏随 $k_d k_{\mathrm{VCO}}$ 增大而减小的缘故。

(2) 锁相环解调器

由于锁相环(PLL)解调器具有优良的解调性能，比较容易调整，易于实现。因此，在通信中被广泛使用。

锁相环解调器的方框图如图 4.4.11 所示。它由相位比较器(包括乘法器和低通滤波器)和压控振荡器两个主要部分组成。锁相环解调器和调频负反馈解调器一样，都是闭合电路，但锁相环解调器的环路中没有窄带中频滤波器和鉴频器。

频率负反馈解调器的作用是使 VCO 输出瞬时频率跟踪输入调频信号的瞬时频率变化，以实现频率解调；而锁相环解调器的作用是使 VCO 的输出瞬时相位跟踪输入调频信号的瞬时相位变化，以实现频率解调。

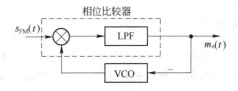

图 4.4.11　锁相环解调器

当锁相环为一阶时，VCO 的频率跟踪上输入调频信号的频率时，通过分析可以得出相位比较器的输出为

$$m_o(t)=\frac{k_f m(t)}{k_{\mathrm{VCO}}} \tag{4.4.42}$$

可见锁相环解调器的输出信号是普通鉴频器的 $1/k_{\mathrm{VCO}}$ 倍，但是它的环路带宽可以很窄，滤除带外噪声的能力比调频负反馈解调器强，门限效应的改善也好一些。

调频信号解调的方法，除了上面介绍的以外，还有其他的方法，例如利用调频信号波形在单位时间内与零电平轴交叉的平均数目不同，而把调制信号检测出来的零交点计数检波器等。

非线性调制信号(FM 和 PM)的解调与线性调制信号解调基本一样，也有相干解调法和非相干解调法两种。非相干解调法前面已经介绍了，相干解调法适应于窄带调频，相干解调 FM 信号的方框图如图 4.4.12 所示。图中载波 $C(t)$，它与发送端载波的频率保持严格的一致，但相位相差 $90°$。

相干解调 NBFM 信号的工作原理可以用各点数学表达式清楚地表示为

$$s_{\mathrm{NBFM}}(t)=A_0\cos\omega_c t-k_f A_0\int_{-\infty}^{t}m(\tau)\mathrm{d}\tau\cdot\sin\omega_c t$$

输入窄带调频信号为

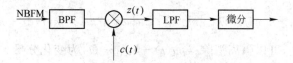

图 4.4.12　NBFM 的相干解调

载波为 $\qquad$ $c(t)=-\sin \omega_c t$

乘法器输出信号为 $\quad z(t)=s_{\text{NBFM}}(t) \cdot c(t)$

$$=-\frac{A_0}{2}\sin 2\omega_c t+\frac{A_0 k_f}{2}\int_0^t m(\tau)\mathrm{d}\tau \cdot (1-\cos 2\omega_c t)$$

LPF 输出信号为 $\qquad$ $m_o(t)=\frac{A_0 k_f}{2}\int m(\tau)\mathrm{d}\tau$

微分器输出信号为 $\qquad$ $\dot{m}'_o(t)=\frac{A_0 k_f}{2}m(t)$

　　关于 PM 信号的解调方法,这里不作分析讨论。只要知道了 FM 信号、NBFM 信号的解调方法,以及 FM 与 PM 的相互关系,就可以推导出 PM 信号的解调方法。

4.5　调频系统的性能分析

4.5.1　分析模型

　　调频信号(非线性调制信号)的解调和线性调制信号解调一样,有相干解调和非相干解调两种。相干解调主要用于窄带调频信号,而且需要在接收端提供一个同步信号,故应用范围受限。而非相干解调不需要同步信号,而且不论窄带调频信号还是宽带调频信号都可采用,因此得到了广泛的应用。目前在调频电台中几乎都是用非相干解调的。

　　非相干解调器由限幅器、鉴频器(微分器加包络检波器)和低通滤波器组成,其方框图如图 4.5.1 所示。图中左面的加法器和带通滤波器组成信道的模型。带通滤波器(BPF)让信号顺利通过,同时抑制带外噪声,BPF 的中心频率就是 FM 信号的载波频率,频带宽度为 FM 信号的宽度。即接收 NBFM 时,带宽 $B=2f_m$;宽带调频时,$B=2(m_f+1)f_m$。

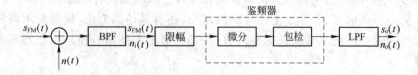

图 4.5.1　FM 信号非相干解调分析模型

　　设信道噪声 $n(t)$ 是均值为零、单边功率谱密度函数为 n_0 的高斯白噪声,则经过带通滤波器后变为窄带高斯白噪声。

　　FM 信号经过信道后自然会受到噪声的影响,因此到达限幅器输入端的波形是 $s_{\text{FM}}(t)+n_i(t)$,合成波形的合成振幅是随机变化的,通过限幅器可以消除噪声对振幅的影响,即使合成波的振幅保持恒定。

　　鉴频器中的微分器把调频信号变成调幅调频波,后面的包络检波器用来检出调幅调频波的包络,最后通过低通滤波器(LPF)取出调制信号。LPF 的作用是抑制调制信号最高频率以外的噪声,而实际上 LPF 在这里仅仅起平滑作用。

FM 非相干解调系统的抗噪声性能分析,也和线性调制的一样,主要讨论计算解调器输入端的输入信噪比、输出端的输出信噪比以及信噪比增益。由于噪声对相位有影响,又经鉴频器的非线性作用,计算输出信号和噪声是很复杂的。下面考虑大信噪比输入这种极端情况,这样可以简化分析计算。

4.5.2 非相干解调系统性能分析

1. 输入信噪比

FM 信号的平均功率为

$$S_i = \overline{s_{FM}^2(t)} = \frac{1}{2}A_0^2 \qquad (4.5.1)$$

式中,A_0 是 FM 信号到达解调器输入端时的幅度,不是发送端的载波幅度。

解调器输入端噪声的功率为

$$N_i = \overline{n_i^2(t)} = n_0 B_{FM} = 2n_0(\Delta f + f_m) \qquad (4.5.2)$$

由于 FM 信号的频带宽度大于 AM 信号的频带宽度,因此 FM 信号的解调器输入噪声功率比 AM 信号的输入噪声功率大。

FM 信号解调器的输入信噪功率比为

$$\left(\frac{S_i}{N_i}\right)_{FM} = \frac{\frac{1}{2}A_0^2}{2n_0(\Delta f + f_m)} = \frac{A_0^2}{4n_0(\Delta f + f_m)} \qquad (4.5.3)$$

2. 输出信噪比

由于调频信号的解调过程是一个非线性过程,因此,严格地讲不能用线性系统的分析方法。在计算输出信号功率和输出噪声功率时,要考虑非线性的作用,即计算输出信号时要考虑噪声对它的影响,而计算输出噪声时,要考虑信号对它的影响,这样,使计算过程大大复杂化。但是在大输入信噪比的情况下,已经证明了信号和噪声间的相互影响可以忽略不计,即计算输出信号时可以假设噪声为零,而计算输出噪声时也可以假设调制信号 $m(t)$ 为零,算得的结果和同时考虑信号和噪声时的一样。下面依据此分析计算在大输入信噪比时的输出信号和输出噪声的功率。

首先计算输出信号功率。假设输入噪声为零,此时

$$s_{FM}(t) = A_0\cos\left[\omega_c t + k_f\int_{-\infty}^{t} m(\tau)d\tau\right]$$

FM 信号经限幅后,幅度恒定。经过微分器后,表达式为

$$s'_{FM}(t) = -[\omega_c + k_f m(t)]A_0\sin\left[\omega_c t + k_f\int_{-\infty}^{t} m(\tau)d\tau\right] \qquad (4.5.4)$$

式中,信号的幅度和相位都随调制信号变化,它是一个 AM-FM 波。如果在鉴频器的前面没有限幅器,那么,由于 FM 信号的幅度随时间变化,因此微分后不会有上式的形式,所以也就不会是一个 AM-FM 波形。

式(4.5.4)经过包络检波器后,取出的包络(应该是变化的调制信号)是

$$s'_o(t) = k_d k_f m(t) \tag{4.5.5}$$

式中,系数 k_d 可以认为是鉴频器的增益。如果低通滤波器是理想的,带宽为基带信号的宽度,则低通滤波器输出表达式应该与公式(4.5.5)相同,即

$$s_o(t) = k_d k_f m(t)$$

故 FM 解调器输出端的输出信号平均功率为

$$S_o = \overline{s_o^2(t)} = (k_d k_f)^2 \overline{m^2(t)} \tag{4.5.6}$$

其次计算解调器输出端噪声的平均功率。假设调制信号 $m(t) = 0$,则加到解调器输入端的是未调载波(幅度与发送端的幅度不同)与窄带高斯噪声之和,即为

$$A_0 \cos \omega_c t + n_c(t) \cos \omega_c t - n_s(t) \sin \omega_c t = [A_0 + n_c(t)] \cos \omega_c t - n_s(t) \sin \omega_c t \tag{4.5.7}$$

把式(4.5.7)化成极坐标的形式为

$$[A_0 + n_c(t)] \cos \omega_c t - n_s(t) \sin \omega_c t = A(t) \cos[\omega_c t - \varphi(t)] \tag{4.5.8}$$

式中,幅度和相位分别为

$$A(t) = \sqrt{[A_0 + n_c(t)]^2 + n_s^2(t)}$$

$$\varphi(t) = \arctan \frac{n_s(t)}{A_0 + n_c(t)}$$

限幅器削去幅度变化,感兴趣的信息包含在相位变化中。当输入大信噪比,即 $A_0 \gg n_c(t)$ 和 $A_0 \gg n_s(t)$ 时,有

$$\varphi(t) = \arctan \frac{n_s(t)}{A_0 + n_c(t)} \approx \arctan \frac{n_s(t)}{A_0}$$

当 $x \ll 1$ 时,有 $\arctan x \approx x$,则

$$\varphi(t) \approx \frac{n_s(t)}{A_0} \tag{4.5.9}$$

在实际中,鉴频器的输出是与输入调频信号的频偏成正比例变化的,故有鉴频器的输出噪声为

$$n_d(t) = k_d \frac{\mathrm{d}\varphi(t)}{\mathrm{d}t} \approx \frac{k_d}{A_0} \frac{\mathrm{d}n_s(t)}{\mathrm{d}t} \tag{4.5.10}$$

则鉴频器输出端的输出噪声的平均功率为

$$N_d = \left(\frac{k_d}{A_c}\right)^2 \overline{\left[\frac{\mathrm{d}n_s(t)}{\mathrm{d}t}\right]^2} \tag{4.5.11}$$

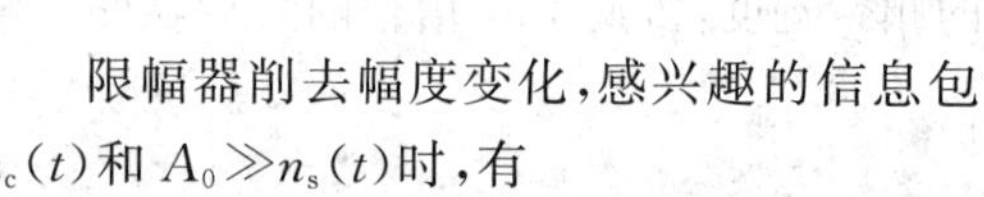

图 4.5.2 微分网络输出功率的计算

噪声功率的计算,关键是噪声正交分量的微分如何考虑,它可以看成是一个噪声正交分量 $n_s(t)$ 通过一个微分网络的输出,如图 4.5.2 所示。噪声正交分量的功率谱密度函数 $p_{ns}(\omega)$ 在频带范围 B_{FM} 内服从均匀分布,且 $p_{ns}(\omega) = n_0$,所以微分后 $\frac{\mathrm{d}n_s(t)}{\mathrm{d}t}$ 的功率谱密度函数为

$$p_{os}(f) = |\mathrm{j}\omega|^2 p_{ns}(f) = \omega^2 p_{ns}(f) = (2\pi)^2 f^2 p_{ns}(f) \qquad |f| < \frac{B_{FM}}{2}$$

输入窄带高斯白噪声的功率谱密度 $p_n(f)$、$n_s(t)$ 的功率谱密度函数 $p_{ns}(f)$ 和 $\frac{\mathrm{d}n_s(t)}{\mathrm{d}t}$

的功率谱密度函数 $p_{os}(f)$ 如图 4.5.3 所示。

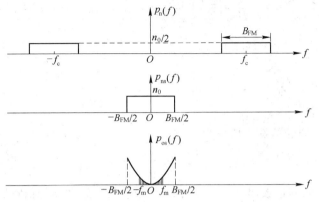

图 4.5.3　微分网络前后噪声功率谱密度函数计算

从图 4.5.3 中可以看出,鉴频器的输出噪声功率谱密度函数为

$$p_o(f) = \begin{cases} \left(\dfrac{k_d}{A_0}\right)^2 (2\pi f)^2 p_{ns}(f) = \dfrac{4\pi^2 k_d^2}{A_0^2} f^2 n_0, & |f| < \dfrac{B_{FM}}{2} \\ 0, & |f| > \dfrac{B_{FM}}{2} \end{cases} \tag{4.5.12}$$

该噪声功率谱密度函数再经过低通滤波器的滤波,低通滤波器只让噪声频谱中小于 f_m 的频率成分通过,而滤掉那些功率谱密度函数值(与 f^2 成正比例)大于 f_m 的频率成分。所以,解调器输出(LPF 输出)的噪声功率为

$$N_o = \int_{-f_m}^{f_m} p_o(f)\,\mathrm{d}f = \int_{-f_m}^{f_m} \frac{4\pi^2 k_d^2 n_0}{A_0^2} f^2 \,\mathrm{d}f$$

$$= \frac{8\pi^2 k_d^2 n_0 f_m^3}{3A_0^2} \tag{4.5.13}$$

这样,FM 信号非相干解调器输出端的输出信噪比为

$$\left(\frac{S_o}{N_o}\right)_{FM} = \frac{k_d^2 k_f^2 \,\overline{m^2(t)}}{\dfrac{8\pi^2 k_d^2 n_0 f_m^3}{3A_0^2}} = \frac{3A_0^2 k_f^2 \,\overline{m^2(t)}}{8\pi^2 n_0 f_m^3} \tag{4.5.14}$$

式(4.5.14)看起来比较复杂,为了给出简明的意义,可以考虑调制信号是幅度为 1 的单频余弦信号时的情况。这时有 $k_f = 2\pi\Delta f$,且 $\overline{m^2(t)} = \dfrac{1}{2}$。将它们代入上式,可以得到

$$\left(\frac{S_o}{N_o}\right)_{FM} = \frac{3A_0^2 \Delta f^2}{4n_0 f_m^3} = \frac{3}{2}\left(\frac{\Delta f}{f_m}\right)^2 \frac{A_0^2/2}{n_0 f_m} \tag{4.5.15}$$

考虑到解调器输入信噪比为

$$\left(\frac{S_i}{N_i}\right)_{FM} = \frac{\dfrac{1}{2}A_0^2}{2n_0(\Delta f + f_m)} = \frac{A_0^2/2}{n_0 B_{FM}}$$

对公式(4.5.15)进行变换得

$$\left(\frac{S_o}{N_o}\right)_{FM} = \frac{3}{2}\frac{\frac{1}{2}A_0^2}{n_0 B_{FM}}\left(\frac{\Delta f}{f_m}\right)^2 \frac{B_{FM}}{f_m} = \frac{3}{2}m_f^2[2(m_f+1)]\left(\frac{S_i}{N_i}\right)_{FM}$$

$$= 3m_f^2(m_f+1)\left(\frac{S_i}{N_i}\right)_{FM} \tag{4.5.16}$$

式中利用了公式 $m_f = \dfrac{\Delta f}{f_m}$。

3. 信噪比增益

FM 信号解调器的信噪比增益为

$$G_{FM} = \frac{S_o/N_o}{S_i/N_i} = 3m_f^2(m_f+1) \tag{4.5.17}$$

通常情况下,因为调频指数 $m_f \gg 1$,所以 FM 信号非相干解调器的信噪比增益为

$$G_{FM} \approx 3m_f^3 \tag{4.5.18}$$

FM 信号解调器的信噪比增益与调频指数的三次方成正比,例如调频广播中调频指数 $m_f = 5$,则信噪比增益 $G_{FM} = 3 \times 5^2(5+1) = 450$。因此 FM 信号的抗噪声性能是非常好的,调频指数 m_f 越大,G 也越大,但是所需的带宽也越宽。这就表示调频系统抗噪声性能的改善是以增加传输带宽为代价得到的。

由上面的分析讨论,归纳出下面一些重要的结论:

(1) 调频信号的功率等于未调制时的载波功率。这是因为在调频前后,载波功率和边频功率分配关系发生了变化,载波功率转移到边频功率上的缘故。这种功率分配关系随调频指数 m_f 而变,适当选取 m_f,可使调制后载波功率全部转移到边频功率上。

(2) FM 信号解调是一个非线性过程,理论上应考虑调频信号和噪声的相互作用,但是在大输入信噪比的情况下,它们的相互作用可以忽略。这样,当考虑信号输出时,可认为输入噪声为零;而考虑噪声输出时,可认为调制信号为零。

(3) FM 信号解调器的输出端的噪声功率谱密度函数 $p_o(f) \propto f^2$,在 $\pm B_{FM}/2$ 范围内呈抛物线形状。这一点和线性调制时输出噪声功率谱密度函数在 $\pm B/2$ 范围内服从均匀分布是完全不同的。带宽的增大,将引起输出噪声的快速增大,这对系统性能不利。为提高调频解调器的抗噪声性能,应该降低此噪声,可以采用加重和去加重技术来抑制。

(4) 在大信噪比情况下,采用非相干解调时,FM 解调器的输出信噪比与 AM 解调器的输出信噪比有下面的关系:

$$\frac{(S_o/N_o)_{FM}}{(S_o/N_o)_{AM}} = 3m_f^2 \approx 3\left(\frac{B_{FM}}{B_{AM}}\right)^2 \qquad m_f \gg 1 \tag{4.5.19}$$

这表明 FM 输出信噪比相对与 AM 输出信噪比的比值与其传输带宽比值的平方成正比,FM 信号的频带宽度越宽,性能越好。

(5) 在大输入信噪比的情况下,FM 信号解调器的输出信噪比与其输入信噪比成正比,输入信噪比越大,则输出信噪比也越大。

(6) 调频信号的非相干解调和 AM 信号的非相干解调一样,都存在着门限效应。当输入信噪比大于门限电平时,解调器的抗噪声性能较好;而当输入信噪比小于门限电平时,输出信噪比急剧下降。4.6 节将详细介绍调频信号解调时出现的门限效应。

4.6 调频信号解调的门限效应

与 AM 信号采用包络检波法解调时一样,调频信号非相干解调时,也存在着门限效应,现象是当输入信噪比较大时,解调器输出信噪比较高,此时信号清晰,噪声很小,输出信噪比与输入信噪比成线性关系,主要为起伏噪声。随着输入信噪比的下降,在某一个值以下时,解调器输出信噪比严重恶化,噪声突然明显增大,且有时会变为脉冲噪声,这种现象称为门限效应。下面对其原因加以分析。

为了分析简单,设信号未被调制,$\varphi_c(t)=0$,即

$$s_{FM}(t)=A_0\cos[\omega_c t+\varphi_c(t)]=A_0\cos\omega_c t$$

窄带高斯白噪声可以写成

$$n_i(t)=n_c(t)\cos\omega_c t-n_s(t)\sin\omega_c t=V_n(t)\cos[\omega_c t+\varphi_n(t)] \tag{4.6.1}$$

FM 信号加噪声可以写成

$$s_{FM}(t)+n_i(t)=A_0\cos\omega_c t+n_c(t)\cos\omega_c t-n_s(t)\sin\omega_c t$$
$$=A(t)\cos[\omega_c t+\varphi(t)] \tag{4.6.2}$$

输入噪声幅度矢量 $\boldsymbol{V}_n(t)$、载波幅度 A_0 以及 FM 信号和噪声的合成矢量 $\boldsymbol{A}(t)$ 的矢量图如图 4.6.1 所示。当大输入信噪比时,如图 4.6.1(a)所示,$\boldsymbol{V}_n(t)$ 在大多数时间里小于 A_0,噪声随机相位 $\varphi_n(t)$ 在 $0\sim2\pi$ 内变化,合成矢量 $\boldsymbol{A}(t)$ 的矢量端点轨迹如图 4.6.1(a)中虚线所示。这时信号和噪声合成矢量的相位 $\varphi(t)$ 的变化范围不大,输出噪声为起伏噪声,没有脉冲噪声输出,故输出信噪比是足够高的。当小输入信噪比时,因在大多数时间里 $\boldsymbol{V}_n(t)$ 大于载波幅度 A_0,因此当噪声的随机相位在 $0\sim2\pi$ 范围内任意变化时,信号与噪声的合成矢量 $\boldsymbol{A}(t)$ 的矢量端点轨迹如图 4.6.1(b)所示。合成矢量的相位 $\varphi(t)$ 围绕原点作 $0\sim2\pi$ 范围内的变化,因为 $\varphi(t)$ 变化范围大,且是随机的,所以产生脉冲噪声。

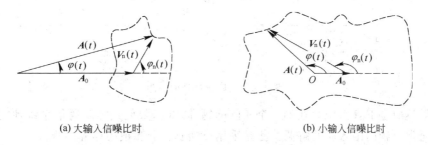

(a) 大输入信噪比时　　　　　　　　　　　　(b) 小输入信噪比时

图 4.6.1　FM 信号加噪声的矢量图

设随机相位 $\varphi(t)$ 变化如图 4.6.2(a)所示,利用鉴频器将相位的变化率 $\mathrm{d}\varphi(t)/\mathrm{d}t$ 提取出来作为输出,如图 4.6.2(b)所示。可见 $\varphi(t)$ 从 $0\sim2\pi$ 变化时,它的变化率最大,$\mathrm{d}\varphi(t)/\mathrm{d}t$ 产生一个正脉冲输出;在 $\varphi(t)$ 从 $2\pi\sim0$ 变化时,$\mathrm{d}\varphi(t)/\mathrm{d}t$ 产生一个负脉冲输出。由于 $\varphi(t)$ 是随机变化的,所以正负脉冲的出现也是随机的。

当小输入信噪比时,产生脉冲噪声,使输出信噪比恶化,从而产生门限效应。由于小信噪比输入时,解调器输出信噪比的计算很复杂,这里只给出在单音调制下输出信噪比公式:

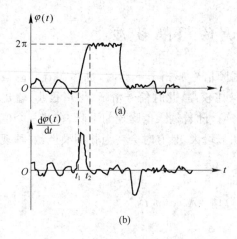

图 4.6.2 随机脉冲噪声的产生

$$\left(\frac{S_o}{N_o}\right)_{FM} = \frac{3m_f^2(m_f+1) \cdot r}{1+\dfrac{24m_f(m_f+1)}{\pi}r \cdot e^{-r}}$$

$$(4.6.3)$$

式中,r 是解调器输入信噪比,即

$$r=\left(\frac{S_i}{N_i}\right)_{FM} \qquad (4.6.4)$$

如果输入信噪比足够大时,公式(4.6.3)分母中的第二项趋近零,输出信噪比与输入信噪比成线性关系,其结果同式(4.5.17)。

图 4.6.3(a)是调频指数分别为 20、7、3、2 时,在单音调制时门限值附近的输出信噪比和输入信噪比的关系。从图中可以看出,输入信噪比在门限值以上时,输出信噪比和输入信噪比成线性关系,即输出信噪比随着输入信噪比的大小作线性变化;在门限值以下时,输出信噪比急剧下降;不同的调频指数 m_f 有着不同的门限值,m_f 大的门限值相对高,m_f 小的门限值相对低,但是门限值的变化范围不大。m_f 与输入信噪比的关系如图 4.6.3(b)所示。从图中可以看出信噪比门限一般在 8~11 dB 的范围内变化,通常认为门限值为 10 dB 左右。

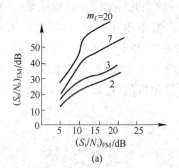

图 4.6.3 调频信号的门限

门限效应是 FM 系统存在的一个实际问题,降低门限值是提高通信系统性能的措施之一。通常改善门限效应的解调方法是采用反馈解调器和锁相环解调器。

对于 FM 系统,它的抗噪声性能明显优于其他线性调制系统的抗噪声性能,这是通过牺牲系统的有效性(增加传输带宽)为代价换取的。但如果输入信噪比下降到门限值以下时,调频系统抗噪声性能严重恶化。在远距离电话通信或卫星通信中,由于信道噪声比较大或发送功率不可能很大等原因,接收端不能得到较大的信噪比。此时应采用门限电平较低的环路解调器解调,它们的门限电平比一般鉴频器的门限电平低 6~10 dB,可以在 0 dB 附近的输入信噪比情况下工作,但设备比较复杂,实现起来也有一定的困难。

由于调频信号的抗噪声性能好,因此广泛应用于高质量的,或信道噪声大的场合。如调频广播、空间通信、移动通信以及模拟微波中继通信等。

4.7 加重技术

对于线性调制系统,若要增加输出信噪比一般只能通过增加输入信噪比(如增加发送信号功率或降低噪声电平)的办法来获得。对于 FM 系统可以通过以下三种方法来提高输出信噪比:

(1) 提高输入信噪比。

(2) 加大调频指数 m_f,因为输出信噪比与调频指数的立方成正比。

(3) 采用加重技术。

在 FM 系统中采用加重技术,指的是在系统发送端调制器之前接上一个预加重网络,而在接收机解调器之后接上一个去加重网络来实现降低解调器输出端噪声功率的一种方法。带有加重技术的 FM 系统方框图如图 4.7.1 所示。图中的预加重网络特性 $H_T(f)$ 和去加重网络特性 $H_R(f)$ 应是互补关系,这样保证了信号不发生变化。

图 4.7.1 带有加重技术的 FM 系统

由于调频信号用鉴频器解调时,输出噪声功率谱密度函数与频率的平方成正比,即

$$p_o(f) \propto f^2 \qquad |f| < f_m \qquad (4.7.1)$$

那么,在解调器输出端接一个传输特性随频率增加而下降的线性网络,将高频的噪声衰减,则总的噪声功率可以减小,因此在解调器输出端加此网络(称为去加重网络)。但是,接收端接了 $H_R(f)$ 后,将会对传输信号带来频率失真,因此,必须在调制器前接一个 $H_T(f)$ 来抵消去加重网络的影响。为使传输信号不失真,$H_T(f)$ 和 $H_R(f)$ 应是互补关系,即应该有

$$H_T(f) \cdot H_R(f) = 1 \qquad (4.7.2)$$

在 FM 通信系统中,当满足式(4.7.2)条件后,对于传输的信号整体来说,预加重网络和去加重网络对它是没有影响的,即没有使传输的信号发生变化,而输出噪声却得到了降低,这样提高了 FM 通信系统的输出信噪比,改善了系统的整体性能。

实际上,预加重是对输入信号较高频率分量的提升;而解调后的去加重则是对较高频率分量的压低。

系统采用加重技术与没有采用加重技术的信噪比改善量可以用下式来衡量:

$$R = \frac{\left(\dfrac{S_o}{N_o}\right)_{\text{有加重}}}{\left(\dfrac{S_o}{N_o}\right)_{\text{无加重}}} = \frac{\displaystyle\int_{-f_m}^{f_m} p_o(f)\,df}{\displaystyle\int_{-f_m}^{f_m} p_o(f)\,|H_R(f)|^2\,df} \qquad (4.7.3)$$

式中,因为加重和去加重网络的互补关系,它们对信号不发生变化,所以采用加重技术与没有采用加重技术的信噪比的比值就等于未加重时的输出噪声功率与加重后的输出噪声功率之比,也可以说成是去加重网络前与后的输出噪声功率之比。式中分子是未加重时的输出噪声功率,分母是加重后的输出噪声功率。可见,加重后输出信噪比的改善程度和

去加重网络特性 $H_R(f)$ 有关。

加重网络特性的选择是一个必须注意的问题。如果高频分量提升得太大,则调频信号的频带宽度将增宽。通常这样选择特性:去加重网络的传输特性的大小,应该以使其输出的噪声功率谱密度具有平坦的特性曲线为准。去加重和预加重网络传输特性的一种选择形式如下:

$$H_R(f) = 1/\mathrm{j}f \tag{4.7.4}$$
$$H_T(f) = \mathrm{j}f \tag{4.7.5}$$

实际中通常采用图 4.7.2(a) 所示的 RC 网络作为预加重网络电路,采用图 4.7.2(b) 所示的网络作为去加重网络电路。

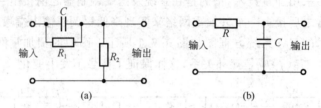

输入 R_1 R_2 输出   输入 R C 输出

(a)   (b)

图 4.7.2 预加重和去加重电路

加重技术不但在调频系统中得到了广泛的应用,而且还可以应用在其他音频传输系统和录音系统中。如在录放音设备系统中,广泛应用的杜比(Dolby)系统就采用了加重技术。采用加重技术后,在保持信号传输带宽不变的条件下,可以使输出信噪比提高6 dB左右。

4.8 频分复用技术

在实际中为了充分发挥信道的传输能力,往往把多路信号合在一起在同一信道内传输,这种把在一个信道上同时传输多路信号的技术称为复用技术。

实现信号多路复用的基本途径之一是采用调制技术,它通过调制把不同路的信号搬移到不同载频上来实现复用,这种技术称为频分复用(FDM)。另一类是时分复用(TDM),它是利用不同的时间间隙来传输不同的话路信号。关于 TDM 的内容将在后面章节介绍,下面介绍 FDM 的相关内容。

频分复用是将信道带宽分割成互不重叠的许多小频带,每个小频带能顺利通过一路信号。可以利用调制技术,把不同的信号搬移到相应的频带上,随后把它们合在一起发送出去。如果频率不够高,还可以再进行二次调制(频率搬移)。在接收端通过带通滤波器将各路已调信号分离开来,再进行相应的解调,还原出各路信号。

图 4.8.1 画出了一个实现 n 路信号频分复用的系统组成方框图,图中各路信号调制采用 SSB 方式,当然也可以采用 DSB、VSB、FM 等调制方式。发送端每路信号调制前的低通滤波器(LPF)的作用是限制信号的频带宽度,避免信号在合路后产生频率相互重叠。在接收端带通滤波器的作用非常关键,由于它的中心频率互不一样,因此它只能让与自己

相对应的信号顺利通过,不能使其他信号通过。BPF 后的解调器工作原理与前面介绍的单路信号解调器一样。

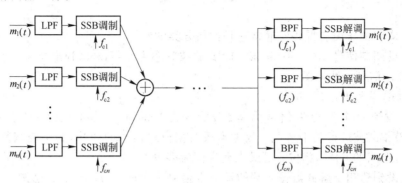

图 4.8.1 频分复用系统的组成

n 路信号复用后合路信号的频谱如图 4.8.2 所示。合路后的每路信号的频谱互不重叠,这是 FDM 的特点。图中 B_g 是为防止相邻两路信号频谱之间重叠而增加的防护频带,B_Σ 是 FDM 合路信号的总带宽。通过图 4.8.2 写出 FDM 合路信号的频带宽度为

$$B_\Sigma = n \cdot B_{SSB} + (n-1)B_g = n \cdot f_m + (n-1)B_g \tag{4.8.1}$$

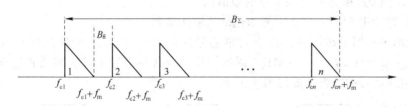

图 4.8.2 FDM 合路信号频谱

在频分复用中有一个重要的指标是路际串话,就是某一路在通话时又听到另一路之间的讲话,这是各路信号不希望有的交叉耦合现象。产生路际串话的主要原因是系统中的非线性,这在设计过程中要注意。其次是各滤波器的滤波特性不良和载波频率的漂移。为了减少频分复用信号频谱的重叠,各路信号频谱间应有一定的频率间隔,这个频率间隔称为防护频带。防护频带的大小主要和滤波器的过渡范围有关。滤波器的滤波特性不好,过渡范围宽,相应的防护频带也要增加。

为了能够在给定的信道频带宽度内,能同时传输更多路数的信号,要求边带滤波器的频率特性比较陡峭,当然技术上会有一定的困难。另外,收发两端都采用很多的载波,为了保证接收端相干解调的质量,要求收发两端的载波保证同步,因此常用一个频率稳定度很高的主振源,并用频率合成技术产生各种所需频率,所以载波频漂现象一般是不太严重的。

采用频分复用技术,可以在给定的信道内同时传输许多路信号,传输的路数越多,则通信系统有效性越好。频分复用技术一般用在模拟通信系统中,它在有线通信(载波机)、无线电报通信、微波通信中都得到了广泛的应用。

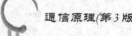

习　　题

4.1　调制的作用有哪些？通常它是如何分类的？

4.2　设调制信号 $m(t)=\cos 2\pi \cdot 10^3 t$，载波频率为 $6\,\mathrm{kHz}$，试画出：

(1) AM 信号的波形图；

(2) DSB 信号的波形图。

4.3　设有一个双边带信号为 $s_{\mathrm{DSB}}(t)=m(t)\cos \omega_c t$。为了恢复 $m(t)$，接收端用 $\cos(\omega_c t+\theta)$ 作载波进行相干解调。仅考虑载波相位对信号的影响，为了使恢复出的信号是其最大可能值的 90%，相位 θ 的最大允许值为多少？

4.4　设到达相干解调器输入端的双边带信号为 $A\cos \omega_x t\cos \omega_c t$。已知 $f_x=2\,\mathrm{kHz}$，信道噪声是窄带高斯白噪声，它的单边功率谱密度函数 $n_0=2\times10^{-8}\,\mathrm{W/Hz}$。若要保证解调器输出信噪比为 $20\,\mathrm{dB}$，试计算载波幅值 A 应为多少？

4.5　已知调制信号为 $m(t)=4\cos 6\,000\pi t$，载频信号为 $c(t)=5\cos 2\pi 10^6 t$，求：

(1) 写出 DSB 和 AM 已调信号的数学表达式；

(2) 计算 DSB 和 AM 已调信号的功率和调制效率；

(3) 求出 DSB 和 AM 已调信号的频谱；

(4) 说明 DSB 信号为什么不能用包络检波法接收。

4.6　画出采用三级调制产生上边带信号的频谱搬移过程(标明频率)，其中 $f_{c1}=50\,\mathrm{kHz}$，$f_{c2}=5\,\mathrm{MHz}$，$f_{c3}=100\,\mathrm{MHz}$，调制信号是最高频率为 $4\,\mathrm{kHz}$ 的低通信号，三级调制产生上边带信号的方框图如题图 4.1 所示。

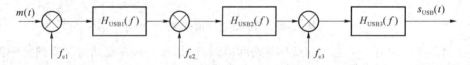

题图 4.1　三级调制产生上边带信号方框图

4.7　若频率为 $10\,\mathrm{kHz}$，振幅为 $1\,\mathrm{V}$ 的正弦调制信号，以频率为 $100\,\mathrm{MHz}$ 的载频进行频率调制，已调信号的最大频偏为 $1\,\mathrm{MHz}$。求：

(1) 调频波的近似带宽；

(2) 若调制信号的振幅加倍，此时调频波的带宽；

(3) 若调制信号的频率也加倍，此时调频波的带宽。

4.8　给定调频信号的中心频率为 $50\,\mathrm{MHz}$，最大频偏为 $75\,\mathrm{kHz}$。试求：

(1) 调制信号频率为 $300\,\mathrm{Hz}$ 的指数 m_f 和信号带宽；

(2) 调制信号频率为 $3\,000\,\mathrm{Hz}$ 的指数 m_f 和信号带宽；

(3) 上面两个结果说明了什么？

4.9　一载波被正弦信号 $m(t)$ 进行 FM，$k_\mathrm{f}=30\,000\,\mathrm{rad/(s\cdot V)}$，试确定下列情况下，载波携带的功率和所有边带携带的总功率为多少？

(1) $m(t)=\cos 5\,000t$；

(2) $m(t)=\dfrac{1}{2}\cos 2\,500t$；

(3) $m(t) = 200\cos 30\,000t$。

4.10 在 50 Ω 的负载电阻上,有一角度调制信号,其表示式为

$$s(t) = 10\cos(10^8\pi t + 3\sin 2\pi \cdot 10^3 t)$$

试计算:

(1) 角度调制信号的平均功率;

(2) 角度调制信号的最大频偏;

(3) 信号的频带宽度;

(4) 信号的最大相位偏移;

(5) 此角度调制信号是调频波还是调相波,为什么?

4.11 已知调频信号为

$$s_{FM}(t) = 10\cos(10^6\pi t + 8\sin 2\pi \cdot 10^3 t)$$

调制器的频偏常数 $k_f = 2\,\text{rad}/(\text{s} \cdot \text{V})$,试确定:载频;调频指数;最大频偏;调制信号。

4.12 设调制信号为 $m(t)$,载波为 $\cos\omega_c t$,完成下面的表格。

调制方式	AM	DSB	SSB	VSB	NBFM	NBPM	FM	PM
时域表达式								
频带宽度								
产生方法(方框图)								
接收方法(方框图)								
信号平均功率								

4.13 采用相干/非相干接收法解调下面已调信号,信道噪声为高斯白噪声,完成下面的表格。

	AM	DSB	SSB	VSB	FM
输入信号功率					
输入噪声功率					
输入信噪比					
输出信号功率					
输出噪声功率					
输出信噪比					
信噪比增益					

4.14 假设音频信号 $m(t)$ 经调制后在高频信道传输,要求接收机输出信噪比 $S_o/N_o = 50\,\text{dB}$。已知信道中传输损耗为 50 dB,信道噪声为窄带高斯白噪声,其双边功率谱密度函数为 $\frac{n_0}{2} = 10^{-12}\,\text{W/Hz}$,音频信号 $m(t)$ 的最高频率 $f_m = 15\,\text{kHz}$,并且有 $E[m(t)] = 0$,$E[m^2(t)] = 1/2$,$|m(t)|_{min} = 1$。

(1) 进行 DSB 调制时,接收端采用同步解调,画出解调器的方框图,求已调信号的频带宽度、平均发送功率;

(2) 进行 SSB 调制时,接收端采用同步解调,求已调信号的频带宽度和平均发送功率;

(3) 进行 100% 的振幅调制时,接收端采用非相干解调,画出解调器的方框图,求已调波的频带宽度和平均发送功率(接收端用非同步解调);

(4) 设调频指数 $m_f = 5$,接收端采用非相干解调,计算 FM 信号的频带宽度和平均发送功率。

4.15 试画出调制信号为如下波形时的 FM 信号波形示意图:(1) 正弦单音信号;(2) 锯齿波。

4.16 已知调制信号为 $m(t) = \cos 2\,000\pi t + \cos 4\,000\pi t$,载波为 $\cos 10^4 \pi t$,试确定 SSB 调制信号的表达式,并画出其频谱图。

4.17 如果调制信号为正弦单音信号。若用频率负反馈解调器接收调频波,其载波频率为 100 MHz,调制频率为 3 kHz,最大频偏为 75 kHz,环路内的 $k_d \cdot k_{vco} = 10$。求:

(1) 等效的最大频偏为多少?

(2) 等效的带宽为多少?

4.18 将 60 路基带复用信号进行频率调制,形成 FDM/FM 信号,接收端用鉴频器解调调频信号。解调后的基带复用信号用带通滤波器分路,各分路信号经 SSB 同步解调得到各路话音信号。设鉴频器输出端各路话音信号功率谱密度函数相同,鉴频器输入端为带限高斯白噪声。

(1) 画出鉴频器输出端噪声功率谱密度函数分布图;

(2) 各话路输出端的信噪功率比是否相同,为什么?

(3) 复用信号频率范围为 12~252 kHz(每路按 4 kHz 计),频率最低的那一路输出信噪功率比为 50 dB。若话路输出信噪比小于 30 dB 时认为不符合要求,则符合要求的话路有多少?

4.19 设具有均匀分布信道噪声的(双边)功率谱密度为 0.5×10^{-5} W/Hz,在该信道中传输的是 DSB 信号,并设调制信号的频带限制在 5 kHz 内,已调信号的功率为 10 kW。试求:

(1) 解调器前的理想带通滤波器应该有怎样的传输特性?

(2) 解调器输入端的信噪比为多少?

(3) 解调器输出端的信噪比为多少?

(4) 求出解调器输出端的噪声功率谱密度,并用图表示出来。

4.20 某线性调制系统解调器输出端的输出信噪比为 20 dB,输出噪声功率为 10^{-9} W,发射机输出端到解调器输入端之间的总传输衰减为 100 dB,试求:

(1) DSB 时的发射机输出功率;

(2) SSB 时的发射机输出功率;

(3) AM 时(100% 调幅度时)的调制信号功率。

4.21 试证明:如果在 VSB 信号中加入大的载波,则可以用包络检波法实现解调。

4.22 设调制信号是频率为 2\,000 Hz 的余弦单频信号,对幅度为 5、频率为 1 MHz 的载波进行调幅和窄带调频。

(1) 写出已调信号的时域数学表达式;

（2）求出已调信号的频谱；

（3）画出频谱图；

（4）讨论两种调制方式的主要异同点。

4.23　如果对某个信号采用 DSB 方式进行传输，设加到接收机的信号的功率谱密度函数为

$$p_{\mathrm{m}}(f)=\begin{cases}\dfrac{n_{\mathrm{m}}}{2}\dfrac{|f|}{f_{\mathrm{m}}}, & |f|\leqslant f_{\mathrm{m}}\\ 0, & |f|>f_{\mathrm{m}}\end{cases}$$

试求：

（1）接收机解调器输入端的输入信号功率；

（2）接收机解调器输出端的输出信号功率；

（3）如果叠加在 DSB 信号上的白噪声的双边功率谱密度函数为 $n_0/2$，解调器输出端接收截止频率为 f_{m} 的 LPF，那么，输出信噪比是多少？

4.24　设一宽带 FM 系统，载波振幅为 100 V，频率为 100 MHz，调制信号的频带限制在 5 kHz，$\overline{m^2(t)}=5\,000$ V^2，$k_{\mathrm{f}}=500\pi$ Hz/V，最大频偏 $\Delta f=75$ kHz，并设信道噪声功率谱密度函数是均匀的，单边谱为 10^{-3} W/Hz。试求：

（1）解调器输入端理想带通滤波器的传输特性；

（2）解调器输入端的信噪比；

（3）解调器输出端的信噪比。

4.25　试分析计算采用相干解调的 VSB 系统的输出信噪比，假设信道噪声是窄带高斯白噪声。

4.26　已知 DSB 调制系统中发送功率为 S，如果用 SSB 调制代替，而且假设两种调制系统都采用相干解调，本地相干载波幅度相等。求下列情况下的 SSB 平均发射功率：

（1）接收信号强度相同；

（2）接收到的信噪比相同。

4.27　已知用滤波法产生 VSB 信号的滤波器传输特性为 $H_{\mathrm{VSB}}(f)$，试分析推导 $H_{\mathrm{VSB}}(f)$ 满足什么条件时，才能无失真地用相干接收法解调出来。

4.28　根据 FM 信号和 PM 信号的一般表达式，完成下面的表格。

调制方式	FM	PM
瞬时相位（rad）		
瞬时相位偏移（rad）		
最大相偏（rad）		
瞬时频率（rad/s）		
瞬时频率偏移（rad/s）		
最大频偏（rad/s）		

第5章

数字信号的基带传输

5.1 概　述

　　数字通信系统是用来传输数字信息的,传输对象通常是二元数字信息,它可能来自计算机、电传打字机或其他数字设备的各种数字代码,也可能来自数字电话终端的脉冲编码信号。设计数字传输系统的基本考虑是选择一组有限的离散的波形来表示数字信息。这些离散波形可以是未经调制的不同电平信号,也可以是调制后的信号形式。由于未经调制的电脉冲信号所占据的频带通常从直流和低频开始,因而称为数字基带信号。从传输的角度看,数字通信系统要有两个基本的变换,一个是把消息变换成数字基带信号;另一个则是将数字基带信号变换成信道信号。但在实际的数字通信中并不一定都要有这两个变换,有时只需要第一种变换后,将数字基带信号直接进行传输,此时不经过调制和解调过程。这种直接传输基带信号的系统称为基带传输系统。包括调制与解调过程的传输系统称为频带传输系统。

　　虽然多数情况下必须使用数字调制传输系统,但研究数字基带传输系统也有着特别的重要性。首先,基带传输本身就是一种重要的传输方式;其次,频带传输中同样存在基带传输问题;再次,如果把调制和解调过程作为广义信道的一部分,则任何数字传输均可等效为基带传输系统。可见掌握数字信号的基带传输原理是非常必要的。

5.2 数字基带信号的码型

　　一般情况下,数字信息可以表示为一个数字序列,即

$$\cdots, a_{-2}, a_{-1}, a_0, a_1, a_2, \cdots, a_n, \cdots$$

记作$\{a_n\}$。其中,a_n是数字序列的基本单元,称为码元。每个码元只能取离散的有限个值,例如,二进制中,a_n只能取0或1两个值;在M进制中,a_n取$0, 1, 2, \cdots, M-1$共M个值,或者取二进制码的M种排列。通常用不同幅度的脉冲表示码元的不同取值,这样的脉冲信号就是数字基带信号。也就是说,数字基带信号是数字信息的电脉冲表示,电脉冲的形式称为码型。在有线信道中传输的数字基带信号又称为线路传输码型。把数字信息

表示为电脉冲的过程称为码型编码,而由码型还原为数字信息的过程称为码型译码。

5.2.1　码型设计原则

码型的种类非常多,不同码型的频率特性是不同的。基带传输的首要问题是合理地设计码型使之适合于给定信道的传输特性。通常选择码型时应该考虑的主要因素有以下几点:

(1) 信号的抗干扰能力要强,具有内在的纠错检错能力。

(2) 当信道传输频带的低端受限时,基带信号应无直流分量且只有很小的低频成分。

(3) 尽量减少基带信号的高频成分,这样可以节省传输频带,提高信道的频谱利用率,还可以减小串扰。串扰是指同一电缆内不同线对之间的相互干扰,基带信号的高频分量愈大,则对邻近线对产生的干扰就愈严重。

(4) 能从基带信号中获取位定时信息。在基带传输系统中,位定时信息是接收端再生原始信息所必需的。在某些应用中位定时信息可以用单独的信道与基带信号同时传输,但在远距离传输系统中这常常是不经济的,因而需要从基带信号中提取位定时信息。

(5) 能够适应于信息源的变化。码型变换过程应对任何信源具有透明性,与信源的统计特性无关,即与信源产生各种数字信息的概率分布无关。

(6) 设备应简单。

数字基带信号的码型种类繁多,根据各种数字基带信号中每个码元的幅度取值不同,可以把它们归纳分类为二元码、三元码和多元码,这里介绍几种应用广泛的码型。

5.2.2　二元码

幅度取值只有两种电平的码型称为二元码。最简单的二元码基带信号的波形为矩形波,幅度的两种取值分别对应于二进制码中的 1 和 0。图 5.2.1 给出了常用的几种二元码的波形图。

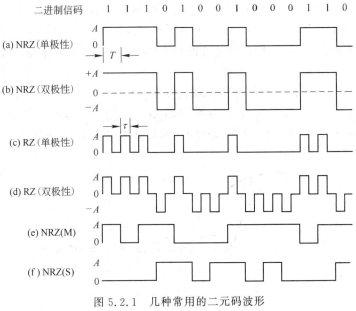

图 5.2.1　几种常用的二元码波形

1. 单极性非归零码

单极性非归零码是用高电平和低电平(通常为零电平)两种取值来分别表示二进制码的 1 和 0,在整个码元期间电平保持不变,一般记作 NRZ(L)。由于这种码的低电平常取作零电平,而一般设备都有一端是固定的零电平,因此应用当中非常方便。其波形如图 5.2.1(a)所示。

2. 双极性非归零码

双极性非归零码是用正电平和负电平分别表示 1 和 0,在整个码元期间电平保持不变,常记作 NRZ。双极性码的优点是无直流分量,可以在无接地的传输线上传输,因此应用也较为广泛。其波形如图 5.2.1(b)所示。

3. 单极性归零码

单极性归零码与单极性非归零码的区别在于当发送 1 时,高电平在整个码元期间 T 内只保持一段时间 $\tau(\tau < T)$,其余时间则返回到零电平。发送 0 时,用零电平表示,常记作 RZ。τ/T 称为占空比,一般使用半占空比码,即 $\tau/T = 0.5$。这种码的优点是码中含有非常丰富的位定时信息。其波形如图 5.2.1(c)所示。

4. 双极性归零码

双极性归零码是用正极性的归零码表示 1,用负极性的归零码表示 0。显然它存在三种幅度取值,但它用脉冲的正负极性表示两种信息,因此一般仍归到二元码中。这种码兼有双极性和归零的特点。其波形如图 5.2.1(d)所示。

上述四种码型是二元码中最简单的。在它们的功率谱当中有着丰富的低频分量,有些码甚至有直流分量,显然不能在有交流耦合的传输信道中传输。非归零码和单极性归零码常常不含有定时信息。当信息中包含长串的连续"1"或"0"时,非归零码呈现出连续的固定电平。由于信号中不出现跳变,因而无法提取定时信息。单极性归零码在传送连续"0"时,存在同样的问题。此外,相邻信号之间取值独立,不具有检错能力。由于信道频带受限并且存在其他干扰,经传输信道后基带信号波形会产生畸变,从而导致接收端错误地恢复原始信息。在上述二元码信息中每个"1"与"0"分别独立地对应于某个传输电平,相邻信号之间不存在任何制约,使这些基带信号不具有检测错误信号状态的能力。因此,这四种码型常用于机内和近距离的传输。

可以画出归零码和非归零码的归一化功率谱,如图 5.2.2 所示,它的分布如花瓣一般,第一个过零点内的花瓣最大,称作主瓣,其余称作旁瓣。主瓣内集中了大部分功率,因此通常用主瓣的宽度近似地作为信号的带宽,称为谱零点带宽。

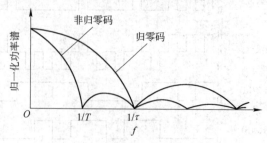

图 5.2.2 归零码和非归零码的归一化功率谱

5. 差分码

在电报通信当中,称 1 为传号,0 为空号。差分码是用电平的跳变和不变来分别表示 1 和 0 的。如果用电平跳变表示 1,则称为传号差分码,记作 NRZ(M)。如果用电平跳变表示 0,则称为空号差分码,记作 NRZ(S)。

差分码与信息 1 和 0 之间没有绝对的对应关系,只有相对的关系,它在相移键控信号的解调中用来解决相位模糊的问题。差分码常称为相对码。其波形如图 5.2.1(e)(f)所示。

6. 数字双相码

数字双相码是用一个周期的方波表示 1,用它的反相波形表示 0,都是双极性非归零脉冲。它相当于用二位码表示信息中的一位码,常规定用 10 表示 0、01 表示 1。有时又称为分相码或曼彻斯特码(Manchester)。

数字双相的特点是含有丰富的位定时信息,因为双相码在每个码元间隔的中心部分都存在电平跳变,因此在频谱中存在很强的定时分量;不受信源统计特性的影响;无直流分量;00 和 11 为禁用码组,具有一定的宏观检错能力。但上述优点是用频带加倍换来的,常用于数据终端设备的短距离传输。其波形如图 5.2.3(a)所示。

7. 密勒码

密勒码是数字双相码的一种变形,它用码元间隔中心出现跃变表示 1,即用 01 或 10 表示 1;而在单 0 时,码元间隔内不出现电平跃变,在与相邻码元边界处也无跃变,出现连 0 时,在两个 0 的边界处出现电平跃变,即 00 与 11 交替。这种码不会出现多于 4 个连码的情况,常称它为延迟调制。其波形如图 5.2.3 (b)所示。

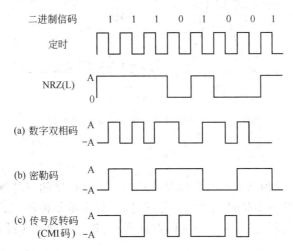

图 5.2.3　1B2B 码波形

密勒码实际上是数字双相码经过一级触发器后得到的波形。因此,密勒码是数字双相码的差分形式,它也能克服数字双相码中存在的相位不确定的问题。利用密勒码最大宽度为两个码元周期而最小宽度为一个码元周期这一特点,可以检测传输误码或线路故障。

8. 传号反转码

传号反转码与数字双相码类似,也是一种双极性二电平非归零码。它用 00 和 11 两位码组交替地表示 1,用 01 表示 0,10 为禁用码组,常记作 CMI。其波形如图 5.2.3 (c)所示。

CMI 码无直流分量,含有位定时信息,用负跳变可直接提取位定时信号,不会产生相位不确定问题。另外,CMI 码具有一定的宏观检错能力,这是因为"1"相当于用交替的"00"和"11"两位码组表示,而"0"则固定用"01"表示,在正常情况下,"10"是不可能在波形中出现的,连续的"00"和"11"也是不可能出现的,这种相关性可以用来检测因信道而产生的部分错误。

CMI 码实现起来也比较容易。其在高次群脉冲编码调制终端设备中广泛用做接口码型。

数字双相码、密勒码和 CMI 码的原始二元码在编码后都用一组二位的二元码来表示,因此这类码又称为 1B2B 码。

密勒码和数字双相码的功率谱如图 5.2.4 所示。密勒码的信号能量主要集中在 1/2 码速以下的频率范围内,直流分量很小,频带宽度约为数字双相码的一半。

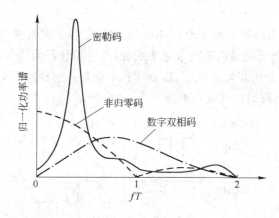

图 5.2.4　密勒码和数字双相码的功率谱

5.2.3　三元码

信号幅度取值有三种电平的码型称为三元码。一般幅度的三种取值为 $+A$、0、$-A$,记作 $+1$、0、-1。这样并不是将二进制变为三进制,而表示某种特定的取代关系,因此三元码又称为准三元码或伪三元码。三元码有许多种,被广泛地用于脉冲编码调制的线路传输码型。

1. 传号交替反转码(AMI)

在传号交替反转码中,二进制码的 0 用 0 电平表示,二进制码的 1 交替地用 $+1$ 和 -1 的半占空归零码表示。其波形如图 5.2.5(a)所示。

AMI 码的功率谱中无直流分量,低频分量也较少,能量主要集中在频率为 1/2 码速处,如图 5.2.6 所示。位定时信息可以通过全波整流的方式将其基带信号变为单极性归零码来提取。可以利用传号交替的规则作宏观监视,如在传输过程中因传号极性交替规律受到破坏而出现误码,则在接收端很容易发现这种错误。这些优点使得该码型成为常用的传输码型之一。

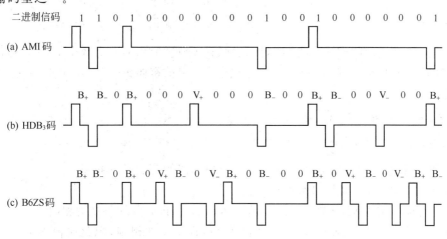

图 5.2.5　三元码波形

　　AMI 码的缺点就是当出现连"0"时无法提取位定时信息。一般 PCM 传输线路中不能有 15 个以上的连"0"码,否则位定时就要遭到破坏,信号不能正常再生。为了在使用 AMI 码时保证位定时恢复的质量,一般用两种方法。其一是在 A 律非线性脉冲编码复用设备中将 8 位码组中的偶位码元取反码,称为 ADI 变换,它的目的是将不通话时的信码 10000000 或 00000000 改变为 11010101 或 01010101,再转换为 AMI 码,

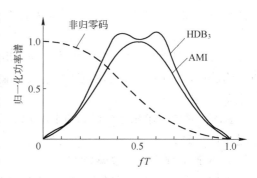

图 5.2.6　AMI 码和 HDB_3 码的功率谱

这样可以减少信源中出现连"0"的机会。不过 ADI 变换并没有彻底消除连"0"码的出现,这种措施仅限于信源为 A 律非线性脉冲编码复用设备。其二是将二进制信息先作随机化处理,变成伪随机序列,然后再进行 AMI 编码。随机化处理既能缩短连"0"数,又能使 AMI 码功率谱形状不受信源统计特性的影响。随机化处理的缺点是会产生误码扩散,使误码率增大。第二种方法适合于任何类型的信源,已有较广泛的应用。

2. n 阶高密度双极性码(HDB_n)

　　n 阶高密度双极性码可看作为 AMI 码的一种改进型,主要是为了解决原信码中出现连"0"串时所带来的问题。三阶高密度双极性码(HDB_3 码)应用最为广泛。在 HDB_3 码中,当出现连"0"码的个数为 4 时用取代节 B00V 或 000V 代替,其中 B 表示符合极性交替规律的传号,V 表示破坏极性交替规律的传号,也称为破坏点。

　　当相邻 V 脉冲之间传号数为奇数时,采用 000V 取代节;若为偶数时采用 B00V 取代节。这种选取的原则能确保任意两个相邻 V 脉冲间的 B 脉冲数目为奇数,从而使相邻 V 脉冲的极性也满足交替规律。原信码中的传号都用 B 脉冲表示。HDB_3 码的波形如图 5.2.5(b)所示。

HDB₃ 码的波形不是唯一的,它与出现 4 连"0"码之前的状态有关。例如:

二进制信息: 1 0 1 1 0 0 0 0 0 0 0 0 1 1 0 0 0 0 0 0 0 1

HDB₃ 码: B₊ 0 B₋ B₊ 0 0 0 V₊ 0 0 0 0 B₋ B₊ B₋ 0 0 V₋ 0 0 B₊

它是在信息序列之前的破坏点为 V₋,而且到第一个连"0"串前有奇数个 B 的情况下得到的。但若前一破坏点为 V₊,而且它到第一个连"0"串前有偶数个 B,则 HDB₃ 码变为另一种形式:

二进制信息: 1 0 1 1 0 0 0 0 0 0 0 0 1 1 0 0 0 0 0 0 0 1

HDB₃ 码: B₊ 0 B₋ B₊ 0 0 V₋ 0 0 0 B₊ B₋ B₊ 0 0 V₊ 0 0 B₋

以上 HDB₃ 码中 B₊、B₋ 分别表示符合极性交替规律的正脉冲和负脉冲,V₊、V₋ 分别表示破坏极性交替规律的正脉冲和负脉冲。

依此类推,HDB$_n$ 码的连"0"数被限制为小于或等于 n,其编码规则相同。

由规则可以看出,B 脉冲和 V 脉冲都符合极性交替的规则,因此这种码型无直流分量。显然,HDB$_n$ 码解决了 AMI 码在出现连"0"串时无法提取定时信号的问题。HDB₃ 码的功率谱如图 5.2.6 所示。图中为了有所比较,用虚线画出了二元双极性非归零码的功率谱。

HDB₃ 码具有检错能力,当传输过程中出现单个误码时,破坏点序列的极性交替规律将受到破坏,因而可以在使用过程中监测传输质量。但单个误码有时会在接收端译码后产生多个误码。

HDB₃ 码的应用相当广泛,在四次群以下的 A 律 PCM 终端设备的接口码型采用的都是 HDB₃ 码。

3. N 连 0 取代双极性码(BNZS)

BNZS 码也是 AMI 码的改进型。当连"0"数小于 N 时,仍遵从传号极性交替规律,但当连 0 数为 N 或超过 N 时,则用带有破坏点的取代节来替代。

图 5.2.5(c)所示的是常用的 B6ZS 码,其取代节为 0VB0VB,它与 HDB₃ 码具有类似的特性。由于 B6ZS 的取代节中始终含有相反极性的两个破坏点,因此它的功率谱仍然保留了 AMI 码的基本特点,即无直流分量且低频分量较小。利用破坏点成对出现这一特点,还可实现误码检测。B6ZS 码中不可能出现大于 6 的连"0",因此最小传号率为 1/6。这对定时恢复是有利的。

5.2.4 多元码

对于数字信息中有多种符号时,称为多元码。比如 M 元码的数字信息中有 M 种符号,相应的必须有 M 种电平才能表示 M 元码。一般认为多元码是 $M > 2$ 的 M 元码。

在多元码中,用一个符号表示一个二进制码组,则 n 位二进制码组要用 $M = 2^n$ 元码来传输。在码元速率相同,即其传输带宽相同的情况下,多元码比二元码的信息传输速率提高了 $\log M$ 倍。

多元码一般用格雷码表示,相邻幅度电平所对应的码组之间只相差 1 个比特,这样就减小了接收时因错误判定电平而引起的误比特率。

多元码广泛地应用于频带受限的高速数字传输系统中。用在多进制数字调制的传输时,可以提高频带利用率。

5.3　数字基带信号的频谱特性

在研究了数字基带信号的时域波形之后,还需要对数字基带信号的频域特性进行分析,这样才能够对数字基带信号有一个全面的认识。

通常数字信号是一串随机的脉冲序列,而随机信号不能用确定的时间函数表示,因此它没有确定的频谱函数,只能用功率谱密度描述其频率特性。根据随机信号分析理论,若求功率谱表达式,应先求出随机序列的自相关函数,这样的方法相当复杂。较简单的方法是由随机过程功率谱的原始定义出发,求出简单码型的功率谱密度。

设一个二进制的随机脉冲序列如图 5.3.1 所示。其中,用 $g_1(t)$ 和 $g_2(t)$ 分别表示符号的 0 和 1,码元宽度为 T_s。虽然图中将 $g_1(t)$ 和 $g_2(t)$ 都画成高度不同的三角形,但实际上 $g_1(t)$ 和 $g_2(t)$ 表示的是任意脉冲。

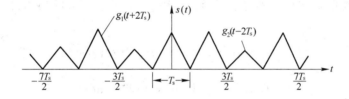

图 5.3.1　任一随机脉冲序列波形

设前后码元统计独立,且 $g_1(t)$ 出现的概率为 P,则 $g_2(t)$ 出现的概率为 $1-P$,该序列 $s(t)$ 可以写成

$$s(t) = \sum_{n=-\infty}^{\infty} s_n(t) \tag{5.3.1}$$

其中,

$$s_n(t) = \begin{cases} g_1(t-nT_s), & \text{以概率 } P \text{ 出现} \\ g_2(t-nT_s), & \text{以概率 } 1-P \text{ 出现} \end{cases} \tag{5.3.2}$$

由随机信号分析理论可知,$s(t)$ 的功率谱密度函数为

$$p_s(f) = \lim_{T \to \infty} \frac{E[|S_T(f)|^2]}{T} \tag{5.3.3}$$

截取时间为

$$T = (2N+1)T_s \tag{5.3.4}$$

式中,N 为一个足够大的数值。且

$$s_T(t) = \sum_{n=-N}^{N} s_n(t) \tag{5.3.5}$$

于是式(5.3.3)变为

$$p_s(f) = \lim_{N \to \infty} \frac{E[|S_T(f)|^2]}{(2N+1)T_s} \tag{5.3.6}$$

截短信号 $s_T(t)$ 可以表示成两部分的和,即

$$s_T(t) = u_T(t) + v_T(t) \tag{5.3.7}$$

式中,$v_T(t)$ 为随机信号 $s_T(t)$ 的平均分量,即稳态波;$u_T(t)$ 为随机信号 $s_T(t)$ 的交变分量,即交变波。稳态波 $v_T(t)$ 是周期性的,是 $s_T(t)$ 的数学期望,即

$$v_T(t) = P \sum_{n=-N}^{N} g_1(t-nT_s) + (1-P) \sum_{n=-N}^{N} g_2(t-nT_s)$$
$$= \sum_{n=-N}^{N} \left[Pg_1(t-nT_s) + (1-P)g_2(t-nT_s) \right] \tag{5.3.8}$$

当 $T \to \infty$ 时,$v_T(t)$ 变成 $v(t)$ 为

$$v(t) = \sum_{n=-\infty}^{\infty} \left[Pg_1(t-nT_s) + (1-P)g_2(t-nT_s) \right] \tag{5.3.9}$$

由于 $v(t+T_s) = v(t)$,即 $v(t)$ 是以 $T_s = \dfrac{1}{f_s}$ 为周期的周期信号,可将其展开成傅里叶级数为

$$v(t) = \sum_{m=-\infty}^{\infty} V_m \mathrm{e}^{\mathrm{j}2\pi m f_s t} \tag{5.3.10}$$

式中,V_m 是指数形式傅里叶级数的系数,利用 $g_1(t)$ 和 $g_2(t)$ 的傅里叶变换 $G_1(f)$ 和 $G_2(f)$,即

$$G_1(mf_s) = \int_{-\infty}^{+\infty} g_1(t) \mathrm{e}^{-\mathrm{j}2\pi m f_s t} \mathrm{d}t$$
$$G_2(mf_s) = \int_{-\infty}^{+\infty} g_2(t) \mathrm{e}^{-\mathrm{j}2\pi m f_s t} \mathrm{d}t$$

可得出 V_m 为

$$V_m = \frac{1}{T_s} \int_{-T_s/2}^{T_s/2} v(t) \mathrm{e}^{-\mathrm{j}2\pi m f_s t} \mathrm{d}t$$
$$= f_s \int_{-T_s/2}^{T_s/2} \sum_{n=-\infty}^{\infty} \left[Pg_1(t-nT_s) + (1-P)g_2(t-nT_s) \right] \mathrm{e}^{-\mathrm{j}2\pi m f_s t} \mathrm{d}t$$
$$= f_s \sum_{n=-\infty}^{\infty} \int_{-nT_s-T_s/2}^{-nT_s+T_s/2} \left[Pg_1(t) + (1-P)g_2(t) \right] \mathrm{e}^{-\mathrm{j}2\pi m f_s (t+nT_s)} \mathrm{d}t$$
$$= f_s \int_{-\infty}^{+\infty} \left[Pg_1(t) + (1-P)g_2(t) \right] \mathrm{e}^{-\mathrm{j}2\pi m f_s t} \mathrm{d}t$$
$$= f_s \left[PG_1(mf_s) + (1-P)G_2(mf_s) \right] \tag{5.3.11}$$

由周期性信号的功率谱公式可求得 $v(t)$ 的功率谱为

$$p_v(f) = \sum_{m=-\infty}^{\infty} |V_m|^2 \delta(f-mf_s)$$
$$= f_s^2 \sum_{m=-\infty}^{\infty} \left| PG_1(mf_s) + (1-P)G_2(mf_s) \right|^2 \cdot \delta(f-mf_s) \tag{5.3.12}$$

交变分量是

$$u_T(t) = s_T(t) - v_T(t) \tag{5.3.13}$$

可以将 $u_T(t)$ 表示成

$$u_T(t) = \sum_{n=-N}^{N} u_n(t) \tag{5.3.14}$$

其中，

$$u_n(t) = \begin{cases} g_1(t-nT_s) - Pg_1(t-nT_s) - (1-P)g_2(t-nT_s) \\ = (1-P)\left[g_1(t-nT_s) - g_2(t-nT_s)\right], & \text{以概率 } P \\ g_2(t-nT_s) - Pg_1(t-nT_s) - (1-P)g_2(t-nT_s) \\ = -P\left[g_1(t-nT_s) - g_2(t-nT_s)\right], & \text{以概率 } 1-P \end{cases}$$

此式可以简写为

$$u_n(t) = a_n\left[g_1(t-nT_s) - g_2(t-nT_s)\right] \tag{5.3.15}$$

这里的 $\{a_n\}$ 为交变分量的随机幅度序列，即

$$a_n = \begin{cases} 1-P, & \text{以概率 } P \\ -P, & \text{以概率 } 1-P \end{cases} \tag{5.3.16}$$

$u_T(t)$ 的频谱函数 $U_T(f)$ 为

$$U_T(f) = \int_{-\infty}^{+\infty} u_T(t)\mathrm{e}^{-\mathrm{j}2\pi ft}\,\mathrm{d}t$$

$$= \sum_{n=-N}^{N} a_n \int_{-\infty}^{+\infty} \left[g_1(t-nT_s) - g_2(t-nT_s)\right]\mathrm{e}^{-\mathrm{j}2\pi ft}\,\mathrm{d}t$$

$$= \sum_{n=-N}^{N} a_n \mathrm{e}^{-\mathrm{j}2\pi fnT_s}\left[G_1(f) - G_2(f)\right] \tag{5.3.17}$$

式中，

$$G_1(f) = \int_{-\infty}^{+\infty} g_1(t)\mathrm{e}^{-\mathrm{j}2\pi ft}\,\mathrm{d}t$$

$$G_2(f) = \int_{-\infty}^{+\infty} g_2(t)\mathrm{e}^{-\mathrm{j}2\pi ft}\,\mathrm{d}t$$

可得出 $u_T(t)$ 能量谱的统计平均值为

$$E\left[\,|\,U_T(f)\,|^2\,\right]$$

$$= E\left[U_T(f)U_T^*(f)\right]$$

$$= E\left\{\sum_{m=-N}^{N}\sum_{n=-N}^{N} a_m a_n \mathrm{e}^{-\mathrm{j}2\pi f(n-m)T_s}\left[G_1(f) - G_2(f)\right]\left[G_1^*(f) - G_2^*(f)\right]\right\}$$

$$= \sum_{m=-N}^{N}\sum_{n=-N}^{N} E(a_m a_n)\mathrm{e}^{-\mathrm{j}2\pi f(n-m)T_s}\left[G_1(f) - G_2(f)\right]\left[G_1^*(f) - G_2^*(f)\right] \tag{5.3.18}$$

由式(5.3.16)可知 $\{a_n\}$ 具有这样的性质：

$$E[a_n] = P(1-P) - P(1-P) = 0 \tag{5.3.19}$$

当 $m \neq n$ 时，

$$a_m a_n = \begin{cases} (1-P)^2, & \text{以概率 } P^2 \\ P^2, & \text{以概率 } (1-P)^2 \\ -P(1-P), & \text{以概率 } 2P(1-P) \end{cases} \tag{5.3.20}$$

则

$$E[a_m a_n] = P^2(1-P)^2 + (1-P)^2 P^2 - 2P(1-P)P(1-P) = 0 \tag{5.3.21}$$

当 $m = n$ 时，

$$a_m a_n = a_n^2 = \begin{cases} (1-P)^2, & \text{以概率 } P \\ P^2, & \text{以概率 } 1-P \end{cases} \tag{5.3.22}$$

则

$$E[a_m a_n] = (1-P)^2 P - (1-P)P^2 = P(1-P) \tag{5.3.23}$$

可以将式(5.3.21)和式(5.3.23)综合表示为

$$E[a_m a_n] = \begin{cases} 0, & m \neq n \\ P(1-P), & m = n \end{cases} \tag{5.3.24}$$

将式(5.3.24)代入式(5.3.18),当 $m=n$ 时,有

$$E[|U_T(f)|^2] = \sum_{m=-N}^{N} P(1-P)|G_1(f) - G_2(f)|^2$$

$$= (2N+1)P(1-P)|G_1(f) - G_2(f)|^2 \tag{5.3.25}$$

则 $u(t)$ 的功率谱为

$$p_u(f) = \lim_{T \to \infty} \frac{E[|U_T(f)|^2]}{T}$$

$$= \lim_{T \to \infty} \frac{(2N+1)P(1-P)|G_1(f) - G_2(f)|^2}{(2N+1)T_s}$$

$$= f_s P(1-P)|G_1(f) - G_2(f)|^2 \tag{5.3.26}$$

$s(t)$ 的功率谱 $p_s(f)$ 是 $p_u(f)$ 与 $p_v(f)$ 的和,由式(5.3.12)和式(5.3.26)可以求出

$$p_s(f) = f_s P(1-P)|G_1(f) - G_2(f)|^2 +$$

$$\sum_{m=-\infty}^{\infty} |f_s[PG_1(mf_s) + (1-P)G_2(mf_s)]|^2 \delta(f - mf_s) \tag{5.3.27}$$

当波形为单极性时,设 $g_1(t)=0$、$g_2(t)=g(t)$,则随机脉冲序列的功率谱密度函数为

$$p_s(f) = f_s P(1-P)|G(f)|^2 + \sum_{m=-\infty}^{\infty} |f_s(1-P)G(mf_s)|^2 \delta(f - mf_s) \tag{5.3.28}$$

式中,$G(f)$ 是 $g(t)$ 的频谱函数。

此时,如果 $P=\dfrac{1}{2}$ 且 $g(t)$ 为矩形脉冲,即有

$$g(t) = \begin{cases} 0, & t \text{ 为其他值} \\ 1, & |t| \leqslant T_s/2 \end{cases} \tag{5.3.29}$$

$$G(f) = T_s \left(\frac{\sin \pi f T_s}{\pi f T_s} \right) \tag{5.3.30}$$

则式(5.3.28)变为

$$p_s(f) = \frac{1}{4} f_s T_s^2 \left(\frac{\sin \pi f T_s}{\pi f T_s} \right)^2 + \frac{1}{4} \delta(f) = \frac{T_s}{4} Sa^2(\pi f T_s) + \frac{1}{4} \delta(f) \tag{5.3.31}$$

当波形为双极性时,设 $g_1(t) = -g_2(t) = g(t)$,则有

$$p_s(f) = 4 f_s P(1-P)|G(f)|^2 + \sum_{m=-\infty}^{\infty} |f_s(2P-1)G(mf_s)|^2 \delta(f - mf_s) \tag{5.3.32}$$

当 $P=\dfrac{1}{2}$ 时,式(5.3.32)变为

$$p_s(f) = f_s |G(f)|^2 \tag{5.3.33}$$

如果 $g(t)$ 为矩形脉冲,则有

$$p_s(f) = T_s \left(\frac{\sin \pi f T_s}{\pi f T_s} \right)^2 = T_s Sa^2(\pi f T_s) \tag{5.3.34}$$

由式(5.3.27)可以看出,二进制随机脉冲序列的功率谱可能包含连续谱和离散谱两

部分。连续谱是由于 $g_1(t)$ 和 $g_2(t)$ 不完全相同,使得 $G_1(f) \neq G_2(f)$ 而形成的,所以它总是存在的。离散谱则由于它与 $g_1(t)$ 和 $g_2(t)$ 的波形及出现的概率均有关系而不一定存在。另一方面离散谱的存在与否直接关系到能否从脉冲序列中直接提取位定时信号,因此离散谱的存在是非常重要的。如果不能保证离散谱的存在,就要通过变换基带信号的波形来满足提取定时信号的需要。

通过以上分析可以得出以下几个结论:

(1) 数字基带信号功率谱的形状取决于单个波形的频谱函数,而码型规则仅起到加权作用,使功率谱形状有所变化。

(2) 时域波形的占空比愈小,频带愈宽。一般用谱零点带宽 B_s 作为矩形信号的近似带宽。

(3) 凡是 0、1 等概率的双极性码均无离散谱,即这类码型无直流分量和位定时分量。

(4) 单极性归零码的离散谱中有位定时分量。对于那些不含有位定时分量的码型,可以将其变换成单极性归零码,便可获取位定时分量。其变换方法很简单。

5.4 无码间干扰的传输特性

在前面的讨论中,数字基带信号都假设为矩形波形,矩形波形的频谱特性是无限延伸的。在实际的传输信道中,频带总是受限的,同时会伴随着噪声。将矩形波形在受限的信道中传输必然会造成信号的失真和畸变。

从时域和频域分析的基本原理可知,任何信号的频域波形和时域波形不可能在各自的频率轴和时间轴上同时受限,所以信号经过频域受限的系统传输后在时域上的波形必定是无限延伸的。这样在波形的传输过程中前面的码元对后面的若干码元都将产生干扰。另一方面,信号在传输的过程中要叠加信道噪声,如果噪声的幅度过大则会引起接收端的判决错误。因此影响基带信号进行可靠传输的主要因素是码间干扰和信道噪声,此二者与基带传输系统的传输特性都有着直接的关系。基带传输系统的设计目标就是能够使基带系统的总传输特性将码间干扰和噪声产生的影响减小到足够小的程度。

码间干扰和信道噪声产生的机理是不同的,分析方法也不一样,这里将分别进行讨论。

图 5.4.1 给出了基带传输系统的典型模型。将数字基带信号的产生过程可以分成码型编码和波形形成两步:第一步是经过码型编码,在其输出端得到 δ 脉冲序列;第二步是经过由发送滤波器、信道和接收滤波器组成的波形成型网络将 δ 脉冲转换成所需形状的接收波形 $s(t)$。$s(t)$ 与成型网络的冲激响应成正比,成型网络的传递函数 $H(\omega)$ 也正比于 $s(t)$ 的频谱函数 $S(\omega)$。一般取比例常数为 1,这样 $S(\omega)$ 就是成型网络的传递函数 $H(\omega)$。

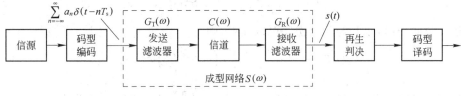

图 5.4.1 基带传输系统模型

由图 5.4.1 可得到 $H(\omega)$ 的表达式为

$$H(\omega) = S(\omega) = G_\mathrm{T}(\omega)C(\omega)G_\mathrm{R}(\omega) \tag{5.4.1}$$

在前面讨论基带信号的频谱特性时已经知道,基带信号在频域内的延伸范围主要取决于单个脉冲波形的频谱函数 $G(\omega)$,不同编码规则的基带码型只起到加权函数的作用。显然只需讨论单个脉冲波形传输的情况就可以了解基带信号的传输过程。

5.4.1 无码间干扰的传输条件

首先假设传输系统中没有噪声,此时需要研究的就是在什么条件下,才会没有码间的干扰。在数字信号的传输过程中,码元波形是周期性发送的,信息携带在幅度上。接收端如果经过再生判决能准确地恢复出幅度信息,说明信码的传送是无误的。因此只需要研究在一些特定的时刻上无码间干扰的条件就可以了,并不要求波形在所有时间轴上都无延伸。

接收波形在特定时刻无码间干扰的充要条件是仅在本码元的抽样时刻上有最大值,而对其他码元抽样时刻的信号值无影响,也就是在抽样点上不存在码间干扰。对于一种典型的波形如图 5.4.2 所示,接收信号的抽样周期为 T,接收波形 $s(t)$ 除在 $t=0$ 时抽样值为 S_0 外,在 $t=kT(k \neq 0)$ 的其他抽样时刻皆为 0,因而不会影响其他抽样值。用数学表达式可以写为

$$s(kT) = S_0\delta(t) \tag{5.4.2}$$

其中,

$$\delta(t) = \begin{cases} 0, & t \neq 0 \\ 1, & t = 0 \end{cases} \tag{5.4.3}$$

只要满足上述关系,在抽样点上是无码间干扰的。

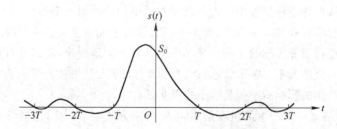

图 5.4.2 抽样点上不存在码间干扰的波形

$s(kT)$ 是 $s(t)$ 的一部分值,$s(t)$ 是经过基带系统后形成的波形。由于有

$$s(t) = \frac{1}{2\pi}\int_{-\infty}^{+\infty} S(\omega)\mathrm{e}^{\mathrm{j}\omega t}\,\mathrm{d}\omega \tag{5.4.4}$$

则可得到

$$s(kT) = \frac{1}{2\pi}\sum_{n=-\infty}^{\infty}\int_{(2n-1)\pi/T}^{(2n+1)\pi/T} S(\omega)\mathrm{e}^{\mathrm{j}\omega kT}\,\mathrm{d}\omega \tag{5.4.5}$$

当右边一致收敛时,求和与积分次序可以互换,则有

$$s(kT) = \frac{1}{2\pi}\int_{-\pi/T}^{\pi/T}\sum_{n=-\infty}^{\infty} S\left(\omega + \frac{2n\pi}{T}\right)\mathrm{e}^{\mathrm{j}\omega kT}\,\mathrm{d}\omega \tag{5.4.6}$$

由傅里叶展开系数公式可知,$s(kT)$ 为 $\displaystyle\sum_{n=-\infty}^{\infty} S\left(\omega + \frac{2n\pi}{T}\right)$ 的傅里叶展开系数。

由式(5.4.2)和式(5.4.6)得出在抽样时刻无码间干扰时,有

$$S_0 \delta(t) = \frac{1}{2\pi} \int_{-\pi/T}^{\pi/T} \sum_{n=-\infty}^{\infty} S\left(\omega + \frac{2n\pi}{T}\right) e^{j\omega kT} d\omega \tag{5.4.7}$$

通过数学变换可以得到抽样时刻无码间干扰的充要条件为

$$\sum_{n=-\infty}^{\infty} S\left(\omega + \frac{2n\pi}{T}\right) = S_0 T, \quad -\frac{\pi}{T} \leqslant \omega \leqslant \frac{\pi}{T} \tag{5.4.8}$$

即无码间干扰的基带传输特性应满足

$$H_{eq}(\omega) = \begin{cases} \sum_{n=-\infty}^{\infty} H\left(\omega + \frac{2n\pi}{T}\right) = S_0 T, & |\omega| \leqslant \frac{\pi}{T} \\ 0, & |\omega| > \frac{\pi}{T} \end{cases} \tag{5.4.9}$$

则基带系统的总特性 $H(\omega)$ 凡是能符合 $H_{eq}(\omega)$ 要求的,均可消除码间干扰。这就为设计无码间干扰的基带系统提供了一个准则,称为奈奎斯特第一准则。

从式(5.4.9)很容易看出其物理意义,把传递函数在 ω 轴上以 $2\pi/T$ 为间隔切开,然后分段沿 ω 轴平移到 $[-\pi/T, \pi/T]$ 区间内,将它们叠加起来的结果应当为一常数,如图5.4.3所示。一般称为等效低通特性。

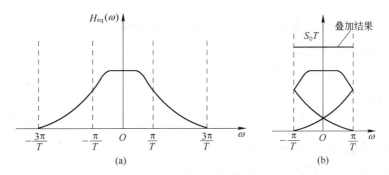

图 5.4.3　$H_{eq}(\omega)$ 特性的构成

满足等效低通特性的传递函数有无数多种。通过分析可知,只要传递函数在 $\pm \pi/T$ 处满足奇对称的要求,不管 $H(\omega)$ 的形式如何,都可以消除码间干扰。

以上是从抽样值无失真的条件出发得出的无码间干扰的准则。还有无失真恢复信码的另外一种办法,就是以一定电平对接收波形限幅,由此再生的脉宽正好等于码元间隔的矩形波。例如在图5.4.4中限幅电平为1/2抽样值。我们把判断信号幅度与限幅电平是否相等的判决时刻称为转换点。显然在其他转换点处串扰不应造成本来低于限幅电平的信号等于或超出限幅电平,即要求在其他转换点无串扰。这种基于转换点无失真的条件称为奈奎斯特第二准则。图5.4.4中例子的奈奎斯特第二准则的数学表示式为

$$s(K) = s\left[\frac{T}{2}(2K-1)\right] = \begin{cases} 0, & K \neq 0, 1 \\ \frac{1}{2}, & K = 0, 1 \end{cases} \tag{5.4.10}$$

采用推导奈奎斯特第一准则过程中的类似办法,可以求出转换点无失真的充要条件为

$$\sum_{n=-\infty}^{\infty}(-1)^n S\left(\omega+\frac{2n\pi}{T}\right)=T\cos\frac{\omega T}{2}, \quad -\frac{\pi}{T}\leqslant\omega\leqslant\frac{\pi}{T} \tag{5.4.11}$$

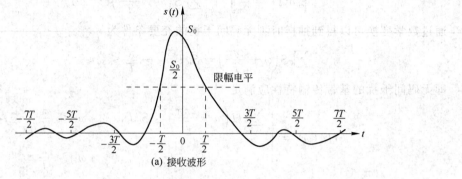

(a) 接收波形

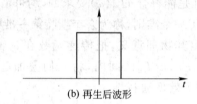

(b) 再生后波形

图 5.4.4　满足转换点无失真条件的波形

此时的基带传输特性应满足

$$H_{eq}(\omega)=\begin{cases}\sum\limits_{n=-\infty}^{\infty}(-1)^n H\left(\omega+\dfrac{2n\pi}{T}\right)=T\cos\dfrac{\omega T}{2}, & |\omega|\leqslant\dfrac{\pi}{T} \\ 0, & |\omega|>\dfrac{\pi}{T}\end{cases} \tag{5.4.12}$$

它的物理意义是把传递函数在 ω 轴上以 $2\pi/T$ 为间隔切开,乘上符号因子$(-1)^n$ 后分段平移到$(-\pi/T,\pi/T)$区间内,它们的叠加结果应为 $T\cos(\tau T/2)$,如图 5.4.5 所示。与奈奎斯特第一准则不同的是这里乘了一个符号因子$(-1)^n$。

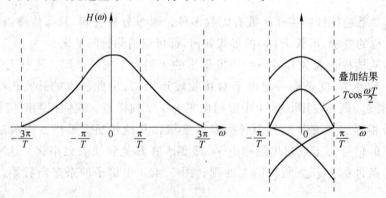

图 5.4.5　满足转换点无失真条件的传输函数

如果传输函数在 $|\omega|>\pi/T$ 时恒为 0,则在 $|\omega|\leqslant\pi/T$ 时必须有

$$H(\omega)=T\cos\frac{\omega T}{2} \tag{5.4.13}$$

才能满足转换点无失真的条件,这是一个特殊情况。

奈奎斯特第三准则表述为,如果在一个码元间隔内接收波形的面积正比于发送矩形脉冲的幅度,而其他码元间隔的发送脉冲在此码元间隔内的面积为零,则接收端也能无失真地恢复原始信码。

要满足这一准则,研究表明传递函数应为 $x/\sin x$ 函数的截短形式,其表达式为

$$H(\omega) = \begin{cases} \dfrac{\omega T/2}{\sin(\omega T/2)}, & |\omega| \leqslant \dfrac{\pi}{T} \\ 0, & |\omega| > \dfrac{\pi}{T} \end{cases} \tag{5.4.14}$$

而它的冲激响应为

$$h(t) = \frac{1}{2\pi} \int_{-\pi/T}^{\pi/T} \frac{\omega T/2}{\sin(\omega T/2)} e^{j\omega t} d\omega = \frac{1}{\pi} \int_{0}^{\pi/T} \frac{\omega T/2}{\sin(\omega T/2)} \cos \omega t \, d\omega \tag{5.4.15}$$

5.4.2　无码间干扰的传输波形

1. 理想低通信号

理想低通滤波器的传递函数直接满足式(5.4.9)的要求,即

$$H(\omega) = \begin{cases} S_0 T, & |\omega| \leqslant \dfrac{\pi}{T} \\ 0, & |\omega| > \dfrac{\pi}{T} \end{cases} \tag{5.4.16}$$

其冲激响应为

$$h(t) = S_0 \mathrm{Sa}\left(\frac{\pi t}{T}\right) \tag{5.4.17}$$

由理想低通系统产生的信号称为理想低通信号。其传递函数和冲激响应曲线如图 5.4.6 所示。

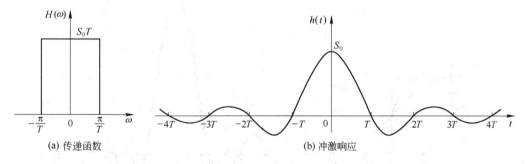

(a) 传递函数　　　　　　　　　(b) 冲激响应

图 5.4.6　理想低通系统

可见,此波形在 $t=0$ 时不为 0,在其他抽样时刻($t=KT,K\neq0$)均为 0,也就是说采用这种波形作为接收波形时,不存在码间串扰。由图 5.4.6 及式(5.4.16)可知,无失真传输码元周期为 T 时,所需的最小频带宽度为 $1/(2T)$。称 $1/(2T)$ 为奈奎斯特带宽,T 为奈奎斯特间隔。由于抽样值传输速率为 $1/T$,而所需频宽为 $1/(2T)$,因而采用理想低通滤波器冲激响应作为接收波形且抽样值序列为二元信号时,其频带利用率为 2 bit/(s · Hz)。若抽样值序

列为 n 元信号,则频带利用率为 $2\log n$ bit/(s·Hz)。这是在抽样值无失真的条件下,所能达到的最高频带利用率。

只要基带传输系统的总传输特性为理想低通特性,则基带信号的传输就不存在码间干扰,但理想低通特性在工程上是无法实现的,因为它要求传递函数有无限陡峭的过渡带。它只有理论上的意义,给出了基带系统传输能力的极限值。

2. 升余弦滚降信号

升余弦滚降信号是一种应用广泛的无串扰波形,具有奇对称升余弦形状,简称为升余弦信号。此处的"滚降"是指信号的频域过渡特性或频域衰减特性。

能形成升余弦信号的基带系统的传递函数为

$$H(\omega)=\begin{cases}\dfrac{S_0 T}{2}\left\{1-\sin\left[\dfrac{T}{2\alpha}\left(\omega-\dfrac{\pi}{T}\right)\right]\right\}, & \dfrac{\pi(1-\alpha)}{T}<|\omega|\leqslant\dfrac{\pi(1+\alpha)}{T} \\[3mm] S_0 T, & 0\leqslant|\omega|\leqslant\dfrac{\pi(1-\alpha)}{T} \\[3mm] 0, & |\omega|>\dfrac{\pi(1+\alpha)}{T}\end{cases} \qquad (5.4.18)$$

式中,α 称为滚降系数,$0\leqslant\alpha\leqslant1$。

可求出系统的冲激响应为

$$h(t)=S_0\,\frac{\sin\dfrac{\pi t}{T}}{\dfrac{\pi t}{T}}\cdot\frac{\cos\dfrac{\alpha\pi t}{T}}{1-\dfrac{4\alpha^2 t^2}{T^2}} \qquad (5.4.19)$$

滚降系数 α 不同,信号波形的振荡起伏和衰减的快慢则不一样。图 5.4.7 给出了 $\alpha=0$,$\alpha=0.5$,$\alpha=1$ 时的传递函数和冲激响应,图中是归一化图形。

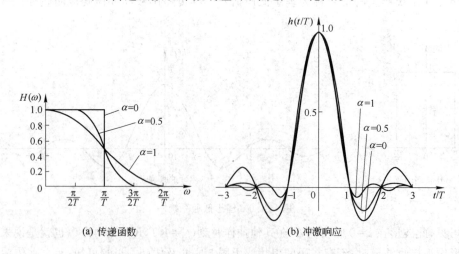

(a) 传递函数　　　　　　　　(b) 冲激响应

图 5.4.7　升余弦滚降系统

由图 5.4.7 可知,升余弦滚降信号在前后抽样值处的串扰始终为 0,因而满足抽样值无失真传输条件。滚降系数 α 愈小,则波形的振荡起伏就愈大,但传输频带愈小;若 α 愈大,则波形振荡起伏就愈小,但频带就愈宽。显然存在两种极端的情况,即当 $\alpha=0$ 时,为前面所述的理想低通基带系统;当 $\alpha=1$ 时,所占频带最宽,为 $\alpha=0$ 时带宽的两倍,因而频带利用率降为 $1/2$,在二元抽样序列时为 $1\ \text{bit}/(s \cdot Hz)$ 。

考虑到接收波形在再生判决中还要再进行一次抽样,以得到无失真的抽样值,而理想的瞬时抽样不可能实现,也就是说抽样的时刻不可能完全没有误差,抽样脉冲宽度也不可能等于 0 。因此,为了减小抽样定时脉冲误差所带来的影响,滚降系数 α 不能太小,一般选择 $\alpha \geqslant 0.2$ 。

5.5 部分响应系统

升余弦信号除可实现外,还具有拖尾振荡幅度小,对定时误差的要求较宽等优点。但它的传输带宽都加宽了,降低了频带利用率,因此不能适应高速传输的发展。部分响应基带传输系统利用人为的、有规律的"串扰",可达到压缩传输频带的目的。

5.5.1 部分响应波形

如果信号波形是具有持续 1 bit 以上,且有一定长度码间干扰的波形,则称这种波形为部分响应波形。利用部分响应波形进行传送的基带传输系统称为部分响应系统。

部分响应信号波形的类型很多,一般常用的有五类部分响应波形。下面以第Ⅰ类部分响应波形为例来讨论一下其中的机理。

对相邻码元的取样时刻产生同极性串扰的波形,称为第Ⅰ类部分响应波形。为了推导表达式的方便,令前一个码元取样时刻在 $t=-T/2$ 处,当前码元的取样时刻在 $T/2$ 处,其余码元的取样时刻在 $\pm 3T/2, \pm 5T/2, \cdots$ 。用两个相隔一位码元间隔 T 的 $\sin x / x$ 的合成波形来代替 $\sin x / x$ 波形,如图 5.5.1 所示。合成波的数学表达式为

$$s(t)=\frac{\sin \dfrac{\pi}{T}\left(t+\dfrac{T}{2}\right)}{\dfrac{\pi}{T}\left(t+\dfrac{T}{2}\right)}+\frac{\sin \dfrac{\pi}{T}\left(t-\dfrac{T}{2}\right)}{\dfrac{\pi}{T}\left(t-\dfrac{T}{2}\right)} \tag{5.5.1}$$

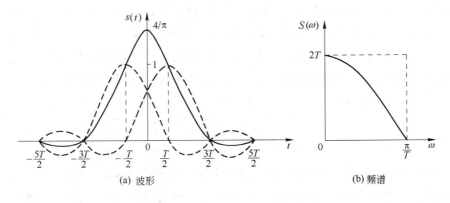

(a) 波形   (b) 频谱

图 5.5.1 第Ⅰ类部分响应信号

经数学变换后,得

$$s(t) = \frac{4}{\pi} \left[\frac{\cos(\pi t/T)}{1 - 4t^2/T^2} \right] \tag{5.5.2}$$

由式(5.5.2)可知,$s(t)$ 的幅度约与 t^2 成反比,而 $\sin x/x$ 的波形幅度与 t 成反比,因此波形拖尾的衰减速度加快了。从图 5.5.1 可以看出,相距一个码元间隔 $\sin x/x$ 波形的拖尾正负相反而相互抵消,使得合成波形拖尾迅速衰减。

对式(5.5.1)进行傅里叶变换,可以求出 $s(t)$ 的频谱函数为

$$S(\omega) = \begin{cases} T(e^{-j\omega T/2} + e^{j\omega T/2}), & |\omega| \leqslant \dfrac{\pi}{T} \\ 0, & |\omega| > \dfrac{\pi}{T} \end{cases} = \begin{cases} 2T\cos\dfrac{\omega T}{2}, & |\omega| \leqslant \dfrac{\pi}{T} \\ 0, & |\omega| > \dfrac{\pi}{T} \end{cases} \tag{5.5.3}$$

由式(5.5.3)画出的频谱函数如图 5.5.1(b)所示。$s(t)$ 的频谱限制在 $\pm\pi/T$ 之内,而且呈余弦型。这种缓变的滚降过渡特性与陡峭衰减的理想低通特性有明显的不同。此时的传输带宽为

$$B = \frac{1}{2\pi} \frac{\pi}{T} = \frac{1}{2T}$$

频带的利用率为

$$\eta_b = \frac{R_b}{B} = \frac{1/T}{1/2T} = 2 \text{ bit/(s · Hz)}$$

达到了基带传输系统在传输二元码时的理论最大值。

如果用 $s(t)$ 作为传输信号的波形,在抽样时刻上,发送码元的样值将受到前一个发送码元的串扰,而对其他码元不会产生串扰。$s(t)$ 的形成过程可分为两步,首先形成相邻码元的串扰,然后再经过响应的网络形成所需的波形。通过有控制地引入串扰,使原先互相独立的码元变成了相关码元,这种串扰所对应的运算称为相关编码。

这种部分响应信号虽然解决了 $\sin x/x$ 波形的缺点,但它是以相邻码元抽样时刻出现一个与发送码元抽样值相同幅度的串扰作为代价的。由于存在这种固定幅度的串扰,使部分响应信号序列中出现新的抽样值,一般称它为伪电平。

设输入二进制信码序列为 $\{a_n\}$,并设 a_n 的取值为 $+1$ 和 -1,对应于二进制数字"1"和"0",若采用这样的部分响应信号作为接收波形,它的抽样值将有 -2、0、$+2$ 三种取值,即成为一种伪三元序列。因为发送信码为 a_n 时,接收波形在抽样时刻上的抽样值 c_n 应是 a_n 与前一串扰值 a_{n-1} 之和,即 $c_n = a_n + a_{n-1}$。其形成过程可举例如下:

二进制信码	1	0	1	1	1	0	0	0	1	0	1	1
a_n	+1	-1	+1	+1	-1	-1	-1	+1	-1	+1	+1	
a_{n-1}		+1	-1	+1	+1	-1	-1	-1	+1	-1	+1	+1
$c_n = a_n + a_{n-1}$		0	0	+2	0	-2	-2	0	0	0	+2	

它的波形如图 5.5.2 所示。为简单起见,图中忽略了波形中的振荡部分。

在接收端,经过再生判决得到 $\hat{c}_n$,再通过反变换得到 a_n 的估计值 $\hat{a}_n$,即 $\hat{a}_n = \hat{c}_n - \hat{a}_{n-1}$,其中 $\hat{a}_{n-1}$ 是前一码元的估计值。这样不断推算下去,显然,这种递推运算会带来严重的差错扩散问题。如果在传输过程中,$\{c_n\}$ 序列中某个抽样值因干扰发生错误,不

仅会造成当前恢复的 $\hat{a}_n$ 值的错误,还会影响到以后所有的 $\hat{a}_{n+1}$, $\hat{a}_{n+2}$, $\hat{a}_{n+3}$, $\cdots$。

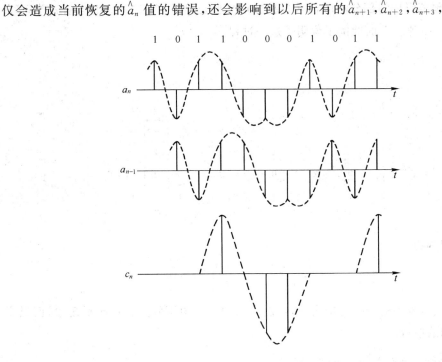

1 0 1 1 0 0 0 1 0 1 1

图 5.5.2　第 Ⅰ 类部分响应信号序列

差错传播的过程可举例如下:

输入信码	1	0	1	1	0	1	0	0	1	1	0	0	0	1	0
发送端$\{a_n\}$	$+1$	-1	$+1$	$+1$	-1	$+1$	-1	-1	$+1$	$+1$	-1	-1	-1	$+1$	-1
发送端$\{c_n\}$		0	0	$+2$	0	0	0	-2	0	$+2$	0	-2	-2	0	0
								$\downarrow$							
接收端$\{\hat{c}_n\}$		0	0	$+2$	0	0	0	0	0	$+2$	0	-2	-2	0	0
接收端$\{\hat{a}_n\}$	$\underline{+1}$	-1	$+1$	$+1$	-1	$+1$	-1	$+1$	-1	$+3$	-3	$+1$	-3	$+3$	-3

可见,自 $\{\hat{c}_n\}$ 出现错误之后,接收端恢复出来的 $\{\hat{a}_n\}$ 全部是错误的。此外,在接收端恢复 $\{\hat{a}_n\}$ 时还必须有正确的起始值(上例中第一个“$+1$”值),否则,即使没有传输差错也不可能得到正确的 $\{\hat{a}_n\}$ 序列。

为了避免因相关编码而引起的差错传播问题,可以在发送端相关编码之前先进行预编码。对于单极性的二元码 a_n,预编码的规则为

$$a_n = b_n \oplus b_{n-1} \tag{5.5.4}$$

即

$$b_n = a_n \oplus b_{n-1} \tag{5.5.5}$$

其中 $\oplus$ 为模 2 加。将 b_n 转换为双极性二元码,然后再按以下规则进行相关编码,得

$$c_n = b_n + b_{n-1} \tag{5.5.6}$$

由式(5.5.4)和式(5.5.6)可得

$$a_n = c_n \pmod 2 \tag{5.5.7}$$

由此式可知,预编码后的部分响应信号各抽样值之间已解除了相关性,由当前 c_n 值可直接得到当前的 a_n 值。下面的例子说明了这一过程。

a_n	1	0	1	1	0	0	0	0	1	0	1	1	1
b_{n-1}		0	1	1	0	1	1	1	1	0	0	1	
b_n	1	1	0	1	1	1	1	1	0	0	1	0	
c_n	0	+2	0	0	+2	+2	+2	0	−2	0	0		
									↓				
$\hat{c}_n$	0	+2	0	0	+2	+2	+2	0	0	0	0		
$\hat{a}_n$	1	0	1	1	0	0	0	0	1	1	1		

这里判决的规则为

$$\hat{c}_n = \begin{cases} \pm 2, & \text{判为 } 0 \\ 0, & \text{判为 } 1 \end{cases}$$

由此例可知,当接收到的 $\{\hat{c}_n\}$ 有错误时,恢复出来的 $\{\hat{a}_n\}$ 中不发生错误传播现象,而只影响发生错误的这些位。

5.5.2 部分响应系统的一般形式

部分响应波形的一般形式可以是 N 个 $\sin x/x$ 波形之和,其表达式为

$$s(t) = r_1 \frac{\sin\frac{\pi}{T}t}{\frac{\pi}{T}t} + r_2 \frac{\sin\frac{\pi}{T}(t-T)}{\frac{\pi}{T}(t-T)} + r_3 \frac{\sin\frac{\pi}{T}(t-2T)}{\frac{\pi}{T}(t-2T)} + \cdots + r_N \frac{\sin\frac{\pi}{T}[t-(N-1)T]}{\frac{\pi}{T}[t-(N-1)T]} \quad (5.5.8)$$

其中,加权系数 $r_1, r_2, r_3, \cdots, r_N$ 为整数。式(5.5.8)所示部分响应波形的频谱函数为

$$S(\omega) = \begin{cases} T\sum_{k=1}^{N} r_k e^{-j\omega T(k-1)}, & |\omega| \leqslant \frac{\pi}{T} \\ 0, & |\omega| > \frac{\pi}{T} \end{cases} \quad (5.5.9)$$

按串扰的规则,部分响应信号共分为五类,分别命名为第Ⅰ、Ⅱ、Ⅲ、Ⅳ、Ⅴ类部分响应信号,表5.5.1中给出了五类部分响应信号的波形、频谱特性及加权系数 r_k。各类部分响应信号的频谱在 π/T 处均为0,有的在 $\omega = 0$ 处也出现零点,其带宽都不超过理想低通信号的带宽,但是它们的频谱结构以及对相邻码元抽样时刻的串扰情况不同。目前应用最广泛的是第Ⅰ类和第Ⅳ类部分响应信号。第Ⅰ类部分响应信号的频谱能量主要集中在低频段,适用于传输系统中信道频带高端受限的情况,这种信号通常称为双二进制编码信号。第Ⅳ类部分响应信号无直流分量,而且低频分量也少,便于通过载波电路,实现单边带调制。以上两类部分响应信号的抽样值电平数比其他类别的少,这也是它们得到广泛应用的原因之一。当输入为 M 进制信号时,经部分响应系统得到的第Ⅰ、Ⅳ类部分响应信号的电平数为 $2M-1$。

表 5.5.1　部分响应信号

类别	r_1	r_2	r_3	r_4	r_5	$s(t)$	$\lvert S(\omega)\rvert$	二进制输入时抽样值电平数
二进制	1							2
Ⅰ	1	1					$2T\cos\dfrac{\omega T}{2}$	3
Ⅱ	1	2	1				$4T\cos^2\dfrac{\omega T}{2}$	5
Ⅲ	2	1	-1				$2T\cos\dfrac{\omega T}{2}\sqrt{5-4\cos\omega T}$	5
Ⅳ	1	0	-1				$2T\sin\omega T$	3
Ⅴ	-1	0	2	0	-1		$4T\sin\omega T$	5

　　部分响应信号带来的好处是减小串扰和提高了频带的利用率，其代价是要求发送信号功率增加。

　　对于一般形式的部分响应信号来说，当输入信码抽样值为 a_n 时，部分响应信号的当前抽样值 c_n 与其他信码的串扰值有关。由其波形表达式可知

$$c_n = r_1 a_n + r_2 a_{n-1} + r_3 a_{n-2} + \cdots + r_N a_{n-(N-1)} \tag{5.5.10}$$

　　称式(5.5.10)为部分响应信号的相关编码。显然，不同类别的部分响应信号有不同的相关编码方式。相关编码是为了得到预期的部分响应信号频谱所必需的。

　　为了消除相关编码的影响，在传输系统接收端由接收到的抽样值序列 $\{c_n\}$ 恢复出原来的 $\{a_n\}$ 序列时，必须进行这样的运算：

$$a_n = \frac{1}{r_1}\Big(c_n - \sum_{i=1}^{N-1} a_{n-i} r_{i+1}\Big) \tag{5.5.11}$$

显然，如果在传输过程中，$\{c_n\}$ 序列中某个抽样值因干扰而发出差错，不但会造成当前恢

复的 a_n 值的错误,而且会影响到以后所有的 a_{n+1},a_{n+2},…抽样值。

为了避免因相关编码而引起的差错扩散现象,同样可以在发送端相关编码之前先进行预编码。当 $\{a_n\}$ 为 M 进制时,预编码运算为

$$a_n = r_1b_n + r_2b_{n-1} + r_3b_{n-2} + \cdots + r_Nb_{n-(N-1)} \quad (\text{mod } M) \tag{5.5.12}$$

式中,$\{b_n\}$ 为预编码后得到的新序列。

将预编码后的 $\{b_n\}$ 序列进行相关编码,由式(5.5.10)有

$$c_n = r_1b_n + r_2b_{n-1} + r_3b_{n-2} + \cdots + r_Nb_{n-(N-1)} \tag{5.5.13}$$

比较式(5.5.12)和式(5.5.13)可得

$$a_n = c_n \quad (\text{mod } M) \tag{5.5.14}$$

这样就可以消除相关性了。

需要注意的是,部分响应信号是由预编码器、相关编码器、发送滤波器、信道和接收滤波器共同产生的。也就是说,如果相关编码器输出为 δ 脉冲序列,发送滤波器、信道和接收滤波器的传递函数应为理想低通特性。由于部分响应信号频谱是滚降衰减的,因此对理想低通特性的要求有所降低。但在多电平传输时,由于部分响应信号的电平数将进一步增加,因而对理想低通特性的要求仍然是相当的高,否则将会因串扰而造成接收错误。在这种情况下,一般采用将部分响应信号与奈奎斯特第一准则相结合的办法,使发送滤波器、信道和接收滤波器具有升余弦滚降形式的传递函数,以避免人为的固定值串扰以外的串扰。

5.6　基带传输系统的抗噪声性能

前面讨论了在不考虑信道噪声的情况下基带传输系统无码间干扰的传输条件,下面讨论在无码间干扰的情况下,信道噪声对基带系统性能的影响,假设信道噪声是均值为 0 的加性高斯白噪声。

5.6.1　二元码的误比特率

数字信息 a_n 经发送滤波器后得到基带信号 $g(t)$,经传输后得到的接收波形为 $s(t)$。在传输的过程中叠加了信道噪声 $n_c(t)$,$n_c(t)$ 为高斯白噪声。接收滤波器输出的是信号叠加噪声后的混合波形,即

$$r(t) = s(t) + n(t) \tag{5.6.1}$$

式中,$n(t)$ 是限带高斯白噪声。再生判决器对 $r(t)$ 进行抽样判决。二元码在抽样时刻的幅度值只有两种电平。设单极性 NRZ 二元码在抽样时刻 $t = kT$ 时幅度为 0 或 A,分别对应信码的"0"或"1",在无码间干扰时混合波形的抽样值为

$$r(kT) = A + n(kT) \tag{5.6.2}$$

或

$$r(kT) = n(kT) \tag{5.6.3}$$

在接收端设定一个判决门限 d,判决规则为

$$r(kT) > d, \quad \text{判为 } A$$
$$r(kT) < d, \quad \text{判为 } 0$$

上述判决过程的典型波形如图 5.6.1 所示。

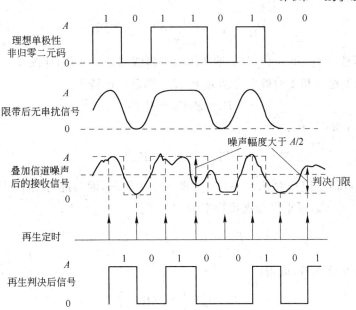

图5.6.1　接收信号波形及判决过程

均值为0的高斯噪声的幅度概率密度函数为

$$p(n) = \frac{1}{\sqrt{2\pi}\sigma} e^{-n^2/(2\sigma^2)} \tag{5.6.4}$$

式中,σ^2为噪声的均方值,即噪声的平均功率。因此,当发送信号幅度为0时,接收滤波器输出混合波形的幅度概率密度函数为

$$p_0(r) = \frac{1}{\sqrt{2\pi}\sigma} e^{-r^2/(2\sigma^2)} \tag{5.6.5}$$

当发送信号幅度为A时,混合波形的幅度概率密度函数为

$$p_1(r) = \frac{1}{\sqrt{2\pi}\sigma} e^{-(r-A)^2/(2\sigma^2)} \tag{5.6.6}$$

式(5.6.5)和式(5.6.6)所示的概率密度函数曲线如图5.6.2所示。

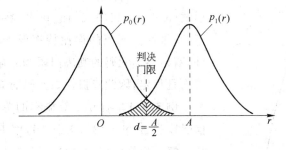

图5.6.2　二元码幅度的概率密度函数

图中的判决门限为d,当$r>d$时,判决为A;而当$r<d$时,判决为0。两种传输错误则是发送"0"判为"A"和发送"A"判为"0"。设误判的概率分别为P_{b0}和P_{b1},则有

$$P_{b0} = \int_d^{+\infty} \frac{1}{\sqrt{2\pi}\sigma} e^{-r^2/(2\sigma^2)} \, \mathrm{d}r \tag{5.6.7}$$

$$P_{b1} = \int_{-\infty}^{d} \frac{1}{\sqrt{2\pi}\sigma} e^{-(r-A)^2/(2\sigma^2)} \, dr \tag{5.6.8}$$

P_{b0} 和 P_{b1} 分别是 $p_0(r)$ 和 $p_1(r)$ 与 r 轴所围成的斜线部分的面积,如图 5.6.2 所示。

如果信源发送 0 和 1 的概率分别为 P_0、P_1,则总误比特率为

$$P_b = P_0 P_{b0} + P_1 P_{b1} \tag{5.6.9}$$

当 $P_0 = P_1 = 1/2$ 时,有

$$P_b = \frac{1}{2}(P_{b0} + P_{b1}) \tag{5.6.10}$$

此时的最佳判决门限应选为 $d = A/2$,如图 5.6.2 所示,因为此时图中斜线部分的总面积最小。令 $x = r/\sigma$,可求出总误比特率为

$$P_b = \int_{\frac{d}{\sigma}}^{\infty} \frac{1}{\sqrt{2\pi}} e^{-x^2/2} \, dx \tag{5.6.11}$$

此积分通常称为 Q 函数,记为

$$P_b = Q\left(\frac{d}{\sigma}\right) = Q\left(\frac{A}{2\sigma}\right) \tag{5.6.12}$$

可画出误比特率曲线,如图 5.6.3 所示。

单极性 NRZ 码的信号平均功率为 $S = A^2/2$,噪声平均功率 $N = \sigma^2$,则其信噪比为

$$\frac{S}{N} = \frac{A^2}{2\sigma^2} \tag{5.6.13}$$

所以

$$P_b = Q\left(\frac{A}{2\sigma}\right) = Q\left(\sqrt{\frac{S}{2N}}\right) \tag{5.6.14}$$

双极性 NRZ 码在抽样时刻幅度为 $-\dfrac{A}{2}$ 和 $\dfrac{A}{2}$ 时,其信号平均功率为 $S = A^2/4$,信噪比为

$$\frac{S}{N} = \frac{A^2}{4\sigma^2} \tag{5.6.15}$$

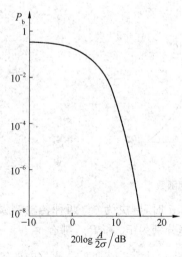

图 5.6.3　NRZ 二元码的误码率曲线

所以

$$P_b = Q\left(\frac{A}{2\sigma}\right) = Q\left(\sqrt{\frac{S}{N}}\right) \tag{5.6.16}$$

由式(5.6.14)和(5.6.16)可见,在相同信噪比的情况下,双极性二元码的误比特率低于单极性二元码。另外,双极性二元码的判决门限为 0 电平,该电平极易获得而且稳定,因此双极性二元码的应用更加广泛。

例 5.6.1　有 0、1 等概率的单极性 NRZ 码,已知信噪比为 $S/N = 36$,求误比特率 P_b。

解　根据式(5.6.14)可得其误比特率为

$$P_b = Q\left(\sqrt{\frac{S}{2N}}\right) = Q(\sqrt{18})$$

查 Q 函数表可得

$$P_b = Q(\sqrt{18}) = Q(4.24) \approx 1.1 \times 10^{-5}$$

5.6.2　多元码的差错率

多元码基带信号的幅度取值有多种选择。对 M 元码来说,每个码元周期内所发送的码元可以有 M 种幅度。一般来说,多元码是一种多进制传输信号,它并不限于是幅度电平的变化,也可以是载波频率、相位和别的变化。

通常 M 元码基带信号幅度电平的间隔是均匀的,为了排除直流功率的损耗,M 种幅度电平的均值一般取为 0。

以三元码为例,设相邻幅度间隔为 A,则信号幅度选为 $-A$、0、$+A$。若这三种幅度等概率出现,最佳判决电平选为 $-A/2$、$+A/2$,则其幅度概率密度函数如图 5.6.4 所示。

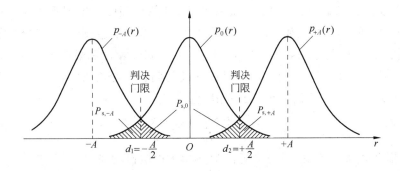

图 5.6.4　三元码幅度概率密度函数

由图可知,$-A$ 电平发生错误判决的概率为

$$P_{s,-A} = \int_{-\frac{A}{2}}^{\infty} \frac{1}{\sqrt{2\pi}\sigma} e^{-(x+A)^2/(2\sigma^2)} \, dx = Q\left(\frac{A}{2\sigma}\right) \tag{5.6.17}$$

式中,σ^2 为加性高斯白噪声的方差。同理有

$$P_{s,+A} = Q\left(\frac{A}{2\sigma}\right) \tag{5.6.18}$$

及

$$P_{s,0} = 2Q\left(\frac{A}{2\sigma}\right) \tag{5.6.19}$$

当 $P_0 = P_{-A} = P_{+A} = \dfrac{1}{3}$ 时,可得总误码率为

$$
\begin{aligned}
P_s &= P_0 P_{s,0} + P_{-A} P_{s,-A} + P_{+A} P_{s,+A} \\
&= \frac{1}{3}\left[2Q\left(\frac{A}{2\sigma}\right) + Q\left(\frac{A}{2\sigma}\right) + Q\left(\frac{A}{2\sigma}\right)\right] \\
&= \frac{4}{3}Q\left(\frac{A}{2\sigma}\right)
\end{aligned}
\tag{5.6.20}
$$

这样的三元码的信号功率为

$$S = \frac{1}{3}(0 + A^2 + A^2) = \frac{2}{3}A^2 \tag{5.6.21}$$

噪声功率为 $N = \sigma^2$。由式(5.6.20)可得

$$P_s = \frac{4}{3}Q\left[\sqrt{\frac{3}{8}\left(\frac{S}{N}\right)}\right] \tag{5.6.22}$$

比较式(5.6.22)与式(5.6.16)知,要得到相同的误码率,需要的信号功率三元码要比双极性二元码的大,也就是说需要的信噪比三元码要比双极性二元码的大。

如果在某些三元码中三种幅度的出现概率不相等,最佳判决门限也不等于 $-A/2$ 和 $A/2$,那么误码率就不是式(5.6.22)了。例如,当 AMI 码的信码 0、1 等概率时,$-A$、0、$+A$ 三种幅度的出现概率分别为 $1/4$、$1/2$、$1/4$,则判决门限应取为 $d_1 > A/2$、$d_2 < -A/2$。这样 $P_{s,-A}$、$P_{s,+A}$、$P_{s,0}$ 与式(5.6.17)、(5.6.18)、(5.6.19)都不一样,所以总误码率也不一样。

对于 M 元码来说,若 M 种幅度等概率出现,即每种幅度的出现概率为 $1/M$,而且出现在不同时间的幅度是相互独立的,在加性高斯噪声影响下造成码元判决错误的概率为图 5.6.4 中所示阴影部分的面积。除了 M 个幅度中最高幅度和最低幅度以外,每个幅度都可能错判到上下两个方向的幅度上,所以涉及的阴影部分有 $2(M-1)$ 个。于是,由式(5.6.20)可以推广到 M 元码误码率的一般表达式为

$$P_s = \frac{2(M-1)}{M}Q\left(\frac{A}{2\sigma}\right) \tag{5.6.23}$$

可见,如果幅度间隔 A 不变,误码率随着 M 的增大而缓慢增加。

M 元码有可能为奇数或偶数两种情况,其幅度取值不同。当 M 为偶数时,不同幅度值应选为

$$\pm\frac{A}{2}, \pm\frac{3}{2}A, \pm\frac{5}{2}A, \cdots, \pm\frac{M-1}{2}A$$

若它们等概率出现,则平均信号功率为

$$\begin{aligned} S_e &= \frac{2}{M}\left\{\left(\frac{A}{2}\right)^2 + \left(\frac{3A}{2}\right)^2 + \left(\frac{5A}{2}\right)^2 + \cdots + \left[\frac{(M-1)A}{2}\right]^2\right\} \\ &= \frac{2}{M}\left(\frac{A}{2}\right)^2[1 + 3^2 + 5^2 + \cdots + (M-1)^2] \\ &= \frac{M^2-1}{12}A^2 \end{aligned} \tag{5.6.24}$$

当 M 为奇数时,幅度值选为

$$0, \pm A, \pm 2A, \cdots, \pm\frac{M-1}{2}A$$

它们等概率出现时的平均信号功率为

$$\begin{aligned} S_0 &= \frac{2}{M}\left\{0 + A^2 + (2A)^2 + \cdots + \left[\frac{(M-1)A}{2}\right]^2\right\} \\ &= \frac{2}{M}A^2\left[1 + 2^2 + 3^2 + \cdots + \left(\frac{M-1}{2}\right)^2\right] \\ &= \frac{M^2-1}{12}A^2 \end{aligned}$$

$$(5.6.25)$$

由式(5.6.24)和(5.6.25)可知,根据上述幅度选取原则,M 元码的平均信号功率为

$$S = \frac{M^2 - 1}{12} A^2 \qquad (5.6.26)$$

因此,M 元码误码率可用信噪比表示为

$$P_s = \frac{2(M-1)}{M} Q \left[\sqrt{\frac{3}{M^2 - 1} \left(\frac{S}{N} \right)} \right] \qquad (5.6.27)$$

由于多元码的每个码元可以用来表示一个二进制码组,对于 n 位二进制码组来说,可以用 $M = 2^n$ 元码来传输。与二元码传输相比,M 元码传输时所需信道频带可降为

$$\frac{1}{\log M} = \frac{1}{n}$$

而且由式(5.6.23)和(5.6.27)计算得到的是 M 元码的误码率,而不是二进制信号的误比特率。由此再来看 M 元码的误码率与二进制信码的误比特率之间的关系:由于 M 元码的二进制表示形式很多,所以误码率与误比特率之间的关系不是唯一的,必须结合二进制表示形式进行讨论。常用的二进制表示形式主要有普通二进制码和格雷码。

通过计算可得,当用普通二进制码表示时,二进制的误比特率 P_b 与 M 元码的误码率 P_s 之间的关系为

$$\frac{1}{2} < \frac{P_b}{P_s} \leqslant \frac{2}{3}$$

即误比特率略小于误码率。

采用格雷码时,二进制的误比特率 P_b 与 M 元码的误码率 P_s 之间的关系为

$$P_b \approx \frac{1}{n} P_s$$

当 n 增大时,误比特率减小,与普通二进制码相比稍有改善,因此格雷码在多元码传输中得到广泛的应用。

5.7   眼   图

在实际工程中,由于部件调试不理想或信道特性发生变化,都可能使系统的性能变坏。除了用专用精密仪器进行定量的测量以外,在调试和维护工作中,技术人员希望用简单的方法和通用仪器也能宏观监测系统的性能,其中一个有效的实验方法是观察接收信号的眼图。

将待测的基带信号加到示波器的输入端,同时把位定时信号作为扫描同步信号。这样,示波器对基带信号的扫描周期严格与码元周期同步,各码元的波形就会重叠起来。对于二进制数字信号,这个图形与人眼相像,所以称为"眼图",如图 5.7.1(b)、(d)所示。

图 5.7.1(a)为没有失真的波形,示波器将此波形每隔 T_s 秒重复扫描一次,利用示波器的余辉效应,扫描所得的波形重叠在一起,形成图(b)所示的"开启"的眼图。

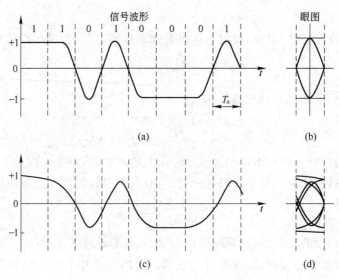

图 5.7.1 基带信号波形及眼图

图 5.7.1(c)是有失真的基带信号的波形,重叠后的波形会聚变差,张开程度变小,如图(d)所示。基带波形的失真通常是由噪声和码间串扰造成的,所以眼图的形状能定性地反映系统的性能。

为了解释眼图与系统性能之间的关系,可把眼图形象为一个模型,如图 5.7.2 所示。

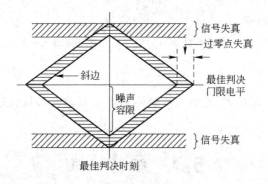

图 5.7.2 眼图模型

眼图可以说明以下几点:

(1)最佳取样时刻应选在眼图张开最大的时刻。

(2)眼图斜边的斜率反映出系统对定时误差的灵敏度,斜边愈陡,对定时误差愈灵敏,则对定时稳定度的要求愈高。

(3)在抽样时刻,上下两个阴影区的高度称为信号失真量。它是噪声和码间串扰叠加的结果,所以眼图的张开度决定了系统的噪声容限。

当码间干扰十分严重时,"眼睛"会完全闭合起来,系统不可能无误工作,因此就必须对码间干扰进行校正。一般在系统中加入可调滤波器,称为均衡器。通过对均衡器的调整来减小码间干扰。

5.8　均　　衡

能够实现的基带传输系统不可能完全满足理想的波形传输无失真条件,因而串扰几乎是不可避免的。当串扰造成严重影响时,必须对整个系统的传递函数进行校正,使其接近无失真传输条件。这种校正可以采用串接一个滤波器的方法,以补偿整个系统的幅频和相频特性。这种校正是在频域进行的,称为频域均衡。如果校正在时域进行,即直接校正系统的冲激响应,则称为时域均衡。随着数字信号处理理论和超大规模集成电路的发展,时域均衡已成为如今高速数据传输中所使用的主要方法。

5.8.1　时域均衡的原理

一般缺少信道的统计特性,所以很难设计最佳的有限长滤波器,通常利用一定形式的可调网络来实现。最有用的可变网络是横向滤波器。

当发送端发送单个脉冲时,由于系统传输特性不理想,接收端接收的信号波形会出现拖尾,在其他抽样时刻上的样值将不为 0,即在 $nT_s(n\neq0)$ 时刻会对其他码元进行串扰,如图5.8.1(a)中的实线所示。均衡的目的是要在其他抽样点上形成与拖尾相反的波形,如图5.8.1 (a)中的虚线所示。均衡后得到图 5.8.1 (b)所示的波形,这样就不会形成码间串扰。

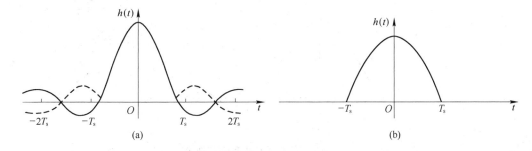

图 5.8.1　均衡前后的波形

如果在未加入横向滤波器之前的基带传输系统的总传输特性不满足无码间串扰的条件,则在接收滤波器之后插入一个如图 5.8.2 所示的横向滤波器。它由带抽头的延迟线、加权系数为 C_n 的乘法器和加法器组成,每节延迟时间为码元周期 T_s,共有 $2N$ 个延迟单元,$2N+1$ 个抽头。每个抽头的加权系数分别为 $C_{-N}, C_{-N+1}, \cdots, C_{-1}, C_0, C_1, \cdots, C_{N-1}, C_N$,它们都是可调的。

当输入为单位冲激信号时,设均衡中心抽头处的响应波形为 $x(t)$,由图可知,均衡器的输出为

$$y(t) = \sum_{n=-N}^{N} C_n x(t - nT_s) \tag{5.8.1}$$

在抽样时刻 $t = kT_s$ 时,

$$y(kT_s) = \sum_{n=-N}^{N} C_n x[(k - n)T_s] \tag{5.8.2}$$

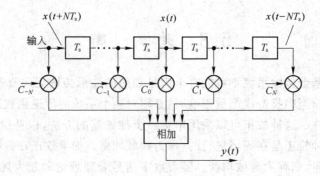

图 5.8.2　横向滤波器

简写为

$$y_k = \sum_{n=-N}^{N} C_n x_{k-n} \tag{5.8.3}$$

表明,均衡器输出波形在第 k 个抽样时刻得到的样值 y_k 将由 $2N+1$ 个值来确定,其中各个值是 $x(t)$ 经过延迟后与相应的加权系数相乘的结果。对于有码间串扰的输入波形 $x(t)$,可以用选择适当的加权系数的方法,使输出 $y(t)$ 在一定程度上减小码间串扰。设滤波器输出的波形如图 5.8.3 所示,除了 y_0 以外,其余 y_k 的值均属于波形失真引起的码间串扰。为了反映这些失真的大小,通常用峰值失真或均方失真作为度量标准。

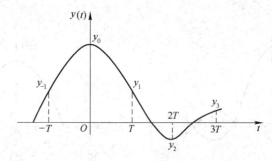

图 5.8.3　有失真的冲激响应波形

峰值失真 D 定义为

$$D = \frac{1}{y_0} \sum_{\substack{k=-\infty \\ k \neq 0}}^{\infty} |y_k| \tag{5.8.4}$$

式中,除 $k=0$ 以外的各个样值绝对值之和反映了码间串扰的最大值,y_0 是有用信号的样值,所以峰值失真就是峰值码间串扰与有用信号样值之比,其比值愈小愈好。

同样也可将未均衡前的输入峰值失真表示为

$$D_0 = \frac{1}{x_0} \sum_{\substack{k=-\infty \\ k \neq 0}}^{\infty} |x_k| \tag{5.8.5}$$

均方失真定义为

$$e^2 = \frac{1}{y_0^2} \sum_{\substack{k=-\infty \\ k \neq 0}}^{\infty} y_k^2 \tag{5.8.6}$$

它的物理意义与峰值失真类似。

根据式(5.8.4)和式(5.8.6)均可设计加权系数使失真最小,这两种设计准则分别称为最小峰值失真准则和最小均方失真准则。

由最小峰值失真准则可知,峰值失真 D 是抽头系数 C 的函数。理论分析指出,当起始失真 $D_0 \leqslant 1$ 时,调整 $2N$ 个抽头系数 C_N,使 $2N$ 个抽头的样值 $y_k = 0$,这样能得到最小失真 D 。这时 $y(t)$ 的 $2N+1$ 个样值满足下式要求:

$$y_k = \begin{cases} 1, & \text{当 } k=0 \\ 0, & \text{当 } k=\pm 1, \pm 2, \cdots, \pm N \end{cases} \tag{5.8.7}$$

从这个结论出发,利用式(5.8.3)和式(5.8.7),列出 $2N+1$ 个联立方程,可解出 $2N+1$ 个抽头系数。将联立方程组用矩阵形式表示为

$$\begin{bmatrix} x_0 & x_{-1} & \cdots & x_{-2N} \\ x_1 & x_0 & \cdots & x_{-2N+1} \\ \vdots & \vdots & & \vdots \\ x_N & x_{N-1} & \cdots & x_{-N} \\ \vdots & \vdots & & \vdots \\ x_{2N-1} & x_{2N-2} & \cdots & x_{-1} \\ x_{2N} & x_{2N-1} & \cdots & x_0 \end{bmatrix} \begin{bmatrix} C_{-N} \\ C_{-N+1} \\ \vdots \\ C_0 \\ \vdots \\ C_{N-1} \\ C_N \end{bmatrix} = \begin{bmatrix} 0 \\ \vdots \\ 0 \\ 1 \\ 0 \\ \vdots \\ 0 \end{bmatrix} \tag{5.8.8}$$

如果 $x_{-2N}, \cdots, x_0, \cdots, x_{2N}$ 已知,则求解上式线性方程组可以得到 $C_{-N}, C_{-N+1}, \cdots, C_{-1}, C_0, C_1, \cdots, C_{N-1}, C_N$ $2N+1$ 个抽头系数值。使 y_k 在 $k=0$ 的两边各有 N 个零值的调整叫做"迫零"调整,按这种方法设计的均衡器称为"迫零"均衡器,此时 D 取得最小值,调整达到了最佳效果。

例 5.8.1 已知输入信号的样值序列为 $x_{-2}=0, x_{-1}=0.2, x_0=1, x_1=-0.3, x_2=0.1$。试设计三抽头的"迫零"均衡器。求三个抽头的系数,并计算均衡前后的峰值失真。

解 因为 $2N+1=3$,根据式(5.8.8),列出矩阵方程为

$$\begin{bmatrix} x_0 & x_{-1} & x_{-2} \\ x_1 & x_0 & x_{-1} \\ x_2 & x_1 & x_0 \end{bmatrix} \begin{bmatrix} C_{-1} \\ C_0 \\ C_1 \end{bmatrix} = \begin{bmatrix} 0 \\ 1 \\ 0 \end{bmatrix}$$

将样值代入上式,得

$$\begin{bmatrix} 1 & 0.2 & 0 \\ -0.3 & 1 & 0.2 \\ 0.1 & -0.3 & 1 \end{bmatrix} \begin{bmatrix} C_{-1} \\ C_0 \\ C_1 \end{bmatrix} = \begin{bmatrix} 0 \\ 1 \\ 0 \end{bmatrix}$$

由矩阵方程可列出方程组

$$\begin{cases} C_{-1} + 0.2C_0 = 0 \\ -0.3C_{-1} + C_0 + 0.2C_1 = 1 \\ 0.1C_{-1} - 0.3C_0 + C_1 = 0 \end{cases}$$

解联立方程组可得

$$C_{-1} = -0.177\ 9, \quad C_0 = 0.889\ 7, \quad C_1 = 0.284\ 7$$

再利用式(5.8.3)计算均衡器的输出响应,有

$$y_{-3} = 0, \quad y_{-2} = -0.035\ 6, \quad y_{-1} = 0, \quad y_0 = 1,$$
$$y_1 = 0, \quad y_2 = 0.015\ 3, \quad y_3 = 0.028\ 5, \quad y_4 = 0$$

输入峰值失真为

$$D_0 = 0.6$$

输出峰值失真为

$$D = 0.079\ 4$$

均衡后使峰值失真减小了 7.5 倍。

均衡前 $x(t)$ 的波形和均衡后 $y(t)$ 的波形分别如图 5.8.4(a)、(b)所示。由图可以看出,在峰值两侧可以得到所期望的零点,但远离峰值上的一些抽样点上仍会有码间串扰。这是因为仅有 3 个抽头,只能保证样值两侧各一个零点。一般来说抽头有限时,总不能完全消除码间串扰,但当抽头数较多时可以将串扰减小到相当小的程度。

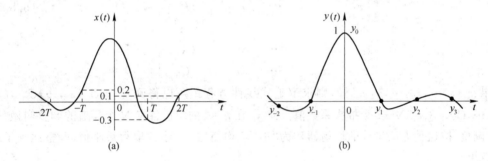

图 5.8.4　例 5.8.1 中 $x(t)$ 和 $y(t)$ 的波形

5.8.2　时域均衡器的结构

均衡器按调整方式的不同分为手动均衡器和自动均衡器。自动均衡器又分为预置式均衡器和自适应式均衡器。预置式均衡是在实际传输数据之前先传输预先规定的测试脉冲,然后按"迫零"调整原理自动调整抽头增益;自适应式均衡是在传输数据过程中连续测出与最佳调整值的误差电压,并据此电压去调整各抽头增益。通常自适应均衡不仅可以使调整精度提高,而且当信道特性随时间变化时又能有一定的自适应性。

图 5.8.5 给出一个预置式自动均衡器的原理方框图。它的输入端每隔一段时间送入一个来自发送端的测试单脉冲波形。当该波形每隔 T_s 秒依次输入时,在输出端就将获得各样值为 y_k 的波形。根据"迫零"调整原理,若得到的某一 y_k 为正极性时,则相应的抽头增益 C_k 应下降一个适当的增量 Δ;若 y_k 为负极性时,则相应的 C_k 应增加一个增量 Δ。为了实现这个调整,在输出端将每个 y_k 依次进行抽样并进行极性判决,这个过程由图中抽样与峰值极性判决器完成,判决的两种可能结果以"有无脉冲"表示并将其输入到控制电路。控制电路将在同一规定时刻将所有"极性脉冲"分别作用到相应的增益头上,让它们做增加 Δ 或下降 Δ 的改变。经过多次调整,就能达到均衡目的。可

见这种自动均衡器的精度与增量 Δ 的选择和允许调整时间有关。Δ 越小，精度就越高，但调整时间就需要更长。

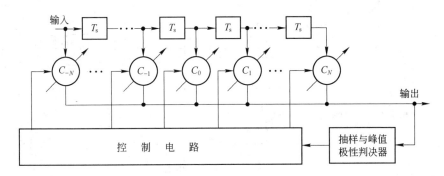

图 5.8.5　预置式自动均衡器的原理方框图

自适应式均衡与预置式均衡一样，都是借助调整横向滤波器的抽头增益达到均衡目的的。但自适应均衡器不再利用专门的单脉冲波形来进行调整，它是在传输数据期间借助信号本身来自动均衡的。下面讨论自适应均衡的这个特点。

通常数据信号是一种随机信号。设发送序列为$\{a_k\}$，则每个 a_k 取哪一个可能值是随机的。这种序列通过包括均衡器在内的基带系统后，在均衡器输出端将获得输出样值序列$\{y_k\}$。当然我们希望对于任意的 k 有以下均方误差最小，即

$$\sigma^2 = E[y_k - a_k]^2 \tag{5.8.9}$$

因为若 σ^2 最小，则表明均衡的效果最好。将式(5.8.3)代入式(5.8.9)，有

$$\sigma^2 = E\left[\sum_{n=-N}^{N} C_n x_{k-n} - a_k\right]^2 \tag{5.8.10}$$

可见，σ^2 是各抽头增益的函数。

设序列$\{a_k\}$中各 a_k 是互不相关的，并用 $Q(C)$ 表示 σ^2 对第 n 抽头增益 C_n 的偏导数，即

$$Q(C) = \frac{\partial \sigma^2}{\partial C_n} \tag{5.8.11}$$

将式(5.8.10)代入式(5.8.11)得

$$Q(C) = 2E[e_k x_{k-n}] \tag{5.8.12}$$

其中，

$$e_k = y_k - a_k = \sum_{n=-N}^{N} C_n x_{k-n} - a_k \tag{5.8.13}$$

若要使 σ^2 最小，则需 $Q(C)$ 为 0，即 σ^2 取得极小值。此时式(5.8.12)中的 $E[e_k x_{k-n}]$ 也为 0。而 $E[e_k x_{k-n}]$ 是误差 e_k 与均衡器输入样值 x_{k-n} 的相关函数。可见，若要使 σ^2 最小，则 e_k 与 x_{k-n} 应互不相关，即 e_k 与 x_{k-n} 应正交。这个结论称为正交原理。抽头增益的调整可以依据 e_k 和 x_{k-n} 的相关函数。若此相关函数不为 0，则应通过增益调整使其为 0。

图 5.8.6 就是实现这样自适应调整的一个例子。这里，统计平均器可以是一个求算术平均的部件。

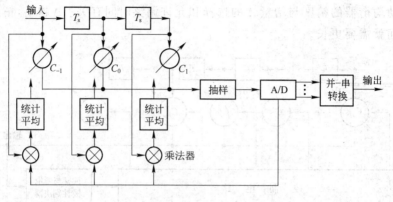

图 5.8.6 自适应均衡器

自适应均衡器种类很多,但其原理基本相同。

5.9 扰码和解扰

在设计数字通信系统时,通常假设信源序列是随机序列,而实际信源发出的序列不一定满足这个条件,特别是出现长 0 串时,给接收端提取定时信号带来一定的困难。解决这个问题的办法,除了前面介绍的码型编码方法以外,也常用 m 序列对信源序列进行"加乱"处理,有时也称为扰码,以使信源序列随机化。在接收端再把"加乱"了的序列,用同样的 m 序列"解乱",即进行解扰,恢复原有的信源序列。

从更广泛的意义上来说,扰码能使数字传输系统对各种数字信息具有透明性。这不但因为扰码能改善位定时恢复的质量,而且它还能使信号频谱分布均匀,能改善有关子系统的性能。

扰码的原理基于 m 序列的伪随机性。因此,应该了解 m 序列的产生和性质。在讨论 m 序列之前,先介绍正交编码的基本概念。

5.9.1 正交编码

在数字通信技术中,正交编码是十分重要的技术。正交编码不仅可用做纠错码,而且可用来实现码分多址通信等。

先来看什么是正交。若两个周期为 T 的模拟信号 $s_1(t)$ 和 $s_2(t)$ 互相正交,那么

$$\int_0^T s_1(t)s_2(t)\mathrm{d}t = 0 \tag{5.9.1}$$

同理,若 M 个周期为 T 的模拟信号 $s_1(t),s_2(t),\cdots,s_M(t)$ 构成一个正交信号集合,就有

$$\int_0^T s_i(t)s_j(t)\mathrm{d}t = 0, \quad i \neq j; \quad i,j = 1,2,\cdots,M \tag{5.9.2}$$

对于二进制数字信号,也有上述模拟信号这种正交性。由于数字信号是离散的,可以把它看成是一个码组,并且用一个数字序列来表示这一码组。这样的码组种类很多,这里只讨论码长相同的二进制码组集合。这时,两个码组的正交性可用互相关系数来表述。

设长为 n 的码组集合中码元取值为 $+1$ 和 -1,以及 x 和 y 是其中两个码组,即

$$x=(x_1,x_2,x_3,\cdots,x_n) \tag{5.9.3}$$

$$y=(y_1,y_2,y_3,\cdots,y_n) \tag{5.9.4}$$

式中，x_i 和 y_i 取值为 $+1$ 或 -1，$i=1,2,\cdots,n$，则 x 和 y 间的互相关系数定义为

$$\rho(x,y)=\frac{1}{n}\sum_{i=1}^{n}x_iy_i \tag{5.9.5}$$

若码组 x 和 y 正交，则必有 $\rho(x,y)=0$。例如，图 5.9.1 所示的 4 个数字信号可以看作是如下 4 个码组：

$$\left.\begin{aligned}s_1(t):&(+1,+1,+1,+1)\\s_2(t):&(+1,+1,-1,-1)\\s_3(t):&(+1,-1,-1,+1)\\s_4(t):&(+1,-1,+1,-1)\end{aligned}\right\} \tag{5.9.6}$$

按式(5.9.5)计算可知，这 4 个码组中任意两者之间的相关系数都为零，也就是说这 4 个码组两两正交。这种两两正交的编码称为正交编码。

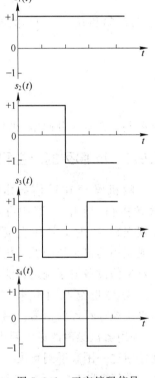

图 5.9.1　正交编码信号

类似上述互相关系数的定义，还可以对于一个长为 n 的码组 x 定义其自相关系数为

$$\rho_x(j)=\frac{1}{n}\sum_{i=1}^{n}x_ix_{i+j} \qquad j=0,1,\cdots,n-1 \tag{5.9.7}$$

式中，x 的下标按模 n 运算，即有 $x_{n+k}\equiv x_k$。

在二进制编码理论中，经常采用二进制数字"0"和"1"表示码元的可能取值。这时，若规定用二进制数字"0"代替上述码组中的"$+1$"，用二进制数字"1"代替"-1"，则上述互相关系数定义式(5.9.5)将变为

$$\rho(x,y)=\frac{A-D}{A+D} \tag{5.9.8}$$

式中，A 为 x 和 y 中对应位码元相同的个数；D 为 x 和 y 中对应位码元不同的个数。这样式(5.9.6)可以写成

$$\left.\begin{aligned}s_1(t):&(0,0,0,0)\\s_2(t):&(0,0,1,1)\\s_3(t):&(0,1,1,0)\\s_4(t):&(0,1,0,1)\end{aligned}\right\} \tag{5.9.9}$$

将其代入式(5.9.8)，计算出的互相关系数仍为零。

式(5.9.8)中，若用 x 的 j 次循环移位代替 y，就得到 x 的自相关系数 $\rho_x(j)$。即令

$$x=(x_1,x_2,x_3,\cdots,x_n)$$

$$y=(x_{1+j},x_{2+j},x_{3+j},\cdots,x_n,x_1,x_2,\cdots,x_j)$$

代入式(5.9.8)，就得到自相关系数 $\rho_x(j)$。

有了正交编码的概念，可以引入超正交码和双正交码的概念。前面讲过，相关系数 ρ 的取值范围在 ±1 之间。若两个码组间的相关系数 $\rho<0$，则称这两个码组互相超正交。

如果一种编码中任意两码组间都是超正交的，则称这种编码为超正交编码。例如，在式(5.9.9)中，若仅取后 3 个码组，并且删去其第一位，构成如下新的编码：

$$\left.\begin{array}{l} s_1'(t):(0,1,1)\\ s_2'(t):(1,1,0)\\ s_3'(t):(1,0,1) \end{array}\right\} \tag{5.9.10}$$

不难验证，由这 3 个码组所构成的编码是超正交码。

由正交编码和其反码便可以构成所谓双正交编码。例如，式(5.9.9)中正交码的反码为

$$\left.\begin{array}{l} (1,1,1,1)\\ (1,1,0,0)\\ (1,0,0,1)\\ (1,0,1,0) \end{array}\right\} \tag{5.9.11}$$

式(5.9.9)和式(5.9.11)共同构成如下双正交码：

$$\begin{array}{ll} (0,0,0,0) & (1,1,1,1)\\ (0,0,1,1) & (1,1,0,0)\\ (0,1,1,0) & (1,0,0,1)\\ (0,1,0,1) & (1,0,1,0) \end{array} \tag{5.9.12}$$

这种码中共有 8 种码组，码长为 4，任两码组间的相关系数为 0 或 −1。

5.9.2　m 序列的产生和性质

随机噪声在通信技术中首先是作为有损通信质量的因素受到人们重视的。在许多章节中都已指出，信道中存在的随机噪声会使模拟信号产生失真，或使数字信号解调后出现误码；同时，它还是限制信道容量的一个重要因素。因此，人们最早是企图设法消除或减小通信系统中的随机噪声。但是，有时人们也希望获得随机噪声。例如，在实验室中对通信设备或系统进行测试时，有时要故意加入一定的随机噪声，这时则需要产生它。

在 20 世纪 40 年代末，香农指出，在某些情况下，为了实现最有效的通信，应采用具有白噪声统计特性的信号。另外，为了实现高可靠的保密通信，也希望利用随机噪声。但是，利用随机噪声的最大困难是它难以重复产生和处理。直到 60 年代，伪随机噪声的出现才使这一困难得到解决。

伪随机噪声具有类似于随机噪声的一些统计特性，同时又便于重复产生和处理。由于它具有随机噪声的优点，又避免了随机噪声的缺点，因此获得了广泛的实际应用。被广泛应用的伪随机噪声都是由数字电路产生的周期序列得到的，这种周期序列称为伪随机序列。

通常产生伪随机序列的电路为一反馈移存器。它又可分为线性反馈移存器和非线性反馈移存器两类。由线性反馈移存器产生的周期最长的二进制数字序列称为最大长度线性反馈移存器序列，通常简称为 m 序列。由于它的理论比较成熟，实现比较简便，实际应用也较广泛，因此这里主要讨论 m 序列。

m 序列是由带线性反馈的移位寄存器产生的序列，并且具有最长的周期。

由 n 级串接的移位寄存器和反馈逻辑线路可组成动态移位寄存器，如果反馈逻辑线

路只用模 2 和构成,则称为线性反馈移位寄存器;如果反馈线路中包含"与""或"等运算,则称为非线性反馈移位寄存器。

带线性反馈逻辑的移位寄存器设定初始状态后,在时钟触发下,每次移位后各级寄存器状态会发生变化。其中任何一级寄存器的输出,随着时钟节拍的推移都会产生一个序列,该序列称为移位寄存器序列。

以图 5.9.2 所示的 4 级移位寄存器为例,图中线性反馈逻辑服从以下递归关系式:

$$a_n = a_{n-3} \oplus a_{n-4} \tag{5.9.13}$$

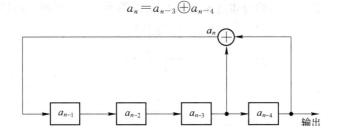

图 5.9.2 式(5.9.13)对应的 4 级移位寄存器

即第 3 级与第 4 级输出的模 2 和运算结果反馈到第 1 级去。假设这 4 级移位寄存器的初始状态为 0001,即第 4 级为 1 状态,其余 3 级均为 0 状态。随着移位时钟节拍,各级移位寄存器的状态转移流程图如表 5.9.1 所示。在第 15 节拍时,移位寄存器的状态与第 0 拍的状态(即初始状态)相同,因而从第 16 拍开始必定重复第 1 至第 15 拍的过程。这说明该移位寄存器的状态具有周期性,其周期长度为 15。如果从末级输出,选择 3 个 0 为起点,便可得到如下序列:

$$a_{n-4} = 000100110101111$$

表 5.9.1 m 序列发生器状态转移流程图

移位时钟节拍	第 1 级 a_{n-1}	第 2 级 a_{n-2}	第 3 级 a_{n-3}	第 4 级 a_{n-4}	反馈值 $a_n = a_{n-3} \oplus a_{n-4}$
0	0	0	0	1	1
1	1	0	0	0	0
2	0	1	0	0	0
3	0	0	1	0	1
4	1	0	0	1	1
5	1	1	0	0	0
6	0	1	1	0	1
7	1	0	1	1	0
8	0	1	0	1	1
9	1	0	1	0	1
10	1	1	0	1	1
11	1	1	1	0	1
12	1	1	1	1	0
13	0	1	1	1	0
14	0	0	1	1	0
15	0	0	0	1	1
16	1	0	0	0	0

可以看出,对于 $n=4$ 的移位寄存器共有 $2^4=16$ 种不同的状态。上述序列中出现了除全 0 以外的所有状态,因此是可能得到的最长周期的序列。只要移位寄存器的初始状态不是全 0,就能得到周期长度为 15 的序列。其实,从任何一级寄存器的输出所得到的序列都是周期为 15 的序列,只是节拍不同,这些序列都是最长线性反馈移位寄存器序列。

将图 5.9.2 中的线性反馈逻辑改为

$$a_n = a_{n-2} \oplus a_{n-4} \tag{5.9.14}$$

如图 5.9.3 所示。如果 4 级移位寄存器的初始状态仍为 0001,可得末级输出序列为

$$a_{n-4} = 000101$$

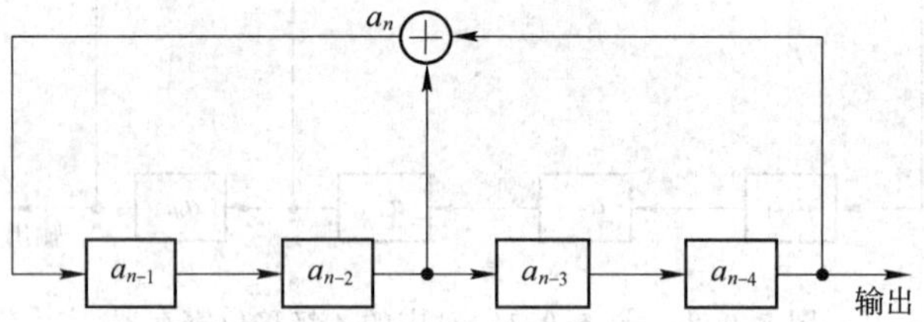

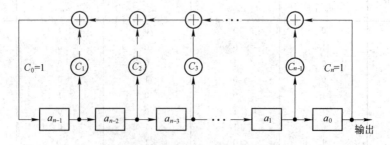

图 5.9.3 式(5.9.14)对应的 4 级移位寄存器

其周期为 6。如果将初始状态改为 1011,输出序列是周期为 3 的循环序列,即

$$a_{n-4} = 011$$

当初始状态为 1111 时,输出序列是周期为 6 的循环序列,其中一个周期为

$$a_{n-4} = 111100$$

以上 4 种不同的输出序列说明,n 级线性反馈移位寄存器的输出序列是一个周期序列,其周期长短由移位寄存器的级数、线性反馈逻辑和初始状态决定。但在产生最长线性反馈移位寄存器序列时,只要初始状态非全 0 即可,关键要有合适的线性反馈逻辑。

n 级线性反馈移位寄存器如图 5.9.4 所示。

图 5.9.4 n 级线性反馈移位寄存器

图 5.9.4 中 C_i 表示反馈线的两种可能连接状态,$C_i=1$ 表示连接线接通,第 $n-i$ 级输出加入反馈中;$C_i=0$ 表示连接线断开,第 $n-i$ 级输出未参加反馈。因此,一般形式的线性反馈逻辑表达式为

$$a_n = C_1 a_{n-1} \oplus C_2 a_{n-2} \oplus \cdots \oplus C_n a_0 = \sum_{i=1}^{n} C_i a_{n-i} \pmod 2 \tag{5.9.15}$$

将等式左边的 a_n 移至右边,并将 $a_n = C_0 a_n (C_0=1)$ 代入上式,则上式可改写为

$$0 = \sum_{i=0}^{n} C_i a_{n-i} \ (\mathrm{mod}\ 2) \tag{5.9.16}$$

定义一个与式(5.9.16)相对应的多项式

$$F(x) = \sum_{i=0}^{n} C_i x^i \tag{5.9.17}$$

式中,x 的幂次表示元素相应的位置。式(5.9.17)称为线性反馈移位寄存器的特征多项式,特征多项式与输出序列的周期有密切关系。可以证明,当 $F(x)$ 满足下列 3 个条件时,就一定能产生 m 序列:

(1) $F(x)$ 是不可约的,即不能再分解因式;

(2) $F(x)$ 可整除 x^p+1,这里 $p=2^n-1$;

(3) $F(x)$ 不能整除 x^q+1,这里 $q < p$。

满足上述条件的多项式称为本原多项式。这样,产生 m 序列的充要条件就变成如何寻找本原多项式了。以前面提到的 4 级移位寄存器为例。4 级移位寄存器所能产生的 m 序列,其周期为 $p=2^4-1=15$,其特征多项式 $F(x)$ 应能整除 $x^{15}+1$。将 $x^{15}+1$ 进行因式分解,有

$$x^{15}+1=(x^4+x+1)(x^4+x^3+1)(x^4+x^3+x^2+x+1)(x^2+x+1)(x+1)$$

以上共得到 5 个不可约因式,其中有 3 个 4 阶多项式,而 $x^4+x^3+x^2+x+1$ 可整除 x^5+1,即

$$x^5+1=(x^4+x^3+x^2+x+1)(x+1)$$

故不是本原多项式。其余 2 个是本原多项式,而且是互逆多项式,只要找到其中的一个,另一个就可写出。例如 $F_1(x)=x^4+x^3+1$ 就是图 5.9.2 对应的特征多项式,另一个 $F_2(x)=x^4+x+1$ 是与其互逆的多项式。

表 5.9.2　本原多项式系数表

n	本原多项式系数的八进制表示	代　数　式	n	本原多项式系数的八进制表示	代　数　式
2	7	x^2+x+1	12	10 123	$x^{12}+x^6+x^4+x+1$
3	13	x^3+x+1	13	20 033	$x^{13}+x^4+x^3+x+1$
4	23	x^4+x+1	14	42 103	$x^{14}+x^{10}+x^6+x+1$
5	45	x^5+x^2+1	15	100 003	$x^{15}+x+1$
6	103	x^6+x+1	16	210 013	$x^{16}+x^{12}+x^3+x+1$
7	211	x^7+x^3+1	17	400 011	$x^{17}+x^3+1$
8	435	$x^8+x^4+x^3+x^2+1$	18	1 000 201	$x^{18}+x^7+1$
9	1 021	x^9+x^4+1	19	2 000 047	$x^{19}+x^5+x^2+x+1$
10	2 011	$x^{10}+x^3+1$	20	4 000 011	$x^{20}+x^3+1$
11	4 005	$x^{11}+x^2+1$			

　　寻求本原多项式是一件烦琐的工作,计算得到的结果列于表5.9.2。表中给出其中部分结果,每个 n 只给出一个本原多项式。为了使 m 序列发生器尽量简单,常用的是只有3项的本原多项式,此时发生器只需要一个模2和加法器。但对于某些 n 值,不存在3项的本原多项式。表中列出的本原多项式都是项数最少的,为简便起见,用八进制数字表示本原多项式的系数,由系数写出本原多项式非常方便。例如 $n=4$ 时,本原多项式系数的八进制数字表示为23,将23写成二进制数字010与011,从左向右第1个1对应于 C_0,按系数可写出 $F_1(x)$;从右向左的第1个1对应于 C_0,按系数可写出 $F_2(x)$,其过程如下:

$$
\begin{array}{cccccc}
& 2 & & & 3 & \\
0 & 1 & 0 & 0 & 1 & 1 \\
C_0 & C_1 & C_2 & C_3 & C_4 & \quad F_1(x)=x^4+x^3+1 \\
C_4 & C_3 & C_2 & C_1 & C_0 & \quad F_2(x)=x^4+x+1
\end{array}
$$

$F_1(x)$ 和 $F_2(x)$ 为互逆多项式。

　　m 序列有如下性质:

　　(1) 由 n 级移位寄存器产生的 m 序列,其周期为 2^n-1。

　　(2) 除全0状态外,n 级移位寄存器可能出现的各种不同状态都在 m 序列的一个周期内出现,而且只出现一次。因此,m 序列中1和0的出现概率大致相同,1码只比0码多1个。

　　(3) 在一个序列中连续出现的相同码称为一个游程,连码的个数称为游程的长度。m 序列中共有 2^{n-1} 个游程,其中长度为1的游程占1/2,长度为2的游程占1/4,长度为3的游程占1/8,依此类推,长度为 k 的游程占 2^{-k}。其中最长的游程是 n 个连1码,次长的游程是 $n-1$ 个连0码。

　　(4) m 序列的归一化自相关函数 $R(j)$ 只有两种取值。对于周期为 p 的 m 序列有

$$
R(j)=\frac{A-D}{A+D}=\frac{A-D}{p} \tag{5.9.18}
$$

式中,A、D 分别是 m 序列与其 j 次移位的序列在一个周期中对应元素相同和不相同的数目。可以证明,一个周期为 p 的 m 序列与其任意次移位后的序列模2相加,其结果仍是周期为 p 的 m 序列,只是原序列某次移位后的序列。所以对应元素相同和不相同的数目就是移位相加后 m 序列中0和1的数目。由于一个周期中0比1的个数少1,因此 j 为非零整数时 $A-D=-1$;j 为零时 $A-D=p$,这样可得到

$$
R(j)=\begin{cases} 1, & j=0 \\ -\dfrac{1}{p}, & j=\pm1,\pm2,\cdots,\pm(p-1) \end{cases} \tag{5.9.19}
$$

　　m 序列的归一化自相关函数在 j 为整数的离散点上只有两种取值,所以它是一种双值自相关序列。$R(j)$ 是周期长度与 m 序列周期 p 相同的周期性函数。将归一化自相关函数的离散值用虚线连接起来,便得到图5.9.5所示的图形。

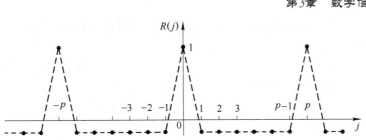

图 5.9.5 m 序列的归一化自相关函数

由以上特性可知,m 序列是一个周期性确定序列,又具有类似于随机二元序列的特性,故常把 m 序列称为伪随机序列或伪噪声序列,记作 PN 序列。由于 m 序列有很强的规律性和伪随机性,因此得到了广泛的应用。

5.9.3 扰码和解扰的原理

扰码原理是以线性反馈移位寄存器理论作为基础的。以 5 级线性反馈移位寄存器为例,在反馈逻辑输出与第一级寄存器输入之间引入一个模 2 和相加电路,以输入序列作为模 2 和相加电路的另一个输入端,即可得到图 5.9.6(a)所示的扰码器电路,相应的解扰电路如图5.9.6(b)所示。

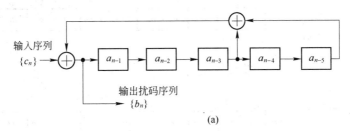

(a)

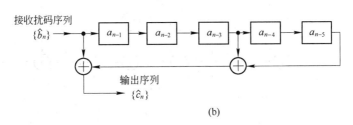

(b)

图 5.9.6 5 级移位寄存器构成的扰码器和解扰器

若输入序列 $\{c_n\}$ 是信源序列,扰码电路输出序列为 $\{b_n\}$,则 b_n 可表示为

$$b_n = c_n \oplus a_{n-3} \oplus a_{n-5} \tag{5.9.20}$$

经过信道传输,接收序列为 $\{\hat{b}_n\}$,解扰电路输出序列为 $\{\hat{c}_n\}$,$\{\hat{c}_n\}$ 可表示为

$$\hat{c}_n = \hat{b}_n \oplus a_{n-3} \oplus a_{n-5} \tag{5.9.21}$$

当传输无差错时,有 $b_n = \hat{b}_n$,由式(5.9.20)和(5.9.21)可得 $\hat{c}_n = c_n$,这说明扰码和解扰是互逆运算。

以图5.9.6构成的扰码器为例,假设移位寄存器的初始状态除 $a_{n-5}=1$ 外其余均为 0,

设输入序列 c_n 是周期为 6 的序列 000111000111…，则各反馈抽头处 a_{n-3}、a_{n-5} 及输出序列 b_n 如下所示：

$$
\begin{array}{llllllllllllllllllllllll}
c_n & 0 & 0 & 0 & 1 & 1 & 1 & 0 & 0 & 0 & 1 & 1 & 1 & 0 & 0 & 0 & 1 & 1 & 1 & \cdots \\
a_{n-3} & 0 & 0 & 0 & 1 & 0 & 0 & 0 & 1 & 0 & 0 & 1 & 0 & 0 & 0 & 1 & 1 & 0 & 1 & \cdots \\
a_{n-5} & 1 & 0 & 0 & 0 & 0 & 1 & 0 & 0 & 0 & 1 & 0 & 0 & 1 & 0 & 0 & 0 & 1 & 1 & \cdots \\
b_n & 1 & 0 & 0 & 0 & 1 & 0 & 0 & 1 & 0 & 0 & 0 & 1 & 1 & 0 & 1 & 0 & 0 & 1 & \cdots
\end{array}
$$

b_n 是周期为 186 的序列，这里只列出开头的一段。由此例可知，输入周期性序列经扰码器后变为周期较长的伪随机序列。如果输入序列中有连 1 或连 0 串时，输出序列也会呈现出伪随机性。如果输入序列为全 0，只要移位寄存器初始状态不为全 0，扰码器就是一个线性反馈移位寄存器序列发生器，当有合适的反馈逻辑时就可以得到 m 序列伪随机码。

扰码器和相应的解扰器的一般形式分别如图 5.9.7(a)，(b)所示。接收端采用的是一种前馈移位寄存器结构，可以自动地将扰码后的序列恢复为原始的数据序列。

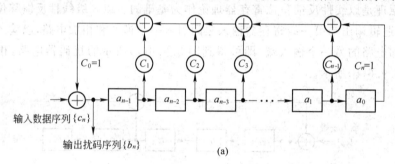

(a)

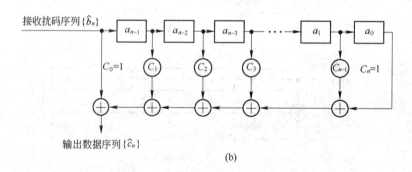

(b)

图 5.9.7　扰码器和解扰器的一般形式

由于扰码器能使包括连 0 或连 1 在内的任何输入序列变为伪随机码，所以在基带传输系统中作为码型变换使用时，能限制连 0 码的个数。

采用扰码方法的主要缺点是对系统的误码性能有影响。在传输扰码序列过程中产生的单个误码会在接收端解扰器的输出端产生多个误码，这是因为解扰时会导致误码的增值。误码增值是由反馈逻辑引入的，反馈项数愈多，差错扩散也愈多。

m 序列是周期的伪随机序列。在调试数字设备时，m 序列可作为数字信号源使用。如果 m 序列经过发送设备、信道和接收设备后仍为原序列，则说明传输是无误的；如果有错误，则需要进行统计。在接收设备的末端，由同步信号控制，产生一个与发送端相同的

本地 m 序列。将本地 m 序列与接收端解调出的 m 序列逐位进行模 2 加运算,一旦有错,就会出现 1 码,用计数器计数,便可统计错误码元的个数及比率。发送端 m 序列发生器及接收端的统计部分组成的成套设备称为误码测试仪。

习 题

5.1 数字基带传输系统的基本结构如何?

5.2 数字基带信号有哪些常见的形式?它们各有什么特点?它们的时域表示式如何?

5.3 数字基带信号的功率谱有什么特点?它的带宽主要取决于什么?

5.4 什么是 HDB_3 码?它有哪些主要特点?

5.5 什么是码间干扰?它是如何产生的?对通信质量有什么影响?

5.6 已知信息代码为 100000000011,求相应的 AMI 码、HDB_3 码及双相码。

5.7 已知信息代码为 1010000011000011,试确定相应的 AMI 码及 HDB_3,并分别画出它们的波形图。

5.8 已知二元信息序列为 0101100000100111,画出它所对应的双极性非归零码、传号差分码、CMI 码和数字双相码的波形。

5.9 已知二元信息序列为 101100100011,若采用四进制或八进制格雷码双极性非归零码作为基带信号,分别画出它们的波形。

5.10 已知二元信息序列为 011010000100011000000010,分别画出 AMI 码、HDB_3码的波形。

5.11 试设计 HDB_3 编码器和译码器,画出逻辑图。

5.12 无码间干扰的条件是什么?说明其物理意义。

5.13 斜切滤波器的频谱特性如题图 5.1 所示。

(1) 求读滤波器的冲激响应;

(2) 若输入速率等于 $2f_s$ 的冲激脉冲序列,输出波形有无码间串扰;

(3) 与具有相同带宽的升余弦滚降频谱信号及带宽为 f_s 的理想低通滤波器相比,因码元定时偏差而引起的码间串扰是增大还是减小?

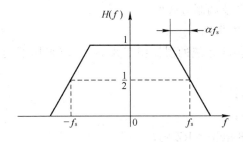

题图 5.1 习题 5.13 用图

5.14 已知信息速率为 64 kbit/s,若采用 $\alpha=0.4$ 的升余弦滚降频谱信号。

(1) 求它的时域表达式; (2) 画出它的频谱图。

5.15 具有升余弦频谱特性的信号可用题图 5.2 所示电路产生。图中运算放大器用做加法器,$R_1 = 2R$,低通滤波器截止频率为 $2f_s$。证明该电路的传递函数为

$$H(f) = \begin{cases} 1 + \cos\dfrac{\pi f}{2f_s}, & |f| \leqslant 2f_s \\ 0, & \text{其他} \end{cases}$$

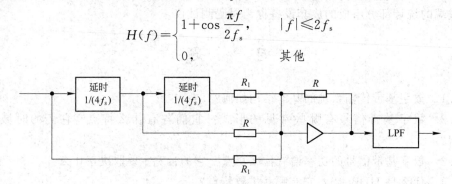

题图 5.2 习题 5.15 用图

5.16 某基带传输系统采用 $\alpha = 0.2$ 升余弦滚降频谱信号。

(1) 若采用四进制,求单位频带信息传输速率(bit/Hz);

(2) 若输入信号由冲激脉冲改为宽度为 T_s 的非归零矩形脉冲,为保持输出波形不变,基带系统的总传递函数应如何变化?写出表达式。

5.17 已知二元信息序列 1001011101000011001,若用 15 电平第Ⅳ类部分响应信号传输。

(1) 画出编、译码器方框图;

(2) 列出编、译码器各点信号的抽样值序列。

5.18 一个理想低通滤波器特性信道的截止频率为 1 MHz,问下列情况下的最高传输速率:

(1) 采用 2 电平基带信号;

(2) 采用 8 电平基带信号;

(3) 采用 2 电平 $\alpha = 0.5$ 升余弦滚降频谱信号;

(4) 采用 7 电平第Ⅰ类部分响应信号。

5.19 频分多路基群信道的频带为 60~108 kHz,若在此信道中传输 120 kbit/s 数字信号,试设计一个采用线性调制的传输系统。

(1) 用什么基带信号及调制方式?

(2) 画出发送、接收方框图。

5.20 若要求基带传输系统的误比特率为 10^{-6},求采用下列基带信号时所需要的信噪比:

(1) 单极性 NRZ 码;

(2) 双极性 NRZ 码;

(3) 采用格雷码的 8 电平 NRZ 码;

(4) 7 电平部分响应信号。

5.21 要求基带传输系统的误比特率为 10^{-5},计算二元码、三元码和四元码传输所需要的信噪比。

5.22 二元双极性冲激序列 01101001 经过具有 $\alpha=0.5$ 的升余弦滚降传输特性的信道。

(1) 画出接收端输出波形示意图,标出过零点的时刻;

(2) 画出接收波形眼图;

(3) 标出最佳再生判决时刻。

5.23 以 $+A$ 和 $-A$ 矩形非归零脉冲分别表示 1 和 0,若此信号通过由 R 和 C 组成的一阶低通滤波器,设比特率为 $2f_0$ bit/s,画出 1 与 0 交替出现的序列的眼图。

5.24 已知某线性反馈移位寄存器的特征多项式系数的八进制表示为 107,若移位寄存器的起始状态为全 1。

(1) 求末级输出序列;

(2) 输出序列是否为 m 序列,为什么?

5.25 已知移位寄存器的特征多项式系数为 51,若移位寄存器起始状态为 10000。

(1) 求末级输出序列;

(2) 验证输出序列是否符合 m 序列的性质。

5.26 设计一个周期为 1 023 的 m 序列发生器,画出它的方框图。

5.27 设计一个由 5 级移位寄存器组成的扰码和解扰系统。

(1) 画出扰码器和解扰器方框图;

(2) 若输入为全 1 码,求扰码器输出序列。

第6章 数字信号的载波传输

6.1 概　述

与模拟通信相似,要使某一数字信号在带限信道中传输,就必须用数字信号对载波进行调制。对于大多数的数字传输系统来说,由于数字基带信号往往具有丰富的低频成分,而实际的通信信道又具有带通特性,因此,必须用数字信号来调制某一较高频率的正弦或脉冲载波,使已调信号能通过带限信道传输。这种用基带数字信号控制高频载波,把基带数字信号变换为频带数字信号的过程称为数字调制。那么,已调信号通过信道传输到接收端,在接收端通过解调器把频带数字信号还原成基带数字信号,这种数字信号的反变换称为数字解调。通常,把数字调制与解调合起来称为数字调制,把包括调制和解调过程的传输系统叫做数字信号的频带传输系统。

一般来说,数字调制技术可分为两种类型:一是利用模拟方法去实现数字式调制,即把数字基带信号当作模拟信号的特殊情况来处理;二是利用数字信号的离散取值特点键控载波,从而实现数字调制。第二种技术通常称为键控法,比如对载波的振幅、频率及相位进行键控,便可获得幅移键控(ASK)、频移键控(FSK)及相移键控(PSK)调制方式。键控法一般由数字电路来实现,它具有调制变换速率快、调整测试方便、体积小和设备可靠性高等特点。

数字调制有二进制和多进制之分。本章将要对二进制和多进制键控的调制原理、频谱及带宽特性给予分析,并指出它们的特点。

6.2 二进制幅移键控

二进制数字幅移键控是一种古老的调制方式,也是各种数字调制的基础。

幅移键控(也称振幅键控),记作 ASK(Amplitude Shift Keying),或称为开关键控(通断键控),记作 OOK(On Off Keying)。二进制数字幅移键控通常记作 2ASK。

6.2.1 二进制幅移键控的原理

1. 一般原理与实现的方法

对于幅移键控这样的线性调制来说,在二进制里,2ASK 是利用代表数字信息"0"或"1"的基带矩形脉冲去键控一个连续的载波,使载波时断时续的输出。有载波输出时表示发送"1",无载波输出时表示发送"0"。根据线性调制的原理,一个二进制的幅移键控信号可以表示成一个单极性矩形脉冲序列与一个正弦型载波的相乘,即

$$e_o(t) = \left[\sum_n a_n g(t-nT_s)\right]\cos\omega_c t \qquad (6.2.1)$$

式中,$g(t)$ 是持续时间为 T_s 的矩形脉冲;ω_c 为载波频率;a_n 为二进制数字。

$$a_n = \begin{cases} 1, & \text{出现概率为 } P \\ 0, & \text{出现概率为 } 1-P \end{cases} \qquad (6.2.2)$$

若令

$$s(t) = \sum_n a_n g(t-nT_s) \qquad (6.2.3)$$

则式(6.2.1)变为

$$e_o(t) = s(t)\cos\omega_c t \qquad (6.2.4)$$

实现振幅调制的一般原理方框图如图 6.2.1 所示。

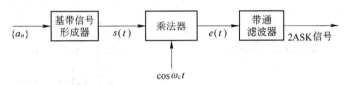

图 6.2.1　数字振幅调制原理方框图

图中,基带信号形成器把数字序列 $\{a_n\}$ 转换成所需的单极性基带矩形脉冲序列 $s(t)$,$s(t)$ 与载波相乘后即把 $s(t)$ 的频谱搬移到 $\pm f_c$ 附近,实现了 2ASK。带通滤波器滤出所需的已调信号,防止带外辐射影响邻台。

2ASK 信号之所以称为 OOK 信号,这是因为幅移键控的实现可以用开关电路来完成。开关电路是以数字基带信号为门脉冲来选通载波信号,从而在开关电路输出端得到 2ASK 信号。实现 2ASK 信号的模型框图及波形如图 6.2.2 所示。

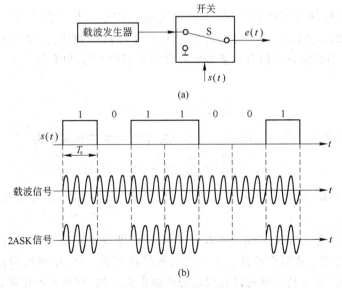

图 6.2.2　2ASK 信号的产生及波形模型

2. 2ASK 信号的功率谱及带宽

若用 $G(f)$ 表示二进制序列中一个宽度为 T_s、高度为1的门函数 $g(t)$ 所对应的频谱函数，$p_s(f)$ 为 $s(t)$ 的功率谱密度函数，$p_{2ASK}(f)$ 为已调信号 $e(t)$ 的功率谱密度函数，则有

$$p_{2ASK}(f)=\frac{1}{4}\left[p_s(f+f_c)+p_s(f-f_c)\right] \tag{6.2.5}$$

2ASK 信号功率谱示意图如图 6.2.3 所示。由图可见：

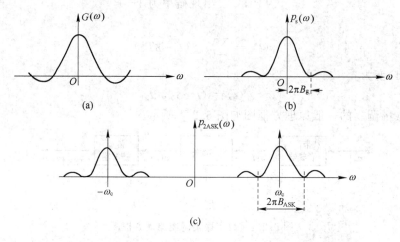

图 6.2.3 2ASK 信号的功率谱

（1）因为 2ASK 信号的功率谱密度 $p_{2ASK}(f)$ 是相应的单极性数字基带信号功率谱密度 $p_s(f)$ 形状不变地平移至 $\pm f_c$ 处形成的，所以 2ASK 信号的功率谱密度由连续谱和离散谱两部分组成。它的连续谱取决于数字基带信号基本脉冲的频谱 $G(f)$；它的离散谱是位于 $\pm f_c$ 处一对频域冲击函数，这意味着 2ASK 信号中存在着可作载频同步的载波频率 f_c 的成分。

（2）基于同样的原因可以知道，上面所述的 2ASK 信号实际上相当于双边带调幅 (DSB) 信号。因此，由图 6.2.3 可以看出，2ASK 信号的带宽 B_{2ASK} 是单极性数字基带信号 B_g 的两倍。当数字基带信号的基本脉冲是矩形不归零脉冲时，$B_g=1/T_s$。于是 2ASK 信号的带宽为

$$B_{2ASK}=2B_g=\frac{2}{T_s}=2R_s \tag{6.2.6}$$

因为系统的传码率 $R_s=1/T_s$(Baud)，故 2ASK 系统的频带利用率为

$$\eta=\frac{1/T_s}{2/T_s}=\frac{R_s}{2R_s}=\frac{1}{2} \quad (Baud/Hz) \tag{6.2.7}$$

这意味着用 2ASK 方式传送码元速率为 R_s 的数字信号时，要求该系统的带宽至少为 $2R_s$(Hz)。

由此可见，这种 2ASK 调幅的频带利用率较低，即在给定信道带宽的条件下，它的单位频带内所能传送的数码率较低。为了提高频带利用率，可以用单边带调幅。从理论上说，单边带调幅的频带利用率可以比双边带调幅提高一倍，即其每单位带宽所能传输的数码率可达1 Baud/Hz。

由于具体技术的限制,要实现理想的单边带调幅是极为困难的。因此,实际上广泛应用的是残留边带调制,其频带利用率略低于 1 Baud/Hz。

数字信号的单边带调制和残留边带调制的原理与模拟信号的调制原理是相同的,因此这里不再赘述。

2ASK 信号的主要优点是易于实现,其缺点是抗干扰能力较差,主要应用在低速数据传输中。

3. 2ASK 信号的解调

2ASK 信号的解调由振幅检波器完成,具体方法主要有两种:包络解调法和相干解调法。

包络解调法的原理方框图如图 6.2.4 所示。带通滤波器恰好使 2ASK 信号完整地通过,经包络检测后,输出其包络。低通滤波器的作用是滤除高频杂波,使基带包络信号通过。抽样判决器包括抽样、判决及码元形成,有时又称译码器。定时抽样脉冲是很窄的脉冲,通常位于每个码元的中央位置,其重复周期等于码元的宽度。不计噪声影响时,带通滤波器输出为 2ASK 信号,即 $y(t)=s(t)\cos \omega_c t$,包络检波器输出为 $s(t)$,经抽样、判决后将码元再生,即可恢复出数字序列 $\{a_n\}$。

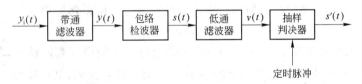

图 6.2.4　2ASK 信号的包络解调

相干解调原理方框图如图 6.2.5 所示。相干解调又称为同步解调。同步解调时,接收机要产生一个与发送载波同频同相的本地载波信号,称其为同步载波或相干载波。利用此载波与收到的已调波相乘,乘法器输出为

$$z(t)=y(t)\cdot \cos \omega_c t=s(t)\cdot \cos^2 \omega_c t$$

$$=s(t)\cdot \frac{1}{2}(1+\cos 2\omega_c t)=\frac{1}{2}s(t)+\frac{1}{2}s(t)\cos 2\omega_c t$$

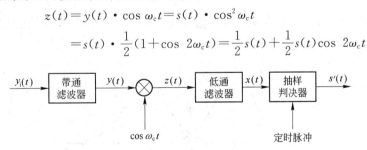

图 6.2.5　2ASK 信号的相干解调

式中,第一项是基带信号,第二项是以 $2\omega_c$ 为载波的成分,两者频谱相差很远。经低通滤波后,即可输出 $s(t)/2$ 信号。低通滤波器的截止频率取得与基带数字信号的最高频率相等。由于噪声影响及传输特性的不理想,低通滤波器输出波形有失真,经抽样判决、整形后再生数字基带脉冲。

虽说 2ASK 信号中确实存在着载波分量,原则上讲可以通过窄带滤波器或锁相环来提取同步载波。但是,在实践中从 2ASK 信号提取载波需要相应的电路,将会给设备增加复杂

性。因此,目前在实际设备中,为了简化设备,很少采用同步检波来解调2ASK信号。

6.2.2 二进制幅移键控系统的性能

1. 相干解调时系统的误比特率

2ASK信号的相干解调如图6.2.5所示。为了求出相干接收时的误比特性,需要分别求出解调器输出的信号和噪声。为了讨论方便,将2ASK信号表示为

$$e_o(t) = \begin{cases} A\cos \omega_c t, & a_n = 1 \\ 0, & a_n = 0 \end{cases} \tag{6.2.8}$$

为简明起见,设信道传输没有损耗,在接收端收到的信号仍如式(6.2.8)所表示。

信道的高斯白噪声经带通滤波器后形成窄带高斯噪声,其表达式为

$$n(t) = n_c(t)\cos \omega_c t - n_s(t)\sin \omega_c t \tag{6.2.9}$$

带通滤波器的输出是2ASK信号和窄带高斯噪声的叠加。当发送信号不为0时,带通滤波器的输出为

$$y(t) = A\cos \omega_c t + n(t)$$
$$= [A + n_c(t)]\cos \omega_c t - n_s(t)\sin \omega_c t \tag{6.2.10}$$

$y(t)$和相干载波相乘,然后由低通滤波器滤除高频分量。解调器输出为

$$x(t) = A + n_c(t) \tag{6.2.11}$$

式(6.2.11)中未计入系数1/2。由于$n_c(t)$也是均值为0的窄带高斯噪声,其均方值即噪声功率为$\overline{n_c^2(t)} = \sigma^2$,所以$x(t)$是一个均值为$A$的高斯随机过程,其一维概率密度函数为

$$p_1(x) = \frac{1}{\sqrt{2\pi}\sigma}\exp\left[-\frac{(x-A)^2}{2\sigma^2}\right] \tag{6.2.12}$$

当发送信号为0时,解调器的输出只有噪声$n_c(t)$,$x(t)$的概率密度函数为

$$p_0(x) = \frac{1}{\sqrt{2\pi}\sigma}\exp\left(-\frac{x^2}{2\sigma^2}\right) \tag{6.2.13}$$

式(6.2.12)和式(6.2.13)所表示的概率密度曲线如图6.2.6所示,V_T为判决门限值。

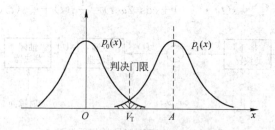

图6.2.6 概率密度曲线

由于噪声影响,发送端发送1信号,而接收端错判为0信号;或发送端发送0信号,而接收端错判为1信号,都会造成接收端发生误码。当两种发送信号等概率,即$P_0 = P_1 = 1/2$时,平均误比特率为

$$P_e = \frac{1}{2}\int_{V_T}^{+\infty} p_0(x)\mathrm{d}x + \frac{1}{2}\int_{-\infty}^{V_T} p_1(x)\mathrm{d}x \tag{6.2.14}$$

显然,最佳判决门限选在两条曲线的交点处,P_e 最小,这时有

$$V_T = \frac{A}{2} \tag{6.2.15}$$

将式(6.2.12)和式(6.2.13)代入式(6.2.14)可计算 P_e 值。由图 6.2.6 可以看出,P_e 就是图中阴影面积总和的一半,由于两块面积相等,P_e 等于其中任意一块面积,因此有

$$P_e = \int_{V_T}^{+\infty} \frac{1}{\sqrt{2\pi}\sigma} \exp\left(-\frac{x^2}{2\sigma^2}\right) dx \tag{6.2.16}$$

对式(6.2.16)进行变量代换,引入新变量 z,令 $z = x/\sigma$,则 $dz = dx/\sigma$,将新变量 z 和式(6.2.15)代入式(6.2.16),得

$$P_e = \int_{A/2\sigma}^{+\infty} \frac{1}{\sqrt{2\pi}} \exp\left(-\frac{z^2}{2}\right) dz = Q\left(\frac{A}{2\sigma}\right) \tag{6.2.17}$$

式中,$Q(\cdot)$ 为 Q 函数(见附录 C)。载波不为 0 时的 2ASK 信号称为峰值信号,解调器输入的信号功率为 $A^2/2$,噪声功率为 σ^2,则峰值信噪比为

$$r = \frac{A^2/2}{\sigma^2} \tag{6.2.18}$$

r 简称为接收信噪比。于是 2ASK 相干解调的误比特率又可表示为

$$P_e = Q\left(\sqrt{\frac{r}{2}}\right) \tag{6.2.19}$$

2. 非相干解调时系统的误比特率

用一个包络检波器代替相干接收机中的相干解调器就构成了非相干接收机,如图 6.2.4 所示。求 2ASK 非相干接收系统的误比特率比相干接收系统要复杂得多,因为要先求出包络检波器输入端的包络概率密度函数。

白色高斯噪声经带通滤波器后变为窄带高斯噪声。窄带高斯噪声经包络检波非线性处理后,其抽样值已不是高斯分布。当发送信号不为 0 时,包络检波器的输入为余弦信号和窄带高斯噪声的叠加,即

$$y(t) = A\cos \omega_c t + n(t) = A\cos \omega_c t + n_c(t)\cos \omega_c t - n_s(t)\sin \omega_c t$$
$$= V(t)\cos[\omega_c t + \varphi(t)] \tag{6.2.20}$$

包络 $V(t)$ 的概率密度函数呈莱斯分布,有

$$p_1(V) = \frac{V}{\sigma^2} \exp\left[\frac{-(V^2 + A^2)}{2\sigma^2}\right] I_0\left(\frac{AV}{\sigma^2}\right), \quad V \geqslant 0 \tag{6.2.21}$$

式中,A 为信号幅度;σ^2 为噪声功率;$I_0(\cdot)$ 为第一类零阶修正贝塞尔函数。

当发送信号为 0,即 $A = 0$ 时,输入端只有噪声存在,这时 $I_0(0) = 1$,包络 V 的概率密度函数呈瑞利分布,有

$$p_0(V) = \frac{V}{\sigma^2} \exp\left(\frac{-V^2}{2\sigma^2}\right), \quad V \geqslant 0 \tag{6.2.22}$$

$p_1(V)$ 和 $p_0(V)$ 随 V 变化的曲线如图 6.2.7 所示,V_T 为判决门限值。

当两种发送信号等概率,即 $P_0 = P_1 = 1/2$ 时,平均误比特率为

$$P_e = \frac{1}{2}\int_{V_T}^{+\infty} p_0(V) dV + \frac{1}{2}\int_0^{V_T} p_1(V) dV \tag{6.2.23}$$

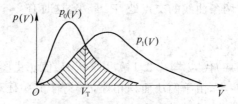

图 6.2.7　包络值的概率密度曲线

最佳判决电平 V_T 应在两条概率密度函数曲线的交点处,因此有

$$p_1(V_T) = p_0(V_T) \tag{6.2.24}$$

将式(6.2.21)和式(6.2.22)代入式(6.2.24)对 V_T 求解,显然,要直接求解很困难,一个较好的近似解为

$$V_T \approx \frac{A}{2}\left(1 + \frac{8\sigma^2}{A^2}\right)^{1/2} \tag{6.2.25}$$

实际上,采用包络检波法的接收系统都应用在大信噪比的情况下,此时有 $V_T \approx A/2$,而且具有近似关系

$$I_0(x) \approx \frac{e^x}{\sqrt{2\pi x}}, \quad x \gg 1 \tag{6.2.26}$$

考虑到以上近似式,并将式(6.2.21)和式(6.2.22)代入式(6.2.23),可得

$$P_e \approx \frac{1}{2}\exp\left(-\frac{A^2}{8\sigma^2}\right) + \frac{1}{2}Q\left(\frac{A}{2\sigma}\right) \tag{6.2.27}$$

在信噪比很高的条件下,上式可进一步近似为

$$P_e \approx \frac{1}{2}\exp\left(-\frac{r}{4}\right) \tag{6.2.28}$$

式中, $r = \dfrac{A^2/2}{\sigma^2}$ 是接收信噪比。此时错误主要发生在发送信号为 0 的时候。

式(6.2.28)说明,对于 2ASK 非相干接收系统,在大信噪比及最佳判决门限时,误比特率随信噪比的增大而近似地按指数规律下降。

将 2ASK 信号非相干解调与相干解调相比较,可以得出以下几点结论:

(1) 相干解调比非相干解调容易设置最佳判决门限电平。因为相干解调时最佳判决门限仅是信号幅度的函数,而非相干解调时最佳判决门限是信号和噪声的函数。

(2) 最佳判决门限时, r 一定, $P_{e相} < P_{e非}$,即信噪比一定时,相干解调的误码率小于非相干解调的误码率; P_e 一定时, $r_相 < r_非$,即系统误码率一定时,相干解调比非相干解调对信号的信噪比要求低。可见,相干解调 2ASK 系统的抗噪声性能优于非相干解调系统。这是由于相干解调利用了相干载波与信号的相关性,起了增强信号抑制噪声作用的缘故。

(3) 相干解调需要插入相干载波,而非相干解调不需要。可见,相干解调时设备要复杂一些,而非相干解调时设备要简单一些。

一般而言,对 2ASK 系统,大信噪比条件下使用包络检测,即非相干解调;而小信噪比条件下使用相干解调。

6.3 二进制频移键控

学习数字频率调制的技术,必须先从二进制频移键控入手,掌握好几种频率调制的方法以及每种方法的特性。数字频率调制又称频移键控,记作 FSK(Frequency Shift Keying);二进制频移键控记作 2FSK。

6.3.1 二进制频移键控的原理

1. 一般原理与实现的方法

数字频移键控是用载波的频率来传送数字消息,即用所传达的数字消息控制载波的频率。由于数字消息只有有限个值,相应地,作为已调的 FSK 信号频率也只能有有限个取值。那么,2FSK 信号便是符号"1"对应于载频 ω_1,而符号"0"对应于载频 ω_2(与 ω_1 不同的另一载频)的已调波形,而且 ω_1 与 ω_2 之间的改变是瞬间完成的。从原理上讲,数字调频可用模拟调频法来实现,也可用键控法来实现,后者较为方便。2FSK 法就是利用受矩形脉冲序列控制的开关电路对两个不同的独立频率源进行选通。图 6.3.1 是 2FSK 信号的原理方框图及波形图。图中 $s(t)$ 为代表信息的二进制矩形脉冲序列,$e_o(t)$ 即是 2FSK 信号。注意到相邻两个振荡波形的相位可能是连续的,也可能是不连续的,因此,有相位连续的 FSK 及相位不连续的 FSK 之分,并分别记作 CPFSK(Continuous Phase FSK)及 DPFSK(Discrete Phase FSK)。

根据以上对 2FSK 信号产生原理的分析,已调信号的数学表达式可以表示为

$$e_o(t) = \Big[\sum_n a_n g(t-nT_s)\Big]\cos(\omega_1 t+\varphi_n) + \Big[\sum_n \overline{a}_n g(t-nT_s)\Big]\cos(\omega_2 t+\theta_n) \quad (6.3.1)$$

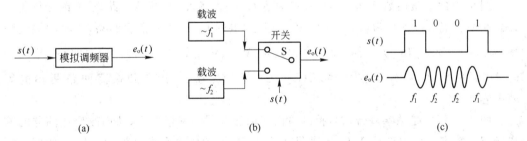

图 6.3.1 2FSK 信号的产生及其波形

式中,$g(t)$ 为单个矩形脉冲,脉宽为 T_s;

$$a_n = \begin{cases} 0, & \text{概率为 } P \\ 1, & \text{概率为 } (1-P) \end{cases} \quad (6.3.2)$$

$\overline{a}_n$ 是 a_n 的反码,若 $a_n=0$,则 $\overline{a}_n=1$;若 $a_n=1$,则 $\overline{a}_n=0$,于是

$$\overline{a}_n = \begin{cases} 0, & \text{概率为 } (1-P) \\ 1, & \text{概率为 } P \end{cases} \quad (6.3.3)$$

φ_n、θ_n 分别是第 n 个信号码元的初始相位。

一般来说,键控法得到的 φ_n、θ_n 与序号 n 无关,反映在 $e_o(t)$ 上,仅表现出当 ω_1 与 ω_2

改变时其相位是不连续的；而用模拟调频法时，由于 ω_1 与 ω_2 改变时 $e_o(t)$ 的相位是连续的，故 φ_n、θ_n 不仅与第 n 个信号码元有关，而且 φ_n 与 θ_n 之间也应保持一定的关系。

下面讨论模拟调制法和数字键控法，它们分别对应着相位连续的 2FSK 和相位不连续的 2FSK。

（1）直接调频法（相位连续 2FSK 信号的产生）

用数字基带矩形脉冲控制一个振荡器的某些参数，直接改变振荡频率，使输出得到不同频率的已调信号。用此方法产生的 2FSK 信号对应着两个频率的载波，在码元转换时刻，两个载波相位能够保持连续，所以称其为相位连续的 2FSK 信号。

图 6.3.2(a)(b)分别给出了输出为正弦波和方波的直接调频法产生 2FSK 信号的模拟电路原理图。

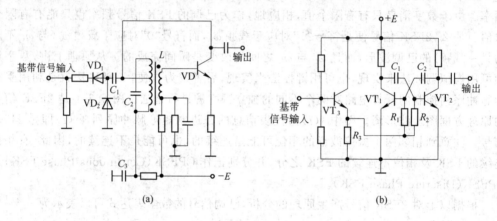

图 6.3.2 直接调频法产生 2FSK 信号

图 6.3.2(a)是用数字基带信号控制电容 C_1 是否接入 LC 振荡回路，从而改变振荡器输出频率。当数字信号为正时，VD_1、VD_2 截止，电容 C_1 未接入谐振回路，这时的振荡频率为 $f_1 = 1/(2\pi \sqrt{LC_2})$。当数字信号为负时，$VD_1$、$VD_2$ 导通，C_1 接入谐振回路，当 $C_3 \gg C_1$ 时，振荡频率为 $f_2 = 1/[2\pi \sqrt{L(C_2 + C_1')}]$（$C_1'$ 为 C_1 折合到振荡回路两端的等效电容）。

图 6.3.2(b)是数字基带信号控制自由多谐振荡器的基极偏压，从而改变振荡器的输出频率。数字信号为正时，VT_3 导通深度加强，R_3 上的压降升高，使 VT_1、VT_2 的偏压提高，VT_1 或 VT_2 由截止转为导通的时间缩短（VT_1、VT_2 是交替导通的），输出频率升高。数字信号为零电平时，VT_1、VT_2 的偏压低，输出频率低。

直接调频法虽易于实现，但频率稳定度差，因而实际应用范围不广。

（2）频移键控法（相位不连续 2FSK 信号的产生）

如果在两个码元转换时刻，前后码元的相位不连续，称这种类型的信号为相位不连续的 2FSK 信号。频移键控法又称为频率转换法，它是用数字矩形脉冲控制电子开关，使电子开关在两个独立的振荡器之间进行转换，从而在输出端得到不同频率的已调信号。其原理方框图及各点波形如图 6.3.3 所示。

由图 6.3.3 可知，数字信号为"1"时，正脉冲使门电路 1 接通，门 2 断开，输出频率为

f_1；数字信号为"0"时，门1断开，门2接通，输出频率为 f_2。如果产生 f_1 和 f_2 的两个振荡器是独立的，则输出的 2FSK 信号的相位是不连接的。这种方法的特点是转换速率快，波形好，频率稳定度高，电路不甚复杂，故得到广泛应用。

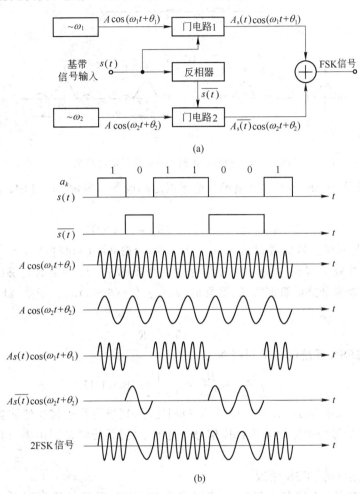

图 6.3.3　相位不连续 2FSK 信号的产生和各点波形

2. 2FSK 信号的功率谱及带宽

2FSK 信号的功率谱也有两种情况，首先介绍相位不连续 2FSK 功率谱及带宽。

（1）相位不连续的 2FSK 情况

通过前面对相位不连续的 2FSK 信号产生原理的分析，可视其为两个 2ASK 信号的叠加，其中一个载波为 f_1，另一个载波为 f_2。因此，对相位不连续的 2FSK 信号的功率谱就可像 2ASK 那样，分别在频率轴上搬移然后再叠加。其功率谱曲线如图 6.3.4 所示。由图可见：

① 相位不连续 2FSK 信号的功率谱与 2ASK 信号的功率谱相似，同样由离散谱和连续谱两部分组成。其中，连续谱与 2ASK 信号的相同，而离散谱是位于 $\pm f_1$、$\pm f_2$ 处的两对冲激，这表明 2FSK 信号中含有载波 f_1、f_2 的分量。

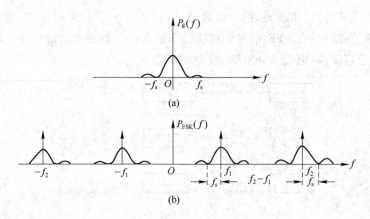

图 6.3.4　相位不连续 2FSK 信号的功率谱

② 若仅计算 2FSK 信号功率谱第一个零点之间的频率间隔,该 2FSK 信号的频带宽度则为

$$B_{2FSK} = |f_2 - f_1| + 2R_s = (2+h)R_s \tag{6.3.4}$$

式中,$R_s = f_s$ 是基带信号的带宽,$h = |f_2 - f_1|/R_s$ 为偏移率(调制指数)。

为了便于接收端解调,要求 2FSK 信号的两个频率 f_1、f_2 间要有足够的间隔。对于采用带通滤波器来分路的解调方法,通常取 $|f_2 - f_1| = (3\sim5)R_s$。于是,2FSK 信号的带宽为

$$B_{2FSK} \approx (5\sim7)R_s \tag{6.3.5}$$

相应地,这时 2FSK 系统的频带利用率为

$$\eta = \frac{f_s}{B_{2FSK}} = \frac{R_s}{B_{2FSK}} = \frac{1}{(5\sim7)} \ \text{Baud/Hz} \tag{6.3.6}$$

将上述结果与 2ASK 的式(6.2.6)和(6.2.7)相比可知,当用普通带通滤波器作为分路滤波器时,2FSK 信号的带宽约为 2ASK 信号带宽的 3 倍,系统频带利用率只有 2ASK 系统的 1/3 左右。

(2) 相位连续的 2FSK 情况

直接调频法是一种非线性调制,由此而获得的 2FSK 信号功率谱不像 2ASK 信号那样,也不同于相位不连续的 2FSK 信号的功率谱,它不能直接通过基带信号频谱在频率轴上搬移,也不能用这种搬移后频谱的线性叠加来描绘。因此对相位连续的 2FSK 信号频谱的分析是十分复杂的。图 6.3.5 给出了几种不同调制指数下相位连续的 2FSK 信号功率谱密度曲线。图中 $f_c = (f_1 + f_2)/2$ 称为频偏,$h = |f_2 - f_1|/R_s$ 称为偏移率(或频移指数或调制指数),$R_s = f_s$ 是基带信号的带宽。由图可以看出:

① 功率谱曲线对称于频偏(标称频率)f_c。

② 当偏移量(调制指数)h 较小,如 $h < 0.7$ 时,信号能量集中在 $f_c \pm 0.5R_s$ 范围内;如 $h < 0.5$ 时,在 f_c 处出现单峰值,在其两边平滑地滚降。在这种情况下,2FSK 信号的带宽小于或等于 2ASK 信号的带宽,约为 $2R_s$。

③ 随着 h 的增大,信号功率谱将扩展,并逐渐向 f_1、f_2 两个频率集中。当 $h > 0.7$ 后,将明显地呈现双峰;当 $h = 1$,即 $f_2 - f_1 = R_s$ 时,双峰将会完全分开,在 f_1 和 f_2 位置

附近出现了两个零点,如图 6.3.5(b)所示。继续增大 h 值,两个连续功率谱 f_1、f_2 中间就会出现有限个小峰值,且在此间隔内频谱会出现有限个零点。但是,当 $h<1.5$ 时,相位连续 2FSK 信号带宽虽然比 2ASK 的宽,但还是比相位不连续的 2FSK 信号的带宽要窄。

④ 当 h 值较大时(大约在 $h>2$ 以后),将进入高指数调频。这时,信号功率谱扩展到很宽频带,且与相位不连续 2FSK 信号的频谱特性基本相同。当 $|f_2-f_1|=mR_s$(m 为正整数)时,信号功率谱将出现离散频率分量。

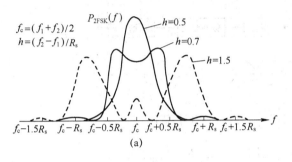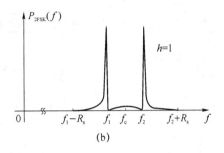

图 6.3.5 相位连续的 2FSK 信号的功率谱

下面将两种 2FSK 及 2ASK(或 2PSK)信号的带宽在不同的调制指数 h 值下做比较,比较结果见表 6.3.1。

表 6.3.1 几种调制信号带宽的比较

	0.6~0.7	0.8~1.0	1.5	>2
相位连续 2FSK	$1.5R_s$	$2.5R_s$	$3R_s$	$(2+h)R_s$
相位不连续 2FSK	$(2+h)R_s$	$(2+h)R_s$	$(2+h)R_s$	$(2+h)R_s$
2ASK 或 2PSK	$2R_s$	$2R_s$	$2R_s$	$2R_s$

从上述比较中可以发现,相位连续 2FSK 信号在选择较小的调制指数 h 时,信号所占的频带比较窄,甚至有可能小于 2ASK 信号的频带,说明此时的频带利用率较高。这种小频偏的 2FSK 方式,目前已被广泛用于窄带信道系统中,特别是那些用于传输数据的移动无线电台中。

3. 2FSK 信号的解调

数字调频信号的解调方法很多,可以分为线性鉴频法和分离滤波法两大类。线性鉴频法有模拟鉴频法、过零检测法、差分检测法;分离滤波法又包括相干检测法、非相干检测法以及动态滤波法等。非相干检测的具体解调电路是包络检测法;相干检测的具体解调电路是同步检波法。

(1) 过零检测法

单位时间内信号经过零点的次数多少,可以用来衡量频率的高低。数字调频波的过零点数随不同载频而异,故检出过零数可以得到关于频率的差异,这就是过零检测法的基本思想。过零检测法又称为零交点法、计数法。其原理方框图及各点波形图见图 6.3.6。

考虑一个相位连续的 2FSK 信号 a,经放大限幅得到一个矩形方波 b,经微分电路得到双向微分脉冲 c，经全波整流得到单向尖脉冲 d。单向尖脉冲的密集程度反映了输入信号的频率高低，尖脉冲的个数就是信号过零点的数目。单向脉冲触发—脉冲发生器，产生一串幅度为 E、宽度为 τ 的矩形归零脉冲 e。脉冲串 e 的直流分量代表着信号的频率，脉冲越密，直流分量越大，反映输入信号的频率越高。经低通滤波器可得到脉冲串 e 的直流分量 f，这样就完成了频率—幅度变换，再根据直流分量幅度上的区别还原出数字信号"1"和"0"。

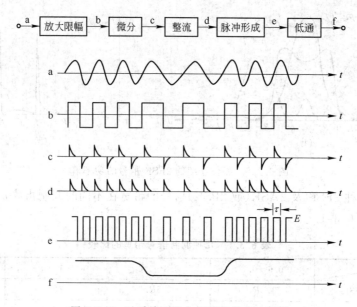

图 6.3.6　过零检测法方框图及各点波形图

（2）包络检测法

2FSK 信号的包络检测方框图及波形图如图 6.3.7 所示。用两个窄带的分路滤波器分别滤出频率为 f_1 及 f_2 的高频脉冲，经包络检测后分别取出它们的包络，把两路输出同时送到抽样判决器进行比较，从而判决输出基带数字信号。

设频率 f_1 代表数字信号"1"，f_2 代表数字信号"0"，则抽样判决器的判决准则应为

$$\begin{cases} v_1 > v_2 & 即\ v_1 - v_2 > 0,\quad 判为\ 1 \\ v_1 < v_2 & 即\ v_1 - v_2 < 0,\quad 判为\ 0 \end{cases}$$

式中，v_1、v_2 分别为抽样时刻两个包络检波器的输出值。这里的抽样判决器，要比较 v_1、v_2 的大小，或者说把差值 $v_1 - v_2$ 与零电平比较。因此，有时说这种比较判决器的判决门限为零电平。

（3）同步检波法

2FSK 信号相干解调的方框图如图 6.3.8 所示。图中两个带通滤波器的作用同上，起分路作用。它们的输出分别与相应的同步相干载波相乘，再分别经低通滤波器取出含基带数字信息的低频信号，滤掉二倍频信号，抽样判决器在抽样脉冲到来时对两个低频信号进行比较判决，即可还原出基带数字信号。

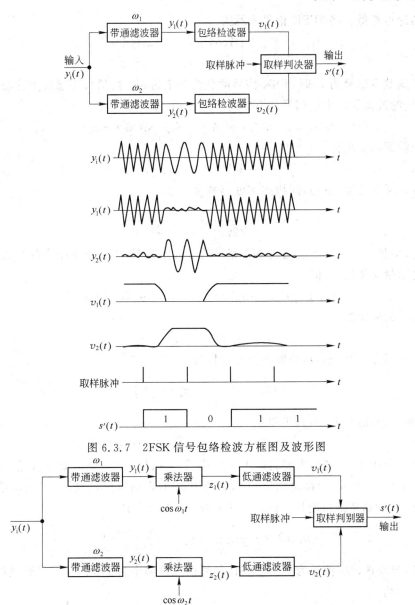

图 6.3.7 2FSK 信号包络检波方框图及波形图

图 6.3.8 2FSK 信号相干解调方框图

与 2ASK 系统相仿,相干解调能提供较好的接收性能,但是要求接收机提供两个具有同步频率和相位的载波,增加了设备的复杂性。

通常,当 2FSK 信号的频偏 $|f_2-f_1|$ 较大时,多采用分离滤波法;而 $|f_2-f_1|$ 较小时,多采用鉴频法。

6.3.2 二进制频移键控系统的性能

1. 相干解调时系统的误比特率

2FSK 信号相干解调抗噪声性能的分析方法和 2ASK 信号相干解调时很相似,而且

得到的结论也相似。将 2FSK 信号表示为

$$e_o(t) = \begin{cases} A\cos \omega_1 t, & a_n = 1 \\ A\cos \omega_2 t, & a_n = 0 \end{cases} \tag{6.3.7}$$

当发送数字信号为 1,即 2FSK 信号的载波频率为 ω_1 时,信号能通过上支路的带通滤波器,带通滤波器的输出是信号和窄带噪声的叠加,即

$$y_1(t) = A\cos \omega_1 t + n_1(t) = [A + n_{c1}(t)]\cos \omega_1 t - n_{s1}(t)\sin \omega_1 t \tag{6.3.8}$$

则低通滤波器的输出为

$$v_1(t) = A + n_{c1}(t) \tag{6.3.9}$$

式中未计入系数 1/2。$v_1(t)$ 的概率密度函数为

$$p(v_1) = \frac{1}{\sqrt{2\pi}\sigma}\exp\left[\frac{-(v_1 - A)^2}{2\sigma^2}\right] \tag{6.3.10}$$

与此同时,信号 $A\cos\omega_1 t$ 不能通过下支路中的带通滤波器,于是下支路中的带通滤波器的输出就是窄带高斯噪声,即

$$y_2(t) = n_2(t) = n_{c2}(t)\cos \omega_2(t) - n_{s2}(t)\sin \omega_2 t \tag{6.3.11}$$

低通滤波器的输出为

$$v_2(t) = n_{c2}(t) \tag{6.3.12}$$

式中未计入系数 1/2。$v_2(t)$ 的概率密度函数为

$$p(v_2) = \frac{1}{\sqrt{2\pi}\sigma}\exp\left(\frac{-v_2^2}{2\sigma^2}\right) \tag{6.3.13}$$

设 $v_1(t)$ 和 $v_2(t)$ 的差为 $v(t)$,可得

$$v(t) = v_1(t) - v_2(t) = A + n_{c1}(t) - n_{c2}(t) \tag{6.3.14}$$

如果这个电压比零小,则判决器将产生一个错误。这样一个错误的概率就是 $v(t)<0$ 的概率。由于 $n_1(t)$ 和 $n_2(t)$ 都是均值为 0,方差为 σ^2 的高斯噪声,所以 $v(t)$ 是均值为 A、方差为 $\sigma_v^2 = 2\sigma^2$ 的高斯随机变量。$v(t)$ 的概率密度函数可写成

$$p_1(v) = \frac{1}{\sqrt{2\pi(2\sigma^2)}}\exp\left[\frac{-(v - A)^2}{2(2\sigma^2)}\right] \tag{6.3.15}$$

同理,当发送数字信号为 0,即 2FSK 信号的载波频率为 ω_2 时,也可得到类似的结果。这时的 $v(t)$ 为

$$v(t) = v_1(t) - v_2(t) = n_{c1}(t) - A - n_{c2}(t) \tag{6.3.16}$$

这种情况下可得到 $v(t)$ 的概率密度函数为

$$p_0(v) = \frac{1}{\sqrt{2\pi(2\sigma^2)}}\exp\left[\frac{-(v + A)^2}{2(2\sigma^2)}\right] \tag{6.3.17}$$

与分析 2ASK 信号同样的道理,只是这里最佳判决门限为 0。当两种发送信号等概率,即 $P_0 = P_1 = 1/2$ 时,则 2FSK 的误比特率为

$$P_e = \frac{1}{2}\int_0^{+\infty} p_0(v)\mathrm{d}v + \frac{1}{2}\int_{-\infty}^0 p_1(v)\mathrm{d}v \tag{6.3.18}$$

由于 ω_1 和 ω_2 相隔不远,它们的传输条件及接收条件类似,可认为两种情况下信号的错误概率相同,因此有

$$P_e = \int_0^{+\infty} \frac{1}{\sqrt{2\pi(2\sigma^2)}} \exp\left[\frac{-(v+A)^2}{2(2\sigma^2)}\right] dv \qquad (6.3.19)$$

对式(6.3.19)进行变量代换,引入新变量 z,令 $z = \frac{v+A}{\sqrt{2\sigma^2}}$,代入得

$$P_e = \int_{A/\sqrt{2\sigma^2}}^{+\infty} \frac{1}{\sqrt{2\pi}} \exp\left(-\frac{z^2}{2}\right) dz = Q\left(\frac{A}{\sqrt{2\sigma^2}}\right) = Q\left(\sqrt{\frac{A^2}{2\sigma^2}}\right) = Q(\sqrt{r}) \quad (6.3.20)$$

式中,$r = \frac{A^2/2}{\sigma^2}$ 为接收信噪比。将式(6.3.20)和(6.2.19)相比可知,当误比特率相同时,相干接收 2FSK 系统所要求的峰值信噪比要比相干接收 2ASK 系统低 3 dB。

2. 非相干解调时系统的误比特率

用包络检波器代替图 6.3.8 中的相干解调器,就得到 2FSK 非相干解调的方框图,如图 6.3.7 所示。

参照 2ASK 非相干解调的分析方法,在传号及空号情况下,需要求出上、下两个支路中包络检波器输入端的概率密度函数。当收到频率为 ω_1 的信号时,在上支路中带通滤波器的输出端是信号和窄带高斯噪声的叠加。上支路中包络检波器输入端的包络概率密度函数为莱斯分布,由式(6.2.21)有

$$p_1(V_1) = \frac{V_1}{\sigma^2} \exp\left(\frac{-(V_1^2+A^2)}{2\sigma^2}\right) I_0\left(\frac{AV_1}{\sigma^2}\right), \qquad V_1 \geqslant 0 \qquad (6.3.21)$$

由于这个频率的信号不能通过下支路中的带通滤波器,因此在下支路只有噪声存在,则下支路中包络检波器输入端的包络概率密度函数为瑞利分布。由式(6.2.22)有

$$p_2(V_2) = \frac{V_2}{\sigma^2} \exp\left(\frac{-V_2^2}{2\sigma^2}\right), \qquad V_2 \geqslant 0 \qquad (6.3.22)$$

收到传号信号时,只有当 $V_1 > V_2$ 才会有正确的判决,只要 $V_1 < V_2$ 就会产生错误。在发送信号 1 和 0 等概率(即 $P_1 = P_0 = 1/2$)的条件下,由于传输条件和接收条件类似,可以认为在收传号时误判为空号的概率与收空号时误判为传号的概率相同。这样,非相干解调的 2FSK 的误比特率为

$$P_e = 2 \cdot \frac{1}{2} \cdot P(V_1 < V_2) = \int_0^\infty p_1(V_1)\left[\int_{V_2=V_1}^\infty p_2(V_2) dV_2\right] dV_1 \qquad (6.3.23)$$

将式(6.3.21)和(6.3.22)代入上式,得

$$\begin{aligned}
P_e &= \int_0^\infty \frac{V_1}{\sigma^2} \exp\left[\frac{-(V_1^2+A^2)}{2\sigma^2}\right] I_0\left(\frac{AV_1}{\sigma^2}\right) \exp\left(\frac{-V_1^2}{2\sigma^2}\right) dV_1 \\
&= \int_0^\infty \frac{V_1}{\sigma^2} I_0\left(\frac{AV_1}{\sigma^2}\right) \exp\left[-\frac{2V_1^2+A^2}{2\sigma^2}\right] dV_1
\end{aligned} \qquad (6.3.24)$$

令 $x = V_1\sqrt{\frac{2}{\sigma^2}}$,则上式可写为

$$P_e = \frac{1}{2}\exp\left(-\frac{A^2}{4\sigma^2}\right)\int_0^\infty x I_0\left(x\sqrt{\frac{A^2}{2\sigma^2}}\right)\exp\left\{-\frac{1}{2}\left[x^2+\left(\sqrt{\frac{A^2}{2\sigma^2}}\right)^2\right]\right\} dx \quad (6.3.25)$$

引入这样一个结论:

$$\int_0^\infty x I_0(xa)\exp\left[-\frac{1}{2}(x^2+a^2)\right] dx = 1$$

且设 $a = \sqrt{\dfrac{A^2}{2\sigma^2}}$,则式(6.3.25)变为

$$P_e = \frac{1}{2}\exp\left(-\frac{A^2}{4\sigma^2}\right) = \frac{1}{2}\exp\left(-\frac{r}{2}\right) \tag{6.3.26}$$

式中的 $r = \dfrac{A^2/2}{\sigma^2}$ 为接收信噪比。

将相干解调与包络(非相干)解调系统误码率做比较,可以发现:

① 两种解调方法均可工作在最佳门限电平。

② 在输入信号信噪比 r 一定时,相干解调的误码率小于非相干解调的误码率;当系统的误码率一定时,相干解调比非相干解调对输入信号的信噪比要求低。所以相干解调 2FSK 系统的抗噪声性能优于非相干的包络检测。但当输入信号的信噪比 r 很大时,两者的相对差别不明显。

③ 相干解调时,需要插入两个相干载波,因此电路较为复杂,但包络检测就无须相干载波,因而电路较为简单。一般而言,大信噪比时常用包络检测法,小信噪比时才用相干解调法,这与 2ASK 的情况相同。

6.4 二进制相移键控

数字相位调制又称相移键控,记作 PSK(Phase Shift Keying)。二进制相移键控记作 2PSK,多进制相移键控记作 MPSK。它们是利用载波相位的变化来传送数字信息的,通常又把它们分为绝对相移(PSK)和相对相移(DPSK)两种。

6.4.1 二进制相移键控

二进制相移键控(2PSK)是用二进制数字信号控制载波的两个相位,这两个相位通常相隔 π,例如用相位 0 和 π 分别表示 1 和 0,所以这种调制又称二相相移键控(BPSK)。二进制相移键控信号的时域表达式为

$$e_o(t) = \left[\sum_n a_n g(t - nT_s)\right]\cos\omega_c t \tag{6.4.1}$$

这里的 a_n 为双极性数字信号,即

$$a_n = \begin{cases} +1, & \text{出现概率为 } P \\ -1, & \text{出现概率为 } 1-P \end{cases} \tag{6.4.2}$$

如果 $g(t)$ 是幅度为 1、宽度为 T_s 的矩形脉冲,则 2PSK 信号可表示为

$$e_o(t) = \pm\cos\omega_c t \cdot \left[\sum_n g(t - nTs)\right] \tag{6.4.3}$$

当数字信号的传输速率 $R_s = 1/T_s$ 与载波频率间有整数倍关系时,2PSK 信号的典型波形如图 6.4.1 所示。

将式(6.4.1)所示的 2PSK 信号与式(6.2.1)所示的 2ASK 信号相比较,它们的表达式在形式上是相同的,其区别在于,2PSK 信号是双极性非归零码的双边带调制,而 2ASK 信号是单极性非归零码的双边带调制。由于双极性非归零码没有直流分量,所以 2PSK

信号是抑制载波的双边带调制。这样，2PSK 信号的功率谱与 2ASK 信号的功率谱相同，只是少了一个离散的载波分量。

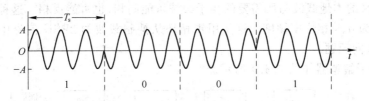

图 6.4.1　2PSK 信号的典型波形

2PSK 调制器可以采用乘法器，也可以采用相位选择器，如图 6.4.2 所示。

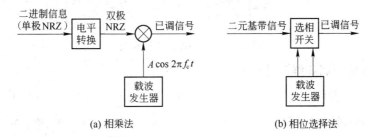

(a) 相乘法　　　　　　　　　　　(b) 相位选择法

图 6.4.2　2PSK 调制器

由于 2PSK 信号的功率谱中无载波分量，所以必须采用相干解调的方式。在相干解调中，如何得到同频同相的本地载波是个关键问题。只有对 2PSK 信号进行非线性变换，才能产生载波分量。常用的载波恢复电路有两种，一种是图 6.4.3(a)所示的平方环电路；另一种是图 6.4.3(b)所示的科斯塔斯(Costas)环电路。

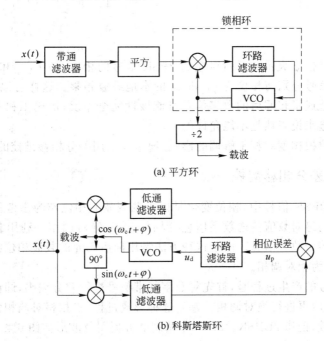

(a) 平方环

(b) 科斯塔斯环

图 6.4.3　载波恢复电路

在以上两种锁相环中,设压控振荡器 VCO 输出载波与调制载波之间的相位差为 $\Delta\varphi$。经分析可知,在 $\Delta\varphi = n\pi$(n 为任意整数)时 VCO 都处于稳定状态。这就是说,经 VCO 恢复出来的本地载波与所需要的相干载波可能同相,也可能反相。这种相位关系的不确定性,称为 0、π 相位模糊度。这是用锁相环从抑制载波的 2PSK 信号中恢复载波时不可避免的共同问题。

2PSK 相干解调器如图 6.4.4 所示。

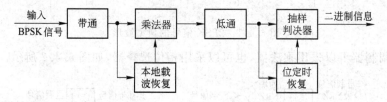

图 6.4.4　2PSK 相干解调器

2PSK 信号的调制和解调过程如下:

信码 a_n	1	0	1	1	0	1	0	0	1	1	1
码元的载波相位 φ	0	π	0	0	π	0	π	π	0	0	0
本地载波相位 φ_1	0	0	0	0	0	0	0	0	0	0	0
本地载波相位 φ_2	π	π	π	π	π	π	π	π	π	π	π
$[\varphi \cdot \varphi_1]$极性	+	−	+	+	−	+	−	−	+	+	+
$[\varphi \cdot \varphi_2]$极性	−	+	−	−	+	−	+	+	−	−	−
$\hat{a}_{n1}$	1	0	1	1	0	1	0	0	1	1	1
$\hat{a}_{n2}$	0	1	0	0	1	0	1	1	0	0	0

其中码元的载波相位 φ 表示码元所对应的 2PSK 信号的相位,$[\varphi \cdot \varphi_1]$ 和 $[\varphi \cdot \varphi_2]$ 表示相位为 φ 的 2PSK 信号分别与相位为 φ_1 和 φ_2 的本地载波相乘。这样可以看到,本地载波相位的不确定性造成了解调后的数字信号可能极性完全相反,形成 1 和 0 的倒置。这对于数字信号的传输来说当然是不能允许的。

为了克服相位模糊度对相干解调的影响,通常要采用差分相移键控的方法。

6.4.2　二进制差分相移键控

前面讨论的 2PSK 信号中,相位变化是以未调载波的相位作为参考基准的。由于它是利用载波相位的绝对数值传送数字信息,因而又称为绝对调相。利用载波相位的相对数值也同样可以传送数字信息。由于这种方法是用前后码元的载波相位相对变化传送数字信息,所以又称为相对调相。

相对调相信号的产生过程是,首先对数字基带信号进行差分编码,即由绝对码变为相对码(差分码),然后再进行绝对调相。基于这种形成过程,二相相对调相信号称为二进制差分相移键控信号,记作 2DPSK。2DPSK 调制器方框图及波形如图 6.4.5 所示。

差分码可取传号差分码或空号差分码。传号差分码的编码规则为

$$b_n = a_n \oplus b_{n-1} \tag{6.4.4}$$

式中，$\oplus$ 为模 2 加，b_{n-1} 为 b_n 的前一个码元，最初的 b_{n-1} 可任意设定。由已调信号的波形可知，若使用传号差分码，则载波相位遇 1 变而遇 0 不变，载波相位的这种相对变化就携带了数字信息。

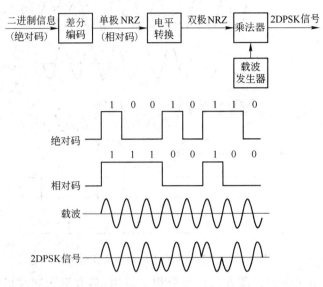

图 6.4.5　2DPSK 调制器及波形

对 2DPSK 信号也要进行相干解调。由于本地载波相位模糊度的影响，解调得到的相对码 $\hat{b}_n$ 也可能是 1 和 0 倒置的，但由相对码恢复为绝对码时，要进行这样规则的差分译码：

$$\hat{a}_n = \hat{b}_n \oplus \hat{b}_{n-1} \tag{6.4.5}$$

$\hat{b}_{n-1}$ 是 $\hat{b}_n$ 的前一个码元，这样得到的绝对码不会发生任何倒置的现象。2DPSK 信号的相干解调之所以能克服载波相位模糊的问题，就是因为数字信息是用载波相位的相对变化来表示的。2DPSK 的相干解调器和各点波形如图 6.4.6 所示。

2DPSK 信号的调制和解调过程如下：

绝对码 a_n		1	0	1	1	0	1	0	0	1	1	1	
差分码 b_n	1*	0	0	1	0	0	1	1	1	0	1	0	
码元的载波相位 φ	0	π	π	0	π	π	0	0	0	π	0	π	
本地载波相位 φ_1	0	0	0	0	0	0	0	0	0	0	0	0	
本地载波相位 φ_2	π	π	π	π	π	π	π	π	π	π	π	π	
$[\varphi \cdot \varphi_1]$极性	+	−	−	+	−	−	+	+	+	−	+	−	
$[\varphi \cdot \varphi_2]$极性	−	+	+	−	+	+	−	−	−	+	−	+	
$\hat{b}_{n1}$	1	0	0	1	0	0	1	1	1	0	1	0	
$\hat{b}_{n2}$	0	1	1	0	1	1	0	0	0	1	0	1	
$\hat{a}_n$		1	0	1	1	0	1	0	0	1	1	1	

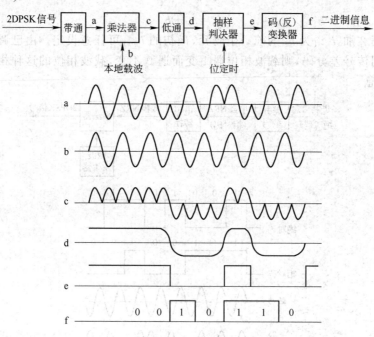

图 6.4.6 2DPSK 相干解调器及各点波形

2DPSK 信号的另一种解调方法是差分相干解调,其方框图和波形图如图 6.4.7 所示。用这种方法解调时不需要恢复本地载波,只需由收到的信号单独完成。将 2DPSK 信号延时一个码元间隔 T_s,然后与 2DPSK 信号相乘。乘法器起相位比较的作用,相乘结果经低通滤波后再抽样判决,即可恢复出原始数字信息。差分相干解调又称延迟解调,只有 DPSK 信号才能采用这种方法解调。

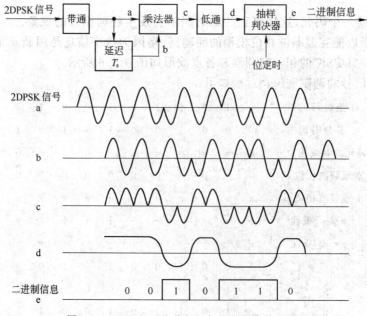

图 6.4.7 2DPSK 差分相干解调器及各点波形

同样，2DPSK 信号的调制和延迟解调过程如下：

绝对码 a_n		1	0	1	1	0	1	0	0	0	1	1	1
差分码 b_n	0^*	1	1	0	1	1	0	0	0	1	0	1	
码元的载波相位 φ	π	0	0	π	0	0	π	π	π	0	π	0	
延迟码元的载波相位 φ_D		π	0	0	π	0	0	π	π	π	0	π	
$[\varphi \cdot \varphi_\mathrm{D}]$ 极性		$-$	$+$	$-$	$-$	$+$	$-$	$+$	$+$	$-$	$-$	$-$	
绝对码 $\hat{a}_n$		1	0	1	1	0	1	0	0	1	1	1	

差分相干解调不需要相干载波，而且在其他方面的性能也优于采用相干解调的绝对调相，但在抗噪声能力方面有所损失。

由前面讨论可知，无论是 2PSK 还是 2DPSK 信号，就波形本身而言，它们都可以等效为双极性基带信号调制的调幅信号，无非是一对倒相信号的序列。因此，2PSK 和 2DPSK 信号具有相同形式的表达式，所不同的是 2PSK 表达式中的 $s(t)$ 是数字基带信号，2DPSK 表达式中的 $s(t)$ 是由数字基带信号变换而来的差分码数字信号。它们的功率谱密度应是相同的，功率谱为

$$P_{2\mathrm{PSK}}(f)=\frac{T_s}{4}\{\mathrm{Sa}^2[\pi(f+f_c)T_s]+\mathrm{Sa}^2[\pi(f-f_c)T_s]\} \tag{6.4.6}$$

如图 6.4.8 所示。

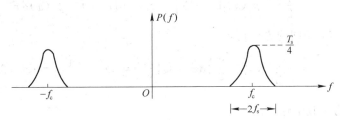

图 6.4.8 2PSK(或 2DPSK)信号的功率谱

可见，二进制相移键控信号的频谱成分与 2ASK 信号相同，当基带脉冲幅度相同时，其连续谱的幅度是 2ASK 连续谱幅度的 4 倍。当 $P=1/2$ 时，无离散分量，此时二相相移键控信号实际上相当于抑制载波的双边带信号。信号带宽为

$$B_{2\mathrm{PSK}\text{或}2\mathrm{DPSK}}=2B_s=2f_s \tag{6.4.7}$$

与 2ASK 相同，是码元速率的两倍。

这就表明，在数字调制中，2PSK、2DPSK 的频谱特性与 2ASK 十分相似。相位调制和频率调制一样，本质上是一种非线性调制，但在数字调相中，由于表征信息的相位变化只有有限的离散取值，因此，可以把相位变化归结为幅度变化。这样一来，数字调相同线性调制的数字调幅就联系起来了，因此可以把数字调相信号当作线性调制信号来处理，但不能把上述概念推广到所有调相信号中去。

6.4.3 二进制相移键控系统的性能

2PSK 信号是抑制载波的信号，对 2PSK 信号必须进行相干解调。相干解调的方框

图如图 6.4.4 所示。

将 2PSK 信号表示为

$$e_o(t) = \begin{cases} A\cos \omega_c t, & a_n = 1 \\ -A\cos \omega_c t, & a_n = 0 \end{cases} \tag{6.4.8}$$

与分析 2ASK 信号相类似,当收到传号信号 $A\cos \omega_c t$ 时,低通滤波器的输出为

$$x(t) = A + n_c(t) \tag{6.4.9}$$

式中,x 是均值为 A、方差为 σ^2 的高斯分布,其概率密度函数为

$$p_1(x) = \frac{1}{\sqrt{2\pi}\sigma} \exp\left[-\frac{(x-A)^2}{2\sigma^2}\right] \tag{6.4.10}$$

当收到空号信号 $-A\cos \omega_c t$ 时,低通滤波器的输出为

$$x(t) = -A + n_c(t) \tag{6.4.11}$$

式中,x 是均值为 $-A$、方差为 σ^2 的高斯分布,其概率密度函数为

$$p_0(x) = \frac{1}{\sqrt{2\pi}\sigma} \exp\left[-\frac{(x+A)^2}{2\sigma^2}\right] \tag{6.4.12}$$

仍然假设发送两种信号的概率相同,即 $P_0 = P_1 = 1/2$,且它们的传输条件相同,这样两种信号的错误概率相同,因此 2PSK 信号的误比特率为

$$P_e = \frac{1}{2}\int_0^{+\infty} p_0(x)\mathrm{d}x + \frac{1}{2}\int_{-\infty}^{0} p_1(x)\mathrm{d}x = \int_0^{+\infty} p_0(x)\mathrm{d}x \tag{6.4.13}$$

用分析式(6.2.17) 相同的方法可得

$$P_c = \int_{A/\sigma}^{+\infty} \frac{1}{\sqrt{2\pi}} \exp\left(-\frac{z^2}{2}\right)\mathrm{d}z = Q\left(\frac{A}{\sigma}\right) = Q\left(\sqrt{\frac{A^2}{\sigma^2}}\right) = Q(\sqrt{2r}) \tag{6.4.14}$$

式中,$r = \dfrac{A^2/2}{\sigma^2}$ 为接收信噪比。

2DPSK 系统误比特率的分析比较复杂,这里仅给出结果。当采用如图 6.4.7 所示的差分相干解调时,有

$$P_c = \frac{1}{2}\exp(-r) \tag{6.4.15}$$

式中,$r = \dfrac{A^2/2}{\sigma^2}$ 为接收信噪比。当采用如图 6.4.6 所示的相干解调时,有

$$P_c \approx 2Q(\sqrt{2r}) \tag{6.4.16}$$

式中,$r = \dfrac{A^2/2}{\sigma^2}$ 为接收信噪比。

最后对 2PSK 与 2DPSK 系统进行一下比较:

① 检测这两种信号时判决器均可工作在最佳门限电平(零电平)。

② 2DPSK 系统的抗噪声性能不及 2PSK 系统。

③ 2PSK 系统存在"反向工作"问题,而 2DPSK 系统不存在"反向工作"问题。

在实际应用中,真正作为传输用的数字调相信号几乎都是 2DPSK 信号。

6.5　二进制数字调制系统的性能比较

对于各种调制方式及不同的解调方法,系统误码率性能总结于表 6.5.1 中。

表 6.5.1　数字调制系统误码率公式

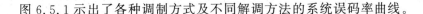

调 制 方 式		误码率公式	调 制 方 式		误码率公式
2ASK	相干解调	$P_c = Q\left(\sqrt{\dfrac{r}{2}}\right)$	2PSK	相干解调	$P_c = Q(\sqrt{2r})$
	非相干解调	$P_c \approx \dfrac{1}{2}\exp\left(-\dfrac{r}{4}\right)$	2DPSK	差分相干解调	$P_c = \dfrac{1}{2}\exp(-r)$
2FSK	相干解调	$P_e \approx Q(\sqrt{r})$		相干解调	$P_c \approx 2Q(\sqrt{2r})$
	非相干解调	$P_c = \dfrac{1}{2}\exp\left(-\dfrac{r}{2}\right)$			

图 6.5.1 示出了各种调制方式及不同解调方法的系统误码率曲线。

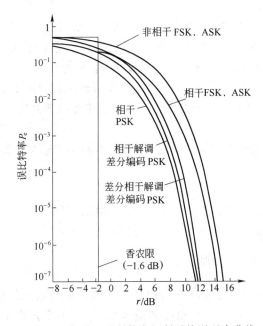

图 6.5.1　各种二进制数字调制系统误码率曲线

由表 6.5.1 和图 6.5.1 可以看出,在同一类型的键控系统中,相干解调方式略优于非相干解调方式,它们的差别近似是 $Q(\sqrt{x})$ 和 $\dfrac{1}{2}\exp\left(-\dfrac{x}{2}\right)$ 的关系。但相干解调方式需要在接收端恢复本地载波,相干接收机的设备比较复杂,通常在高质量的数字通信系统中才采用。不同类型的键控方式相比较,在相同误比特率的条件下,在峰值信噪比的要求上 2PSK 比 2FSK 小3 dB,2FSK 比 2ASK 小 3 dB,所以相干解调 2PSK 的抗噪声性能最好。

在码元速率 $R_s = 1/T_s$ 相同的情况下,2PSK 和 2ASK 占据的频带比 2FSK 窄,即频带利用率高于 2FSK。

总的来看,2ASK 系统的结构最简单,但抗噪声性能最差。2FSK 系统的频带利用率和抗噪声性能都不及 2PSK,但非相干解调 2FSK 的设备简单,在中、低速的数据传输中常被选用。因此,得到广泛应用的数字调制方式是 2PSK、2DPSK 和非相干解调的 2FSK。

6.6 多进制数字调制系统

多进制数字调制中,在每个符号间隔 T_s 内,可能发送的符号有 M 种,在实际应用中,通常取 $M=2^n$,n 为大于 1 的正整数,也就是说,M 是一个大于 2 的数字。这种状态数目大于 2 的调制信号称为多进制信号。将多进制数字信号(也可由基带二进制信号变换而成)对载波进行调制,在接收端进行相反的变换,这种过程就叫多进制数字调制与解调,或简称为多进制数字调制。

当已调信号携带信息的参数分别为载波的幅度、频率或相位时,可以有 M 进制幅移键控(MASK)、M 进制频移键控(MFSK)以及 M 进制相移键控(MPSK 或 MDPSK)。当然还有一些别的多进制调制形式,如 M 进制幅相键控(MAPK)或它的特殊形式 M 进制正交幅度调制(MQAM)。

与二进制数字调制系统相比,多进制数字调制系统具有以下几个特点:

① 码元速率(传码率)相同的条件下,可以提高信息速率(传信率)。当码元速率相同时,M 进制数字传输系统的信息速率是二进制的 $\log M$ 倍。

② 信息速率相同的条件下,可降低码元速率,以提高传输的可靠性。当信息速率相同时,M 进制的码元宽度是二进制的 $\log M$ 倍,这样可以增加每个码元的能量和减小码间串扰的影响。

③ 在接收机输入信噪比相同的条件下,多进制数字传输系统的误码率比相应的二进制系统要高。

④ 设备复杂。

多进制数字调制通常用在要求传输速率高的场合。随着社会对信息传输要求的增长和现代技术的发展,多进制数字调制将得到更广泛的应用。

6.6.1 多进制数字振幅调制

多进制数字振幅调制又称为多电平调制。M 进制幅移键控信号中,载波振幅有 M 种取值,每个符号间隔 T_s' 内发送一种幅度的载波信号,其结果是由多电平的随机基带矩形脉冲序列对余弦载波进行振幅调制而成。已调波的表示式为

$$e(t) = s(t) \cdot \cos \omega_c t = \left[\sum_k a_k g(t - nT_s') \right] \cos \omega_c t \qquad (6.6.1)$$

其中,

$$a_k = \begin{cases} 0, & \text{出现概率为 } P_0 \\ 1, & \text{出现概率为 } P_1 \\ 2, & \text{出现概率为 } P_2 \\ \vdots & \vdots \\ M-1, & \text{出现概率为 } P_{M-1} \end{cases} \qquad (6.6.2)$$

且

$$P_0 + P_1 + P_2 + \cdots + P_{M-1} = 1$$

$g(t)$是高度为1、宽度为T'_s的门函数。ω_c为载波的角频率,a_k为幅度值,a_k有M种取值。

由式(6.6.1)可知,MASK信号相当于M电平的基带信号对载波进行双边带调幅。为了了解MASK信号与2ASK信号的关系,图6.6.1示意性画出了2ASK信号和4ASK信号的波形。图(a)为四电平基带信号$s(t)$的波形,图(b)为4ASK信号的波形。图(b)所示的4ASK信号波形可等效成图(c)中4种波形之和,其中3种波形都分别是一个2ASK信号。这就是说,MASK信号可以看成是由时间上互不相容的$M-1$个不同振幅值的2ASK信号的叠加。所以,MASK信号的功率谱便是这$M-1$个信号的功率谱之和。尽管叠加后功率谱的结构是复杂的,但就信号的带宽而言,当码元速率R_s相同时,MASK信号的带宽与2ASK信号的带宽相同,都是基带信号带宽的2倍。

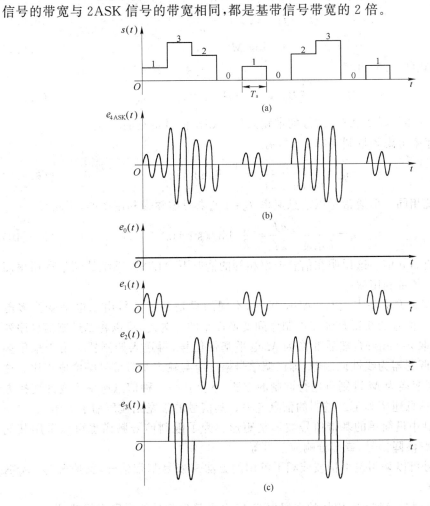

图6.6.1 4ASK信号的波形

由上述分析可知,M电平的MASK信号$e(t)$可以看作由振幅互不相等、时间上互不相容的$M-1$个2ASK信号叠加而成,即

$$e(t) = \sum_{i=1}^{M-1} e_i(t) \tag{6.6.3}$$

由式(6.6.3)可知,MASK 信号的功率谱是由 $M-1$ 个 2ASK 信号的功率谱叠加而成。尽管 $M-1$ 个 2ASK 信号叠加后频谱结构是复杂的,但是,MASK 信号与其分解的任一个 2ASK 信号的带宽是相同的。MASK 信号的带宽可表示为

$$B_{\text{MASK}} = 2f_s' \tag{6.6.4}$$

式中,$f_s' = 1/T_s'$ 是多进制码元速率。

与二进制 2ASK 信号相比较,二进制码元速率为 f_s。当二者码元速率相等时,即 $f_s' = f_s$,则二者带宽相等,即

$$B_{\text{MASK}} = B_{2\text{ASK}} \tag{6.6.5}$$

当二者的信息速率相等时,则其码元速率的关系为

$$nf_s' = f_s \quad \text{或} \quad f_s' = \frac{f_s}{n} \tag{6.6.6}$$

式中,

$$n = \log M \tag{6.6.7}$$

由式(6.6.4)和式(6.6.6)可得

$$B_{\text{MASK}} = \frac{1}{n} B_{2\text{ASK}} \qquad (B_{2\text{ASK}} = 2f_s) \tag{6.6.8}$$

可见,当信息速率相等时 MASK 信号的带宽只是 2ASK 信号带宽的 $1/n$。

当以码元速率考虑频带利用率 η_s 时,有

$$\eta_s = \frac{f_s'}{B_{\text{MASK}}} = \frac{f_s'}{2f_s'} = \frac{1}{2} \text{ Baud/Hz} \tag{6.6.9}$$

这与 2ASK 系统相同。但通常是以信息速率 $f_b = nf_s'$ 来考虑频带利用率的,因此有

$$\eta_b = \frac{f_b}{B_{\text{MASK}}} = \frac{nf_s'}{2f_s'} = \frac{n}{2} \text{ bit/(s · Hz)} \tag{6.6.10}$$

它是 2ASK 系统的 n 倍。这说明在信息速率相等的情况下,MASK 系统的频带利用率高于 2ASK 系统的频带利用率。

MASK 的调制方法基本上与 2ASK 相同,不同的只是基带信号由二电平变为多电平。通常,多电平信号的获得是经二进制序列变换而来的。为此,可以将二进制信息序列分为 n 个一组,取 $n = \log M$,然后变换为 M 电平基带信号,再送入调制器。由于采用多电平,因而要求调制器为线性调制器,即已调信号幅度应与输入基带信号幅度成正比。这种将二进制序列变换为 M 进制再进行调制的方法,本身就是一种信息速率不变的变换方法,即多进制的信息速率等于二进制的信息速率。其信号的带宽则被压缩了 n 倍。

MASK 调制中最简单的基带信号波形是矩形。为了限制信号频谱也可以采用其他波形,例如升余弦滚降信号,或部分响应信号等。

MASK 信号可以采用包络检波或相干解调的方法来恢复基带信号,其原理与 2ASK 信号时完全一样。

采用相干解调时,MASK 信号的误码率与 M 电平基带信号的误码率相同,即

$$P_{s,\text{MASK}} = 2\left(1 - \frac{1}{M}\right)Q\left[\sqrt{\frac{3}{M^2-1}\left(\frac{S}{N}\right)}\right] \tag{6.6.11}$$

当用格雷码将二进制信息变换为多电平信号时,其误比特率约为

$$P_{b,\text{MASK}} = \frac{P_{s,\text{MASK}}}{\log M} \tag{6.6.12}$$

MASK 信号具有以下几个特点：

① 传输效率高。与二进制相比，码元速率相同时，多进制调制的信息速率比二进制的高，它是二进制的 $n = \log M$ 倍。带宽与二进制相同。在信息速率相同的情况下，MASK 系统的频带利用率是 2ASK 系统的 $n = \log M$ 倍。采用正交调幅后，还可以再增加两倍。因此，MASK 在高信息速率的传输系统中得到应用。

② 抗衰减能力差。因此只适宜在恒参信道（如有线信道）中使用。

③ 在接收机输入平均信噪比相等的情况下，MASK 系统的误码率比 2ASK 系统要高。

④ 电平数 M 越大，设备越复杂。

6.6.2 多进制数字频率调制

多进制数字频率调制简称多频制，是 2FSK 方式的推广。它用多个频率的正弦振荡分别代表不同的数字信息。MFSK 信号的表达式为

$$e(t) = \sqrt{\frac{2E_s}{T_s}} \cos \omega_i t, \qquad 0 \leqslant t \leqslant T_s, \quad i = 1, 2, \cdots, M \qquad (6.6.13)$$

式中，E_s 为单位符号的信号能量；ω_i 为载波角频率，有 M 种取值。

多频制系统的组成方框图如图 6.6.2 所示。调制器是用频率选择法实现的，解调器是用非相干检测——包络检测法实现的，因而它属于非线性调制系统。

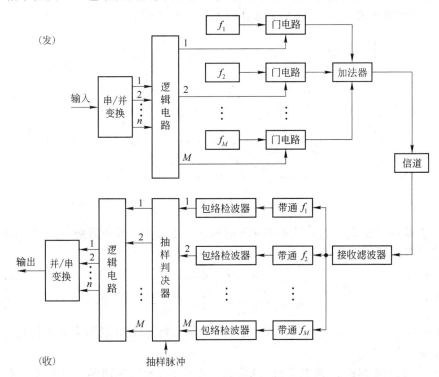

图 6.6.2　多频制系统的组成方框图

图中，串/并变换器和逻辑电路将一组组输入二进制码（n 个码元为一组）对应地转换

成有多种状态的一个个的多进制码(共 $M=2^n$ 个状态)。这 M 个状态分别对应 M 种频率。当某组 n 位二进制码到来时,逻辑电路的输出一方面接通某个门电路,让相应的载频发送出去;另一方面却同时关闭其余所有的门电路,于是当一组组二进制码元输入时,经加法器组合输出的便是一个多进制频率调制的波形。

多频制的解调部分由 M 个带通滤波器、包络检波器及一个抽样判决器、逻辑电路、并/串变换器组成。各带通滤波器的中心频率分别是各个载频。因而,当某一已调载频信号到来时,只有一个带通滤波器有信号及噪声通过,其他带通滤波器只有噪声通过。抽样判决器的任务就是在某时刻比较所有包络检波器输出的电压,判决哪一路最大,也就是判决对方送来的是什么频率,并选出最大者作为输出,这个输出相当于多进制的某一码元。逻辑电路把这个输出译成用 n 位二进制并行码表示的 M 进制数,再送并/串变换器变成串行的二进制输出信号,从而完成数字信号的传输。

键控法产生的 MFSK 信号,其相位是不连续的,可用 DPMFSK 表示。它可以看作由 M 个振幅相同、载频不同、时间上互不相容的 2ASK 信号叠加的结果。设 MFSK 信号码元的宽度为 T_s',即码元速率 $f_s'=1/T_s'$(B),则 MFSK 信号的带宽为

$$B_{\text{MFSK}}=f_M-f_1+2f_s' \tag{6.6.14}$$

式中,f_M 为最高频率;f_1 为最低频率。

设 $f_D=(f_M-f_1)/2$ 为最大频偏,则上式可表示为

$$B_{\text{MFSK}}=2(f_D+f_s') \tag{6.6.15}$$

DPMFSK 信号功率谱 $P(f)$ 与 f 的关系曲线如图 6.6.3 所示。

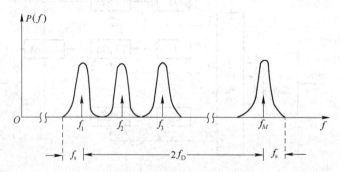

图 6.6.3 DPMFSK 信号的功率谱

若相邻载频之差等于 $2f_s'$,即相邻频率的功率谱主瓣刚好互不重叠,这时的 MFSK 信号的带宽及频带利用率分别为

$$B_{\text{MFSK}}=2Mf_s' \tag{6.6.16}$$

$$\eta_{\text{MFSK}}=\frac{nf_s'}{B_{\text{MFSK}}}=\frac{n}{2M}=\frac{\log M}{2M} \tag{6.6.17}$$

式中,$M=2^n$,$n=2,3,\cdots$。可见,MFSK 信号的带宽随频率数 M 的增大而线性增宽,频带利用率明显下降。

上面所讨论的 MFSK 调制系统,就信息速率而言,与二进制的信息速率是相等的。二进制的码元速率为 f_s,也就是说,它的信息速率也是 f_s,因而多进制的码元速率 f_s' 与二进制码元速率的关系为 $f_s'=f_s/n(n=\log M)$。此时二者带宽的关系为

$$B_{\text{MFSK}} = 2M \frac{f_s}{n} = \frac{M}{2n} B_{\text{2FSK}} = \frac{M}{2\log M} B_{\text{2FSK}} \tag{6.6.18}$$

频带利用率的关系为

$$\frac{\eta_{\text{MFSK}}}{\eta_{\text{2FSK}}} = \frac{n/2M}{f_s/4f_s} = \frac{2n}{M} = \frac{2\log M}{M} \tag{6.6.19}$$

式(6.6.18)和式(6.6.19)中已设 2FSK 信号的两个载频之差为 $2f_s$，此时的带宽 $B_{\text{2FSK}} = 4f_s$。

式(6.6.19)说明，当频率数大于 4 以后，MFSK 的频带利用率低于 2FSK 系统的频带利用率。与 MASK 的频带利用率比较，其关系为

$$\frac{\eta_{\text{MFSK}}}{\eta_{\text{MASK}}} = \frac{n/2M}{n/2} = \frac{1}{M} \tag{6.6.20}$$

这说明，MFSK 的频带利用率总是低于 MASK 的频带利用率。

当 $f_i = \frac{\omega_i}{2\pi} = \frac{k}{2T_s}$，$k$ 为正整数时，M 种发送信号波形之间互相正交，称为正交 MFSK。此时，采用非相干解调，可求得 MFSK 信号的误码率为

$$P_{s,\text{MFSK}} = \sum_{k=1}^{M-1} \frac{(-1)^{k+1}}{k+1} C_{M-1}^k \exp\left[-\frac{kE_s}{(k+1)n_0}\right]$$

$$\approx \frac{M-1}{2} \exp\left(-\frac{r}{2}\right) \tag{6.6.21}$$

式中，E_s 为平均信号能量；n_0 为噪声的单边功率谱密度；r 为接收信噪比。其误比特率为

$$P_b \approx \frac{2^{n-1}}{2^n - 1} P_s \tag{6.6.22}$$

式中，$n = \log M$。当 M 很大时可进一步近似为

$$P_b \approx \frac{1}{2} P_s \tag{6.6.23}$$

由上述结论可见，当 M 一定时，r 越大，P_s 越小；当 r 一定时，M 越大，P_s 越大。而且误比特率与误码率之间的关系与 MASK 的不同。

MFSK 信号具有以下特点：

① 在传信率一定时，由于采用多进制，每个码元包含的信息量增加，码元宽度增宽，因而在信号电平一定时每个码元的能量增加。

② 一个频率对应一个二进制码元组合，因此，总的判决次数比二进制时减少了。

③ 码元加宽后可有效地减少由于多径效应造成的码间串扰的影响，从而提高衰落信道时的抗干扰能力。

MFSK 信号的主要缺点是信号频带宽，频带利用率低。

MFSK 一般用于调制速率（载频变化率）不高的短波、衰落信道上的数字通信。

6.6.3　多进制数字相位调制

多进制数字相位调制又称多相制，是二相制的推广。它用多个相位状态的正弦振荡分别代表不同的数字信息。通常，相位数用 $M = 2^n$ 计算，有 2、4、8、16 相制等（n 分别为 1、2、3、4 等）M 种不同的相位，分别与 n 位二进制码元的不同组合（简称 n 比特码元）相对应。多相制也有绝对相移 MPSK 和相对相移 MDPSK 两类。

多相制信号可以看作 M 个振幅及频率相同、初相不同的 2ASK 信号之和，当已调信

号码元速率不变时,其带宽与 2ASK、MASK 及二相制信号是相同的。此时信息速率与 MASK 相同,是 2ASK 及二相制的 $\log_2 M$ 倍。可见,多相制是一种频带利用率较高的高效率传输方式,再加之有较好的抗噪声性能,因而得到广泛的应用,而 MDPSK 比 MPSK 用得更广泛一些。

设载波为 $\cos \omega_c t$,相对于参考相位的相移为 φ_k,则 M 相制调制波形可表示为

$$e(t) = \sum_k g(t - kT_s') \cdot \cos(\omega_c t + \varphi_k)$$
$$= \cos \omega_c t \cdot \sum_k \cos \varphi_k \cdot g(t - kT_s') - \sin \omega_c t \cdot \sum_k \sin \varphi_k \cdot g(t - kT_s')$$

$$(6.6.24)$$

式中,$g(t)$ 是高度为 1、宽度为 T_s' 的门函数。

$$\varphi_k = \begin{cases} \theta_1, & \text{概率为 } P_1 \\ \theta_2, & \text{概率为 } P_2 \\ \vdots & \vdots \\ \theta_M, & \text{概率为 } P_M \end{cases} \tag{6.6.25}$$

由于一般都是在 $0 \sim 2\pi$ 范围内等间隔划分相位的,因此相邻相移的差值为

$$\Delta\theta = \frac{2\pi}{M} \tag{6.6.26}$$

令

$$a_k = \cos \varphi_k = \begin{cases} \cos \theta_1, & \text{概率为 } P_1 \\ \cos \theta_2, & \text{概率为 } P_2 \\ \vdots & \vdots \\ \cos \theta_M, & \text{概率为 } P_M \end{cases} \tag{6.6.27}$$

$$b_k = \sin \varphi_k = \begin{cases} \sin \theta_1, & \text{概率为 } P_1 \\ \sin \theta_2, & \text{概率为 } P_2 \\ \vdots & \vdots \\ \sin \theta_M, & \text{概率为 } P_M \end{cases} \tag{6.6.28}$$

且 $$P_1 + P_2 + \cdots + P_M = 1$$

这样式(6.6.24)变为

$$e(t) = \left[\sum_k a_k \cdot g(t - kT_s') \right] \cos \omega_c t - \left[\sum_k b_k \cdot g(t - kT_s') \right] \sin \omega_c t \tag{6.6.29}$$

可见,多相制信号可等效为两个正交载波进行多电平双边带调制所得信号之和。这样,就把数字调相和线性调制联系起来,给 M 相制波形的产生提供了依据。

根据以上的分析,相邻两个相移信号的矢量偏移为 $2\pi/M$。但是,用矢量表示各相移信号时,其相位偏移有两种形式。如图 6.6.4 所示,它就是相位配置的两种形式。图中注明了各相位状态所代表的 n 比特码元,虚线为基准位(参考相位)。对绝对相移而言,参考相位为载波的初相;对差分相移而言,参考相位为前一已调载波码元的末相(当载波频率是码元速率的整数倍时,也可认为是初相)。各相位值都是对参考相位而言的,正为超前,负为滞后。两种相位配置形式都采用等间隔的相位差来区分相位状态,即 M 进制的相位间隔为 $2\pi/M$,这样造成的平均差错概率将最小。图 6.6.4 所示的形式一称为 $\pi/2$ 体系,形式二称为 $\pi/4$ 体系。两种形式均分别有 2 相、4 相和 8 相制的相位配置。

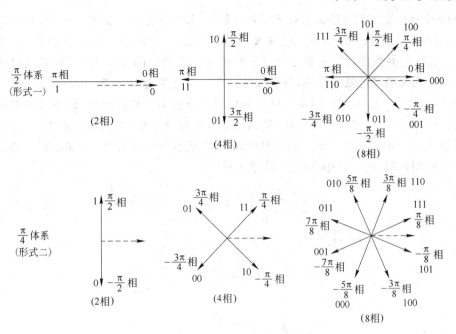

图 6.6.4 相位配置矢量图

图 6.6.5 是四相制信号的波形图。图中示出了 4PSK 的 $\pi/4$ 及 $\pi/2$ 配置的波形和 4DPSK 的 $\pi/4$ 及 $\pi/2$ 配置的波形。图中的 T_s' 是四进制码元的周期,一个 T_s' 周期是由两个二进制比特数构成的。载波周期在这里选取与四进制码元周期相等。

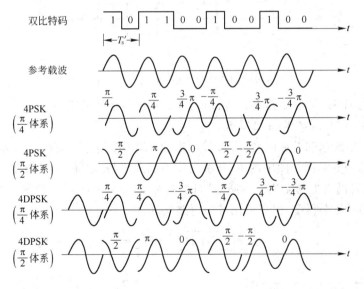

图 6.6.5 四相制信号波形图

多相制信号中最常用的是 4PSK,又称 QPSK,还有 8PSK 信号。这里着重介绍四相制。产生多相制信号常用的方法有三种:直接调相法、相位选择法及脉冲插入法。

(1) 直接调相法

① 4PSK 信号的产生($\pi/4$ 体系)

4PSK 常用正交调制法来直接产生调相信号,其原理方框图如图 6.6.6(a)所示,它属于 π/4 体系。二进制数码两位一组输入,习惯上把双比特的前一位用 A 代表,后一位用 B 代表。经串/并变换后变成宽度为二进制码元宽度两倍的并行码(A、B 码元时间上是对齐的)。再分别进行极性变换,把单极性码变成双极性码(0 变为 -1,1 变为 +1),如图 6.6.6 (b)中 I(t)、Q(t)波形所示。然后分别与互为正交的载波相乘,两路乘法器输出的信号是互相正交的双边带调制信号,其相位与各路码元的极性有关,分别由 A、B 码元决定,见图 6.6.6(a)中的矢量图。经相加电路(也可看作是矢量相加)后输出两路的合成波形,对应的相位配置见 4PSK 的 π/4 体系矢量图。

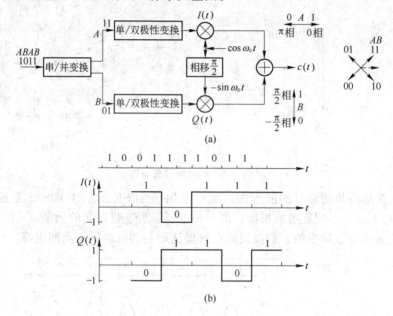

(a)

(b)

图 6.6.6 直接调相法产生 4PSK 信号方框图及码变换波形

若要产生 4PSK 的 π/2 体系,只需适当改变相移网络就可实现。

② 4DPSK 信号的产生(π/2 体系)

在直接调相的基础上加码变换器,就可形成 4DPSK 信号。图 6.6.7 示出了 4DPSK 的 π/2 体系信号方框图。图中的单/双极性变换的规律与 4PSK 情况相反,即 0 变为 +1,1 变为 -1,相移网络也与 4PSK 不同,其目的是要形成 π/2 体系矢量图。图中的码变换器比差分编码器复杂得多,但可以用数字电路实现。

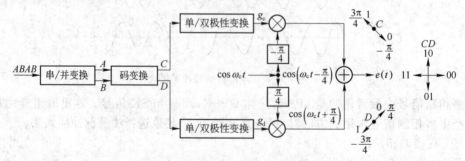

图 6.6.7 直接调相法产生 4DPSK 信号的方框图

③ 8PSK 信号的产生（π/4 体系）

8PSK 调制器方框图如图 6.6.8 所示。输入二进制信号序列经串/并变换每次产生一个 3 bit 的码组 $b_1b_2b_3$，因此符号率为比特率的 1/3。在 $b_1b_2b_3$ 控制下，同相路和正交路分别产生四电平的基带信号 $I(t)$ 和 $Q(t)$。b_1 用于决定同相路信号的极性，b_2 用于决定正交路信号的极性，b_3 则用于确定同相路和正交路信号的幅度。不难算出，若 8PSK 信号幅度为 1，则 $b_3=1$ 时同相路基带信号幅度为 0.924，而正交路幅度为 0.383；$b_3=0$ 时同相路幅度为 0.383，而正交路幅度为 0.924。因此，同相路与正交路的基带信号幅度是互相关联的，不能独立选取。例如，当 3 比特二进制序列 $b_1b_2b_3=101$ 时，同相路 $b_1b_3=11$，其幅度在水平方向为 $+0.924$，正交路 $b_2b_3=01$，这时的正交路产生的幅度在垂直方向为 -0.383。将这两个幅度不同而互相正交的矢量相加，就可得到幅度为 1 的矢量 101，其相移为 $-\pi/8$。

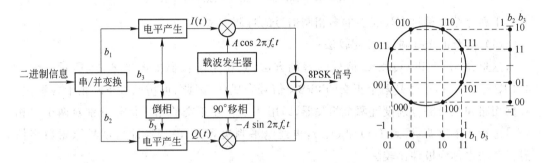

图 6.6.8　8PSK 正交调制器（π/4 体系）

（2）相位选择法

直接用数字信号选择所需相位的载波以产生 M 相制信号。4PSK 的方框图见图 6.6.9。在这种调制器中，载波发生器产生四种相位的载波，经逻辑选相电路根据输入信息每次选择其中一种相移的载波作为输出，然后经带通滤波器滤除高频分量。显然这种方法比较适合于载频较高的场合，此时，带通滤波器可以做得很简单。

若逻辑选相电路还能完成码型变换的功能，就可形成 4DPSK 信号。

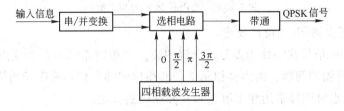

图 6.6.9　相位选择法产生四相制信号方框图

（3）脉冲插入法

图 6.6.10 所示是脉冲插入法方框图，它可实现 π/2 体系相移。主振频率为 4 倍载波频率的定时信号，经两级二分频输出。输入信息经串/并变换逻辑控制电路，产生 π/2 推动脉冲和 π 推动脉冲。在 π/2 推动脉冲作用下，第一级二分频电路相当于分频链输出提

前 π/2 相位;在 π 推动脉冲作用下,第二级二分频多分频一次,相当于提前 π 相位。因此可以用控制两种推动脉冲的办法得到不同相位的载波。显然,分频链输出也是矩形脉冲,需经带通滤波才能得到以正弦波作为载波的 QPSK 信号。用这种方法也可实现 4DPSK 调制。

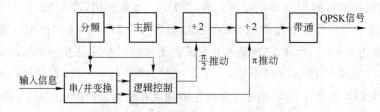

图 6.6.10　脉冲插入法原理方框图

下面介绍几种具有代表性的多相制信号的解调方法。

（1）相干正交解调（极性比较法）

这里介绍 4PSK（QPSK）信号的解调方法,其相干解调器如图 6.6.11 所示。因为 4PSK（π/4 体系）信号是两个正交的 2PSK 信号合成的,因此,可仿照 2PSK 相干检测法,在同相路和正交路分别设置两个相关器,即用两个相互正交的相干信号分别对两个二相信号进行相干解调,得到 $I(t)$ 和 $Q(t)$,再经电平判决和并/串变换即可恢复原始数字信息。此法也称为极性比较法。

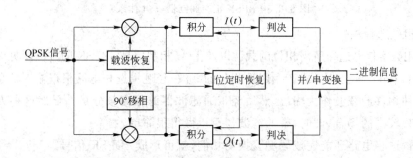

图 6.6.11　QPSK 信号的相干解调

（2）差分正交解调（相位比较法）

对于 4DPSK 信号往往使用差分正交解调法。多相制差分调制的优点就在于它能够克服载波相位模糊的问题。因为多相制信号的相位偏移是相邻两码元相位的偏差,因此,在解调过程中,也可同样采用相干解调和差分译码的方法。

4DPSK 的解调是仿照 2DPSK 差分检测法,用两个正交的相干载波,分别检测出两个分量 A 和 B,然后还原成二进制双比特串行数字信号。此法也称为相位比较法。

解调 4DPSK（π/2 体系）信号的方框图如图 6.6.12 所示。由于相位比较法比较的是前后相邻两个码元载波的初相,因而图中的延迟和相移网络以及相干解调就完成了 π/2 体系信号差分正交解调的过程,且这种电路仅对载波频率是码元速率整数倍时的 4DPSK 信号有效。

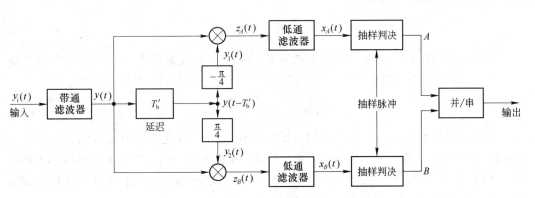

图 6.6.12　4DPSK 信号的解调方框图

（3）8PSK 信号的解调

8PSK 信号也可采用相干解调器，区别在于电平判决由二电平判决改为四电平判决。判决结果经逻辑运算后得到了比特码组，再进行并/串变换。通常使用的是双正交相干解调方案，如图 6.6.13 所示。此解调器由两组正交相干解调器组成，其中一组参考载波信号相位为 0 和 $\pi/2$；另一组参考载波信号相位为 $-\pi/4$ 和 $\pi/4$。四个相干解调器后接四个二电平判决器，对其进行逻辑运算后即可恢复出图 6.6.8 中的 b_1、b_2、b_3，然后进行并/串变换，得到原始的串行二进制信息。图中载波 $\varphi=0$ 对应 $\cos\omega_c t$；载波 $\varphi=-\pi/4$ 对应着 $\cos(\omega_c t-\pi/4)$，c_1、c_2、c_3、c_4 就是这两个相干载波的移相信号，也就是上面所说的二组参考载波的四个相移信号。

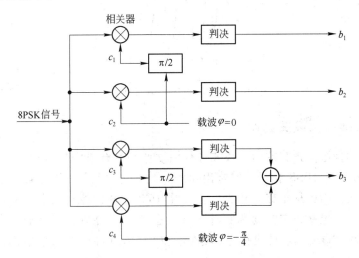

图 6.6.13　8PSK 信号的双正交相干解调

通过计算可得 MPSK 及 MDPSK 的误码率公式。对于 MPSK 信号，若采用相干解调器，可计算出系统总的误码率为

$$P_{s,\mathrm{MPSK}}\approx 2Q\left(\sqrt{2r}\sin\frac{\pi}{M}\right) \tag{6.6.30}$$

式中，r 为接收信噪比。对于 MDPSK 方式的误码率为

$$P_{s,\text{MDPSK}} \approx 2Q\left(\sqrt{2r}\sin\frac{\pi}{M\sqrt{2}} \right) \tag{6.6.31}$$

MPSK 和 MDPSK 采用相干解调时的误码率性能曲线如图 6.6.14 所示。图中实线为 MPSK,虚线为 MDPSK。当采用格雷码时,误比特率与误码率之间的关系如下

$$P_{b,\text{MPSK}} \approx \frac{1}{\log M}P_{s,\text{MPSK}} \tag{6.6.32}$$

由以上结论和图 6.6.14 可以看出,当误码率一定时,M 越大则所要求的接收信噪比 r 就越大;当接收信噪比 r 一定时,M 越大则误码率就越大;相同的 M 和误码率,MDPSK 比 MPSK 所要求的接收信噪比 r 要大,即当 M 很大时,差分移相和相干移相比较大约损失3 dB的功率。当 $M=4$ 时,大约损失 2.3 dB 的功率。

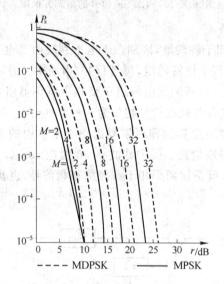

图 6.6.14　MPSK 和 MDPSK 相干解调时的误码率性能曲线

6.6.4　多进制正交幅度调制

两路独立的信号对正交的两个载波进行幅度调制后合成的信号称为正交幅度调制,记作 QAM。在讨论 4PSK 信号时曾指出,4PSK 信号可以看作是两个载波正交的双边带调幅信号的合成。因此从正交展开的角度来看,四相相移键控与二电平的正交幅度调制是完全等效的。二电平正交幅度调制有 4 种状态,称为 4QAM;四电平正交幅度调制有 16 个状态,称为 16QAM,以此类推。16QAM 和 64QAM 在微波通信中都得到了较广泛的应用。

由图 6.6.4 所示的 MPSK 信号的矢量图可以看出,矢量端点在一个圆上分布。随着 M 的增大,这些矢量之间的最小距离也随之减小。通常,将信号矢量端点的分布图称为星座图,信号矢量端点简称为信号点。以十六进制为例,采用 16PSK 时,其星座图如图 6.6.15(a)所示。若采用 16QAM,星座图如图 6.6.15 (b)所示。对比它们的星座图可知,由于 MQAM 的信号点均匀地分布在整个平面,所以在信号点数相同时,信号点之间的距离加大了。

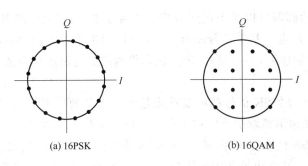

(a) 16PSK　　　　　　　　(b) 16QAM

图 6.6.15　16PSK 和 16QAM 星座图

假设已调信号的最大幅度为 1，MPSK 星座图上信号点之间的最小距离为

$$d_{\mathrm{MPSK}} = 2\sin\frac{\pi}{M} \tag{6.6.33}$$

而 MQAM 时，星座图为矩形，最小距离为

$$d_{\mathrm{MQAM}} = \frac{\sqrt{2}}{\sqrt{M}-1} = \frac{\sqrt{2}}{L-1} \tag{6.6.34}$$

式中，$M = L^2$，L 为星座图上信号点在水平轴或垂直轴上投影的电平数。

由式（6.6.33）和式（6.6.34）可知，当 $M = 4$ 时，$d_{4\mathrm{PSK}} = d_{4\mathrm{QAM}}$，这是因为 4PSK 和 4QAM 的星座图相同。但当 $M > 4$ 时，$d_{4\mathrm{QAM}} > d_{4\mathrm{PSK}}$，这说明 MQAM 的抗干扰能力优于 MPSK。

MQAM 信号可以用正交调制的方法产生，调制器的一般方框图如图 6.6.16(a) 所示。串/并变换电路将速率为 R_b 的输入二进制序列分成两个速率为 $R_b/2$ 的二电平序列，$2-L$ 电平变换器将二电平序列变成 L 电平信号，$L = \sqrt{M}$，L 电平的码元速率为 $R_b/\log M$。然后，L 电平信号分别与两个正交的载波相乘，再将两路相加就产生了 MQAM 信号。这里需要说明的是，MPSK 信号也可以用正交调制的方法产生，但当 $M > 4$ 时，其同相与正交两路基带信号的电平不是互相独立而是互相关联的，以确保合成矢量端点落在同一个圆上。而 MQAM 的同相和正交两路基带信号的电平则是互相独立的。

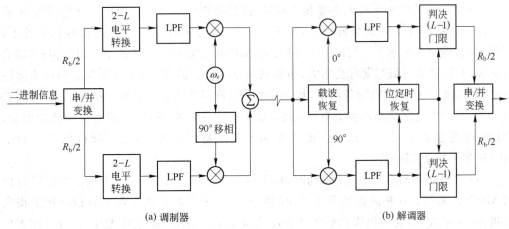

(a) 调制器　　　　　　　　　　　　　(b) 解调器

图 6.6.16　MQAM 调制器与解调器

MQAM 信号的解调可以采用正交的相干解调方法,其方框图如图 6.6.16(b)所示。同相路和正交路的 L 电平基带信号用有 $L-1$ 个门限电平的判决器判决后,分别恢复出速率为 $R_b/2$ 的二进制序列,最后经并/串变换器将两路二进制序列合成一个速率为 R_b 的二进制序列。

由于 MQAM 和 MPSK 信号都可以看成是两个正交的抑制载波双边带调幅信号的相加,所以它们的功率谱都取决于同相路和正交路基带信号的功率谱。在相同信号点数时,MQAM 与 MPSK 的功率谱相同,带宽均为基带信号带宽的两倍。在理想情况下,MQAM 和 MPSK 的最高频带利用率均为 $\log M$ bit/(s·Hz)。当基带信号具有升余弦滚降特性时,频带利用率为 $\frac{1}{1+\alpha} \log M$ bit/(s·Hz)。

MQAM 信号的误码率为

$$P_{s,MQAM} = 2\left(1-\frac{1}{L}\right)Q\left[\sqrt{\frac{3}{L^2-1}\left(\frac{S}{N}\right)}\right] \tag{6.6.35}$$

当用格雷码将二进制信息变换为多电平信号时,其误比特率为

$$P_{b,MQAM} = \frac{P_{s,MQAM}}{\log L} \tag{6.6.36}$$

6.6.5 多进制数字调制系统的性能比较

多进制数字调制系统的误码率是平均信噪比 r 及进制数 M 的函数。对幅移键控,r 是各电平等概率出现时的信号平均功率与噪声平均功率之比。M 一定,r 增大时,P_s 减小,反之增大;r 一定,M 增大时,P_s 增大。可见,随着进制数的增多,抗干扰性能降低。

(1)对多电平振幅调制系统而言,在要求相同的误码率 P_s 的条件下,多电平振幅调制的电平数愈多,则需要信号的有效信噪比就越高;反之,有效信噪比就可能下降。在 M 相同的情况下,双极性相干检测的抗噪声性能最好,单极性相干检测次之,单极性非相干检测性能最差。虽然 MASK 系统的抗噪声性能比 2ASK 差,但其频带利用率高,是一种高效传输方式。

(2)多频系统中相干检测和非相干检测时的误码率 P_s 均与信噪比 r 及进制数 M 有关。在一定的进制数 M 的条件下,信噪比 r 越大,误码率越小;在一定的信噪比条件下,M 值越大,误码率也越大。MFSK 与 MASK、MPSK 比较,随着 M 的增大,其误码率增大得不多,但其频带占用宽度将会增大,频带利用率降低。另外,相干检测与非相干检测性能之间相比较,在 M 相同的条件下,相干检测的抗噪声性能优于非相干检测。但是,随着 M 的增大,两者之间的差距将会有所减小,而且在同一 M 的条件下,随着信噪比的增加,两者性能将会趋于同一极限值。由于非相干检测易于实现,因此实际应用中非相干 MFSK 多于相干 MFSK。

(3)在多相调制系统中,M 相同时,相干检测 MPSK 系统的抗噪声性能优于差分检测 MDPSK 系统。在相同误码条件下,M 值越大,差分移相比相干移相在信噪比上损失得越多,M 很大时,这种损失达到约 3 dB。但是,由于 MDPSK 系统无反相工作(即相位模糊)问题,收端设备没有 MPSK 复杂,因而实际应用比 MPSK 多。多相制的频带利用

率高，是一种高效传输方式。

（4）对于多进制数字调制系统采用非相干检测的 MFSK、MDPSK 和 MASK，一般在信号功率受限，而带宽不受限的场合多用 MFSK；而功率不受限制的场合用 MDPSK；在信道带宽受限，而功率不受限的恒参信道用 MASK。

（5）当 $M>4$ 时，MQAM 的抗干扰能力优于 MPSK。

由前面的分析已经看出，二进制数字调制系统的传码率等于其传信率，2ASK 和 2PSK 的系统带宽近似等于两倍的传信率，频带利用率为 1/2 bit/(s·Hz)；而 2FSK 系统的带宽近似为 $|f_1-f_2|+2R_s>2R_s$，频带利用率小于 1/2 bit/(s·Hz)。在多进制数字调制系统中，系统的传码率和传信率是不相等的，即 $R_b=nR_s$。在相同的信息速率条件下，多进制数字调制系统的频带利用率高于二进制的情形。

6.7　其他数字调制方式

以上讨论的二进制和多进制数字调制方式是数字调制中的基本方式，随着通信技术的发展，提出了许多具有优越性能的新调制方式，这里简单介绍其中几种具有代表性的新的调制技术。

6.7.1　最小频移键控

在讨论 QPSK 信号时可以看到，若基带信号发生变化，已调信号的相位就会发生跃变，最大的相位跃变为 $180°$。相位跃变所引起的相位对时间的变化率（即角频率）很大，这样就会使信号功率谱扩展，旁瓣增大，对相邻频道的信号形成干扰。为了使信号功率谱尽可能集中于主瓣之内，主瓣之外的功率谱衰减的速度较快，那么信号的相位就不能突变，相位与时间的关系曲线应是匀滑的。目前已有不少调制方法就是循此方向而产生的，最小频移键控（MSK）就是其中的一种。

MSK 是 2FSK 的一种特殊情况。2FSK 信号可以看成是两个不同载频的 2ASK 信号之和，当 $(\omega_2-\omega_1)T=n\pi$ 时，这两个信号相互正交。取 $n=1$，这时两频率之差 Δf 是正交条件下的最小频差，Δf 可表示为

$$\Delta f=f_2-f_1=\frac{1}{2T} \tag{6.7.1}$$

其频偏指数 h 为

$$h=\frac{f_2-f_1}{R_s}=\frac{1}{2T}\frac{1}{R_s}=0.5 \tag{6.7.2}$$

式中，$R_s=1/T$。这是满足正交条件下的最小调制指数，$h=0.5$ 的频移键控称为最小频移键控。此时的功率谱见图 6.3.5 中 $h=0.5$ 时的一条曲线。

相位连续的频移键控信号在比特间隔之间的转换时刻要保持载波的相位连续，这时的信号可表示为

$$s_{MSK}(t)=A\cos[2\pi f_c t+\varphi(t)] \tag{6.7.3}$$

式中，$\varphi(t)$ 为随时间连续变化的相位；f_c 为未调载波频率。f_c 和 $\varphi(t)$ 可分别表示为

$$f_{c} = \frac{f_{1} + f_{2}}{2} \tag{6.7.4}$$

$$\varphi(t) = \pm \frac{2\pi \Delta f t}{2} + \varphi(0) \tag{6.7.5}$$

式中,$\varphi(0)$为初始相位。将式(6.7.1)代入上式,MSK 信号可写为

$$s_{\text{MSK}}(t) = A\cos\left[2\pi f_{c}t + \frac{p_{n}\pi t}{2T} + \varphi(0)\right] \tag{6.7.6}$$

式中,$p_{n} = \pm 1$,分别表示二进制信息 1 和 0。

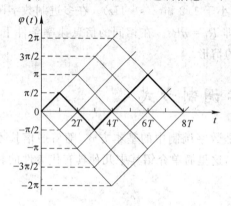

图 6.7.1　MSK 的相位网格图

由式(6.7.6)可知,在每个比特间隔内载波相位变化$+\pi/2$ 或 $-\pi/2$。假设初始相位 $\varphi(0) = 0$,由于每比特相位变化$\pm\pi/2$,因此累积相位 $\varphi(t)$ 在每比特结束时必定为 $\pi/2$ 的整数倍。具体地说,在 T 奇数倍时刻,$\varphi(t)$ 为 $\pi/2$ 的奇数倍;在 T 偶数倍时刻,$\varphi(t)$ 为 $\pi/2$ 的偶数倍。$\varphi(t)$ 随时间变化的规律可用图 6.7.1 所示的网格图表示。$\varphi(t)$ 的轨迹是一条连续的折线,在一个 T 时间内每个折线段上升或下降 $\pi/2$。图中细折线的网格是 $\varphi(t)$ 由 0 时刻的 0 相位开始,到 8T 时刻的 0 相位止,其间可能经历的全部路径。图中的粗折线所对应的信息序列为 10011100。图 6.7.2 给出了 MSK 信号的波形示意图。

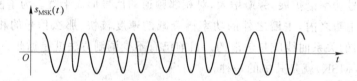

图 6.7.2　MSK 信号波形示意图

6.7.2　高斯最小移频键控

MSK 调制方式的突出优点是信号具有恒定的振幅及信号的功率谱在主瓣以外衰减较快。不过在某些场合,对信号带外辐射功率的限制是非常严格的,MSK 信号仍不能满足这样高的要求。高斯最小移频键控(GMSK)方式就是针对上述要求提出来的。

GMSK 是在 MSK 调制器之前加入一个高斯低通滤波器,也就是说,用高斯低通滤波器作为 MSK 调制的前置滤波器,如图 6.7.3 所示。

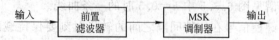

图 6.7.3　GMSK 调制原理方框图

图中的高斯低通滤波器必须能满足以下要求:

（1）带宽要窄，而且是锐截止的。

（2）具有较低的过冲脉冲响应。

（3）能保持输出脉冲的面积不变。

以上要求分别是为了抑制高频成分、防止过量的瞬时频率偏移以及进行相干检测所需要的。GMSK 信号的解调与 MSK 信号完全相同。

图 6.7.4 示出了 GMSK 信号的功率谱密度。图中横坐标为归一化频率$(f-f_c)T_s$，纵坐标为功率谱密度，参变量 B_bT_s 为高斯低通滤波器的归一化 3 dB 带宽 B_b 与码元长度 T_s 的乘积。$B_bT_s = \infty$ 的曲线是 MSK 信号的功率谱密度。由图可见，GMSK 信号的频谱随着 B_bT_s 值的减小变得紧凑起来。

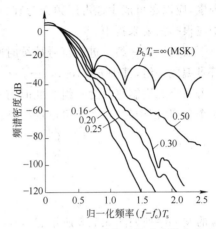

图 6.7.4　GMSK 信号的功率谱密度

需要指出，GMSK 信号频谱特性的改善是通过降低误比特率性能换来的。前置滤波器的带宽越窄，输出功率谱就越紧凑，误比特率性能变得越差。不过，当 $B_bT_s = 0.25$ 时，误比特率性能下降并不严重。

6.7.3　时频调制

时频调制方式是适合在随参信道中使用的一种调制方式。不同类型的时频调制信号，有的能起分集接收的效果，有的能克服或减小码间干扰的影响，有的既能起分集的作用又能起抗码间干扰的作用。

时频调制信号就是在一个或一组二进制符号的持续时间内，用若干个较窄的射频脉冲来传输原二进制符号信息，而相邻射频脉冲是不同频率的，而且按串序发送。这种在不同的时间发送不同频率所构成的信号就称为时频调制信号，又称为时频编码信号。

首先讨论在一个二进制符号持续时间内的时频调制原理。在一个二进制符号持续时间 T_s 内选两个频率、两个时隙，则二进制符号"0"用$(0, T_s/2)$内发 f_1 频率，$(T_s/2, T_s)$内发 f_2 频率来表示；而二进制符号的"1"用$(0, T_s/2)$内发 f_2 频率，$(T_s/2, T_s)$内发 f_1 频率来表示，如图 6.7.5(b)所示。若在一个 T_s 内选用四个频率、两个时隙，例如，用 f_1f_2 表示"0"，用 f_3f_4 表示"1"，则信号组成如图 6.7.5 (c)所示。

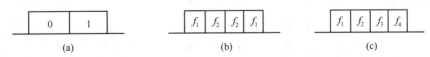

图 6.7.5　二频及四频的时频调制信号示意图

由图 6.7.5 可以看出，由于在一个二进制信息符号内发送两个频率的射频信号，而它们共同代表着同一个信息符号，因此只要选用的频率不相关或相关性不大，则在接收端具有频率分集的效果；图 6.7.5 (b)中的信号不能抗多径时延引起的码间干扰，因为在信息序列所对应的时频调制信号序列中,两个相同的频率会相继出现,从而在接收机中会进入同一分路滤波器,以致彼此重叠起来;但图 6.7.5 (c)中的信号就有抗多径时延的作用,因为这时不会有相同频率相继出现,相同的频率至少有 $T_s/2$ 的时间间隔;再者,由于每一射频脉冲较窄,而且使用多个频率,故已调信号的总频带加宽了。从上述分析可知,要提高时频调制信号的抗衰落能力,可在此原理上加以改造和完善,但考虑到最后一方面的不利因素,应以尽可能少地占用频带为宜。这里的有利因素与不利因素是相互矛盾的,在实际中应根据需要来折中。

下面讨论在一组二进制符号持续时间内时频调制信号的组成。一般可以把 k 个二进制符号编成一组,其中 $k=2,3,4,\cdots$。

若两个二进制符号为一组。此时有四种组合,即 00,01,10,11。在时频信号中如果用四个频率、四个时隙,那么可以这样进行编排:

$$
\begin{array}{cccccc}
0 & 0 & \Leftrightarrow & f_1 & f_2 & f_3 & f_4 \\
0 & 1 & \Leftrightarrow & f_2 & f_3 & f_4 & f_1 \\
1 & 0 & \Leftrightarrow & f_3 & f_4 & f_1 & f_2 \\
1 & 1 & \Leftrightarrow & f_4 & f_1 & f_2 & f_3
\end{array}
$$

相应的波形序列如图 6.7.6 所示。

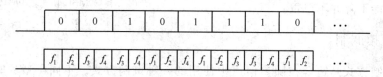

图 6.7.6 四进制四频四时的时频调制信号示意图

这种时频调制信号的特点是,由于在观察时间 T_s 内用四个频率代表同一信息即不使用重复的频率,因而有较强的分集作用和抗码间干扰的能力。当然,这种信号的序列中,存在相继出现相同频率的可能性,但这种可能性是不大的。

若将三个二进制符号编为一组,而同样采用四频四时(此时称为八进制时频信号),则可按下列关系进行编排:

$$
\begin{array}{ccccccc}
0 & 0 & 0 & \Leftrightarrow & f_4 & f_3 & f_2 & f_1 \\
0 & 0 & 1 & \Leftrightarrow & f_1 & f_3 & f_4 & f_2 \\
0 & 1 & 0 & \Leftrightarrow & f_2 & f_1 & f_4 & f_3 \\
0 & 1 & 1 & \Leftrightarrow & f_2 & f_4 & f_3 & f_1 \\
1 & 0 & 0 & \Leftrightarrow & f_3 & f_1 & f_2 & f_4 \\
1 & 0 & 1 & \Leftrightarrow & f_3 & f_4 & f_1 & f_2 \\
1 & 1 & 0 & \Leftrightarrow & f_4 & f_2 & f_1 & f_3 \\
1 & 1 & 1 & \Leftrightarrow & f_1 & f_2 & f_3 & f_4
\end{array}
$$

这样的时频调制信号的特点与上一种相似,但在上一种方式中频率的编排是呈正交关系的,即在任一时隙内不会重复使用同一频率;而在八进制时频调制信号中,时频的编码是不完全正交的。可以证明,正交的时频编码系统的性能要比不完全正交的好;但在同样的信息传输速率下,后一种方式占用的频带宽度比前一种要窄。

综上所述,时频调制信号的抗衰落和克服多径时延的能力,取决于时频编码的方法,而不同的方法将有不同的性能。

时频调制信号如何进行编码的问题是重要的。通常它是利用多元线性群码理论作为理论基础,被选用的时频编码就在多元线性群码中选取。因为正交码有好的抗衰落能力,故首先选择呈正交性的群码。然而,完全正交的编码在给定的群码中存在不多,实际中往往不够选用。因此,实际中常常从准正交码里面选取,这样不致于使检测性能下降太多。

时频调制信号还有一些别的形式,这里不作介绍。

除以上介绍的几种数字调制方式外,还有许多其他的改进形式,例如正交部分响应(QPR)调制、连续相位频移键控(CP/FSK)、软调频(TFM)、偏置正交相移键控(OQP-SK)以及相关相移键控(COR/PSK)等。其他有关书籍中有关于它们的原理以及性能的分析比较,读者可参阅。

习 题

6.1 什么是幅移键控？2ASK 信号的波形有什么特点？

6.2 什么是频移键控？2FSK 信号的波形有什么特点？

6.3 什么是绝对移相？什么是相对移相？它们有何区别？

6.4 设发送数字信息为 011011100010,试分别画出 2ASK、2FSK、2PSK 及 2DPSK 信号的波形示意图。

6.5 已知某 2ASK 系统的码元传输速率为 10^3 Baud,所用的载波信号为 $A\cos(4\pi \times 10^6 t)$。

(1) 设所传送的数字信息为 011001,试画出相应的 2ASK 倍信号波形示意图；

(2) 求 2ASK 信号的带宽。

6.6 若采用 OOK 方式传送二进制数字信息,已知码元传输速率 $R_s = 2 \times 10^6$ Baud,接收端解调器输入信号的振幅 $a = 40\ \mu\text{V}$,信道加性噪声为高斯白噪声,且其单边功率谱密度 $n_0 = 6 \times 10^{-18}$ W/Hz,试求:

(1) 非相干接收时,系统的误比特率；

(2) 相干接收时,系统的误比特率。

6.7 若采用 OOK 方式传送二进制数字信息,已知发送端发出的信号振幅为 5 V,输入接收端解调器的高斯噪声功率 $\sigma^2 = 3 \times 10^{-12}$ W,且要求误比特率 $P_e = 10^{-4}$。试求:

(1) 非相干接收时,由发送端到解调器输入端的衰减应为多少？

(2) 相干接收时,由发送端到解调器输入端的衰减应为多少？

6.8 对 OOK 信号进行相干接收,已知发送"1"(有信号)的概率为 P,发送"0"(无信号)的概率为 $1-P$；已知发送信号的峰值振幅为 5 V,带通滤波器输出端的正态噪声功率为 3×10^{-12} W。

(1) 若 $P = 1/2$、$P_e = 10^{-4}$,则发送信号传输到解调器输入端时共衰减多少分贝？这时的最佳门限值为多大？

(2) 试说明 $P > 1/2$ 时的最佳门限比 $P = 1/2$ 时的大还是小？

(3) 若 $P=1/2, r=10$ dB,求 P_e。

6.9 在 OOK 系统中,已知发送数据"1"的概率为 $P(1)$,发送"0"的概率为 $P(0)$,且 $P(1) \neq P(0)$。采用相干检测,并已知发送"1"时,输入接收端解调器的信号峰值振幅为 a,输入的窄带高斯噪声方差为 σ^2,试证明此时的最佳门限为

$$V_T = \frac{a}{2} + \frac{\sigma^2}{a} \ln \frac{P(0)}{P(1)}$$

6.10 某 ASK 传输系统传送等概率的二元数字信号序列。已知码元宽度 $T=100$ μs,信道白噪声功率谱密度为 $n_0 = 1.338 \times 10^{-5}$ W/Hz,

(1) 若利用相干方式接收,限定误比特率为 $P_e = 2.005 \times 10^{-5}$,求所需 ASK 接收信号的幅度 A。

(2) 若保持误比特率 P_e 不变,改用非相干接收,求所需 ASK 接收信号的幅度 A。

6.11 若某 2FSK 系统的码元传输速率为 2×10^6 Baud,数字信息为"1"时的频率 f_1 为 10 MHz,数字信息为"0"时的频率 f_2 为 10.4 MHz。输入接收端解调器的信号峰值振幅 $a = 40$ μV,信道加性噪声为高斯白噪声,且其单边功率谱密度 $n_0 = 6 \times 10^{-18}$ W/Hz。试求:

(1) 2FSK 信号的第一零点带宽;

(2) 非相干接收时,系统的误比特率;

(3) 相干接收时,系统的误比特率。

6.12 设某 2FSK 调制系统的码元传输速率为 1 000 Baud,已调信号的载频为 1 000 Hz 或 2 000 Hz。

(1) 若发送数字信息为 011010,试画出相应的 2FSK 信号波形;

(2) 试讨论这时的 2FSK 信号应选择怎样的解调器解调?

(3) 若发送数字信息是等可能的,试画出它的功率谱密度草图。

6.13 若采用 2FSK 方式传送二进制数字信息,已知发送端发出的信号振幅为 5 V,输入接收端解调器的高斯噪声功率 $\sigma^2 = 3 \times 10^{-12}$ W,且要求误比特率 $P_e = 10^{-4}$。试求:

(1) 非相干接收时,由发送端到解调器输入端的衰减为多少?

(2) 相干接收时,由发送端到解调器输入端的衰减为多少?

6.14 设载频为 1 800 Hz,码元速率为 1 200 Baud,发送数字信息为 011010。

(1) 若相位偏移 $\Delta \varphi = 0°$ 代表"0"、$\Delta \varphi = 180°$ 代表"1",试画出这时的 2DPSK 信号波形;

(2) 又若 $\Delta \varphi = 270°$ 代表"0"、$\Delta \varphi = 90°$ 代表"1",则这时的 2DPSK 信号的波形又如何?在画波形时,幅度可自行假设。

6.15 在二进制相移键控系统中,已知解调器输入端的信噪比 $r = 10$ dB,试分别求出相干解调 2PSK、极性比较法解调和差分相干解调 2DPSK 信号时的系统误比特率。

6.16 若相干 2PSK 和差分相干 2DPSK 系统的输入噪声功率相同,系统工作在大信噪比条件下,试计算它们达到同样误比特率所需的相对功率电平 $k = r_{DPSK}/r_{PSK}$;若要求输入信噪比一样,则系统性能相对比值 P_{ePSK}/P_{eDPSK} 为多大?并讨论以上结果。

6.17 已知码元传输速率 $R_s = 10^3$ B,接收机输入噪声的双边功率谱密度 $n_0/2 = $

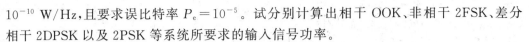

10^{-10} W/Hz,且要求误比特率 $P_e=10^{-5}$。试分别计算出相干 OOK、非相干 2FSK、差分相干 2DPSK 以及 2PSK 等系统所要求的输入信号功率。

6.18 已知数字信息为"1"时,发送信号的功率为 1 kW,信道衰减为 60 dB,接收端解调器输入的噪声功率为 10^{-4} W。试求非相干 OOK 系统及相干 2PSK 系统的误比特率。

6.19 假设在某 2DPSK 系统中,载波频率为 2 400 Hz,码元速率为 1 200 Baud,已知相对码序列为 1100010111 。

(1) 试画出 2DPSK 信号波形;

(2) 若采用差分相干解调法接收该信号,试画出解调系统的各点波形;

(3) 若发送信息符号 0 和 1 的概率分别为 0.6 和 0.4,试求 2DPSK 信号的功率谱密度。

6.20 设输入二元序列为 0,1 交替码,计算并画出载频为 f_c 的 PSK 信号频谱。

6.21 某一型号的调制解调器利用 FSK 方式在电话信道 600～3 000 Hz 范围内传送低速二元数字信号,且规定 $f_1=2\,025$ Hz 代表空号,$f_2=2\,225$ Hz 代表传号,若信息速率 $R_b=300$ bit/s,接收端输入信噪比要求为 6 dB,求:

(1) FSK 信号带宽;

(2) 利用相干接收时的误比特率;

(3) 非相干接收时的误比特率,并与(2)的结果比较。

6.22 已知数字基带信号为 1 码时,发出数字调制信号的幅度为 8 V,假定信道衰减为 50 dB,接收端输入噪声功率为 $N_i=10^{-4}$ W。试求:

(1) 相干 ASK 的误比特率 P_e;

(2) 相干 PSK 的误比特率 P_e。

6.23 已知发送载波幅度 $A=10$ V,在 4 kHz 带宽的电话信道中分别利用 ASK、FSK 及 PSK 系统进行传输,信道衰减为 1 dB/km,$n_0=10^{-8}$ W/Hz,若采用相干解调,试求:

(1) 误比特率都确保在 10^{-5} 时,各种传输方式分别传送多少千米?

(2) 若 ASK 所用载波幅度 $A_{ASK}=20$ V,并分别是 FSK 和 PSK 的 1.4 倍和 2 倍,重做(1)。

6.24 2PSK 相干解调中乘法器所需的相干载波若与理想载波有相位差 θ,求相位差对系统误比特率的影响。

6.25 试比较 OOK 系统、2FSK 系统、2PSK 系统以及 2DPSK 系统的抗信道加性噪声的性能。

6.26 试述多进制数字调制的特点。

6.27 基带数字信号 $g(t)$ 如题图 6.1 所示。

(1) 试画出 MASK 的时域波形;

(2) 试大略画出 MFSK 的时域波形;

(3) 若图示 $g(t)$ 波形直接作为调制信号进行 DSB 模拟调幅,已调波形是什么? 与(1)的结果有何不同?

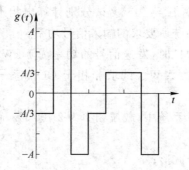

题图 6.1 习题 6.27 用图

6.28 待传送二元数字序列 $\{a_k\}$＝1011010011。

(1) 试画出 QPSK 信号波形。假定载频 $f_0＝R_b＝1/T$,4 种双比特码 00、10、11、01 分别用相位偏移 $0、\pi/2、\pi、3\pi/2$ 的振荡波形表示。

(2) 写出 QPSK 信号表达式。

6.29 设发送数字信息序列为 01011000110100,试按图 6.6.4 的要求,分别画出相应的 4PSK 及 4DPSK 信号的所有可能波形。

6.30 已知电话信道可用的信号传输频带为 600～3 000 Hz,取载频为 1 800 Hz,试说明:

(1) 采用 $\alpha＝1$ 升余弦滚降基带信号时,QPSK 调制可以传输 2 400 bit/s 数据;

(2) 采用 $\alpha＝0.5$ 升余弦滚降基带信号时,8PSK 调制可以传输 4 800 bit/s 数据。

6.31 采用 8PSK 调制传输 4 800 bit/s 数据,

(1) 最小理论带宽是多少?

(2) 若传输带宽不变,而数据率加倍,则调制方式应作何改变? 为达到相同误比特率,发送功率应作何变化?

6.32 什么是最小频移键控? MSK 信号具有哪些特点?

6.33 设发送数字信息序列为 $+1-1-1-1-1-1+1$,试画出 MSK 信号的相位变化图形。若码元速率为 1 000 Baud,载频为 3 000 Hz,试画出 MSK 信号的波形。

6.34 何谓 GMSK 调制? 它与 MSK 调制有何不同?

6.35 什么是时频调制? 时频调制信号有何特点?

6.36 设时频调制信号为四进制四频四时的调制结构,试以传送二进制信息符号序列 111001011000 为例画出波形示意图。

第7章

数字信号的最佳接收

7.1 概　述

在通信系统中,接收系统的性能最终反映了通信系统的优劣,因此分析、研究接收系统及其性能不仅是对通信质量的评价,也是通信系统设计的依据和新技术开发的动力所在。而在通信的过程中,影响通信质量的因素很多,统称其为噪声。接收的任务就是要在混有各种噪声的情况下,从接收信号中提取发送端所发的有用信息,而完成这项任务的最佳方式称为最佳接收。本章将介绍数字信号的最佳接收以及它们的性能。

任何事情都没有绝对的"最佳",因为衡量的标准不同。这里所讲的"最佳",是针对通信中公认的标准来衡量的,这些标准称之为准则。本章将介绍通信中最常用的最小差错概率准则和最大输出信噪比准则,并在此基础上得出符合这些准则的最佳接收机结构,然后分析、比较其性能。

7.2 最小差错概率准则的最佳接收

7.2.1 数字信号接收的统计模型

在通信系统中,发送端所发的信号对接收端来说是不确定的,从信息论的概念来看,也正是因为不确定才有意义。而由于这些不确定,就要用统计学的方法来研究问题。为此可以建立一个数字通信系统的统计模型,如图 7.2.1 所示。

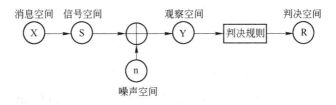

图 7.2.1　数字通信系统的统计模型

在图 7.2.1 中,消息空间、信号空间、噪声空间、观察空间、判决空间分别代表着发送的消息、发送的信号、信道引入的噪声、接收端收到的波形和最终判决的所有可能状态的集合。

(1) 消息空间:设有一个 m 种消息的离散信源,

$$\begin{pmatrix} x_1 & x_2 & \cdots & x_m \\ P(x_1) & P(x_2) & \cdots & P(x_m) \end{pmatrix}$$

式中,$P(x_i)$ 是消息 x_i 发生的概率,$i=1,2,\cdots,m$,因此有:$\sum_{i=1}^{m} P(x_i) = 1$。

(2) 信号空间:将消息变换为与其一一对应的信号,以便传输。用信号 s_i 表示消息 x_i,因此信号空间的信号也有 m 种,可以表示为

$$\begin{pmatrix} s_1 & s_2 & \cdots & s_m \\ P(s_1) & P(s_2) & \cdots & P(s_m) \end{pmatrix}$$

且有 $P(s_i)=P(x_i)$,$i=1,2,\cdots,m$ 和 $\sum_{i=1}^{m} P(s_i) = 1$。

(3) 设在传输中引入的是加性零均值高斯白噪声 $n(t)$,功率谱密度为 $n_0/2$,它在抽样点上所得的样值为相互独立的随机变量,且具有相同的高斯分布规律,均值都为零,方差也都等于高斯白噪声 $n(t)$ 的方差 σ_n^2。因此,在一个码元周期 $(0,T)$ 的观察区间上的 k 个噪声样值随机变量 $n_1,n_2,\cdots,n_k$ 的 k 维联合概率密度函数 $f(n)$ 为

$$f(n) = f(n_1)f(n_2)\cdots f(n_k) = \frac{1}{(\sqrt{2\pi}\sigma_n)^k}\exp\left(-\frac{1}{2\sigma_n^2}\sum_{i=1}^{k} n_i^2\right) \tag{7.2.1}$$

假设所发信号的最高截止频率为 f_m,理想的抽样频率为 $2f_m$,因此,在 $(0,T)$ 观察时间上共抽取了 $2f_m T$ 个样值,其平均功率为

$$N_0 = \frac{1}{2f_m T}\sum_{i=1}^{k} n_i^2, \qquad k = 2f_m T \tag{7.2.2}$$

用 Δt 表示抽样间隔:$\Delta t = \frac{1}{2f_m}$,在 $\Delta t \ll T$ 时,式(7.2.2)可以表示为积分的形式:

$$N_0 = \frac{1}{T}\sum_{i=1}^{k} n_i^2 \Delta t \approx \frac{1}{T}\int_0^T n^2(t)\,\mathrm{d}t \tag{7.2.3}$$

先整理式(7.2.1),再代入式(7.2.3),得

$$f(n) = \frac{1}{(\sqrt{2\pi}\sigma_n)^k}\exp\left(-\frac{1}{2\sigma_n^2}\cdot\frac{2f_m}{2f_m}\sum_{i=1}^{k} n_i^2\right) = \frac{1}{(\sqrt{2\pi}\sigma_n)^k}\exp\left(-\frac{2f_m}{2\sigma_n^2}\sum_{i=1}^{k} n_i^2 \Delta t\right)$$

$$= \frac{1}{(\sqrt{2\pi}\sigma_n)^k}\exp\left(-\frac{1}{\sigma_n^2/f_m}\int_0^T n^2(t)\,\mathrm{d}t\right) = \frac{1}{(\sqrt{2\pi}\sigma_n)^k}\exp\left(-\frac{1}{n_0}\int_0^T n^2(t)\,\mathrm{d}t\right)$$

$$\tag{7.2.4}$$

式中,$n_0=\sigma_n^2/f_m$ 是噪声的单边功率谱密度。

(4) 在观察空间里,接收信号 $y(t)$ 是信号空间的某一确知信号 $s_i(t)$(但不知是哪一个,要判决的正是这一点)与噪声 $n(t)$ 的和,即

$$y(t)=s_i(t)+n(t), \qquad i=1,2,\cdots,m \tag{7.2.5}$$

因为 $n(t)$ 是高斯过程，$s_i(t)$ 是确知信号，因此，$y(t)$ 也是一均值为 $s_i(t)$、方差为 σ_n^2 的高斯过程。由此可以看出，发送信号为 $s_i(t)$ 时，接收信号 $y(t)$ 的条件概率密度函数为

$$f(y \mid s_i) = \frac{1}{(\sqrt{2\pi}\sigma_n)^k} \exp\left\{-\frac{1}{2\sigma_n^2}\sum_{i=1}^{k}\left[y(t)-s_i(t)\right]^2\right\}$$

将式(7.2.5)代入上式，得

$$f(y \mid s_i) = \frac{1}{(\sqrt{2\pi}\sigma_n)^k} \exp\left[-\frac{1}{2\sigma_n^2}\sum_{i=1}^{k}n^2(t)\right]$$

将式(7.2.4)代入上式，得

$$f(y \mid s_i) = \frac{1}{(\sqrt{2\pi}\sigma_n)^k} \exp\left\{-\frac{1}{n_0}\int_0^T\left[y(t)-s_i(t)\right]^2 \mathrm{d}t\right\} \tag{7.2.6}$$

称式(7.2.6)的概率密度函数 $f(y \mid s_i)$ 为似然函数。

(5) 依据接收信号 $y(t)$ 的统计特性，在相应的判决准则之下，就可以在判决空间中进行正确的判决。显然，判决空间中的元素 $r_1, r_2, \cdots, r_m$ 应与消息空间的消息 $x_1, x_2, \cdots, x_m$ 一一对应。

7.2.2 最小差错概率最佳接收机

在数字通信系统中，差错概率(即误码率)是衡量其质量的指标，因此，让差错概率最小就成为最直接的准则。参照这样的准则设计的接收机称为最小差错概率的最佳接收机。

1. 最小差错概率准则

假设研究的是二进制的数字通信系统，发送的消息只有两种 $x_1=1, x_0=0$，相应的发送信号也只有两种：s_1 对应 x_1，s_0 对应 x_0，在观察时刻对 s_1 和 s_0 的抽样分别为 a_1 和 a_0。因此，发送信号为 s_1 或 s_0 时，接收信号为

$$y(t)=\begin{cases} s_1(t)+n(t), & \text{当发送端发 } s_1(t) \text{ 时} \\ s_0(t)+n(t), & \text{当发送端发 } s_0(t) \text{ 时} \end{cases} \tag{7.2.7}$$

接收信号 $y(t)$ 在观察时刻的似然函数根据式(7.2.6)分别为

$$\begin{cases} f(y \mid s_1) = \dfrac{1}{(\sqrt{2\pi}\sigma_n)^k} \exp\left\{-\dfrac{1}{n_0}\int_0^T\left[y(t)-a_1\right]^2 \mathrm{d}t\right\} \tag{7.2.8} \end{cases}$$

$$\begin{cases} f(y \mid s_0) = \dfrac{1}{(\sqrt{2\pi}\sigma_n)^k} \exp\left\{-\dfrac{1}{n_0}\int_0^T\left[y(t)-a_0\right]^2 \mathrm{d}t\right\} \tag{7.2.9} \end{cases}$$

以上两个似然函数曲线如图 7.2.2 所示。

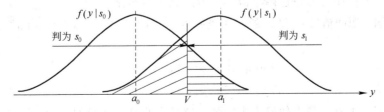

图 7.2.2 二进制数字通信系统接收似然函数曲线

由图 7.2.2 可以看出,如果假设判决门限设定为 V,则接收信号 $y(t)$ 判决如下:

$$\begin{cases} y(t) \geqslant V, & \text{判收到的是 } s_1 \\ y(t) < V, & \text{判收到的是 } s_0 \end{cases} \tag{7.2.10}$$

因此,发 s_1 却被判为 s_0 的错误概率 $P(s_0|s_1)$ 和发 s_0 却被判为 s_1 的错误概率 $P(s_1|s_0)$ 为

$$P(s_0 \mid s_1) = \int_{-\infty}^{V} f(y \mid s_1) \mathrm{d}y \tag{7.2.11}$$

$$P(s_1 \mid s_0) = \int_{V}^{+\infty} f(y \mid s_0) \mathrm{d}y \tag{7.2.12}$$

$P(s_0|s_1)$ 是图 7.2.2 中左边阴影的面积,$P(s_1|s_0)$ 是图 7.2.2 中右边阴影的面积。

由式(7.2.11)和式(7.2.12)可以得到二进制数字通信系统的平均差错概率为

$$\begin{aligned} P_e &= P(s_1)P(s_0 \mid s_1) + P(s_0)P(s_1 \mid s_0) \\ &= P(s_1)\int_{-\infty}^{V} f(y \mid s_1)\mathrm{d}y + P(s_0)\int_{V}^{+\infty} f(y \mid s_0)\mathrm{d}y \end{aligned} \tag{7.2.13}$$

式中,$P(s_1)$ 和 $P(s_0)$ 分别为发送 s_1 和 s_0 的概率,一般可以事先得到,是已知的。因此,在式(7.2.13)中,影响平均差错概率 P_e 的只有门限 V,选择一个使 P_e 最小的最佳门限,就成为能否实现最佳判决的关键。为使 P_e 最小,对式(7.2.13)进行求导,令其为零,从而求出最佳门限 V_0。

$$\left.\frac{\mathrm{d}P_e}{\mathrm{d}V}\right|_{V_0} = P(s_1)f(V_0 \mid s_1) - P(s_0)f(V_0 \mid s_0) = 0 \tag{7.2.14}$$

由式(7.2.14)知,最佳判决时必须满足:

$$\frac{f(V_0 \mid s_1)}{f(V_0 \mid s_0)} = \frac{P(s_0)}{P(s_1)} \tag{7.2.15}$$

因此,当 $y > V_0$,判为 s_1 时,从图 7.2.2 和式(7.2.14)可得

$$P(s_1)f(y \mid s_1) > P(s_0)f(y \mid s_0) \tag{7.2.16}$$

同理,当 $y < V_0$,判为 s_0 时,从图 7.2.2 和式(7.2.14)可得

$$P(s_1)f(y \mid s_1) < P(s_0)f(y \mid s_0) \tag{7.2.17}$$

由式(7.2.15)、(7.2.16)和(7.2.17)可得到,满足最小差错概率准则的判决规则为

$$\begin{cases} \dfrac{f(y \mid s_1)}{f(y \mid s_0)} > \dfrac{P(s_0)}{P(s_1)}, & \text{判为 } s_1 \\[2mm] \dfrac{f(y \mid s_1)}{f(y \mid s_0)} < \dfrac{P(s_0)}{P(s_1)}, & \text{判为 } s_0 \end{cases} \tag{7.2.18}$$

常称式(7.2.18)中不等号左边两个似然函数之比为似然比。

当发送端信源两信号 s_1 和 s_0 的发送概率相等,即 $P(s_1) = P(s_0) = 1/2$ 时,式(7.2.18)可简化为

$$\begin{cases} f(y \mid s_1) > f(y \mid s_0), & \text{判为 } s_1 \\ f(y \mid s_1) < f(y \mid s_0), & \text{判为 } s_0 \end{cases} \tag{7.2.19}$$

此判决规则习惯上称为最大似然判决法则。就是在收到接收信号 y 后,分别带入求解两个似然函数,哪个大就判大的那个对应的发送信号。

可以将最大似然法则推广到 m 进制的数字系统去,在发送 m 个等概率信号时,由最小差错概率准则得到的最大似然判决法则如下:

$$\begin{cases} f(y|s_i) > f(y|s_j), \text{判为 } s_i \\ f(y|s_i) < f(y|s_j), \text{判为 } s_j \end{cases} \tag{7.2.20}$$

式中,$i=1,2,\cdots,m$;$j=1,2,\cdots,m$;$i \neq j$。

2. 最佳接收机结构

由最小差错概率准则的判决法则式(7.2.18),可以得到最佳接收机结构。

将式(7.2.6)代入式(7.2.18),则有

$$P(s_1) \cdot \frac{1}{(\sqrt{2\pi}\sigma_n)^k} \exp\left\{-\frac{1}{n_0}\int_0^T [y(t)-s_1(t)]^2 dt\right\}$$

$$\underset{s_2}{\overset{s_1}{\gtrless}} P(s_0) \cdot \frac{1}{(\sqrt{2\pi}\sigma_n)^k} \exp\left\{-\frac{1}{n_0}\int_0^T [y(t)-s_0(t)]^2 dt\right\} \tag{7.2.21}$$

即:左大于右,则判收到的是 s_1;左小于右,则判收到的是 s_2。对式(7.2.21)整理、取对数,再整理,得

$$n_0 \ln\frac{1}{P(s_1)} + \int_0^T [y(t)-s_1(t)]^2 dt \underset{s_1}{\overset{s_0}{\gtrless}} n_0 \ln\frac{1}{P(s_0)} + \int_0^T [y(t)-s_0(t)]^2 dt$$

将中括号展开,并假设有

$$\int_0^T s_1^2(t) dt = E = \int_0^T s_0^2(t) dt$$

即发送信号等能量。令

$$U_1 = \frac{n_0}{2}\ln P(s_1), \quad U_0 = \frac{n_0}{2}\ln P(s_0)$$

判决规则整理成为

$$U_1 + \int_0^T y(t)s_1(t) dt \underset{s_0}{\overset{s_1}{\gtrless}} U_0 + \int_0^T y(t)s_0(t) dt \tag{7.2.22}$$

依据式(7.2.22),画出满足最小差错概率准则的最佳接收机结构如图 7.2.3(a)所示。当发送信号等概率时,$U_1 = U_0$,判决规则式(7.2.22)可以简化为

$$\int_0^T y(t)s_1(t) dt \underset{s_0}{\overset{s_1}{\gtrless}} \int_0^T y(t)s_0(t) dt \tag{7.2.23}$$

最佳接收机结构也可以简化为如图 7.2.3(b)所示的形式。

由图 7.2.3 可见,接收机是依据 $y(t)$ 与 $s_1(t)$ 或 $s_0(t)$ 的乘积、再积分这样的相关运算来构造的,因此也称该结构的接收机为相关检测器或相关性接收机。图中积分是在一个码元周期内进行的,比较器是对积分结束的 kT 时刻的抽样值进行比较,上支路大于下支路则判收到 s_1,反之判收到 s_0。需要注意的是,抽样后应立即对积分器清零,为下一次积分做好准备。

此外,还可以将发送信号的种类从 2 个增加到 m 个,当发送 m 种等概率信号时,最小

错误概率准则下的最大似然判决最佳接收机如图 7.2.4 所示。

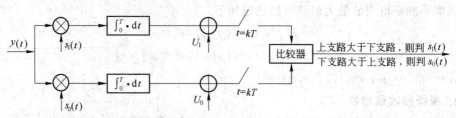

(a) 最小差错概率准则的二进制最佳接收机

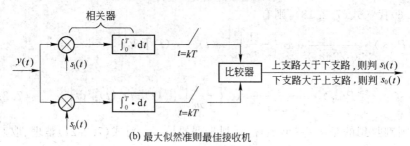

(b) 最大似然准则最佳接收机

图 7.2.3　最小差错概率准则的二进制最佳接收机

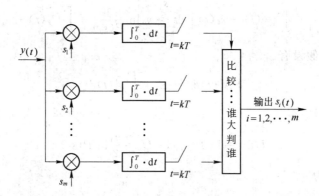

图 7.2.4　发送 m 种等概率信号时,最小差错概率下的最大似然准则最佳接收机

7.2.3　随相信号的最佳接收

假设接收端收到的两个等概率出现的随相信号为

$$s_1(t,\varphi_1)=A\cos(\omega_1 t+\varphi_1)$$
$$s_0(t,\varphi_0)=A\cos(\omega_0 t+\varphi_0) \tag{7.2.24}$$

式中,ω_1、ω_0 是使两个余弦信号互不相关的载频;φ_1、φ_0 是随机相位变量,它们在观察周期 $(0,T)$ 上(T 是码元周期)取值从 $0\sim2\pi$,且服从均匀分布;两个信号有相等的能量,即

$$E=\int_0^T s_1^2(t,\varphi_1)\mathrm{d}t=\int_0^T s_0^2(t,\varphi_0)\mathrm{d}t \tag{7.2.25}$$

因此,在接收端收到的信号为

$$y(t)=s_1(t,\varphi_1)+n(t)=A\cos(\omega_1 t+\varphi_1)+n(t) \tag{7.2.26}$$
$$y(t)=s_0(t,\varphi_0)+n(t)=A\cos(\omega_0 t+\varphi_0)+n(t)$$

（1）求解发送 $s_1(t)$ 或 $s_0(t)$ 时，接收信号的似然函数 $f(y|s_1)$ 和 $f(y|s_0)$

要利用最小差错概率准则建立最大似然函数结构的接收机，就必须先求出接收信号的似然函数。仔细分析现在的随相信号与前面确知信号的不同，就会发现随相信号似然函数不仅有发送信号这个条件，还多了一个随机相位变量的条件。由式（7.2.6）可以得到

$$
\begin{cases}
f(y \mid s_1,\varphi_1) = \dfrac{1}{(\sqrt{2\pi}\sigma_n)^k}\exp\left\{-\dfrac{1}{n_0}\int_0^T\left[y(t)-s_1(t,\varphi_1)\right]^2\mathrm{d}t\right\} \\[3mm]
f(y \mid s_0,\varphi_0) = \dfrac{1}{(\sqrt{2\pi}\sigma_n)^k}\exp\left\{-\dfrac{1}{n_0}\int_0^T\left[y(t)-s_0(t,\varphi_0)\right]^2\mathrm{d}t\right\}
\end{cases}
\tag{7.2.27}
$$

由第 2 章式（2.2.4），可以得到接收信号 y 和随机相位 φ 的联合概率密度函数

$$f(y,\varphi_i|s_i)=f(\varphi_i)f(y|s_i,\varphi_i),\ i=1,0$$

根据假设，φ_1、φ_0 在 $(0,2\pi)$ 内服从均匀分布，因此，求边际概率分布，就可以得到接收信号的似然函数 $f(y|s_1)$ 和 $f(y|s_0)$：

$$
\begin{aligned}
f(y \mid s_1) &= \int_0^{2\pi}f(y,\varphi_1 \mid s_1)\mathrm{d}\varphi_1 = \int_0^{2\pi}f(y \mid s_1,\varphi_1)f(\varphi_1)\mathrm{d}\varphi_1 \\[2mm]
&= \int_0^{2\pi}\frac{1}{2\pi}\cdot\frac{1}{(\sqrt{2\pi}\sigma_n)^k}\exp\left\{-\frac{1}{n_0}\int_0^T\left[y(t)-s_1(t,\varphi_1)\right]^2\mathrm{d}t\right\}\mathrm{d}\varphi_1 \\[2mm]
&= \frac{\exp\left(-\dfrac{E}{n_0}\right)\cdot\exp\left[-\dfrac{1}{n_0}\int_0^Ty^2(t)\mathrm{d}t\right]}{2\pi(\sqrt{2\pi}\sigma_n)^k}\int_0^{2\pi}\exp\left[\frac{2}{n_0}\int_0^Ty(t)s_1(t,\varphi_1)\mathrm{d}t\right]\mathrm{d}\varphi_1
\end{aligned}
\tag{7.2.28}
$$

设
$$
K = \frac{\exp\left(-\dfrac{E}{n_0}\right)\cdot\exp\left[-\dfrac{1}{n_0}\int_0^Ty^2(t)\mathrm{d}t\right]}{(\sqrt{2\pi}\sigma_n)^k}
\tag{7.2.29}
$$

$$
\xi(\varphi_1) = \frac{2}{n_0}\int_0^Ty(t)s_1(t,\varphi_1)\mathrm{d}t = \frac{2}{n_0}\int_0^Ty(t)\cdot A\cos(\omega_1 t+\varphi_1)\mathrm{d}t
\tag{7.2.30}
$$

将式（7.2.29）和式（7.2.30）代入式（7.2.28），得

$$
f(y \mid s_1) = \frac{K}{2\pi}\int_0^{2\pi}\mathrm{e}^{\xi(\varphi_1)}\mathrm{d}\varphi_1
\tag{7.2.31}
$$

下面来研究式（7.2.30）。

$$
\begin{aligned}
\xi(\varphi_1) &= \frac{2A}{n_0}\int_0^Ty(t)(\cos\omega_1 t\cos\varphi_1 - \sin\omega_1 t\sin\varphi_1)\mathrm{d}t \\[2mm]
&= \frac{2A}{n_0}\left[\cos\varphi_1\int_0^Ty(t)\cos\omega_1 t\mathrm{d}t - \sin\varphi_1\int_0^Ty(t)\sin\omega_1 t\mathrm{d}t\right]
\end{aligned}
\tag{7.2.32}
$$

设
$$
X_1 = \int_0^Ty(t)\cos\omega_1 t\mathrm{d}t,\quad Y_1 = \int_0^Ty(t)\sin\omega_1 t\mathrm{d}t
\tag{7.2.33}
$$

将式（7.2.33）代入式（7.2.32），则

$$
\begin{aligned}
\xi(\varphi_1) &= \frac{2A}{n_0}(X_1\cos\varphi_1 - Y_1\sin\varphi_1) \\[2mm]
&= \frac{2A}{n_0}M_1\cos(\varphi_1+\varphi_{10})
\end{aligned}
\tag{7.2.34}
$$

其中，

$$M_1 = \sqrt{X_1^2 + Y_1^2}, \quad \varphi_{10} = \arctan \frac{Y_1}{X_1} \tag{7.2.35}$$

将式(7.2.34)代入式(7.2.31),得

$$f(y|s_1) = \frac{K}{2\pi} \int_0^{2\pi} e^{\frac{2A}{n_0} M_1 \cos(\varphi_1 + \varphi_{10})} \, d\varphi_1 = K I_0 \left(\frac{2A}{n_0} M_1 \right) \tag{7.2.36}$$

同理可以求得

$$f(y|s_0) = \frac{K}{2\pi} \int_0^{2\pi} e^{\xi(\varphi_0)} \, d\varphi_0 = K I_0 \left(\frac{2A}{n_0} M_0 \right) \tag{7.2.37}$$

在式(7.2.36)和式(7.2.37)中,$I_0(u)$是零阶修正贝塞尔函数,

$$\xi(\varphi_0) = \frac{2A}{n_0} (X_0 \cos \varphi_0 - Y_0 \sin \varphi_0) = \frac{2A}{n_0} M_0 \cos(\varphi_0 + \varphi_{00})$$

$$X_0 = \int_0^T y(t) \cos \omega_0 t \, dt, \quad Y_0 = \int_0^T y(t) \sin \omega_0 t \, dt \tag{7.2.38}$$

$$M_0 = \sqrt{X_0^2 + Y_0^2} \quad \varphi_{00} = \arctan \frac{Y_0}{X_0} \tag{7.2.39}$$

(2) 用最大似然函数准则构建随相信号最佳接收机

依据最大似然函数准则,比较式(7.2.36)和式(7.2.37),谁大判谁。即

$$K I_0 \left(\frac{2A}{n_0} M_1 \right) \underset{s_0}{\overset{s_1}{\gtrless}} K I_0 \left(\frac{2A}{n_0} M_0 \right) \tag{7.2.40}$$

通过比较,可以发现,对似然函数的比较,可以转化为对零阶修正贝塞尔函数的比较;而又因零阶修正贝塞尔函数的单调增特性,可以将对零阶修正贝塞尔函数的比较,变为对 M_1 和 M_0 的比较,即

$$M_1 \underset{s_0}{\overset{s_1}{\gtrless}} M_0 \tag{7.2.41}$$

由式(7.2.41),就可以构建二进制随相信号最小差错概率准则下的最佳接收机,如图 7.2.5 所示。

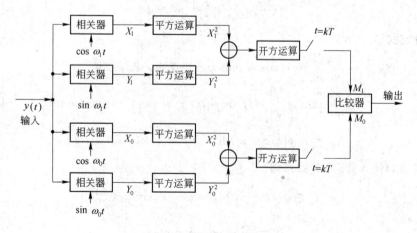

图 7.2.5　二进制随相信号最小差错概率准则下的最佳接收机

同理,可以推出 m 进制随相信号最小差错概率准则下的最佳接收机如图 7.2.6 所示。

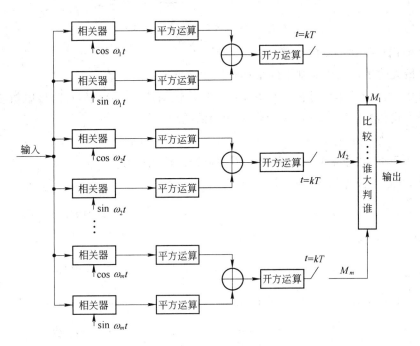

图 7.2.6　m 进制随相信号最小差错概率准则下的最佳接收机

7.3　最大输出信噪比准则的最佳接收

在数字通信的接收端要解决的问题是,有效地消除信号在传输过程中所受的干扰,正确判决、接收发送端所发送的信号。试想如果在接收的某个时刻,有最大的信噪比,而也恰在此刻作判决,这对正确接收信号显然是非常有利的。本节将介绍最大输出信噪比准则下的最佳接收。

7.3.1　匹配滤波器

1. 给出设计任务

假设发送的确知信号为 $s(t)$,它是 $(0,T)$ 上的时间受限信号;信号在信道上受到加性白噪声 $n(t)$ 的干扰,它的双边功率谱密度函数是 $n_0/2$。下面要求设计一个线性滤波器,使输出的有用信号在某一时刻达到最大,以便在该时刻抽样后正确地判决所发送的信号,实现正确接收。接收系统的原理框图如图 7.3.1 所示。

2. 满足最大输出信噪比准则的线性滤波器——匹配滤波器

依据设计任务的要求,用最大的输出信噪比作为判决准则。而理论和实践也都证明了在白噪声干扰下,如果线性滤波器的输出端在某时刻 t_0 使信号的瞬时功率与噪声的平均功率之比最大,就可以使判决电路产生错误判决的概率极小。称这样的线性滤波器为

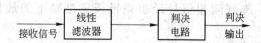

图 7.3.1　接收系统的原理框图

满足最大输出信噪比准则的最佳线性滤波器。

（1）最大输出信噪比准则下的最佳线性滤波器的传递函数

设线性滤波器的单位冲激响应是 $h(t)$，其传递函数 $H(\omega) \leftrightarrow h(t)$。接收机收到的信号 $y(t)$ 是发送信号 $s(t) \leftrightarrow S(\omega)$ 和白噪声 $n(t)$ 的叠加，即

$$y(t) = s(t) + n(t) \tag{7.3.1}$$

由图 7.3.1 可知，接收信号 $y(t)$ 就是线性滤波器的输入信号。

因此，线性滤波器的输出信号为

$$y_0(t) = s_0(t) + n_0(t) = \int_{-\infty}^{+\infty} h(\tau) s(t-\tau) \mathrm{d}\tau + \int_{-\infty}^{+\infty} h(\tau) n(t-\tau) \mathrm{d}\tau \tag{7.3.2}$$

式中，输出的有用信号为

$$s_0(t) = \int_{-\infty}^{+\infty} h(\tau) s(t-\tau) \mathrm{d}\tau = \frac{1}{2\pi} \int_{-\infty}^{+\infty} S(\omega) H(\omega) \mathrm{e}^{\mathrm{j}\omega t} \mathrm{d}\omega \tag{7.3.3}$$

线性滤波器输出噪声的平均功率为

$$N_0 = \frac{1}{2\pi} \int_{-\infty}^{+\infty} \frac{n_0}{2} \cdot |H(\omega)|^2 \mathrm{d}\omega = \frac{n_0}{2} \cdot \frac{1}{2\pi} \int_{-\infty}^{+\infty} |H(\omega)|^2 \mathrm{d}\omega \tag{7.3.4}$$

下面求在 t_0 时刻线性滤波器的输出信噪比：

$$r(t_0) = \frac{S_0}{N_0} \bigg|_{t=t_0} = \frac{|s_0(t)|^2}{n_0^2(t)} \bigg|_{t=t_0} = \frac{\left| \frac{1}{2\pi} \int_{-\infty}^{+\infty} S(\omega) H(\omega) \mathrm{e}^{\mathrm{j}\omega t_0} \mathrm{d}\omega \right|^2}{\frac{n_0}{2} \cdot \frac{1}{2\pi} \int_{-\infty}^{+\infty} |H(\omega)|^2 \mathrm{d}\omega} \tag{7.3.5}$$

仔细研究式(7.3.5)，发现信噪比 $r(t_0)$ 与线性滤波器的传递函数 $H(\omega)$ 有关系，如果能找到使 $r(t_0)$ 最大的 $H(\omega)$，则就找到了要设计的滤波器。

在此引入施瓦兹不等式，

$$\left| \int_{-\infty}^{+\infty} X(\omega) Y(\omega) \mathrm{d}\omega \right|^2 \leqslant \int_{-\infty}^{+\infty} |X(\omega)|^2 \mathrm{d}\omega \cdot \int_{-\infty}^{+\infty} |Y(\omega)|^2 \mathrm{d}\omega$$

当 $X(\omega) = K Y^*(\omega)$ 时，等号成立，其中 K 为常数，"$*$"表示共轭。

将施瓦兹不等式代入式(7.3.5)，其中，$X(\omega) = H(\omega)$，$Y(\omega) = S(\omega)\mathrm{e}^{\mathrm{j}\omega t_0}$，得

$$r(t_0) \leqslant \frac{\frac{1}{2\pi} \int_{-\infty}^{+\infty} |H(\omega)|^2 \mathrm{d}\omega \cdot \frac{1}{2\pi} \int_{-\infty}^{+\infty} |S(\omega) \mathrm{e}^{\mathrm{j}\omega t_0}|^2 \mathrm{d}\omega}{\frac{n_0}{2} \cdot \frac{1}{2\pi} \int_{-\infty}^{+\infty} |H(\omega)|^2 \mathrm{d}\omega}$$

$$\leqslant \frac{\frac{1}{2\pi} \int_{-\infty}^{+\infty} |S(\omega)|^2 \mathrm{d}\omega}{\frac{n_0}{2}} = \frac{E}{\frac{n_0}{2}} = \frac{2E}{n_0} \tag{7.3.6}$$

式中，$E = \frac{1}{2\pi} \int_{-\infty}^{+\infty} |S(\omega)|^2 \mathrm{d}\omega$ 是所发送的有用信号的能量。

由式(7.3.6)可以看出,线性滤波器在 $t=t_0$ 时刻存在最大的输出信噪比,最大可以达到 $r(t_0)|_{\max}=\dfrac{2E}{n_0}$,且达到这个最大信噪比的条件是

$$H(\omega)=KS^*(\omega)\mathrm{e}^{-\mathrm{j}\omega t_0} \tag{7.3.7}$$

这就是最大输出信噪比准则下的最佳线性滤波器的传递函数。

结论:在加性白噪声信道干扰下,按照式(7.3.7)来设计的最佳线性滤波器,可使滤波器输出在 $t=t_0$ 时刻达到最大信噪比 $2E/n_0$。

仔细观察式(7.3.7)可以发现,线性滤波器的传递函数 $H(\omega)$ 是所发送有用信号的共轭频谱的 K 倍,且附加有 ωt_0 的相移。这种与发送信号间的关系称为"匹配",因此,这样的最佳线性滤波器称为匹配滤波器。

(2) 匹配滤波器的单位冲激响应 $h(t)$

由式(7.3.7)可以求出匹配滤波器的单位冲激响应

$$
\begin{aligned}
h(t) &= \frac{1}{2\pi}\int_{-\infty}^{+\infty}H(\omega)\mathrm{e}^{\mathrm{j}\omega t}\,\mathrm{d}\omega = \frac{1}{2\pi}\int_{-\infty}^{+\infty}KS^*(\omega)\mathrm{e}^{-\mathrm{j}\omega t_0}\mathrm{e}^{\mathrm{j}\omega t}\,\mathrm{d}\omega \\
&= \frac{K}{2\pi}\int_{-\infty}^{+\infty}\left[\int_{-\infty}^{+\infty}s(\tau)\mathrm{e}^{-\mathrm{j}\omega\tau}\,\mathrm{d}\tau\right]^*\mathrm{e}^{-\mathrm{j}\omega(t_0-t)}\,\mathrm{d}\omega \\
&= K\int_{-\infty}^{+\infty}\frac{1}{2\pi}\int_{-\infty}^{+\infty}\mathrm{e}^{\mathrm{j}\omega(\tau+t-t_0)}\,\mathrm{d}\omega s(\tau)\,\mathrm{d}\tau \\
&= K\int_{-\infty}^{+\infty}s(\tau)\delta(\tau+t-t_0)\,\mathrm{d}\tau \\
&= Ks(t_0-t) \tag{7.3.8}
\end{aligned}
$$

由此可以得出这样的结论:匹配滤波器的单位冲激响应 $h(t)$,等于发送信号 $s(t)$ 先翻转 $s(-t)$,再向右平移 t_0 的结果的 K 倍,即 $h(t)=Ks(t_0-t)$,如图 7.3.2 所示。

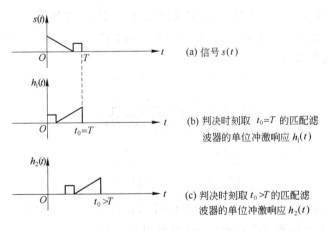

(a) 信号 $s(t)$

(b) 判决时刻取 $t_0=T$ 的匹配滤波器的单位冲激响应 $h_1(t)$

(c) 判决时刻取 $t_0>T$ 的匹配滤波器的单位冲激响应 $h_2(t)$

图 7.3.2　匹配滤波器的单位冲激响应 $h(t)$ 与匹配信号 $s(t)$

值得注意的是,一个物理可实现的系统,应该是因果系统,因此就要有:当 $t<0$ 时,$h(t)=0$,也就是有当 $t_0<t$ 时,$s(t)=0$,这说明对于物理可实现的匹配滤波,发送信号 $s(t)$ 必须在匹配滤波器输出最大信噪比时刻 t_0 到来之前消失为零。从物理意义上可以理解

为,发送信号未结束,就不能得到信号的全部能量 E,因而也不能得到最大信噪比。一般希望 t_0 尽量的小,所以常把发送信号持续时间的末尾取作判决时刻 t_0。如图 7.3.2(b)所示,取 $t_0 = T$。由此可得匹配滤波器结构如图 7.3.3 所示。

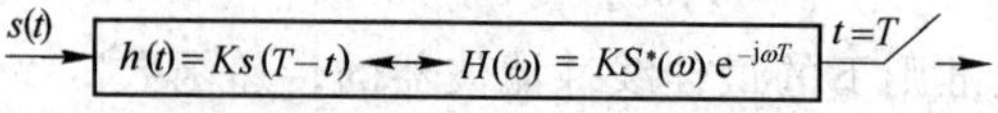

$$s(t) \rightarrow \boxed{h(t) = Ks(T-t) \longleftrightarrow H(\omega) = KS^*(\omega)\,\mathrm{e}^{-j\omega T}} \xrightarrow{t=T}$$

图 7.3.3 匹配滤波器结构

(3) 匹配滤波器的输出 $s_0(t)$

因为匹配滤波器是线性滤波器,因此发送信号 $s(t)$ 经该滤波器的输出为

$$s_0(t) = s(t) * h(t) = \int_{-\infty}^{+\infty} h(\tau)s(t-\tau)\mathrm{d}\tau = \int_{-\infty}^{+\infty} Ks(T-\tau)s(t-\tau)\mathrm{d}\tau$$

$$\xrightarrow{\text{设}:\tau'=t-\tau} K\int_{-\infty}^{+\infty} s(T+\tau'-t)s(\tau')\mathrm{d}\tau' = KR(t-T) \qquad (7.3.9)$$

从式(7.3.9)可以看出,匹配滤波器的输出信号与输入信号的自相关函数成比例,且在 $t=T$ 时,有: $s_0(T) = KR(0)$ 为最大。

在数字通信中,$s(t)$ 是 $(0,T)$ 上的时间受限信号,接收信号是 $y(t)$,因此,匹配滤波器的输出为

$$y_0(t) = y(t) * h(t) = \int_0^T y(t-\tau)h(\tau)\mathrm{d}\tau$$

$$= \int_0^T Ky(t-\tau)s(T-\tau)\mathrm{d}\tau = K\int_{t-T}^t y(x)s(T-t+x)\mathrm{d}x$$

取判决时刻为 $t=T$,代入上式,得

$$y_0(t=T) = K\int_0^T y(x)s(x)\mathrm{d}x \qquad (7.3.10)$$

由以上推导可得出这样的结论:匹配滤波器可以用另一种形式表示,与式(7.2.23)相比较可以看出,匹配滤波器实质上是相关器,其结构如图 7.3.4 所示。可以用相关器来等效匹配滤波器,这里取 $K=1$。

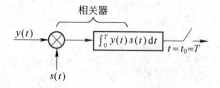

图 7.3.4 匹配滤波器的结构

例 7.3.1 已知信号 $s(t) = U(t) - U(t-T)$,如图 7.3.5(a)所示。试分别画出 $t_0 = T$ 和 $t_0 = 1.5T$ 的匹配滤波器单位冲激响应和输出波形,取 $K=1$。

解 匹配滤波器单位冲激响应 $h(t)$ 为

$$h(t) = Ks(t_0 - t) = s(t_0 - t)$$

$t_0 = T$ 时, $h_1(t) = s(T-t) = U(t) - U(t-T)$,如图 7.3.5(b)所示。

$t_0 = 1.5T$ 时, $h_2(t) = s(1.5T-t) = U(t-0.5T) - U(t-1.5T)$,如图 7.3.5(d)所示。

通过匹配滤波器 $h_1(t)$ 的输出为

$$s_1(t) = s(t) * h_1(t) = \begin{cases} t, & 0 \leqslant t \leqslant T \\ 2T-t, & T < t \leqslant 2T \\ 0, & 其他 \end{cases}$$

波形如图 7.3.5(c) 所示。

通过匹配滤波器 $h_2(t)$ 的输出为

$$s_2(t) = s(t) * h_2(t) = \begin{cases} t-0.5T, & 0.5T \leqslant t \leqslant 1.5T \\ 2.5T-t, & 1.5T < t \leqslant 2.5T \\ 0, & 其他 \end{cases}$$

波形如图 7.3.5(e) 所示。

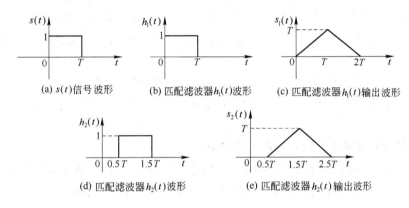

(a) $s(t)$ 信号波形　　　(b) 匹配滤波器 $h_1(t)$ 波形　　　(c) 匹配滤波器 $h_1(t)$ 输出波形

(d) 匹配滤波器 $h_2(t)$ 波形　　　(e) 匹配滤波器 $h_2(t)$ 输出波形

图 7.3.5　匹配滤波器单位冲激响应和输出波形

7.3.2　二进制信号的匹配滤波器接收机

匹配滤波器是可以实现某时刻信号最大输出的最佳线性滤波器,由匹配滤波器构成的接收机是可以实现某时刻最大信噪比的最佳接收机。

1. 二进制匹配滤波器接收系统结构

由匹配滤波器构成的二进制最佳接收系统框图如图 7.3.6 所示。

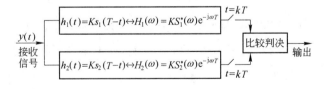

图 7.3.6　二进制信号的匹配滤波器接收系统框图

由图 7.3.6 可以看出,二进制发送信号为 $s_1(t) \leftrightarrow S_1(\omega)$ 和 $s_2(t) \leftrightarrow S_2(\omega)$,它们都是 $(0,T)$ 内的时间受限信号,经过传输,它们在信道上受到加性白噪声的干扰,在接收端接收到的信号为

$$y(t) = \begin{cases} s_1(t) + n(t), & \text{发送 } s_1(t) \text{ 时} \\ s_2(t) + n(t), & \text{发送 } s_2(t) \text{ 时} \end{cases} \tag{7.3.11}$$

用来匹配信号 $s_1(t)$ 和 $s_2(t)$ 的匹配滤波器传递函数分别为

$$h_1(t) = Ks_1(T-t) \leftrightarrow H_1(\omega) = KS_1^*(\omega)e^{-j\omega T}$$

和

$$h_2(t) = Ks_2(T-t) \leftrightarrow H_2(\omega) = KS_2^*(\omega)e^{-j\omega T}$$

输出最大信噪比的时刻为 $t_0 = T$。

2. 二进制匹配滤波器接收系统的工作

当发送端在当前码元 $(0, T)$ 内发送的信号是 $s_1(t)$ 时,在接收端得到的接收信号为 $y(t) = s_1(t) + n(t)$, $y(t)$ 同时进入上下两个匹配滤波器。但因为 $h_1(t)$ 是与 $s_1(t)$ 相匹配的滤波器,因此在上支路的 $t_0 = T$ 时刻会产生最大输出 $r_上(T)$;而 $h_2(t)$ 不是与 $s_1(t)$ 相匹配的滤波器,因此在下支路的 $t_0 = T$ 时刻不会产生最大输出,设其为 $r_下(T)$,显然 $r_上(T) > r_下(T)$,比较的结果,判决在这个码元周期上收到的是上支路与之匹配的信号 $s_1(t)$。

同理,当发送端发送的信号是 $s_2(t)$ 时,判决时刻会因下支路滤波器与信号匹配而产生最大输出,上支路则不会,比较的结果,下支路大于上支路,判决收到的是下支路与之匹配的信号 $s_2(t)$。

3. 匹配滤波器接收与相关接收机的等效

由式 (7.3.10) 可以得出这样的结论,匹配滤波器实质上是相关器。因此,可以将图 7.3.6 所示的二进制匹配滤波器接收系统框图用相关接收机等效为图 7.3.7,这里取 $K = 1$。

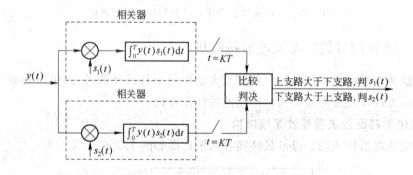

图 7.3.7 与匹配滤波器接收等效的相关接收机

同理,可以将二进制的匹配接收推广到 m 进制,在上一节已画出了 m 进制最佳接收机的结构,如图 7.2.4 所示。

7.4 二进制最佳接收的接收性能

前面介绍了二进制数字接收系统的原理、结构,下面来分析最佳接收系统的接收性能、差错概率即误码率。

7.4.1 二进制最佳接收的接收性能

匹配滤波器最佳接收机(如图 7.4.1(a)所示)和相关最佳接收机(如图 7.4.1(b)所示)两者是等效的,这里取 $k=1$。下面从匹配滤波器接收机的角度来讨论二进制最佳接收机的接收性能。

接收端收到的信号为 $y(t)=s_i(t)+n(t)$,$i=1,2$,其中 $s_i(t)(i=1,2)$ 是发送信号,$n(t)$ 是信道上产生的加性零均值高斯白噪声。单边功率谱密度函数为 n_0,匹配滤波器的单位冲激响应为 $h(t)\leftrightarrow H(\omega)$,匹配滤波器最佳接收机框图如图 7.4.1(a)所示。

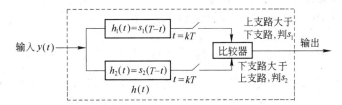

(a) 二进制数字通信匹配滤波器最佳接收机

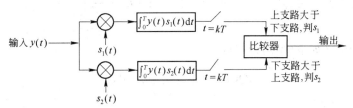

(b) 二进制数字通信相关最佳接收机

图 7.4.1 二进制最佳接收机

显然,抽样判决的最佳时刻为 $t_0=T$,T 是码元周期。此时的抽样值为

$$y_0(T)=\int_0^\infty h(\tau)s_i(T-\tau)\mathrm{d}\tau+\int_0^\infty h(\tau)n(T-\tau)\mathrm{d}\tau,\quad i=1,2 \qquad (7.4.1)$$

由高斯过程的性质可知,$y_0(T)$ 是一高斯随机变量,均值为

$$m_1=\int_0^\infty h(\tau)s_1(T-\tau)\mathrm{d}\tau,\qquad 发送\ s_1(t) \qquad (7.4.2)$$

$$m_2=\int_0^\infty h(\tau)s_2(T-\tau)\mathrm{d}\tau,\qquad 发送\ s_2(t) \qquad (7.4.3)$$

方差为

$$\sigma_0^2=\frac{1}{2\pi}\int_{-\infty}^{+\infty}|H(\omega)|^2\cdot\frac{n_0}{2}\mathrm{d}\omega=\frac{n_0}{2}\int_{-\infty}^{+\infty}h^2(t)\mathrm{d}t=\frac{n_0}{2}\int_0^{+\infty}h^2(t)\mathrm{d}t \qquad (7.4.4)$$

式(7.4.4)用到帕斯瓦尔定理:

$$\int_{-\infty}^{+\infty}f^2(t)\mathrm{d}t=\frac{1}{2\pi}\int_{-\infty}^{+\infty}|F(\omega)|^2\mathrm{d}\omega$$

接收电路依据 $y_0(T)$ 判决,它等效于依据最大似然函数判决(设发送端等概率发送信号 $s_1(t)$、$s_2(t)$,即 $P(s_1)=P(s_2)$),因此有

$$f(y_0|s_1)\gtrless f(y_0|s_2),大于号判\ s_1,小于号判\ s_2 \qquad (7.4.5)$$

其中,似然函数分别为

$$f(y_0 \mid s_1) = \frac{1}{\sqrt{2\pi}\sigma_0} \exp\left\{-\frac{[y_0(T) - m_1]^2}{2\sigma_0^2}\right\}$$

$$f(y_0 \mid s_2) = \frac{1}{\sqrt{2\pi}\sigma_0} \exp\left\{-\frac{[y_0(T) - m_2]^2}{2\sigma_0^2}\right\} \tag{7.4.6}$$

将式(7.4.6)代入式(7.4.5),且设 $m_2 > m_1$,经整理可得

$$y_0(T) \lessgtr \frac{m_1 + m_2}{2}, \text{小于号判 } s_1, \text{大于号判 } s_2 \tag{7.4.7}$$

因此,二进制最佳接收的平均误码率为

$$P_e = P(s_1)P(s_2 \mid s_1) + P(s_2)P(s_1 \mid s_2)$$

$$= P(s_1)\int_{\frac{m_1+m_2}{2}}^{+\infty} f(y_0 \mid s_1)\mathrm{d}y_0 + P(s_2)\int_{-\infty}^{\frac{m_1+m_2}{2}} f(y_0 \mid s_2)\mathrm{d}y_0 \tag{7.4.8}$$

将 $P(s_1) = P(s_2) = 1/2$ 代入式(7.4.8),同时将式(7.4.6)代入式(7.4.8),经推导有

$$P_e = \frac{1}{2}Q\left(\frac{\frac{m_1+m_2}{2} - m_1}{\sigma_0}\right) + \frac{1}{2}\left[1 - Q\left(\frac{\frac{m_1+m_2}{2} - m_2}{\sigma_0}\right)\right] \tag{7.4.9}$$

式中,Q 函数的定义如下(见附录 C):

$$Q(x) = \int_x^{\infty} \frac{1}{\sqrt{2\pi}}\mathrm{e}^{-\frac{y^2}{2}}\mathrm{d}y \tag{7.4.10}$$

整理式(7.4.9)可得

$$P_e = Q\left[\frac{|m_2 - m_1|}{2\sigma_0}\right] = Q[d] \tag{7.4.11}$$

式(7.4.11)说明,二进制最佳接收的平均误码率 P_e 取决于归一化距离

$$d = \frac{|m_2 - m_1|}{2\sigma_0} \tag{7.4.12}$$

d 越大,平均误码率 P_e 越小。

将式(7.4.2)、式(7.4.3)、式(7.4.4)代入式(7.4.12),再平方得

$$d^2 = \frac{\left|\int_0^{\infty} h(\tau)[s_2(T-\tau) - s_1(T-\tau)]\mathrm{d}\tau\right|^2}{2n_0\int_0^{\infty} h^2(t)\mathrm{d}t} \tag{7.4.13}$$

利用施瓦兹不等式,当

$$h(t) = s_2(T-t) - s_1(T-t), \qquad 0 \leqslant t \leqslant T \tag{7.4.14}$$

时,d^2 达到最大,为

$$d_{\max}^2 = \frac{\int_0^T [s_2(T-t) - s_1(T-t)]^2 \mathrm{d}t}{2n_0} \tag{7.4.15}$$

整理式(7.4.15)的分子,得

$$\int_0^T [s_2(T-t) - s_1(T-t)]^2 \mathrm{d}t$$

$$= \int_0^T [s_2^2(T-t) - 2s_2(T-t)s_1(T-t) + s_1^2(T-t)] \mathrm{d}t$$

$$= E_{s_1} + E_{s_2} - 2\rho \sqrt{E_{s_1} E_{s_2}} \tag{7.4.16}$$

式中，

$$\begin{cases} E_{s_1} = \int_0^T s_1^2(T-t) \mathrm{d}t = \int_0^T s_1^2(t) \mathrm{d}t, \quad s_1(t) \text{ 在} (0,T) \text{上的能量} \\ E_{s_2} = \int_0^T s_2^2(T-t) \mathrm{d}t = \int_0^T s_2^2(t) \mathrm{d}t, \quad s_2(t) \text{ 在} (0,T) \text{上的能量} \\ \qquad\qquad\qquad \rho = \dfrac{\displaystyle\int_0^T s_1(t) s_2(t) \mathrm{d}t}{\sqrt{E_{s_1} E_{s_2}}} \end{cases} \tag{7.4.17}$$

式中，ρ 称为 $s_1(t)$、$s_2(t)$ 两波形的波形系数，在 $[-1,1]$ 内取值，它反映了这两个波形的相似程度。

先将式(7.4.16)代入式(7.4.15)，然后再将式(7.4.15)代入式(7.4.11)，由此得到二进制最佳接收的平均错误概率为

$$P_e = Q\left[\left(\frac{E_{s_1} + E_{s_2} - 2\rho \sqrt{E_{s_1} E_{s_2}}}{2n_0} \right)^{1/2} \right] \tag{7.4.18}$$

当 $E_{s_1} = E_{s_2} = E$ 时，式(7.4.18)可以简化为

$$P_e = Q\left(\sqrt{\frac{E(1-\rho)}{n_0}} \right) = \frac{1}{2}\left\{ 1 - \mathrm{erf}\left[\sqrt{\frac{E(1-\rho)}{2n_0}} \right] \right\} = \frac{1}{2}\mathrm{erfc}\left[\sqrt{\frac{E(1-\rho)}{2n_0}} \right]$$

$$\tag{7.4.19}$$

式中，$\mathrm{erf}(x)$ 是误差函数，$\mathrm{erfc}(x)$ 是误差互补函数（见附录 C）。

式(7.4.19)说明，错误概率 P_e 与信号的能量 E、噪声 n_0 和信号的相关系数 ρ 有关，当信号的能量 E 和噪声 n_0 一定时，错误概率 P_e 随信号的相关系数 ρ 增大而增大。ρ 的取值范围是 $[-1,1]$，因此，$\rho=-1$ 时，P_e 最小；$\rho=1$ 时，$P_e=1/2$ 最大，此时，系统无法正常工作。

7.4.2　二进制确知信号的最佳波形

当信号的码速率、发射功率和信道一定时，错误概率 P_e 随信号的相关系数 ρ 增大而增大。因此如何设计两个发送信号，使它们的相关系数 ρ 尽可能的小，就成为影响错误概率 P_e 的关键，下面对前面讨论过的系统作一些分析。假设信道干扰均是加性高斯白噪声，其单边功率谱密度函数为 n_0。

1. 采用最佳接收的 2PSK 系统的平均错误概率 P_e

在此系统中，两个发送信号是相位差 π 的正弦波：

发送信号为

$$s_1(t) = A\cos \omega t, \quad 0 \leqslant t \leqslant T$$

信号的能量为

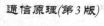

$$E_1 = \int_0^T (A\cos \omega t)^2 dt = \frac{A^2 T}{2} = E \qquad (7.4.20a)$$

发送信号为

$$s_2(t) = -A\cos \omega t, \quad 0 \leqslant t \leqslant T$$

信号的能量为

$$E_2 = \int_0^T (-A\cos \omega t)^2 dt = \frac{A^2 T}{2} = E \qquad (7.4.20b)$$

两个发送信号的相关系数为

$$\rho = \frac{\int_0^T -A^2 \cos^2 \omega t\, dt}{\sqrt{\int_0^T A^2 \cos^2 \omega t\, dt \cdot \int_0^T A^2 \cos^2 \omega t\, dt}} = -1 \qquad (7.4.21)$$

将式(7.4.21)和式(7.4.20)代入式(7.4.19)，得

$$P_e = \frac{1}{2}\left[1 - \text{erf}\left(\sqrt{\frac{E}{n_0}}\right)\right] = \frac{1}{2}\text{erfc}\left(\sqrt{\frac{E}{n_0}}\right) \qquad (7.4.22)$$

2. 采用最佳接收的 2FSK 系统的平均错误概率 P_e

在此系统中，两个信号是不同频率的正交的正弦波，有

信号为

$$s_1(t) = A\cos \omega_1 t, \qquad 0 \leqslant t \leqslant T$$

信号的能量为

$$E_1 = \int_0^T (A\cos \omega_1 t)^2 dt = \frac{A^2 T}{2} = E \qquad (7.4.23a)$$

信号为

$$s_2(t) = A\cos \omega_2 t, \qquad 0 \leqslant t \leqslant T$$

信号的能量为

$$E_2 = \int_0^T (A\cos \omega_2 t)^2 dt = \frac{A^2 T}{2} = E \qquad (7.4.23b)$$

两个发送信号的相关系数为

$$\rho = \frac{\int_0^T A^2 \cos \omega_1 t\cos \omega_2 t\, dt}{\sqrt{\int_0^T A^2 \cos^2 \omega_1 t\, dt \cdot \int_0^T A^2 \cos^2 \omega_2 t\, dt}} = 0 \qquad (7.4.24)$$

将式(7.4.24)和式(7.4.23)代入式(7.4.19)，得

$$P_e = \frac{1}{2}\left[1 - \text{erf}\left(\sqrt{\frac{E}{2n_0}}\right)\right] = \frac{1}{2}\text{erfc}\left(\sqrt{\frac{E}{2n_0}}\right) \qquad (7.4.25)$$

3. 采用最佳接收的 2ASK 系统的平均错误概率 P_e

在此系统中，两个信号及其能量分别为

信号为

$$s_1(t) = 0, \quad 0 \leqslant t \leqslant T \qquad (7.4.26a)$$

信号的能量为

$$E_1 = 0$$

信号为

$$s_2(t) = A\cos\omega t, \quad 0 \leqslant t \leqslant T$$

信号的能量为

$$E_2 = \int_0^T (A\cos\omega t)^2 \mathrm{d}t = \frac{A^2 T}{2} = E \qquad (7.4.26\mathrm{b})$$

2ASK 系统最佳接收机如图 7.4.2 所示。

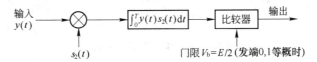

图 7.4.2　2ASK 系统最佳接收机

将式(7.4.26)代入式(7.4.18)得

$$P_e = Q\left(\sqrt{\frac{E}{2n_0}}\right) = \frac{1}{2}\mathrm{erfc}\left(\sqrt{\frac{E}{4n_0}}\right) \qquad (7.4.27)$$

从以上三个系统的接收性能来看,前两个系统发送的信号能量、噪声干扰情况均相同,但相关系数 $\rho = -1$ 的 2PSK 系统差错概率比 $\rho = 0$ 的 2FSK 系统低,2PSK 系统的抗噪性能比 2FSK 系统高 3 dB。2ASK 系统发送信号能量是前面两系统的 1/2,2ASK 系统的差错概率比 2FSK 系统高,2ASK 系统的抗噪性能比 2FSK 系统低 3 dB。因此,相关系数 $\rho = -1$ 的 2PSK 信号是二进制数字系统的最佳波形。

习　　题

7.1　一个二进制数字通信系统发送信号为 $s_i(t), i = 1, 2$,接收机收到信号的抽样值为 $y(T) = a_i + n, i = 1, 2$,其中信号分量为 $a_1 = +1$ 和 $a_2 = -1$,噪声分量 n 服从均匀分布。已知条件概率密度函数 $f(y|s_i), i = 1, 2$ 为

$$f(y|s_1) = \begin{cases} 1/2, & -0.2 \leqslant y \leqslant 1.8 \\ 0, & 其他 \end{cases}$$

$$f(y|s_2) = \begin{cases} 1/2, & -1.8 \leqslant y \leqslant 0.2 \\ 0, & 其他 \end{cases}$$

发送等概率,并且使用最佳判决门限,试求该系统的误码率。

7.2　某二进制数字通信系统发送等概率的信号为 $s_i(t), i = 1, 2$,信道干扰是加性的高斯白噪声,单边功率谱密度为 n_0,试证明:用最大似然函数判决,可以实现最小的差错概率。

7.3　试证明:最大似然函数判决可以用相关检测器实现。

7.4　有四个信号 $s_i(t), i = 1, 2, 3, 4$,波形如题图 7.1 所示,试画出它们的匹配滤波器

的单位冲激响应波形。

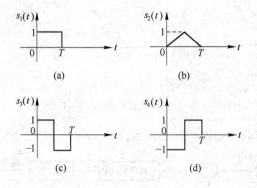

题图 7.1 四个信号 $s(t)$ 波形

7.5 有一信号 $s(t)$ 波形如题图 7.2 所示,要求:

(1) 画出 $s(t)$ 的匹配滤波器的单位冲激响应波形;

(2) 画出匹配滤波器的输出波形。

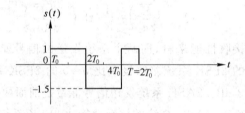

题图 7.2 信号 $s(t)$ 波形

7.6 有一信号 $s(t) = \begin{cases} A\cos \omega_0 t, & |t| \leqslant T/2, \\ 0, & \text{其他}, \end{cases}$ 试求:

(1) 与该信号匹配的匹配滤波器的传递函数 $H(\omega)$;

(2) 画出传递函数 $H(\omega)$ 的波形。

7.7 试分别画出用匹配滤波器和相关检测器实现的二进制数字通信系统最佳接收机,并简述它们为什么可以等效。

7.8 一个二进制数字通信系统,发"1"用 $+1$ V 的矩形波形,发"0"用 -1 V 的矩形波形,信道干扰是加性高斯白噪声,单边功率谱密度为 10^{-3} W/Hz,如果用匹配滤波器检测接收信号,求误码率 $P_e \leqslant 10^{-3}$ 的最大传信速率。

7.9 某 2ASK 系统,载波的幅度为 2 V,传码的速率为 0.11 Mbit/s,白噪声干扰,功率谱密度为 10^{-6} W/Hz,求该系统采用最佳接收时的误码率。

第8章

模拟信号的数字传输

8.1 概 述

通信系统从所传输的信号类别上可以分为模拟通信系统与数字通信系统两大类。和模拟通信系统相比,数字通信系统具有许多优点,因而应用日益广泛,已成为现代通信的发展方向。但在实际应用中,绝大多数的物理量是以模拟信号的形式出现的,例如通信中的电话、图像等信号,它们都是在时间和幅度上连续取值的模拟量。对这些模拟信号,要想利用具有诸多优点的数字通信系统对其实现数字化的交换和传输,首先要做的是,将模拟信号变为数字信号。本章将以对语音信号的数字化为例,介绍这方面的知识。

将模拟信号变为数字信号的工作,常常也叫做模/数变换,或模拟信号的数字编码;它的逆过程称为数/模变换,或解码。在通信系统中,编码技术分为两大类:一类是以提高通信系统有效性为目的的信源编码;另一类是以增强通信系统可靠性为目的的信道编码。显然,本章所要介绍的模拟信号的数字编码属于信源编码。

模拟信号数字化的方法有许多,常用的有波形编码和参量编码两大类。波形编码是对统计特性分析后的信号波形进行编码。脉冲编码调制就是最典型的代表,它的特点是具有较高的信号重建质量。参量编码是直接提取信号的特征参量,对这些参量进行编码。典型的例子是,语音信号的声码器,它的特点是大大压缩了数据,降低了数据速率,但与波形编码相比,质量要差。现在已出现了介于波形编码和参数编码之间的混合编码技术。

模拟信号数字传输系统如图8.1.1所示,在发送端,需将模拟信号经过抽样、量化和编码各步骤,变换成数字基带信号,送入数字通信系统进行传输;在接收端,则通过译码和低通滤波等逆变换,将数字信号恢复为原始的模拟信号,从而达到用数字方式传输模拟信号的目的。

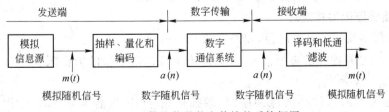

图 8.1.1 模拟信号数字传输的系统框图

本章主要介绍语音信号抽样、量化和编码的基本理论和脉冲编码调制(PCM)、差分脉冲编码调制(DPCM)和简单增量调制(DM)的基本原理,并分析它们的抗噪声性能。最后对数字电话系统作一简单介绍。

8.2 抽 样 定 理

要把时间和幅度都连续的模拟信号变为数字信号,就要对其进行离散化处理。抽样就是实现模拟信号在时间上离散化的过程,即由它完成抽取离散时间点上的信号值(常称为样值)的任务。该过程必须严格遵循抽样定理。

模拟通信系统传输的是模拟信号的波形,而模拟信号的数字传输,传输的是模拟信号经抽样、量化、编码后的样值,显然从波形上看,后者只传输了部分波形,如果这部分波形代表了模拟信号的全部信息,就说明模拟信号的波形中存在冗余。如果只传部分波形的想法是可行的,从效率的角度来看,我们希望包含模拟信号全部信息的样值越少越好,即样值越稀越好,显然无限稀是不可能的,那么稀到什么程度是合适的? 这将是抽样定理告诉我们的内容。

抽样定理 频谱成分限制在 f_m 以下的带限信号 $f(t)$,可以用时间上小于或等于 $\dfrac{1}{2f_m}$ 间隔 $T_s\left(\text{即 } T_s\leqslant\dfrac{1}{2f_m}\right)$ 的样值序列 $f(kT_s)$ 无失真地恢复 $f(t)$。

抽样定理表明,要能无失真地从样值序列中恢复原来的带限信号 $f(t)$,抽样间隔 T_s 或抽样速率 f_s 必须满足下面的条件:

$$T_s\leqslant\frac{1}{2f_m} \tag{8.2.1}$$

或

$$f_s\geqslant 2f_m \tag{8.2.2}$$

通常取等号的最小抽样速率 f_s 叫做奈奎斯特速率;最大抽样间隔 T_s 叫做奈奎斯特间隔。由于抽样间隔是相等的,所以也叫做均匀抽样定理。

带限信号可用离散样值序列精确恢复,这在信号理论中具有很大的价值,它意味着一个连续信号所具有的无限个点的信号值,可减少为可数个点的信号值序列。这就使得在一些孤立的瞬时处理信号成为可能。例如:将波形的抽样值转换为具有有限位数的数字代码,实现数字化,因而能被计算机或其他数字电路处理;也可以将多个信号的抽样值在时间上相互穿插,实现多路复用等。因此,抽样定理是数字通信中最基本、最重要的定理之一,是模拟信号数字化、时分多路复用等的理论依据。

1. 从频域证明抽样定理

抽样的数学模型是一乘法器,如图 8.2.1(a)所示。

假设 $f(t)$ 是被抽样的模拟信号,其频谱为 $F(\omega)$,该信号的频谱限制在 $\omega_m=2\pi f_m$ 之内,如图 8.2.2(a)所示。

$\delta_T(t)$ 是理想的单位冲激脉冲序列,做抽样信号,其频谱为 $\delta_T(\omega)$,如图 8.2.2(b)所示。

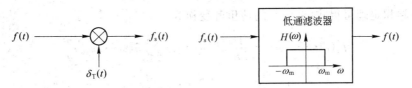

(a) 实现时间离散化的抽样模型　　　　　(b) 将样值序列恢复为模拟信号

图 8.2.1　抽样与恢复模型

$$\delta_T(t) = \sum_{n=-\infty}^{+\infty} \delta(t - nT_s) \leftrightarrow \delta_T(\omega) = \omega_s \sum_{m=-\infty}^{+\infty} \delta(\omega - m\omega_s) \tag{8.2.3}$$

式中，T_s 是时域抽样间隔；$\omega_s = \dfrac{2\pi}{T_s}$ 是抽样信号周期性频谱的周期。式(8.2.3)表明，周期

为 T_s 的单位冲激序列的频谱还是理想冲激序列，只是周期变为 $\omega_s = \dfrac{2\pi}{T_s}$，幅度变为 ω_s。

　　由图 8.2.1 所示的时间离散化模型可得，抽出的样值信号 $f_s(t)$ 是模拟信号 $f(t)$ 与
单位冲激序列 $\delta_T(t)$ 的乘积，其频谱为 $F_s(\omega)$，如图 8.2.2(c)所示。

$$f_s(t) = f(t)\delta_T(t) = f(t)\sum_{n=-\infty}^{+\infty} \delta(t - nT_s) = \sum_{n=-\infty}^{+\infty} f(nT_s)\delta(t - nT_s) \tag{8.2.4}$$

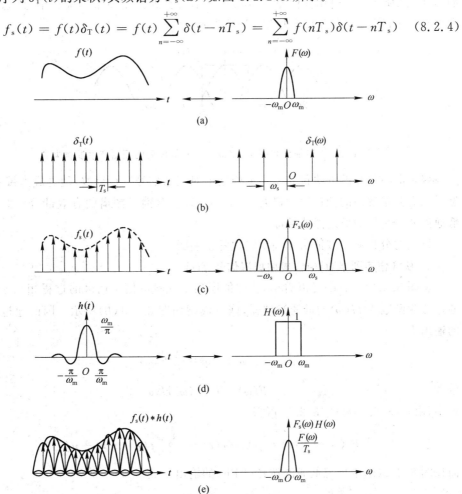

图 8.2.2　低通信号的抽样与恢复

利用卷积定理可得式(8.2.4)的傅里叶变换为

$$f_s(t) \leftrightarrow F_s(\omega) = \frac{1}{2\pi} \left[F(\omega) * \omega_s \sum_{m=-\infty}^{+\infty} \delta(\omega - m\omega_s) \right] \tag{8.2.5}$$

所以

$$F_s(\omega) = \frac{1}{T_s} \sum_{m=-\infty}^{+\infty} F(\omega - m\omega_s) \tag{8.2.6}$$

从图 8.2.2(c)及上式可以看出:抽样后样值序列信号 $f_s(t)$ 的频谱 $F_s(\omega)$,等于原模拟信号的频谱 $F(\omega)$ 的周期延拓,延拓周期是 ω_s,且幅度成为原来的 $1/T_s$。

仔细研究图 8.2.2(c),可以看出:

(1) 当抽样频率 f_s 满足 $2\pi f_s = \omega_s \geqslant 4\pi f_m = 2\omega_m$ 时,周期延拓后的频谱不会出现重叠,因而可以用截止角频率为 ω_m 的理想低通滤波器(LPF),从样值序列信号 $f_s(t)$ 的频谱 $F_s(\omega)$ 中滤出原来模拟信号的频谱 $F(\omega)$。恢复的模型如图 8.2.1(b)所示。这正是抽样定理所要求的。

(2) 当抽样频率 f_s 太小,以至于 $\omega_s < 2\omega_m$ 时,周期延拓后的频谱就会出现重叠,如图 8.2.3所示。这时用任何滤波器都无法不失真地恢复原来的模拟信号,这种由于频谱混叠产生的失真,称为混叠失真或折叠失真。

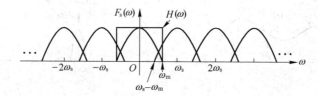

图 8.2.3　当抽样频率 $\omega_s < 2\omega_m$ 时,样值序列的频谱产生混叠失真

修正混叠失真的方法首先是在抽样之前对消息信号进行滤波,使之成为带限的信号。然后则需要足够高的抽样频率满足 $\omega_s \geqslant 2\omega_m$,以包含消息频谱的有效部分。此外还需要低通滤波器有好的低通滤波性能。

以上的分析从频域证明了抽样定理是正确的。

2. 从样值序列 $f_s(t)$ 中恢复原模拟信号 $f(t)$

从图 8.2.2(c)、(d)可以看出,从样值序列中恢复原模拟信号的过程相当于让 $F_s(\omega)$ 通过传输函数为 $H(\omega)$ 的低通滤波器,恢复模型如图 8.2.1(b)所示。因此通过滤波器后的输出为

$$F_s(\omega) H(\omega) = \frac{1}{T_s} F(\omega) \tag{8.2.7}$$

或者

$$F(\omega) = T_s F_s(\omega) H(\omega) \tag{8.2.8}$$

式中,由式(8.2.4)和式(8.2.5)可得

$$F_s(\omega) \leftrightarrow f_s(t) = f(t)\delta_T(t) = \sum_{n=-\infty}^{\infty} f(nT_s)\delta(t - nT_s) \tag{8.2.9}$$

而在图 8.2.2(d)中理想低通滤波器(LPF)的输出函数

$$H(\omega) \leftrightarrow h(t) = \frac{\omega_m}{\pi} \text{Sa}(\omega_m t) \tag{8.2.10}$$

式中，$\mathrm{Sa}(x) = \dfrac{\sin x}{x}$ 是抽样函数。

因此，由式(8.2.8)根据卷积定理可得

$$f(t) = T_s f_s(t) * \frac{\omega_m}{\pi}\mathrm{Sa}(\omega_m t) = \frac{T_s \omega_m}{\pi}\sum_{n=-\infty}^{\infty} f(nT_s)\delta(t-nT_s) * \mathrm{Sa}(\omega_m t)$$

$$= \frac{T_s \omega_m}{\pi}\sum_{n=-\infty}^{\infty} f(nT_s)\mathrm{Sa}[\omega_m(t-nT_s)] \tag{8.2.11}$$

如果取 $\omega_s = 2\omega_m$，那么 $T_s = \dfrac{2\pi}{\omega_s} = \dfrac{2\pi}{2\omega_m} = \dfrac{\pi}{\omega_m}$，则 $\dfrac{T_s \omega_m}{\pi} = 1$，于是

$$f(t) = \sum_{n=-\infty}^{\infty} f(nT_s)\mathrm{Sa}[\omega_m(t-nT_s)] \tag{8.2.12}$$

该式表明，任何一个频带有限的信号 $f(t)$ 可以展开成以抽样函数 $\mathrm{Sa}(x)$ 为基本信号的无穷级数，级数中各分量的相应系数就是原带限模拟信号在相应抽样时刻 $t = nT_s$ 上的抽样值，如图 8.2.2(e) 所示。

这就是说，任何一个频带受限的模拟信号，只要用满足抽样定理的抽样频率进行抽样，就可以用这些抽样值来确定原模拟信号。这从时域上证明了抽样定理。

3. 非理想抽样和抽样保持

(1) 非理想抽样

在前述抽样定理中，采用的抽样函数是单位冲激脉冲序列 $\delta_T(t)$，对这样的抽样，常常称为理想抽样。但实际中，不可能产生无限窄脉宽的单位冲激脉冲信号 $\delta(t)$，因此可以用矩形脉冲序列 $s_T(t)$ 做抽样信号，如图 8.2.4 所示。

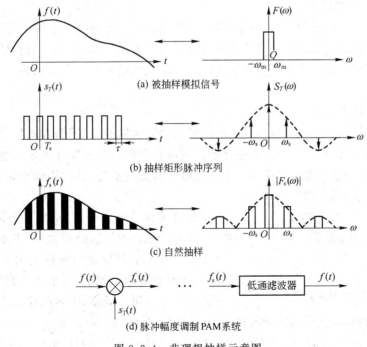

图 8.2.4　非理想抽样示意图

$$s_T(t) = \sum_{n=-\infty}^{\infty} s(t-nT_s) \leftrightarrow S_T(\omega) = \tau\omega_s \sum_{m=-\infty}^{\infty} \text{Sa}\left(\frac{m\omega_s\tau}{2}\right)\delta(\omega - m\omega_s) \quad (8.2.13)$$

式中，$s(t)$ 是幅度为 1、脉宽为 $\tau(\tau < T_s)$ 的矩形脉冲；T_s 是抽样间隔（即抽样周期），$\omega_s = \frac{2\pi}{T_s}$。

抽样后的样值序列为 $f_s(t)$，在抽样脉宽内，它保留了模拟信号的波形，因此称其为自然抽样。像自然抽样这样，用非单位冲激脉冲序列进行抽样的时间离散化过程称为非理想抽样。

$$f_s(t) = f(t)s_T(t) \leftrightarrow F_s(\omega) = \frac{1}{2\pi}F(\omega) * S_T(\omega) \quad (8.2.14)$$

其频谱为

$$F_s(\omega) = \frac{1}{2\pi}F(\omega) * \tau\omega_s \sum_{m=-\infty}^{\infty} \text{Sa}\left(\frac{m\omega_s\tau}{2}\right)\delta(\omega - m\omega_s)$$

$$= \frac{\tau}{T_s}\sum_{m=-\infty}^{\infty} \text{Sa}\left(\frac{m\omega_s\tau}{2}\right)F(\omega - m\omega_s) \quad (8.2.15)$$

将式(8.2.15)与理想抽样的频谱表示式(8.2.6)相比可以看出，非理想抽样序列的频谱也是模拟信号频谱 $F(\omega)$ 的周期延拓，延拓周期也是 $\omega_s = \frac{2\pi}{T_s}$，所不同的是，每次延拓的模拟信号频谱 $F(\omega - m\omega_s)$ 前的系数不同，为 $\text{Sa}\left(\frac{m\omega_s\tau}{2}\right)$，这样的频谱关系如图 8.2.4 所示。也就是说，矩形脉冲抽样的样值序列的频谱 $F_s(\omega)$，不是原来带限模拟信号频谱的等幅周期延拓，延拓幅度随着 m 的增大按 $\text{Sa}\left(\frac{m\omega_s\tau}{2}\right)$ 而衰减，因此，随着 m 的增大延拓频谱的幅度在衰减，但形状不变。

由此可以得到这样的结论：用矩形脉冲序列抽样，只要抽样的速率 f_s 满足 $f_s \geqslant 2f_m$，同样可以用理想低通滤波器从样值序列的频谱中滤出原模拟信号的频谱，做到无失真地恢复原模拟信号。而这种抽样值在脉宽内保留原模拟信号自然形状的抽样，也常称为曲顶抽样。

（2）抽样保持

在实际的模/数变换中，也不宜采用矩形脉冲做抽样信号，因其在抽样脉宽内样值的幅度是随时间而变化的，为其后的量化带来困难。实际中先用窄脉冲序列进行近似理想的抽样，而后再经过展宽电路保持抽出的样值在脉宽内不变，从而形成平顶的样值序列，供其后的量化、编码之用。

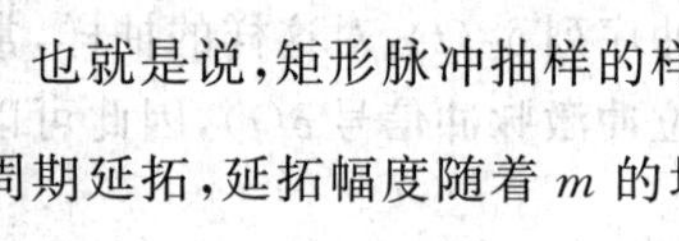

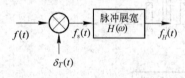

窄脉冲抽样后再做展宽，形成平顶的样值序列，这一过程称为抽样保持或瞬时抽样、平顶抽样。模型如图 8.2.5 所示。其中展宽电路是用来形成矩形脉冲的，可由线性电路实现，传递函数为 $H(\omega)$。

由图 8.2.5 可以看出，平顶抽样是先进行满足抽

图 8.2.5 抽样保持模型

样定理的理想抽样，然后再脉冲展宽，因此其输出 $f_H(t)$ 为

$$f_H(t) = f(t)\delta_T(t) * h(t) \leftrightarrow F_H(\omega) = F_s(\omega)H(\omega) \quad (8.2.16)$$

将理想抽样的样值频谱 $F_s(\omega)$ 表达式(8.2.6)代入式(8.2.16)，有

$$F_H(\omega) = F_s(\omega)H(\omega) = \left[\frac{1}{T_s}\sum_{m=-\infty}^{\infty}F(\omega - m\omega_s)\right]H(\omega)$$

在接收端,让平顶的样值序列通过截止频率为模拟信号最高频率 f_m 的理想低通滤波器,在满足抽样定理的前提下,输出为

$$F_o(\omega) = \frac{1}{T_s}F(\omega)H(\omega) \tag{8.2.17}$$

由于 $H(\omega)$ 是 ω 的函数,所以 $F_o(\omega) \neq kF(\omega)$,$k$ 为常数,即通过低通滤波器后的模拟信号不能正比于原来的被抽样的模拟信号,产生了失真。这种由于脉冲展宽引入的失真称为孔径失真。

为了修正孔径失真,在接收端通过理想低通滤波器之后,再让其过一个孔径均衡网络,其传递函数是展宽电路传递函数的倒数,即 $1/H(\omega)$,从而抵消孔径失真。模型如图 8.2.6 所示。恢复过程为

$$F'(\omega) = \frac{1}{T_s}F(\omega)H(\omega) \cdot \frac{1}{H(\omega)} = \frac{1}{T_s}F(\omega)$$

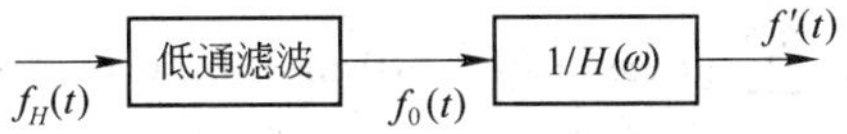

图 8.2.6　平顶抽样信号的恢复

在工程设计中,考虑到信号绝对不会严格带限,以及实际滤波器特性的不理想,通常取抽样频率为 $2.5f_m \sim 5f_m$,使延拓的各频谱相互隔开,隔开的频段称为防卫带。这样,既避免混叠失真,又降低了接收端低通滤波器实现的难度。例如,话音信号带宽通常限制在 3 400 Hz 以下,而抽样频率通常选择 8 000 Hz,防卫带是 $8\,000 - 3\,400 \times 2 = 1\,200$（Hz）。

但并不是抽样频率越大越好,抽样频率越大,单位时间内抽出的样值就越多,信道传输的负担就越重,效率就越低,设备也越复杂,因此,抽样频率大于 $2f_m$,并留够防卫带即可。

（3）脉冲幅度调制 PAM 系统

从上面的分析可以看出,不论是理想抽样、自然抽样,还是平顶抽样,已抽样脉冲的幅度都随信号幅度的变化而变化,因此它们都属于脉冲幅度调制 PAM。对这样的信号,由前面的分析可知,可以用一个截止频率等于模拟带限信号最高频率的理想低通滤波器来恢复原模拟带限信号,因此,脉冲幅度调制 PAM 系统如图 8.2.4(d)所示。

需要说明的是,实际上用任何形状的脉冲做抽样信号,都不影响抽样的实质。

例 8.2.1　已知一基带信号 $m(t) = \cos 2\pi t + 2\cos 4\pi t$,对其进行抽样。

（1）为了在接收端能不失真地从已抽样信号 $m_s(t)$ 中恢复 $m(t)$,试问抽样间隔应为多少?

（2）若抽样间隔取为 0.2 s,试画出已抽样信号的频谱图。

解　（1）基带信号 $m(t)$ 中最大角频率为

$$\omega_m = 4\pi$$

由抽样定理可得抽样频率为

$$2\pi f_s \geqslant 2\omega_m = 8\pi$$

所以抽样间隔为

$$T_s \leqslant \frac{2\pi}{8\pi} = 0.25 \text{ s}$$

(2) 由题意可知，

$$M(\omega) = M_1(\omega) + M_2(\omega)$$
$$= \pi[\delta(\omega+2\pi) + \delta(\omega-2\pi)] + 2\pi[\delta(\omega+4\pi) + \delta(\omega-4\pi)]$$

因为 $m_s(t) = m(t)\delta_T(t)$，所以由式(8.2.6)得

$$M_s(\omega) = \frac{1}{T_s} \sum_{m=-\infty}^{\infty} M(\omega - m\omega_s)$$

式中，$\omega_s = 2\pi/T_s = 10\pi$。将 $M(\omega)$ 代入上式，得

$$M_s(\omega) = \frac{\pi}{T_s} \sum_{m=-\infty}^{\infty} \left[\delta(\omega+2\pi-m\omega_s) + \delta(\omega-2\pi-m\omega_s)\right] +$$

$$\frac{2\pi}{T_s} \sum_{m=-\infty}^{\infty} \left[\delta(\omega+4\pi-m\omega_s) + \delta(\omega-4\pi-m\omega_s)\right]$$

$$= 5\pi \sum_{m=-\infty}^{\infty} \left[\delta(\omega+2\pi-10\pi m) + \delta(\omega-2\pi-10\pi m)\right] +$$

$$10\pi \sum_{m=-\infty}^{\infty} \left[\delta(\omega+4\pi-10\pi m) + \delta(\omega-4\pi-10\pi m)\right]$$

抽样信号的频谱图如图 8.2.7 所示。

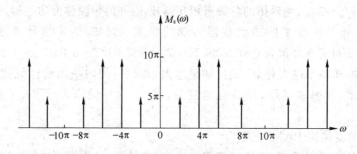

图 8.2.7　例 8.2.1 题图

4. 带通型信号的抽样定理

上述抽样定理是在假设信号频带宽度被限制在 f_m 以下得到的，因此这样的信号也称为低通型信号，该抽样定理也称为低通型抽样定理，其对任何带限信号都成立。但是，如果模拟信号的频带不是限制在 $0 \sim f_m$ 之间的，而是限制在 f_L 与 f_H 之间，f_L 为信号最低角频率，f_H 为信号最高角频率，而且当 $f_H > B (B = f_H - f_L)$ 时，该信号通常称为带通型信号，B 为带通信号的频带。

显然，对于带通型信号如果仍采用低通信号抽样定理进行抽样，由于太高的抽样速率，使抽样所得样值序列的频谱中存在大段的频谱空隙。这虽然有助于消除频谱混叠，但从提高传输效率考虑，应尽量降低抽样速率，让延拓的频谱在频率轴上排密些，只要不产生频谱混叠，留够防卫带就可以了。可以证明，对带通型频谱的信号而言，抽样速率可以小于最高截止频率的 2 倍，即不满足 $\omega_s \geqslant 2\omega_H$。

带通型信号 $F(\omega)$ 如图 8.2.8 所示，$f_L > B(B = f_H - f_L)$，n 是小于或等于 f_L/B 的最大正整数，所以在 $(-f_L, f_L)$ 之间可以放 n 对边带（上、下边带称为一对）。

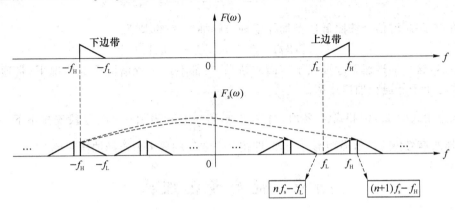

图 8.2.8 带通型信号的抽样定理

由图 8.2.8 可见，抽样使下边带右移 n 次时，如要不产生混叠，则必须满足

$$nf_s - f_L \leqslant f_L$$

即

$$f_s \leqslant \frac{2f_L}{n} \tag{8.2.18}$$

同理：抽样使下边带右移 $n+1$ 次时，如要不产生混叠，则必须满足

$$(n+1)f_s - f_H \geqslant f_H$$

即

$$f_s \geqslant \frac{2f_H}{n+1} \tag{8.2.19}$$

综合考虑式(8.2.18)和式(8.2.19)，可以得到带通型信号的抽样定理描述如下：

带通型模拟信号 $f(t)$，其频谱限制在 f_L 与 f_H 之间，则抽样速率满足如下关系，就不会发生频谱重叠，且可以不失真地用滤波器恢复原信号 $f(t)$。

$$\frac{2f_H}{n+1} \leqslant f_s \leqslant \frac{2f_L}{n} \tag{8.2.20}$$

式中，n 是小于或等于 f_L/B 的最大正整数。

如果进一步要求各相邻边带之间的防卫间隔相等，则可按如下公式选择抽样速率：

$$f_s = \frac{2(f_H + f_L)}{2n+1} \tag{8.2.21}$$

例 8.2.2 试求载波 60 路超群信号（312～552 kHz）的抽样频率。

解 $B = f_2 - f_1 = 552 - 312 = 240 \text{ kHz}$

$$n = \left[\frac{f_1}{B}\right] = \left[\frac{312}{240}\right] = [1.3] = 1$$

按式(8.2.19)求得最小抽样速率为

$$f_{s,\min} = \frac{2f_H}{n+1} = \frac{2 \times 552}{2} = 552 \text{ kHz}$$

按式(8.2.18)求得最大抽样速率为

$$f_{s,\max} = \frac{2f_L}{n} = \frac{2 \times 312}{1} = 624 \text{ kHz}$$

按式(8.2.21)得到等防卫间隔的抽样速率为

$$f_s = \frac{2(f_H + f_L)}{2n+1} = \frac{2 \times (552 + 312)}{3} = 576 \text{ kHz}$$

如果该 60 路超群信号按照低通型抽样定理求解抽样速率,则为

$$f_s \geqslant 2f_H = 2 \times 552 = 1\ 104 \text{ kHz}$$

显然,这个抽样速率远远大于前面的结果,在都不产生频谱混叠的情况下,带通型抽样速率远小于低通型抽样速率。

在应用式(8.2.20)和式(8.2.21)时应注意,若 $\frac{f_L}{B} < 1$,表示 $0 \sim f_L$ 频段安排不下一个边带,这样的信号仍应按低通型信号处理,即按 $f_s \geqslant 2f_H$ 的要求来选择抽样频率。

8.3 幅度量化理论

模拟信号数字化的第一个步骤是抽样,把时间上连续的信号转化为时间上离散的样值序列信号,也就是说完成了时间上的离散化的工作。模拟信号数字化的第二个步骤,是对连续变化的样值幅度进行离散化处理,这一离散化处理过程叫做量化。根据量化器的输入输出关系的不同,量化可以分为均匀量化与非均匀量化。

8.3.1 量化及量化特性

1. 量化及相关概念

模/数变换最终是要用有限长的 0,1 数字序列表示样值,而有限长的数字序列所能表示样值的种类是有限的,因此量化的实质就是将连续的无限多种样值变为有限种取值,然后再用不同的数字序列表示之,从而实现模/数变换。量化器的模型如图 8.3.1 所示。

图 8.3.1 量化器模型

图 8.3.1 中,输入为抽样后样值序列的集合 $\{X(kT_s)\}$,输出为量化后的样值序列的集合 $\{Y_q(kT_s)\}$。将抽样后样值的取值范围 (a, b) 分为 m 个间隔,$(x_1, x_2), (x_2, x_3), \cdots,$ $(x_m, x_{m+1}), x_1 = a, x_{m+1} = b$,凡是落在某个间隔的样值都以一个固定的值作为这些样值的量化器输出电平值。

若 $x_i \leqslant X(kT_s) < x_{i+1}$ $i = 1, 2, \cdots, m$

则 $Y_q(kT_s) = y_i$ $i = 1, 2, \cdots, m$

式中,y_i 是这个间隔所对应的量化器输出电平值。因此,m 个间隔就对应着 m 个可能的量化电平,m 就是量化电平数,也称作量化级数。

由此可见,量化器输出电平 $Y_q(kT_s)$ 是原来样值的近似值,它们之间存在误差,量化器输出电平与其原抽样样值之间的差

$$e_q(k) = Y_q(kT_s) - X(kT_s) \tag{8.3.1}$$

称为量化误差,也叫量化噪声。衡量量化噪声的大小,通常用输出信号功率与量化噪声功率之比来表示,

$$\frac{S_q}{N_q} = \frac{E\{[Y_q(kT_s)]^2\}}{E\{[Y_q(kT_s) - X(kT_s)]^2\}} \tag{8.3.2}$$

称为量化信噪比。

为了减小量化噪声,就要适当地选择量化范围(a,b)、量化分割x_i、量化电平的数目m(即量化级数)和量化间隔上的量化器输出电平y_i。

当量化区间按等间隔划分时,称其为均匀量化。即量化间隔Δ为

$$\Delta = \frac{b-a}{m} = x_{i+1} - x_i, \qquad i = 1, 2, \cdots, m \tag{8.3.3}$$

2. 量化特性

量化器的输入和输出关系就是量化器的量化特性。实际中常采用的均匀量化的量化特性如图8.3.2(a)所示。图中横轴表示量化器的输入样值的幅度值,纵轴表示量化器量化后输出的样值幅度量化电平值,45°斜线是不进行量化、连续取值的输入输出关系,阶梯型曲线表示经量化的输入输出关系。

图8.3.2所示的量化特性是:量化器的量化区间是(x_1, x_{m+1}),m是量化间隔的数目,即量化级数,图中$m=7$,量化间隔均匀划分,大小为$\Delta_i = x_{i+1} - x_i = \Delta = \frac{x_{m+1} - x_1}{m}$,$i=1$,$2, \cdots, m$,因此是均匀量化。若输入信号$x$在$(x_1, x_{m+1})$内变化,则量化器就有$m$个对应的量化间隔和$m$个量化电平,这里$(x_1, x_{m+1})$称为信号的量化区,它应和最大的编码幅度相匹配,即编码器的最大幅度和信号最大幅度相等。若输入信号x大于量化范围(x_1, x_{m+1}),则称为过载,这将产生很大的过载失真,实际中应避免。

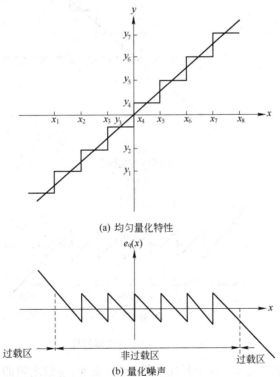

(a) 均匀量化特性

(b) 量化噪声

图8.3.2 均匀量化器特性

由图 8.3.2(a)可以看出，每一量化间隔$[x_i, x_{i+1})$的量化电平值 y_i 取的都是量化间隔的中点，即

$$y_i = \frac{x_{i+1} + x_i}{2} \tag{8.3.4}$$

可以证明，量化电平值 y_i 的这种取法，可以得到最小的量化噪声。在每一量化间隔内的最大量化误差为 $e_{max} = \Delta/2$。举一个例子可以作比较，如果取 $y_i = x_i$ 作为本量化间隔$[x_i, x_{i+1})$的量化输出电平，则在此量化间隔上的最大量化误差为 $e_{max} = \Delta$，显然大于 y_i 取量化间隔中值的情形。

图 8.3.2(b)给出了依图 8.3.2(a)量化特性进行量化所产生的量化误差曲线，它表示了量化后的量化电平与量化前样值的电平之差，反映了量化误差的大小。在实际中量化误差的大小通常是用其平方，即量化噪声功率来表示的。在图 8.3.2(b)中，标出了过载区和非过载区(即量化区)，显然量化区域之外的区域均为过载区。在非过载区(即量化区)内，量化值随输入样值的变化而离散变化，样值落入某一量化间隔，就输出此间隔的量化值；在过载区，量化输出不再变化，即使输入样值不断增大，输出的量化后的样值电平仍保持在最大量化电平上，显然过载所造成的量化误差是非常大的。

除了图 8.3.2 给出的均匀量化特性之外，图 8.3.3 所示的是另一种稍有不同的均匀量化特性，请读者参照前面的思路，对其进行分析。

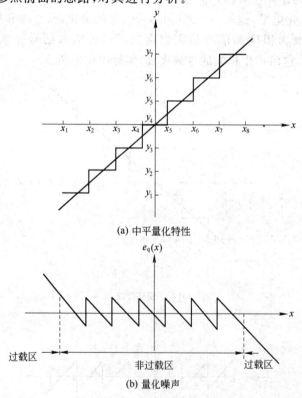

(a) 中平量化特性

(b) 量化噪声

图 8.3.3　中平量化器特性

比较图 8.3.2 和图 8.3.3 两个量化特性，可以发现，它们之间的重要不同是有无零量化电平。常常依此来区分这两种量化器，对有零量化电平的图 8.3.3 所示量化特性，也称

其为中平量化特性。在实际的系统中可以根据不同的需要来选择,具有零量化电平的量化特性对弱信号有较高的灵敏度,中平量化特性能够较好地抑制背景噪声。

8.3.2　均匀量化的量化噪声功率和量化信噪比

量化噪声包括过载量化噪声和非过载量化噪声,对二者分别进行讨论。

根据语音信号的统计试验可知,语音信号的幅度 x 近似符合指数分布,其概率密度函数为

$$p(x) = \frac{1}{\sqrt{2\pi}\sigma_x} \exp\left[-\frac{|x|}{\sigma_x}\right] \tag{8.3.5}$$

式中,语音信号均值为零,σ_x^2 是语音信号的平均功率。式(8.3.5)所示的概率密度函数如图 8.3.4 所示。从该特性可以看出,语音信号中弱信号占的比例较大,因此宜采用无零量化电平的图 8.3.2 所示量化特性的量化器。

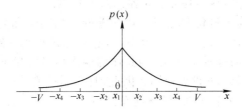

图 8.3.4　语音信号幅度的概率密度函数

设语音信号的量化区为 $x \in (-V, V)$,其间有 m 个均匀量化间隔,间隔大小 $\Delta = 2V/m$。当 $|x| > V$ 时,为过载区。

1. 非过载量化噪声平均功率 σ'^2

如图 8.3.4 所示,当信号 x 落入一量化区间 (x_i, x_{i+1}) 内,量化间隔为 $\Delta_i = x_{i+1} - x_i$,取其量化间隔的中值 $y_i = \frac{x_{i+1} - x_i}{2} = x_i + \frac{\Delta_i}{2}$ 作为量化输出,由此产生的量化误差为 $x - y_i$。

令 σ_i^2 为信号 x 在 (x_i, x_{i+1}) 量化间隔内的量化误差的方差,即量化噪声功率为

$$\sigma_i^2 = \int_{y_i - \frac{\Delta_i}{2}}^{y_i + \frac{\Delta_i}{2}} (x - y_i)^2 p(x) \mathrm{d}x \tag{8.3.6}$$

假设取 $m \gg 1$(一般都满足)时,量化间隔 Δ_i 都很小,因此可以认为,在 (x_i, x_{i+1}) 量化间隔内,概率密度 $p(x)$ 保持常数,为 $p(x) = p(x_i)$,所以式(8.3.6)可以表示为

$$\sigma_i^2 = p(x_i) \int_{y_i - \frac{\Delta_i}{2}}^{y_i + \frac{\Delta_i}{2}} (x - y_i)^2 \mathrm{d}x = \frac{1}{12}(\Delta_i)^3 p(x_i) \tag{8.3.7}$$

令 P_i 为信号落在 Δ_i 间隔内的概率

$$P_i = \int_{y_i - \frac{\Delta_i}{2}}^{y_i + \frac{\Delta_i}{2}} p(x) \mathrm{d}x = p(x_i)\Delta_i \tag{8.3.8}$$

将式(8.3.8)代入式(8.3.7)得

$$\sigma_i^2 = \frac{1}{12}(\Delta_i)^2 P_i \tag{8.3.9}$$

由此可以求得,不论是均匀还是非均匀量化都适用的非过载区量化噪声功率为

$$\sigma'^2 = \sum_{i=1}^{m} \sigma_i^2 = \frac{1}{12} \sum_{i=1}^{m} (\Delta_i)^2 P_i \tag{8.3.10}$$

对于均匀量化,有 $\Delta_i = \frac{2V}{m} = \Delta$,为一常数,代入后,上式可以简化为

$$\sigma'^2 = \sum_{i=1}^{m} \sigma_i^2 = \frac{1}{12} \sum_{i=1}^{m} \left(\frac{2V}{m}\right)^2 P_i = \frac{V^2}{3m^2} \sum_{i=1}^{m} P_i \tag{8.3.11}$$

式中, $\sum_{i=1}^{m} P_i$ 是信号在非过载区的总概率。如适当选择 V,信号过载概率很小,则可以认

为 $\sum_{i=1}^{m} P_i \approx 1$,代入上式,则均匀量化的非过载区量化噪声功率为

$$\sigma'^2 = \frac{V^2}{3m^2} = \frac{\Delta^2}{12} \tag{8.3.12}$$

式(8.3.12)说明均匀量化非过载量化误差的平均功率只与均匀量化间隔的大小 Δ 有关,而与信号的分布无关,这是均匀量化器的重要特点。

式(8.3.12)还说明均匀量化非过载量化误差的平均功率和量化级数 m 的平方成反比,也就是说量化级数愈多,量化噪声就愈小,但它只能减小到一定程度而不可能完全消除。另外,它与信号量化的范围 V 有关,与具体的输入信号的幅度大小无关,即在量化区内任何信号幅度的量化噪声功率都相同。因此,均匀量化存在一个问题,当大信号输入时,量化信噪比大;当小信号输入时,量化信噪比小。

例 8.3.1 设输入信号的变化范围是 $(-a,a)$,在此范围内对其进行均匀量化,量化级数 $m=4$,求量化器输出的量化噪声平均功率。

解 由式(8.3.12)可以求得量化器输出的量化噪声平均功率为

$$\sigma_e^2 = \frac{\Delta^2}{12} = \frac{1}{12} \left(\frac{2a}{4}\right)^2 = \frac{a^2}{48} \approx 0.02a^2$$

2. 过载量化噪声功率 σ''^2

如图 8.3.4 所示,过载量化噪声就是当信号 x 超出量化区间 $(-V,V)$ 时产生的量化噪声。在过载区的量化误差应表示为 $|x|-V$,因此,由语音信号幅度的概率密度函数和概率论的基本定理,可以得到过载量化噪声平均功率为

$$\sigma''^2 = 2 \int_V^\infty (x-V)^2 p(x) \mathrm{d}x \tag{8.3.13}$$

将式(8.3.5)代入式(8.3.13),可求得过载量化噪声平均功率为

$$\sigma''^2 = \sigma_x^2 \exp\left(-\frac{\sqrt{2}V}{\sigma_x}\right) \tag{8.3.14}$$

由式(8.3.14)可见,语音信号的过载量化噪声功率是随量化范围 V 指数衰减的函数,当 V 足够大时,过载量化噪声功率近似为零。

需说明的是,因为是过载区的量化噪声功率,因此它的大小与量化形式无关,即对均匀量化和非均匀量化都是一样的,所不同的是,量化输入信号的分布函数。

3. 均匀量化的总量化噪声功率和量化信噪比

(1) 均匀量化的总量化噪声功率和输出量化后的信号功率

由式(8.3.12)和式(8.3.14)可以得到,均匀量化的总量化噪声功率为

$$N_q = \sigma^2 = \sigma'^2 + \sigma''^2 = \frac{V^2}{3m^2} + \sigma_x^2 \exp\left(-\frac{\sqrt{2}V}{\sigma_x}\right) \tag{8.3.15}$$

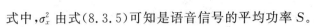

式中，σ_x^2 由式(8.3.5)可知是语音信号的平均功率 S。

当量化级数 m 很大时，可以近似认为，量化器输出的量化后的信号功率 S_q 与量化器输入的信号功率 S 相等，即

$$S_q \approx S = \sigma_x^2 \tag{8.3.16}$$

（2）均匀量化的量化信噪比

由式(8.3.15)和式(8.3.16)可以得到量化器的量化信噪比为

$$\frac{S_q}{N_q} = \frac{S}{\dfrac{V^2}{3m^2} + \sigma_x^2 \exp\left(-\dfrac{\sqrt{2}V}{\sigma_x}\right)} = \frac{\sigma_x^2}{\dfrac{V^2}{3m^2} + \sigma_x^2 \exp\left(-\dfrac{\sqrt{2}V}{\sigma_x}\right)} \tag{8.3.17}$$

令 $C = \dfrac{V}{\sigma_x}$，并且取对数，用 dB 表示式(8.3.17)为

$$\left(\frac{S_q}{N_q}\right)_{dB} = 10\lg \frac{1}{\dfrac{C^2}{3m^2} + \exp(-\sqrt{2}C)} = -10\lg\left(\frac{C^2}{3m^2} + e^{-\sqrt{2}C}\right) \tag{8.3.18}$$

式中，C 表示信号的幅度的相对变化值，m 是信号的量化级数。在二进制数字编码中，每个样值所编码组的位数 l 与量化级数 m 的关系是

$$m = 2^l \tag{8.3.19}$$

将式(8.3.19)代入式(8.3.18)，得

$$\left(\frac{S_q}{N_q}\right)_{dB} = -10\lg\left(\frac{C^2}{3 \times 4^l} + e^{-\sqrt{2}C}\right) \tag{8.3.20}$$

由上式可以画出量化信噪比 $\left(\dfrac{S_q}{N_q}\right)_{dB}$ 随 l 和 $C = \dfrac{V}{\sigma_x}$ 的变化曲线，如图 8.3.5 所示。

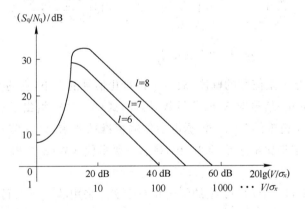

图 8.3.5　量化信噪比 $\left(\dfrac{S_q}{N_q}\right)_{dB}$ 随 l 和 $C = \dfrac{V}{\sigma_x}$ 变化的关系曲线

（3）均匀量化信噪比的讨论

图 8.3.5 画出的是当 l 分别等于 6、7、8 三种情况时 $\left(\dfrac{S_q}{N_q}\right)_{dB}$ 随 $C = \dfrac{V}{\sigma_x}$ 的变化曲线，V 是量化的临界过载电压，σ_x 是量化输入信号的方差根值。从曲线上看，$\left(\dfrac{S_q}{N_q}\right)_{dB}$ 随 $C = \dfrac{V}{\sigma_x}$ 的变化分为两段。

① 当 $20\lg(V/\sigma_x)>20$ dB 时,这一段对应输入小信号的情况

这时,式(8.3.18)的括号部分表示非过载量化噪声影响的第一项起主要作用,第二项过载量化噪声的影响可以忽略不计。式(8.3.18)可以简化成为

$$\left(\frac{S_q}{N_q}\right)_{dB} = -10\lg\frac{C^2}{3m^2} = -10\lg\frac{(V/\sigma_x)^2}{3\times2^{2l}} \tag{8.3.21}$$

即

$$\left(\frac{S_q}{N_q}\right)_{dB} \approx 4.8+6l-20\lg\frac{V}{\sigma_x} \tag{8.3.22}$$

由式(8.3.22)可以看出:每增加一位编码位数(即 l 增加 1),量化信噪比 $\left(\frac{S_q}{N_q}\right)_{dB}$ 就增加6 dB;随着输入信号的减小,其方差根 σ_x 减小,使信噪比 $\left(\frac{S_q}{N_q}\right)_{dB}$ 也减小,且减小的量等于信号减小的分贝数 $20\lg\frac{V}{\sigma_x}$,这就证实了在对式(8.3.12)分析时所提到的问题。

② 当 $20\lg(V/\sigma_x)<20$ dB 时,这一段对应着输入大信号的情况

这时,量化信噪比主要由式(8.3.18)中的第二项即过载量化噪声所决定。从图8.3.5可以看出,在过载区,随着信号增大,信噪比 $\left(\frac{S_q}{N_q}\right)_{dB}$ 下降得很快。因此在实际中,应让 $20\lg(V/\sigma_x)<10$ dB 这种情况出现的概率很小,否则很难保证系统的质量。

③ 用正弦信号估计量化质量

假定正弦信号的幅度是 u,且 $u<V$,无过载的量化信噪比由式(8.3.21)可得

$$\left(\frac{S_q}{N_q}\right)_{dB} = -10\lg\left(\frac{\dfrac{V^2}{u^2/2}}{3m^2}\right) = -10\lg\left(\frac{2}{3\times2^{2l}}\cdot\frac{V^2}{u^2}\right)$$

$$\approx 6l+2+20\lg\frac{u}{V} \tag{8.3.23}$$

在式(8.3.23)中 u 是正弦信号的幅度,表示了被量化信号的大小,它的变化范围就是信号的变化范围,$20\lg(u/V)$ 信号对 V 的分贝数,因此,式(8.3.23)给出了正弦信号量化时量化信噪比与信号动态范围的关系。根据电话传输标准的要求,语音信号在动态范围等于 -40 dB 的情况下,信噪比不应小于 26 dB,将这一要求代入式(8.3.23),有

$$26\leqslant6l+2-40 \tag{8.3.24}$$

即要求编码位数 $l\geqslant11$。显然,11 位的编码相对于实际采用的 7 位编码来说,降低了信道利用率。

由式(8.3.23)可以画出非过载均匀量化信噪比曲线,如图8.3.6所示。它给出了不过载时,均匀量化信噪比随信号和编码位数(对应着量化间隔数)变化的情况。

从图8.3.6可以看出,采用 7 位编码时,由于小信号时信噪比低,满足 26 dB 信噪比的最低输入信号是 -18 dB,这显然不符合通信标准对信号动态范围最小信号 -40 dB 的要求。

要提高小信号的信噪比,增大信号的动态范围,从式(8.3.23)可知,只有加大编码的

位数,即增大量化级数。关于这一点从图 8.3.6 中可以更清楚地看到,11 位编码相对于 7 位编码,提高了信噪比,也使满足 26 dB 信噪比要求的信号动态范围增大到近 40 dB。

从以上分析可以看出,均匀量化存在着小信号时信噪比低、信号的动态范围小的缺陷,而它唯一的改进途径是增加量化级数,即增加编码位数,这无疑降低了信道的利用率。为了解决这些问题,人们提出了非均匀量化的方案。

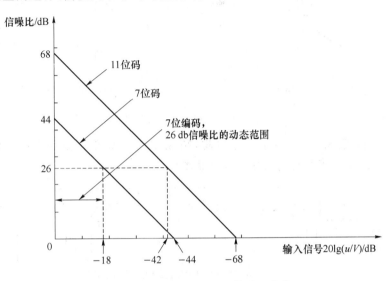

图 8.3.6 非过载均匀量化信噪比曲线

8.3.3 非均匀量化

在均匀量化中,量化误差与被量化信号电平大小无关。量化误差的最大瞬时值等于量化间隔的一半,所以信号电平越低,信噪比越小。例如,量化间隔为 0.1 V 时,最大量化误差是 0.0 5V。信号幅度为 5 V 时,量化误差为信号幅度的 0.05/5＝1％;信号幅度为 0.5 V 时,量化误差就达到信号幅度的 0.05/0.5＝10％。

为了解决上述问题,可以考虑让量化间隔的大小随输入信号电平的大小而改变。在被量化信号小时,让量化间隔小,则量化误差也小;在被量化信号大时,让量化间隔大,则量化误差就大。但不论在何时,量化信噪比基本保持不变,且满足要求,与此同时,量化级数也未增加,这就是非均匀量化的思路。

1. 压扩特性

在实践中,人们利用压扩技术来实现非均匀量化。在发送端首先让输入信号通过一个具有如图 8.3.7(a)所示的压缩特性的部件,然后再进行均匀量化和编码。在接收端利用图8.3.7(b)所示的扩张器来完成相反的操作,使压缩后的波形复原。压缩和扩张特性分别具有把信号幅度范围压缩与扩张的作用,只要压缩和扩张特性恰好相反,则压扩过程就不会引起失真。压缩器和扩张器合在一起称为压扩器。为了简化,图 8.3.7 所示的压缩和扩张特性通常只画出第一象限的图形。

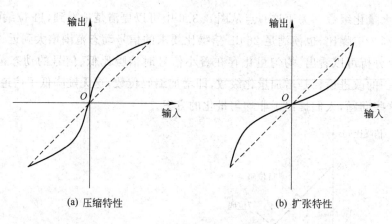

(a) 压缩特性　　　　　　　　　　(b) 扩张特性

图 8.3.7　压缩和扩张特性

为了进一步理解压扩技术的基本过程,图 8.3.8(a)画出了采用压扩技术的系统框图,图 8.3.8(b)画出了非均匀量化原理示意图。

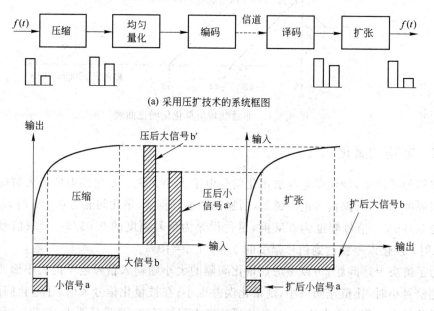

(b) 采用压扩技术的非均匀量化示意图

图 8.3.8　采用压扩技术的系统框图和量化示意图

在图 8.3.8 中,发送端依次输入了一个小信号 a 和一个大信号 b,信号经过压缩器后,对小信号 a 进行了较大的放大成为 a′,对大信号 b 进行压缩变成了 b′。由于小信号的幅度得到较大的放大,从而使小信号的信噪比大为改善,这就相当于把信号的动态范围展宽了,经此压缩处理之后,再进行均匀量化、编码,送入信道传输。在接收端,译码后输出的信号分别是 a′、b′,它们经过具有与发送端压缩特性相反的扩张特性的扩张器,将其恢复成原来输入的信号 a 和 b。可直观地看出:非均匀量化是以牺牲大信号的信噪比来改善小信号的信噪比。

动态范围可定义为满足信噪比要求的输入信号的取值范围。图 8.3.9 给出了没有压缩处理和经压缩处理后的信噪比随信号变化的曲线示意图。从图中可以看出,在 7 位编码时,没有进行压缩处理的输入信号需要大于−18 dB 左右才能满足信噪比大于26 dB的要求;经压扩后,输入信号只要大于−38 dB 左右就能满足信噪比大于 26 dB 的要求。这相当于信号动态范围提高了近 20 dB。同时还可以看出,采用压扩技术后,只用 7 位编码就能把小信号的量化噪声控制在 11 位编码相同的水平上。

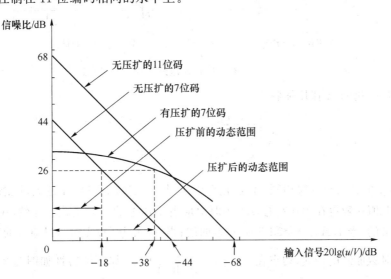

图 8.3.9　无压缩和有压缩信噪比随信号变化的比较曲线

2. 实际中采用的两种压扩特性

压扩特性的选择与信号的统计特性有关。理论上,具有不同概率分布的信号都有其相对应的最佳压扩特性,使量化噪声达到最小。但是在实际中还应考虑压扩特性易于在电路中实现以及压扩特性的稳定性等问题。例如:人们曾经应用和建议试用过的特性就有对数特性、指数特性、双曲线特性和改进型双曲线特性等。对于语音信号来说,在实际中常用对数压扩特性,但对数曲线在自变量趋于零时,函数趋于无穷大,这显然是不满足要求的,为此需要修正对数曲线,以使其满足在输入为零时,压扩的输出也为零,实际中采用的修正方法有两种,分别被称为 μ 律和 A 律压扩特性,它们接近于最佳的压扩特性,并且易于进行二进制编码。下面分别给出归一化的 μ 律和 A 律特性。

(1) 归一化的 μ 律压缩特性

$$y=\frac{\ln(1+\mu x)}{\ln(1+\mu)} \qquad 0\leqslant x\leqslant 1 \qquad (8.3.25)$$

式中,x 和 y 分别是归一化的压缩器输入和输出电压。假设输入信号 u 和输出信号 v 的最大取值范围是 $-V\sim V$,则归一化后,$x=u/V,y=v/V$。μ 为压扩参数,表示压扩程度,μ 越大,压缩效果越明显。$\mu=0$ 对应于均匀量化,无压扩,一般取 $\mu=100$ 左右,也有用 $\mu=255$ 的。μ 特性在小输入电平时,即当 $\mu|x|\ll 1$ 时,近似于线性;而在大输入电平时,即 $\mu|x|\gg 1$ 时,它的特性近似对数关系。μ 律压缩特性如图 8.3.10(a)所示,且满足奇对称,图中只画了第一象限的图形。

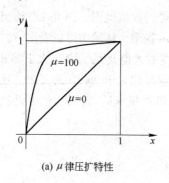 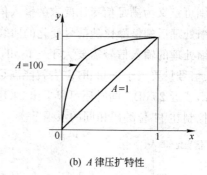

(a) μ 律压扩特性   (b) A 律压扩特性

图 8.3.10   压缩特性

（2）归一化的 A 律压缩特性

$$|y| = \begin{cases} \dfrac{A|x|}{1+\ln A}, & 0 \leqslant |x| \leqslant \dfrac{1}{A} \\ \dfrac{1+\ln(A|x|)}{1+\ln A}, & \dfrac{1}{A} \leqslant |x| \leqslant 1 \end{cases} \tag{8.3.26}$$

式中，x 和 y 的含义与 μ 律相同；A 是压扩参数，表示压扩的程度，A 越大，压缩的效果越明显。A 的取值一般也在 100 左右，$A=1$ 时对应着不压缩的均匀量化。显然，A 律压缩特性是分段定义的，当 $1/A \leqslant |x| \leqslant 1$ 时是对数曲线；当 $0 \leqslant |x| \leqslant 1/A$ 时是过原点的直线，该直线是后半段对数曲线的切线，切点在 $\left(\pm\dfrac{1}{A}, \pm\dfrac{1}{1+\ln A}\right)$。$A$ 律压缩特性如图 8.3.10(b)所示，且满足奇对称。

（3）非均匀量化的量化噪声功率

当量化级数 m 较大时，非均匀量化间隔的大小如图 8.3.11 所示，约为

$$\Delta_i = \frac{2V}{m} \cdot \frac{\mathrm{d}u}{\mathrm{d}v} \tag{8.3.27}$$

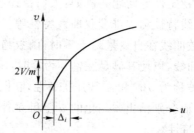

图 8.3.11   没有归一化的压缩特性

由式(8.3.27)、式(8.3.7)、式(8.3.10)，以及各量化电平上的量化噪声可以近似地认为在量化间隔范围内均匀分布等条件，非均匀量化未过载的量化噪声功率可近似地表示为

$$N_q = \frac{1}{12}\left(\frac{2V}{m}\right)^2 \int_{-V}^{V} \frac{p(u)}{(\mathrm{d}v/\mathrm{d}u)^2} \mathrm{d}u = \frac{V^2}{3m^2}\beta \tag{8.3.28}$$

式中，$p(u)$ 为输入信号的概率密度。对于语音信号，其概率密度可用式(8.3.5)及图 8.3.4 所示的指数函数来近似。

$$\beta = \int_{-v}^{v} \frac{p(u)}{(dv/du)^2} du \qquad (8.3.29)$$

称为非均匀量化对均匀量化噪声的改善系数。从式(8.3.28)和(8.3.12)可以看出,非均匀量化的量化噪声功率是均匀量化噪声功率与改善系数之积,$dv/du = dy/dx$ 越大,β 越小,非均匀量化的量化噪声功率 N_q 就越小,对量化噪声的改善越好。

8.3.4　*A* 律 13 折线压缩律

随着集成电路和数字技术的迅速发展,数字压扩获得广泛的应用。为了有利于数字集成电路实现的一致性和稳定性,往往都采用多段直折线来近似压缩特性曲线。在实际中常采用的有 7 折线 μ 律($\mu=100$),15 折线 μ 律($\mu=255$)和 13 折线 *A* 律($A=87.6$)等。

15 折线 μ 律($\mu=255$)主要用于美国、加拿大和日本等国的 PCM-24 路基群中。13 折线 *A* 律($A=87.6$)主要用于英、法、德等欧洲国家的 PCM30/32 路基群中,我国的 PCM30/32 路基群也采用 *A* 律 13 折线压缩律。CCITT 建议 G711 中规定上述两种折线近似压缩律为国际标准,且在国际通信中都一致采用 *A* 律。因此,下面以 13 折线 *A* 律为例来说明数字压扩的基本原理。

图 8.3.12 为 *A* 律 13 折线压缩曲线。图中 x 和 y 分别表示归一化输入和输出信号幅度。将 x 轴的区间(0,1)不均匀地分为 8 段,分段的规律是每次以 1/2 取段,如表 8.3.1 第二行所示;同时把纵轴在(0,1)区间内均匀地分为 8 段,如表 8.3.1 第三行所示;最后将 x 轴和 y 轴相应段的交点连接起来,得到 8 个折线段。由于第 1、2 段折线的斜率相同,可连成一条直线,因此实际得到 7 段不同斜率的折线。再考虑到原点上、下各有 7 段折线,负方向的 1、2 段与正方向的 1、2 段斜率均相同,因此可连在一起作为一段,于是共得到 13 段折线,称为 13 折线压缩曲线。*A* 律 13 折线的量化段落、端点、段落斜率等信息列在表 8.3.1 中。

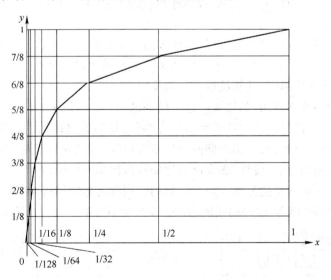

图 8.3.12　*A* 律 13 折线压缩曲线正半部分、负半部分与其奇对称

而由式(8.3.26)求得 *A* 律曲线在原点的斜率等于 $\dfrac{A}{1+\ln A}$,令其与 13 折线第一段的

斜率相等,可求得 $A=87.6$。表 8.3.1 也列出了 $A=87.6$ 时,依式(8.3.26)求出的 y 均匀 8 段分割所对应于 x 的坐标。

表 8.3.1 A 律 13 折线压缩特性

段落 i	1	2	3	4	5	6	7	8
13 折线 x 分割点	$\frac{1}{128}$	$\frac{1}{64}$	$\frac{1}{32}$	$\frac{1}{16}$	$\frac{1}{8}$	$\frac{1}{4}$	$\frac{1}{2}$	1
13 折线 y 分割点	$\frac{1}{8}$	$\frac{2}{8}$	$\frac{3}{8}$	$\frac{4}{8}$	$\frac{5}{8}$	$\frac{6}{8}$	$\frac{7}{8}$	1
$A=87.6$ 时,A 律 x 分割点	$\frac{1}{128}$	$\frac{1}{60.6}$	$\frac{1}{30.6}$	$\frac{1}{15.4}$	$\frac{1}{7.8}$	$\frac{1}{3.4}$	$\frac{1}{2}$	1
13 折线 x 段间隔 Δ_x	$\frac{1}{128}$	$\frac{1}{128}$	$\frac{1}{64}$	$\frac{1}{32}$	$\frac{1}{16}$	$\frac{1}{8}$	$\frac{1}{4}$	$\frac{1}{2}$
13 折线 y 段间隔 Δ_y	$\frac{1}{8}$	$\frac{1}{8}$	$\frac{1}{8}$	$\frac{1}{8}$	$\frac{1}{8}$	$\frac{1}{8}$	$\frac{1}{8}$	$\frac{1}{8}$
13 折线各段斜率 Δ_y/Δ_x	16	16	8	4	2	1	$\frac{1}{2}$	$\frac{1}{4}$

从表 8.3.1 可以看出,对应于 y 值的两种情况,所得的 x 值近似相等,这说明按 1/2 递减规律进行非均匀分段的折线与 $A=87.6$ 的 A 律特性是非常逼近的。

用式(8.3.28)可以求出 A 律 13 折线压缩曲线非线性量化的量化噪声功率,进而可以求出其信噪比。

8.4 脉冲编码调制(PCM)

在模拟信号变为数字信号的过程中,经过前两个步骤后已完成时间和幅度的离散化,得到一系列离散样值,剩下最后一个步骤就是要实现把离散的样值变换成对应的数字信号码组,这种变换称为编码,其相反过程称为译码。

编码有各种不同的方法,依照编码速度的高低,可以分为高速编码和低速编码;依照编码性质的不同,可以分为线性编码和非线性编码;依照编码结构的差异,可以分为逐次反馈型、级联型和混合型;依照编码器所处的不同位置,可以分为单路编码和群路编码;等等。本节介绍的是高速、非线性、逐次反馈型编码器的基本原理。

将模拟信号的抽样量化值变为数字代码的过程称为脉冲编码调制(Pulse Code Modulation,PCM),传输 PCM 信号的系统,称为 PCM 系统,如图 8.4.1 所示。

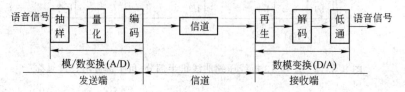

图 8.4.1 PCM 通信系统方框图

1. 编码原理

(1) 码字位数的选择

一般来说,对于有 m 种不同量化电平的编码系统,可以选择 l 位二进制比特作为一个码字的长度,两者的关系为 $m=2^l$。

可见,量化电平级数越多,需要的二进制码位数就越长,而码位数越长,信道的利用率就越低。因此要在满足信噪比的情况下,使 l 尽可能的小,即用尽可能短的二进制码字表示经量化的样值。

(2) 码型的选择

在 PCM 系统中常用的码型有自然二进制码、格雷码、折叠二进制码。它们列于表 8.4.1 中。

表 8.4.1 常用二进制码型

量化电平值	自然二进制码	格雷码	折叠二进制码	量化电平值	自然二进制码	格雷码	折叠二进制码
0	0000	0000	0111	8	1000	1100	1000
1	0001	0001	0110	9	1001	1101	1001
2	0010	0011	0101	10	1010	1111	1010
3	0011	0010	0100	11	1011	1110	1011
4	0100	0110	0011	12	1100	1010	1100
5	0101	0111	0010	13	1101	1011	1101
6	0110	0101	0001	14	1110	1001	1110
7	0111	0100	0000	15	1111	1000	1111

自然二进制码就是普通的二进制数,其不论编码还是译码都非常简单。缺点是在编码过程中,如果最高位判决有误,将使译码后输出所产生的幅度误差达到最大幅度的 $1/2$。

折叠码左边第一位(最高位)表示正负极性,用"1"表示正值,用"0"表示负值。第二位至最后一位表示幅度绝对值,因此极性相反的样值对应的码字只有第一位不同。这就决定了对于双极性信号,可以先编出极性码,再取绝对值,编出绝对值的幅度码,这样只用了单极性编码电路就完成了双极性信号的编码,大大简化了编码电路;同自然二进制码相比,如果在传输过程中出现误码,则它对小信号影响较小。缺点是大信号时的误码对折叠码影响较大。本节采用的是折叠码。

格雷码的特点是任何相邻电平的码组,只有一位码发生变化。其优点是在译码过程中,如果判决有误,样值产生较小的误差。缺点是译码电路比较复杂,需要转换为自然二进制码后再译码。

（3）非线性逐次反馈编码

具有非均匀量化特性的编码器叫做非线性编码器。非线性编码的码组所表示的量值与输入信号的幅度成非线性变化关系,即非线性码组中各码位的权值随输入信号幅度非线性变化。

图 8.4.2 给出了非线性逐次反馈型编码器的原理方框图。

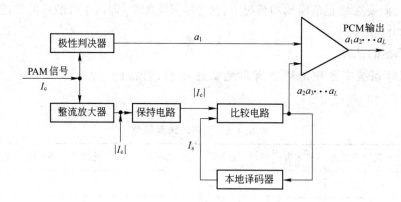

图 8.4.2 非线性逐次反馈型编码器的原理方框图

从图 8.4.2 可以看出,理想抽样得到的 PAM 样值 I_c 被分为两路,向上的一路进入极性判决电路,编出第一位极性码 a_1;向下的一路经整流（即取绝对值）、放大、保持,为其后编幅度码提供输入$|I_c|$。幅度码的编码电路主要由比较器和本地译码器两部分组成。本地译码器对编码输出的数字信号逐位译码(正因为在每次编当前码位时,需要本地译码电路译出前面所编的码位对应的量化级数,并依此提供标准的比较电平 I_s,因此称为逐次反馈型编码器)。用译码器输出的标准电平 I_s 与被编的保持样值$|I_c|$在比较器中进行比较。比较一次编一位码,直至输入样值与所有码位的译码值之差达到尽可能的小,一个样值的编码才算完成。下一个样值再循环此过程。

2. A 律 13 折线 8 比特编解码

实际中,该编码器采用逐次反馈比较法完成对语音信号的非均匀编码。

（1）码字的安排

在对语音信号的编码中,让每 8 位二进制码字对应一个语音样值,如:

$$a_1 a_2 a_3 a_4 a_5 a_6 a_7 a_8$$

其中:

① a_1 是极性码,它表示样值是大于或等于零,还是小于零。

② $a_2 a_3 a_4$ 是段落码,代表 1~8 段的段落。A 律 13 折线压缩律在正半段被分为 8 段,每段的长度均不相同,如图 8.3.12 所示。第 1 段和第 2 段的归一化长度最短,是 1/128,第 8 段的归一化长度最长,是 1/2。为了表示这 8 个段落,需要用 3 位二进制码,因此这 3 位码叫做段落码,如表 8.4.2 所示。

表 8.4.2　A 律 13 折线 8 比特编码参数

量化段序号 i	电平范围 (Δ)	段落码			段落起始电平 $I_i(\Delta)$	量化间隔 $\Delta_i=(?\ \Delta)$	段内电平码对应权值			
		a_2	a_3	a_4			a_5	a_6	a_7	a_8
8	1 024～2 047	1	1	1	1 024	64	512	256	128	64
7	512～1 023	1	1	0	512	32	256	128	64	32
6	256～511	1	0	1	256	16	128	64	32	16
5	128～255	1	0	0	128	8	64	32	16	8
4	64～127	0	1	1	64	4	32	16	8	4
3	32～63	0	1	0	32	2	16	8	4	2
2	16～31	0	0	1	16	1	8	4	2	1
1	0～15	0	0	0	0	1	8	4	2	1

③ $a_5a_6a_7a_8$ 是段内电平码,代表所在的 $a_2a_3a_4$ 段落又被均匀量化的 16 个量化等级。

由于 8 段长度各不同,把每一段等分为 16 小段后,8 段中每一段的量化间隔不同。第 1 段和第 2 段为 $\frac{1}{128}\times\frac{1}{16}=\frac{1}{2\ 048}$,第 3 段为 $\frac{1}{1\ 024}$,第 4 段为 $\frac{1}{512}$,…,而第 8 段为 $\frac{1}{32}$。可以看到,第 1、2 段的量化间隔 $\frac{1}{2\ 048}$ 为最小的量化间隔 Δ,因此,从第 1～8 段落的量化间隔分别为 $\Delta_1=\Delta,\Delta_2=\Delta,\Delta_3=2\Delta,\Delta_4=4\Delta,\Delta_5=8\Delta,\Delta_6=16\Delta,\Delta_7=32\Delta,\Delta_8=64\Delta$。另外,依此分割,则有第 1 段的起始电平为 0,第 2 段的起始电平为 16Δ,第 3 段的起始电平为 32Δ,…,第 8 段的起始电平为 $1\ 024\Delta$,如表 8.4.2 所示。

由于每个段落被均匀地分为 16 小段,因此要用 4 位二进制码来标示这 16 小段。这 4 位二进制码 a_5,a_6,a_7,a_8 的权值分别为 $8\Delta_i,4\Delta_i,2\Delta_i,\Delta_i$,它们因所在的量化段落不同而异,例如在第 8 段,$i=8$,$\Delta_8=64\Delta$,所以,a_5,a_6,a_7,a_8 的权值分别为 $8\Delta_8=8\times64\Delta=512\Delta$,$4\Delta_8=4\times64\Delta=256\Delta$,$2\Delta_8=2\times64\Delta=128\Delta$,$\Delta_8=64\Delta$,见表 8.4.2。

由前面的分析可知,第 1、2 段各覆盖了 16 个 Δ,第 3 段覆盖了 32 个 Δ,第 4 段覆盖了 64 个 Δ,依此类推,第 8 段覆盖了 1 024 个 Δ,从第 1 段到第 8 段共覆盖了 2 048 个 Δ,对应着 11 比特($2^{11}=2\ 048$)的二进制线性码。可见 7 比特的非线性码对应着 11 比特的线性码。

（2）编码过程

设所编样值为 I_c。

① 编极性码 a_1

当样值 $I_c\geqslant0$ 时,$a_1=1$;当样值 $I_c<0$ 时,$a_1=0$。

② 编段落码 $a_2a_3a_4$

如图 8.4.3 所示,分三步分别编制出段落码 a_2,a_3,a_4。

③ 编制段内电平码 $a_5a_6a_7a_8$

在 A 律 13 折线 8 比特编码中,采用 4 比特的段内电平码 $a_5a_6a_7a_8$,每一段都采用均匀编码的方式。表 8.4.2 列出了与编码相关的所有信息。

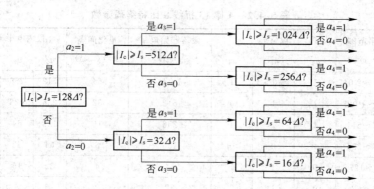

图 8.4.3　编制段落码

已知段落码 $a_2a_3a_4$，由表 8.4.2 查出量化段落 i，段落起始电平 I_i、段内量化间隔 Δ_i，由此可得到 4 次段内码的判定值如下(译码器输出的标准比较电平为 I_s)：

第一次：　　　　　　　$I_s = I_i + 8\Delta_i$，

　　　　　当 $|I_c| \geqslant I_s$ 时，$a_5 = 1$；当 $|I_c| < I_s$ 时，$a_5 = 0$　　　(8.4.1)

第二次：　　　　　　　$I_s = I_i + 8\Delta_i a_5 + 4\Delta_i$，

　　　　　当 $|I_c| \geqslant I_s$ 时，$a_6 = 1$；当 $|I_c| < I_s$ 时，$a_6 = 0$　　　(8.4.2)

第三次：　　　　　　　$I_s = I_i + 8\Delta_i a_5 + 4\Delta_i a_6 + 2\Delta_i$，

　　　　　当 $|I_c| \geqslant I_s$ 时，$a_7 = 1$；当 $|I_c| < I_s$ 时，$a_7 = 0$　　　(8.4.3)

第四次：　　　　　　　$I_s = I_i + 8\Delta_i a_5 + 4\Delta_i a_6 + 2\Delta_i a_7 + \Delta_i$，

　　　　　当 $|I_c| \geqslant I_s$ 时，$a_8 = 1$；当 $|I_c| < I_s$ 时，$a_8 = 0$　　　(8.4.4)

例 8.4.1　设某一 A 律 13 折线 8 比特逐次反馈编码器，量化、编码的范围是 $-2.048 \sim 2.048$ V，输入信号样值为 $-0.029\,9$ V。求该样值对应的 8 位码字，以及 7 比特的幅度码所对应的 11 比特线性码。

解　因为 A 律 13 折线 8 比特编码器，压扩曲线正半部分 8 段直折线覆盖了 2 048 个最小的量化间隔信号，因此，该编码器的最小量化间隔为

$$\Delta = \frac{2.048}{2\,048} = 0.001 \text{ 伏/间隔}$$

输入样值用最小量化间隔表示为

$$I_c = \frac{-0.029\,9}{0.001} = -29.9\Delta$$

现在对样值 $I_c = -29.9\Delta$ 进行编码。

① 先编极性码 a_1。

因为

$$I_c = -29.9\Delta < 0$$

所以　　　　　　　　　　　　　$a_1 = 0$

② 再编段落码 $a_2a_3a_4$。依图 8.4.2 提供的编码步骤，作如下三次比较得到段落码：

第一次比较：本地译码器输出为

$$I_s = 128\Delta$$

$$|I_c| = 29.9\Delta < I_s = 128\Delta$$

所以比较后输出 $a_2 = 0$。

第二次比较：本地译码器输出为

$$I_s = 32\Delta$$

$$|I_c| = 29.9\Delta < I_s = 32\Delta$$

所以比较后输出 $a_3 = 0$。

第三次比较：本地译码器输出为

$$I_s = 16\Delta$$

$$|I_c| = 29.9\Delta > I_s = 16\Delta$$

所以比较后输出 $a_4 = 1$。

经过三次比较得出段落码 $a_2 a_3 a_4$ 为 001。样值落在第 2 段，由表 8.4.2 知，起始电平 $I_2 = 16\Delta$，第 2 段的量化间隔 $\Delta_2 = \Delta$。

③ 最后编段内电平码 $a_5 a_6 a_7 a_8$。

第一次比较：本地译码器输出为

$$I_s = I_2 + 8\Delta_2 = 16\Delta + 8\Delta = 24\Delta$$

$$|I_c| = 29.9\Delta > I_s = 24\Delta$$

所以比较后输出 $a_5 = 1$。

第二次比较：本地译码器输出为

$$|I_s| = I_2 + 8\Delta_2 a_5 + 4\Delta_2 = 16\Delta + 8\Delta \cdot 1 + 4\Delta = 28\Delta$$

$$|I_c| = 29.9\Delta > I_s = 28\Delta$$

所以比较后输出 $a_6 = 1$。

第三次比较：本地译码器输出为

$$I_s = I_2 + 8\Delta_2 a_5 + 4\Delta_2 a_6 + 2\Delta = 16\Delta + 8\Delta \cdot 1 + 4\Delta \cdot 1 + 2\Delta = 30\Delta$$

$$|I_c| = 29.9\Delta < I_s = 30\Delta$$

所以比较后输出 $a_7 = 0$。

第四次比较：本地译码器输出为

$$I_s = I_2 + 8\Delta_2 a_5 + 4\Delta_2 a_6 + 2\Delta a_7 + \Delta = 16\Delta + 8\Delta \cdot 1 + 4\Delta \cdot 1 + 2\Delta \cdot 0 + \Delta = 29\Delta$$

$$|I_c| = 29.9\Delta > I_s = 29\Delta$$

所以比较后输出 $a_8 = 1$。

结果编出的 8 位码为 00011101，其代表电平为

$$I_c' = -29\Delta$$

其中 7 比特的非线性码所对应的 11 比特线性码为 11 位自然二进制码：

$$00000011101$$

量化误差为

$$e = I_c' - I_c = 0.9\Delta$$

显然量化误差大于 0.5Δ，这与前面所讲的最大量化误差等于 0.5Δ 是矛盾的。关于这个

问题,在接收端译码器中解决。

(3)编码器组成

编码器的组成如图 8.4.4 所示。

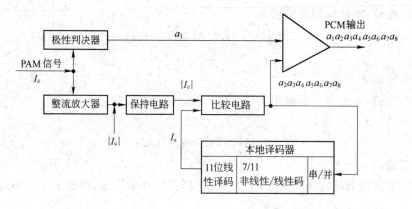

图 8.4.4 A 律 13 折线 8 比特非线性逐次反馈型编码器方框图

A 律 13 折线 8 比特编码器是典型的非线性逐次反馈型。它的工作原理前面已经作了介绍,需要说明的是它的本地译码器。

如图 8.4.4 所示,A 律 13 折线 8 比特编码器的本地译码器由串/并变换器、7 位非线性码/11 位线性码的变换器和 11 位线性译码器共三部分组成。串/并变换器将串行的 7 位码 $a_2a_3a_4a_5a_6a_7a_8$ 变为并行,7 位非线性码/11 位线性码的变换器将 7 位非线性码 $a_2a_3a_4a_5a_6a_7a_8$ 变为 11 位线性码,以便能让其后的线性译码器译出并提供标准的比较电平 I_s。

(4)接收端译码

① A 律 13 折线 8 比特译码

依 a_1 可知样值极性:$a_1=1$,则样值为正;$a_1=0$,则样值为负。

依 $a_2a_3a_4$ 从表 8.4.2 得知段落 i、段落起始电平 I_i、段内量化间隔 Δ_i,从而可以求得:

7 位幅度码译出的码字电平为

$$I_i+(2^3\times a_5+2^2\times a_6+2\times a_7+2^0\times a_8)\times\Delta_i+2^{-1}\Delta_i \tag{8.4.5}$$

8 位码组的译码输出量化电平为

$$I_i+(2^3\times a_5+2^2\times a_6+2^1\times a_7+2^0\times a_8+2^{-1})\times\Delta_i,\text{当 } a_1=1 \text{ 时} \tag{8.4.6}$$

$$-[I_i+(2^3\times a_5+2^2\times a_6+2^1\times a_7+2^0\times a_8+2^{-1})\times\Delta_i],\text{当 } a_1=0 \text{ 时} \tag{8.4.7}$$

注意,在接收端译码时,多加了半个本段量化间隔 Δ_i(即加了 $2^{-1}\Delta_i$),这是因为前面已经介绍过,在一个量化间隔上最佳量化电平应选择量化间隔的中点,这样产生的量化误差最大是半个本段量化间隔 Δ_i,如果选择起点,它的最大量化误差是一个量化间隔 Δ_i,而实际电路采用起点作为量化输出电平。为此,在接收端译码时,需多加半个本段量化间隔 Δ_i,将量化输出电平抬到量化间隔的中点,以减小量化误差。这也正是在接收端译码器中采用 7 比特非线性码到 12 比特线性码变换电路的原因。

例 8.4.2 试求例 8.4.1 在接收端译码后得到的样值的伏值,以及与例 8.4.1 所给编码样值间的量化误差,最后再给出作 7/12 变换时对应的 12 比特线性码。

解 由例 8.4.1 可知,样值对应的 7 比特非线性码为 0011101,因此可知:样值在第 2 段,$i=2$,查表 8.4.2 可得到第 2 段的起始电平 $I_2=16\Delta$ 及该段的量化间隔 $\Delta_2=\Delta$。

依据式(8.4.7)译码后输出的样值电平 I_c' 为

$$I_c'=-(16+8\times1+4\times1+2\times0+1+1/2)\times\Delta$$
$$=-29.5\Delta=-29.5\times0.001=-0.029\,5\,(V)$$

量化误差为

$$e=I_c'-I_c=-29.5\Delta-(-29.9\Delta)=0.4\Delta<0.5\Delta$$

7/12 变换时,对应的 12 比特线性码为 000000111011。

② 译码原理框图

译码原理框图如图 8.4.5 所示。

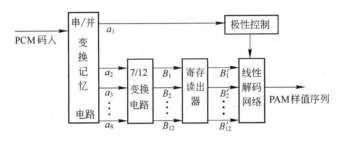

图 8.4.5 译码原理框图

A 律 13 折线译码器和逐次比较编码器中的本地译码器基本相同,所不同的是:

a. 增加了极性控制部分;

b. 数字扩张部分由 7/11 变换改为 7/12 变换;

c. 接收端解码器由寄存器完成串/并变换的任务。

8.5 其他信源编码的基本原理

在电话系统中,语音信号的通用频带为 300~3 400 Hz,考虑保护带之后,一般取 0~4 000 Hz,由抽样定理可知,抽样速率可以取 8 000 Hz(即 8 000 样值/秒)。在上一节中,A 律 13 折线非均匀量化编码,每个样值采用 8 bit,因此,一路电话数字信号的传输速率为 8 000×8=64 kbit/s,由傅里叶变换可知其频谱远远大于模拟信号 4 000 Hz 的带宽。信号频带太宽是数字通信的一大障碍,尤其是在移动通信中,为此产生了许多压缩数据传输速率的编码方法。本节对差分脉冲编码调制(DPCM)和简单增量调制(Delta Modulation,DM)的基本原理作一简单介绍。

8.5.1 差分脉冲编码调制

语音和图像信号中存在着大量冗余,信源编码就是用压缩技术去除这些冗余,来提高通信的有效性,而预测是其中常用的手段之一。

由于语音信号的相邻样值之间存在幅度的相关性,因此,在发送端进行编码时,可以根据前面时刻的样值预测当前时刻的样值 $\tilde{x}(n)$,而只传送样值 $x(n)$ 和预测值 $\tilde{x}(n)$ 之差(称作预测误差)$d(n)=x(n)-\tilde{x}(n)$,不必传送样值 $x(n)$ 本身;在接收端,根据前面时刻的样值预测当前时刻的样值 $\tilde{x}(n)$,再加上收到的当前时刻样值的预测误差 $d(n)$,即得到当前时刻的重建样值 $\hat{x}(n)=\tilde{x}(n)+d(n)$。这种方法称为预测编码。

因为预测误差序列代表了原来样值序列中的有效信息,因此压缩了原样值序列的冗余,其表现就是预测误差序列的幅度远小于原样值,这样就可以采用较少的量化电平数,从而大大压缩传码率。图 8.5.1 和图 8.5.2 给出了差分脉冲编码和解码系统的原理框图。

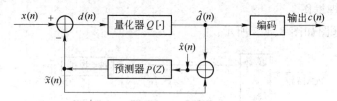

图 8.5.1　差分脉冲编码器框图

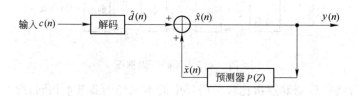

图 8.5.2　差分脉冲解码器框图

在图 8.5.1 和图 8.5.2 差分脉冲编、解码器中,$x(n)$ 是输入样值,$\hat{x}(n)$ 是重建样值,$\tilde{x}(n)$ 是预测样值,$d(n)$ 是预测误差,$\hat{d}(n)$ 是预测误差的量化输出,$c(n)$ 是对量化后预测误差 $\hat{d}(n)$ 的编码。$P(Z)$ 是预测器的传递函数,$Q[\cdot]$ 是量化器。

编码器和解码器中的预测器是完全一样的,因此在没有传输误码时,它们的输出一样,为 $\tilde{x}(n)$。

由图 8.5.1 和图 8.5.2 可得:预测误差

$$d(n)=x(n)-\tilde{x}(n) \tag{8.5.1}$$

重建样值为

$$\hat{x}(n)=\tilde{x}(n)+\hat{d}(n) \tag{8.5.2}$$

所以由差分脉冲编码调制 DPCM 产生的总量化误差 $e(n)$ 为输入信号 $x(n)$ 与解码器输出重建信号 $\hat{x}(n)$ 之差,即

$$e(n)=x(n)-\hat{x}(n)=[d(n)+\tilde{x}(n)]-[\hat{d}(n)+\tilde{x}(n)]$$
$$=d(n)-\hat{d}(n) \tag{8.5.3}$$

可见,差分脉冲编码调制 DPCM 总的量化误差 $e(n)$ 只和差值信号的量化误差有关。

设原始信号序列为

$$\cdots,x(n-j),\cdots,x(n-1),x(n),x(n+1),\cdots,x(n+j),\cdots$$

式中，$x(n)$是序列的当前样值，$x(n-1)$是$x(n)$前一个样值。如选择前 N 个样值来预测当前的 $x(n)$，则预测值 $\tilde{x}(n)$ 为

$$\tilde{x}(n) = h_1 x(n-1) + h_2 x(n-2) + \cdots + h_N x(n-N)$$
$$= \sum_{j=1}^{N} h_j x(n-j) \tag{8.5.4}$$

式中，$h_j(j=1,2,\cdots,N)$是预测器的预测系数，或称为加权系数；N 是预测阶数。由式（8.5.4）可知，预测值是前 N 个样值的线性组合。

差分脉冲编码调制原理如图 8.5.3 所示。

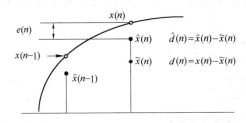

图 8.5.3　差分脉冲编码调制原理示意图

8.5.2　简单增量调制

前面介绍了脉冲编码调制，可以看到它的编译码电路较复杂，且每个样值的码字收、发要保持同步，为此，人们研究了许多改进方法、增量调制就是其中之一。增量调制的编译码电路简单，且在单路时不需同步。

所谓增量调制，就是用一位二进制代码，表示相邻的两个模拟样值的差别是增加、还是减少的调制。它编码的对象不是经量化后的样值。

1．简单增量调制原理

某一模拟信号 $x(t)$，可以用时间间隔为 Δt、幅度间隔为 $\pm\sigma$ 的阶梯波形 $x'(t)$ 来近似，如图 8.5.4 所示。

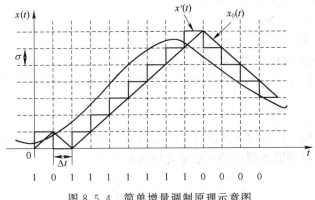

图 8.5.4　简单增量调制原理示意图

由图 8.5.4 可以看出,只要时间间隔 Δt 足够的小,即抽样的速率 $f_s = 1/\Delta t$ 足够的大,而且幅度间隔 $\pm\sigma$ 大小也合适,$x'(t)$ 就可以很好地近似 $x(t)$。另外,也可用斜升波形 $x_0(t)$ 来近似原波形 $x(t)$,它在译码器中由积分电路实现。而 $x(t) - x_0(t)$ 表示了量化噪声 $e(t)$。

简单增量调制的编码规则是:当前的抽样值大于或等于前一个译码样值时,用"1"码表示;当前的抽样值小于前一个译码样值时,用"0"码表示。依此规则,可以对图 8.5.4 所示的 $x(t)$ 波形进行编码,编码结果如图 8.5.4 所示。

简单增量调制编码系统如图 8.5.5 所示。

解码系统如图 8.5.6 所示,它主要由积分译码器和低通滤波器组成。如当前来的是"1",则积分器输出以 $\sigma/\Delta t$ 为斜率的斜升波形,持续时间为一个码元 Δt,因此上升 σ;如当前来的是"0",则积分器输出以 $-\sigma/\Delta t$ 为斜率的斜降波形,在 Δt 时间降 σ,从而得到如图 8.5.4 所示的斜升波形 $x_0(t)$。最后通过低通滤波器来平滑波形,最终得到译码波形。

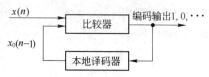

图 8.5.5　简单增量调制编码示意图

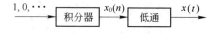

图 8.5.6　简单增量调制解码示意图

2. 简单增量调制噪声分析

（1）一般量化噪声

当量化误差 $|e(t)| = |x(t) - x_0(t)| < \sigma$ 时,产生的噪声称为一般量化噪声。

（2）过载量化噪声

当斜升波形 $x_0(t)$ 跟不上信号波形 $x(t)$ 时,出现的量化误差远远大于 $\pm\sigma$ 的量化噪声。

为了防止过载量化噪声,就必须满足斜升电压的斜率大于信号最大斜率的绝对值,即

$$\frac{\sigma}{\Delta t} \geqslant \left|\frac{\mathrm{d}x}{\mathrm{d}t}\right|_{\max} \quad \text{或} \quad \sigma f_s \geqslant \left|\frac{\mathrm{d}x}{\mathrm{d}t}\right|_{\max} \tag{8.5.5}$$

式中,Δt 是码元的时间间隔;f_s 是抽样速率。

由式(8.5.5)可以看出,为了防止过载,σf_s 就要选大些,但 σ 不能选大,否则一般量化噪声增大。因此,只能让 f_s 大,可是 f_s 大会带来信号带宽增大,信道利用率降低等问题,显然,如何选择 f_s 的大小是很重要的。

（3）量化信噪比 S/N_q

① 量化噪声功率 N_q

假设没有过载量化噪声,量化误差 $|e(t)| = |x(t) - x_0(t)| < \sigma$,且在 $(-\sigma, \sigma)$ 内均匀分布,即概率密度函数为 $f(e) = 1/2\sigma$,因此,在通过低通滤波器前量化噪声功率为

$$N'_q = \int_{-\sigma}^{\sigma} e^2 f(e)\,\mathrm{d}e = \int_{-\sigma}^{\sigma} e^2 \cdot \frac{1}{2\sigma}\,\mathrm{d}e = \frac{\sigma^2}{3}$$

实验证明,随机过程 $e(t)$ 的功率谱密度在 $(0, f_s)$ 内近似均匀,因此,通过截止频率为信号的最高频率 f_m 的低通滤波器后的一般量化噪声功率为

$$N_q = \frac{f_m}{f_s} N'_q = \frac{\sigma^2 f_m}{3 f_s} \tag{8.5.6}$$

② 信号功率 S

假设信号是 $x(t) = A\sin\omega_k t$，且处于未过载与过载的临界状态，即有

$$\sigma f_s = \left| \frac{\mathrm{d}x}{\mathrm{d}t} \right|_{\max} = A\omega_k \tag{8.5.7}$$

所以输入正弦信号的最大幅度为 $A_{\max} = \dfrac{\sigma f_s}{\omega_k}$，因此不发生过载的正弦信号的最大功率为

$$S = \frac{1}{2}A_{\max}^2 = \frac{\sigma^2 f_s^2}{2\omega_k^2} = \frac{\sigma^2 f_s^2}{8\pi^2 f_k^2} \tag{8.5.8}$$

③ 量化信噪比 S/N_q

由式(8.5.6)和(8.5.8)，可以求出简单增量调制的量化信噪比为

$$\frac{S}{N_q} = \frac{\sigma^2 f_s^2}{8\pi^2 f_k^2} \cdot \left(\frac{\sigma^2 f_m}{3f_s} \right)^{-1} = \frac{3f_s^3}{8\pi^2 f_k^2 f_m} \approx 0.04\,\frac{f_s^3}{f_k^2 f_m} \tag{8.5.9}$$

由式(8.5.9)可见，简单增量调制的量化信噪比 S/N_q 与抽样频率的 3 次方成正比，因此，抽样频率的提高对信噪比的改善影响较大。

简单增量调制具有编译码电路简单，单路时不需同步等优点，但它还有传输质量不高的缺点，因此人们又研究出了自适应增量调制 ADM。自适应增量调制是一种自动调节量阶大小、用以避免过载的增量调制，显然它的质量优于简单增量调制。由于篇幅的原因，在此不作介绍，感兴趣的读者可以参阅其他的书籍。

8.6　PCM 数字电话通信系统

8.6.1　时分复用

为提高信道的利用率，在传输时采用多路复用技术。所谓多路复用，就是在一条信道上同时传送多路信息的技术。目前常用的多路复用技术有频分复用(FDM)、时分复用(TDM)、码分复用(CDM)、空分复用(SDM)，以及它们的组合。PCM 数字电话通信系统，采用的是时分复用技术。

时分复用，就是让复用的各路信息在信道上占用不同的时间间隙，以实现多路复用的技术。3 路时分复用系统的原理如图 8.6.1 和图 8.6.2 所示。

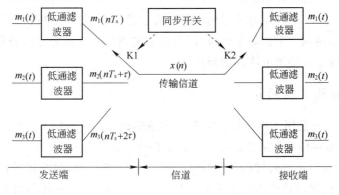

图 8.6.1　3 路时分复用系统

由图 8.6.1 所示,3 路时分复用系统实现的核心是一个分别处于收、发两端的同步开关 K1 和 K2。

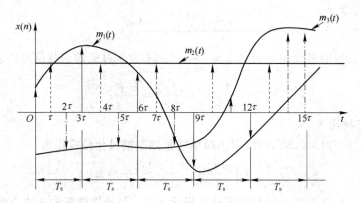

图 8.6.2 3 路信号经时分复用如何变为一路群信号示意图

由图 8.6.2 所示,首先按抽样周期 T_s 将传输时间划分为一帧一帧的间隔,再把每一帧 3 等分(因为是 3 路复用),每一等分称为一个时隙,占时为 $\tau = T_s/3$。下面就让 3 路信号 $m_1(t)$、$m_2(t)$、$m_3(t)$ 经一条信道互不干扰地"同时"传输。

在 $t=0$ 时刻,开关 K1 和 K2 都接在第一路上,让第一路的 $m_1(0)$ 样值经信道传到接收端;在 $t=\tau$ 时刻,开关 K1 和 K2 都接在第二路上,让第二路的 $m_2(\tau)$ 样值经信道传到接收端;在 $t=2\tau$ 时刻,开关 K1 和 K2 都接在第三路上,让第三路的 $m_3(2\tau)$ 样值经信道传到接收端。至此,3 路信号各传送了一个样值之后,正好用完一个抽样周期 T_s。在 $t=3\tau=T_s$ 时刻,开关 K1 和 K2 又都接在第一路上,让第一路的 $m_1(T_s+0)$ 样值经信道传到接收端;在 $t=4\tau=T_s+\tau$ 时刻,开关 K1 和 K2 都接在第二路上,让第二路的 $m_2(T_s+\tau)$ 样值经信道传到接收端;在 $t=5\tau=T_s+2\tau$ 时刻,开关 K1 和 K2 都接在第三路上,让第三路的 $m_3(T_s+2\tau)$ 样值经信道传到接收端。至此,3 路信号又各传送了一个样值,正好用完两个抽样周期 T_s。以此类推,直到发送完所有信号。如此实现了 3 路信号在一条信道上互不干扰的"同时"传输。这里的"同时",并不是真的在同一时刻传 3 路信息,而是对时间进行分割,分别占不同的时间传输,这正是时分复用的含义所在。需要注意的是,在时间帧 T_s 的划分上一定要满足抽样定理。

由以上的介绍可以看出,时分复用就是让互相独立的多路信号占用各自的时隙,合路成为一路群信号,在同一个信道中传输,而在接收端按同样规律把它们分开的技术。在时分复用技术中,同步是必须解决好的问题。

8.6.2 数字复接系统简介

数字信号的时分复用也称为数字复接,参与复接的各路信号称为支路信号,复接后的信号称为合路信号或群信号。从合路的数字信号中把各路信号一一分开的过程称为分接。

由同一个主振器提供时钟的各路数字信号叫做同源信号,同源信号的数字复接叫做同步复接。由不同源时钟产生的各路数字信号叫做异源信号,异源信号的数字复接叫做异步复接。对于传码率在标称值附近波动的异源信号,也称为准同步复接。准同步复接前需先调整各路数字信号的传码率,使其完全一致,然后才能进行数字复接。

准同步数字体系(PDH)是数字复接的国际标准之一,它给出了支路信号与合路信号间的关系、复接的等级和传码率等相关信息,现将其列于表 8.6.1 中。

表 8.6.1 TDM 制准同步数字复接体系

群路等级	制 式			
	北美、日本		欧洲、中国	
	信息速率/(kbit·s⁻¹)	路 数	信息速率/(kbit·s⁻¹)	路 数
基群	1 544	24	2 048	30
二次群	6 312	96	8 448	120
三次群	32 064 或 44 736	480 或 672	34 368	480
四次群			139 264	1 920

由表 8.6.1 可以看出,准同步数字体系包含两个体制和三个地区性的标准,它们互不兼容,给国际通信带来了困难。我国采用的是 2 Mbit/s,30 路为基群的系列。

虽然准同步数字体系(PDH)在数字通信的发展中起了很大的作用,而且目前仍在使用,但随着光纤通信等大容量、廉价传输信道的发展,现在主要使用的是国际电联提出的同步数字体系(SDH)。相关的知识,读者可以参阅其他书籍。

8.6.3 30/32 路 PCM 一次群系统

1. PCM 30/32 路系统终端构成

图 8.6.3 是典型的 PCM 复用终端示意图。

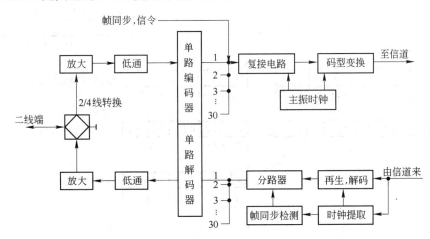

图 8.6.3 30/32 路 PCM 数字电话系统终端构成示意图

2/4 线转换器把发送和接收语音电路分开,向上的为发送支路,向下的为接收支路。

被发送的语音信号经放大器、低通滤波器,使频带被限制在 300～3 400 Hz,然后将其加到进行抽样、量化、编码的 A/D 编码器上,输出一路 64 kbit/s 的数字语音信号。30 路这样的数字语音信号被复接为一路基群合路信号,复接的同时还在适当的位置加入帧同步码、随路信令码。为适合信道传输,还要再经过码型变换,将其变为适合传输的码型,送入信道。

在接收端,从传输线路上来的数字信号,经定时提取、再生、解码、帧同步检测,送去分路处理,将 30 个话路的数字语音信号分开,送到各自的 D/A 译码器中去,译出的模拟语音信号经 2/4 线转换器送往用户,或其他地方。

2. PCM 30/32 路基群系统帧结构

由时分复用的原理可以知道,信号的抽样周期作为一帧,语音信号的抽样速率依抽样定理取 8 000 Hz,因此抽样周期是 1/8 000＝125 μs,即帧周期就是 125 μs。将一帧均匀地分为 32 等份,每一份是 125/32＝3.91 μs,称其为一个路时隙。在一个路时隙里,放 8 比特二进制码字(正好是语音信号一个样值的编码),每位二进制比特,占时为 3.91/8＝488 ns。一帧所包含的比特数为 32×8＝256 bit。因此,PCM 30/32 路基群系统的传信率为

$$R_b = \frac{256 \text{ bit}}{125 \text{ }\mu s} = 2.048 \text{ Mbit/s}$$

图 8.6.4 显示出了 PCM 30/32 路系统帧结构。

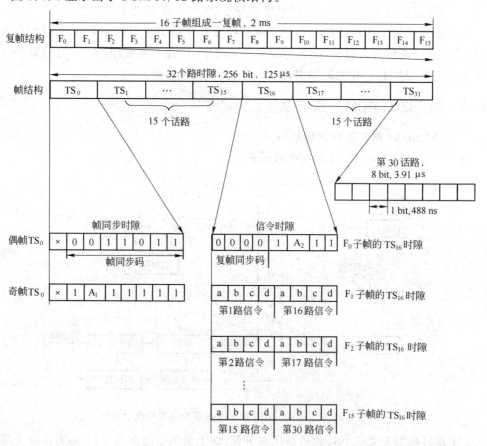

图 8.6.4 30/32 路 PCM 数字电话系统帧结构

由图可以看到,32 个路时隙 TS,编号从 0～31,其中 1～15(TS$_1$～TS$_{15}$)和 17～31(TS$_{17}$～TS$_{31}$)共 30 个时隙用来传 30 个话路,第 1 个时隙 TS$_0$ 用来放帧同步码和其他信

息码,第 17 时隙 TS_{16} 用来放复帧同步码和随路信令码。帧同步码是一个收发两端共同确定的特殊码字,一般情况下,它被放在帧头作为帧标志,其作用是便于接收端确定一帧的开始,完成正确的分接处理。

由图 8.6.4 可以看出,16 个子帧组成一个复帧,其中各子帧编号为 $F_0,F_1,\cdots,F_{15}$,复帧周期为 $16\times125\,\mu s=2\,ms$。

与其他时隙一样,TS_0 时隙也由 8 比特二进制码组成。它将帧分为偶帧和奇帧,偶帧的 TS_0 时隙的后 7 比特,放帧同步码"0011011",奇帧的 TS_0 时隙的第 2 比特固定为"1",以区别偶帧该比特(偶帧该比特为"0"),奇帧的 TS_0 时隙的第 3 比特为失步对告码 A_1,当本端接收失步时,将送到对方的该位码设置为"1";当本端接收同步时,将送到对方的该位码设置为"0"。奇帧 TS_0 时隙的其余比特,留作它用,不用时置"1"。所有帧 TS_0 时隙的第 1 比特,用作循环冗余检测。

随路信令码是每个话路的随路信令信息,占用每帧的 TS_{16} 时隙。它们以复帧为周期,一复帧有 16 个子帧($F_0,F_1,\cdots,F_{15}$),就有 16 个 TS_{16} 时隙,其中,F_0 子帧 TS_{16} 时隙的前 4 比特,用来放复帧同步码"0000",第 6 比特放复帧失步对告码 A_2,规则同帧失步对告码 A_1,只是此位码监督的是复帧,余下的 3 位可传其他信息,不用时传"1"。$F_1\sim F_{15}$ 子帧 TS_{16} 时隙的前 4 比特分别用来传输从第 1 到第 15 个话路的随路信令,每路 4 比特,可以表示 16 种不同的信令,实际没有用到这么多。$F_1\sim F_{15}$ 子帧 TS_{16} 时隙的后 4 比特分别用来传输从第 16 到第 30 个话路的随路信令,每路 4 bit。

习　题

8.1　语音信号的频谱 $M(f)$ 如题图 8.1 所示,试求能够不失真地从抽样信号中恢复原信号的抽样速率,并画出按此抽样速率理想抽样后信号的频谱。

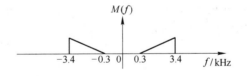

题图 8.1　语音信号的频谱

8.2　已知信号 $m(t)=1+3\cos\dfrac{1}{2}\omega_0 t+0.5\cos 2\omega_0 t$,要求:

(1) 画出该信号的频谱;

(2) 确定对该信号的最小抽样速率;

(3) 画出抽样速率分别为 $3\omega_0$ 和 $5\omega_0$ 时,理想抽样后的频谱,并比较有什么不同?

8.3　已知信号 $m(t)=10\cos 20\pi t\cos 2\,000\pi t$,现在以每秒 2 500 抽样。

(1) 要求画出理想抽样后的频谱。

(2) 如用理想低通恢复原信号 $m(t)$,理想低通滤波器的截止频率为多少?

(3) 若把信号 $m(t)$ 当作低通型信号,最低抽样频率是多少?

（4）若把信号 $m(t)$ 当作带通型信号，最低抽样频率是多少？

8.4 带限信号 $m(t)$ 的最高频率为 f_m，抽样脉冲是三角脉冲序列 $c(t)$，脉宽 $\tau = 0.5T_s$，如题图 8.2 所示，用 $c(t)$ 对 $m(t)$ 进行自然抽样，试求：

（1）已抽样信号 $m_s(t)$ 的频谱；

（2）无失真恢复的条件。

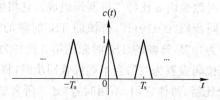

题图 8.2 抽样三角脉冲序列 $c(t)$

8.5 带限信号 $m(t)$ 的频谱 $M(f)$ 如题图 8.3(a) 所示，有一平顶抽样系统的保持网络如题图 8.3(b) 所示，抽样速率间隔为 T_s，满足抽样定理，保持脉宽为 $\tau = 0.5T_s$，写出并画出抽样保持信号的频谱。

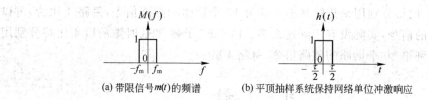

(a) 带限信号 $m(t)$ 的频谱　　　(b) 平顶抽样系统保持网络单位冲激响应

题图 8.3 带限消息信号的频谱和保持网络特性

8.6 设以 75 Hz 的速率对以下两个信号进行抽样：

$$m_1(t) = 10\cos(100\pi t), \quad m_2(t) = 10\cos(50\pi t)$$

试证抽样后的两个抽样序列相同，并分析原因。

8.7 已知量化特性如题图 8.4 所示。

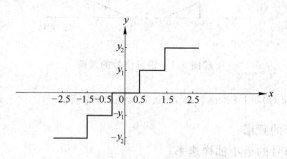

题图 8.4 量化特性

（1）若输入正弦信号 $x(t) = 2\cos\omega_0 t$，试画出量化误差的波形；

（2）求出量化误差平均功率。

8.8 有一信号 $m(t) = 10 + 10\cos\omega t$ 被均匀量化为 60 个电平，试求：

（1）量化间隔为多少？

(2) 若取量化间隔的中点为输出量化电平,则最大量化误差为多少?量化后的最高、最低量化电平为多少?

(3) 若取量化间隔的最低点为输出量化电平,重做(2)。

(4) 若采用二进制编码,编码位数是多少?量化噪声功率是多少?

8.9 采用 A 律 13 折线 8 比特编码器,设最小量化间隔为 Δ,已知抽样样值为 $+625\Delta$。

(1) 试求编码输出。

(2) 写出对应该 7 比特非线性码的 11 比特线性码。

(3) 接收端译码输出的样值是多少?与发送样值相比量化误差有多大?

8.10 采用 A 律 13 折线 8 比特编码器,设最小量化间隔为 Δ,已知编码器输出码组为 01100011,求发送端本地译码器和接收端译码器输出的样值大小各是多少?

8.11 采用 5 折线压扩特性曲线,正半段如题图 8.5 所示,6 比特编码器输出码字为 $a_1a_2a_3a_4a_5a_6$,其中 a_1 是极性码,a_2a_3 是段落码,$a_4a_5a_6$ 是段内电平码,所有编码的方法与 A 律 13 折线 8 比特相同,只是 2 比特的段落码代表了 4 个段落,3 比特的段内电平码代表了段内均匀 8 等份。试求样值 -18Δ 的编码输出。

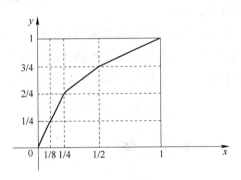

题图 8.5 5 折线压缩特性曲线

8.12 A 律 13 折线 8 比特编码器的编码范围是 $-4.096 \sim 4.096$ V,现有 2.567 V 的一个样值,请对该样值进行编码。

8.13 一个 30/32 路 PCM 数字电话系统,问:

(1) 在帧结构中,第 13 路和第 23 路随路信令码的位置?

(2) 一路随路信令的传信率?

8.14 如果对 30/32 路 PCM 数字电话系统输出的数码流采用单极性不归零码进行基带传输,那么第一过零点信号带宽为多少?

8.15 24 路 PCM 信号每路信号的最高频率为 4 kHz,每样值量化级数为 128,每帧增加 1 bit 作为帧同步码,该系统传信率是多少?

第9章

同步技术

通信是收发两端双方的事情,接收端和发送端的设备必须在时间上协调一致地工作,其中必然涉及同步问题。同步在通信系统中,特别是在数字通信系统中,是一个重要的实际问题,也是通信系统中必不可少的重要组成部分。通信系统如果出现同步误差,就会使通信系统性能降低或通信失效,所以同步是实现数字通信的前提。同步的准确可靠及同步的方法是数字通信必须研究的课题。

在数字通信系统中,同步是指收发两端的载波、码元速率及各种定时标志都步调一致地进行工作。不仅要求同频,而且对相位也有严格的要求。本章主要介绍载波同步、位同步(码元同步)、帧同步(群同步)的基本概念、实现方法及性能指标,以及通信网同步的基本概念。

9.1 概 述

一般地讲,通信系统的同步是指在接收端必须具有或达到与发送端一致(统一)的参数标准,例如收、发两端时钟的一致;收、发两端载波频率和相位的一致;收、发两端帧和复帧的一致等。通信系统中同步的种类很多,在详细介绍各种具体同步方式以前,首先介绍一下同步的分类。

1. 按同步的功能分类

同步按照其功能(和作用)可以分为载波同步、位同步(码元同步)、帧同步(群同步)以及网同步四种。

(1) 载波同步(Carrier Synchronous)

在第4章和第6章中已经介绍了相干解调(同步解调)法,不论在模拟通信还是数字通信中,只要采用同步解调时,在接收端都需要提供一个与发送端完全同频同相的载波信号。图9.1.1是以 DSB 调制解调为例的方框图。发送端产生 DSB 信号时用到的载波为 $c_t(t)=\cos(\omega_1 t+\theta_1)$,接收端解调时需要一个本地载波为 $c_r(t)=\cos(\omega_2 t+\theta_2)$。

图9.1.1中基带信号 $x(t)$ 经过调制以后,得到的 DSB 信号为 $x(t)\cos(\omega_1 t+\theta_1)$,在接收端解调采用相干解调法,乘法器输出端的数学表达式为

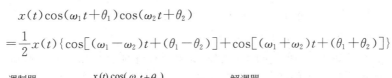

$$x(t)\cos(\omega_1 t + \theta_1)\cos(\omega_2 t + \theta_2)$$
$$= \frac{1}{2}x(t)\{\cos[(\omega_1 - \omega_2)t + (\theta_1 - \theta_2)] + \cos[(\omega_1 + \omega_2)t + (\theta_1 + \theta_2)]\}$$

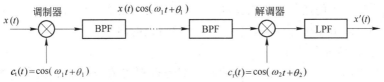

图 9.1.1　DSB 传输系统

通过低通滤波器(LPF)的数学表达式为

$$x'(t) = \frac{1}{2}x(t)\cos[(\omega_1 - \omega_2)t + (\theta_1 - \theta_2)] \tag{9.1.1}$$

式中,当 $\omega_1 = \omega_2$, $\theta_1 = \theta_2$ 时,$x'(t) = x(t)/2$,可以不失真地恢复出信号 $x(t)$;当 $\omega_1 \neq \omega_2$, $\theta_1 \neq \theta_2$ 时,就会在信号 $x(t)$ 上相乘一个随时间变化的余弦因子,这样可以引起信号失真或者降低输出幅度。因此同步解调时,在接收端必须要求载波 $c_r(t)$ 与发送端调制用的载波同频、同相,即 $\omega_1 = \omega_2$, $\theta_1 = \theta_2$。一般把接收端载波信号 $c_r(t)$ 与发送端载波信号 $c_t(t)$ 保持同频、同相称为载波同步。通常接收端载波信号 $c_r(t)$ 是从接收到的信号中提取出来的,这个过程称为载波提取。

(2) 位同步(Bit Synchronous)

位同步也叫码元同步或比特同步。在数字通信系统中,接收端不论采用什么解调方式,都要用到码元同步(在模拟通信中不存在码元同步)。消息是通过一连串的码元来表示、传递的,这些码元一般均具有相同的持续时间。接收端接收码元序列时,必须知道每个码元的起止时刻,以便判别。例如在抽样、判决、解码、解密等环节上,都要用到码元同步。因此接收端应该产生一个码元定时脉冲序列,这个序列的重复频率和相位(位置)必须与接收到的码元的重复频率和相位一致,以保证在接收端的定时脉冲重复频率和发送端的码元速率相同。这样在译码、解密、取样判决等环节上,才能对准最佳位置,正确接收信号。这个码元定时脉冲序列称为位同步脉冲或码元同步脉冲。

位同步就是指在接收端产生一个与接收码元(或发送端的码元)的重复频率和相位相同的码元(位)脉冲序列。位同步脉冲的产生通常通过位同步提取电路来获得的。

(3) 帧同步 (Frame Synchronous)

帧同步也称群同步,它是建立在码元同步基础上的一种同步。所谓"帧"是指若干个码元的集合,也可以是指对每路信号都采样一次后,各路样值编码后的码元集合。对数字通信系统来说,有了载波同步和位同步,发送端的代码可以在接收端解调出来,但代码是一连串的"1""0"码。例如电传机将英文字母 A、B、C 分别编码为 11000、10011、01110。解调以后一定要把每个字母区别开,中间要加特殊的起止码,以便区分各个字母,有时要把若干字组成的句加以区分而插入起止码。在接收端产生一个与"字"或"句"的起止时刻相一致的定时脉冲序列,称为"字"同步或"句"同步,统称为帧同步或群同步。

通常把在接收端产生一个与发送端的帧信号的起止时刻相同的脉冲序列叫帧同步。帧同步是在码元同步的基础上,通常对位同步脉冲进行计数(分频)来获得的。在 PCM

30/32 路数字终端设备中通常把 16 帧又组成一个复帧。

(4) 网同步(Net Synchronous)

一般有了载波同步、位同步和帧同步就可以保证点与点的数字通信系统的正常工作,但对于通信容量更大的通信网络来说就不够了,还必须要有网同步,使整个数字通信网内有一个统一的时间节拍标准,这就是网同步需要讨论的问题。

2. 按同步的实现方式分类

通信系统中同步的实现方式是根据发送端是否直接传送同步信息来分类的,通常分为外同步法和自同步法。

(1) 外同步法

外同步法,是指在发送端一定要发送一个专门的同步信息,接收端根据这个专门的同步信息来提取同步信号而实现其同步的一种方法,有时也称为插入同步法或插入导频法。

(2) 自同步法

所谓自同步法,是指发送端不发送专门的同步信息,接收端则是设法从收到的信号中提取同步信息的一种方法,通常也称为直接法。

通信系统只有在收、发两端之间建立了同步才能实现正确的信息传输,因此同步信息传输的可靠性应该高于信号传输的可靠性。另外,可以看出外同步法的有效性(效率)要低于自同步法,因为同步信息占用了信道容量。

下面分别介绍载波同步、位同步和帧同步的基本工作原理和性能,及通信网同步的基本概念。

9.2 载波同步

在模拟通信中,当采用相干解调时要用到载波同步;在数字通信中,当采用频带传输系统方式时,也一定要用到载波同步。载波同步是同步系统的一个重要方面。实现载波同步的方法有自同步法(直接法)和外同步法(插入导频法)两种。直接法在发送端不需要专门传输导频信号(同步信号),接收端则是在接收到的信号中设法提取同步载波;插入导频法是在发送有用信号的同时,在适当频率位置上要插入一个(或多个)称为导频的正弦波(同步载波),接收端则根据这个导频信息来提取需要的同步载波。

9.2.1 直接法

虽然发送端不直接加传输载波,但有些信号本身隐含有载波信息(分量),通过对该信号进行某些非线性变换以后,就可以从中取出载波分量来,这就是直接法提取同步载波的基本原理。用直接法实现载波同步的具体方法有多种,下面通过实例分别加以介绍。

1. 平方变换法

平方变换法是一种最简单的直接法。以双边带(DSB)调制系统为例,图 9.2.1 是平方变换法提取同步载波(信号)成分的方框图,图中虚线以下是平方变换法的方框图;虚线以上是相干法接收 DSB 信号的方框图。图中接收端输入信号为 $x(t)\cos\omega_c t$,经过带通滤波器(BPF)以后,滤除了带外噪声。信号分成上下两路,上支进入解调器,下支进入载波提取电路,DSB信号 $x(t)\cos\omega_c t$ 通过平方律部件后输出数学表达式为

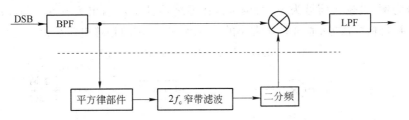

图 9.2.1 平方变换法提取同步载波

$$e(t) = [x(t)\cos\omega_c t]^2 = \frac{x^2(t)}{2} + \frac{x^2(t)}{2}\cos 2\omega_c t \tag{9.2.1}$$

式中,$e(t)$ 的第二项 $[x^2(t)/2]\cos 2\omega_c t$ 中的 $x^2(t)/2$ 中一定有直流成分(注意 $x(t)$ 中可能没有直流成分),因此 $[x^2(t)/2]\cos 2\omega_c t$ 中一定有 $2f_c$ 的频率成分。经过中心频率为 $2f_c$ 的窄带滤波器后就可以取出 $2f_c$ 的频率成分。这里可能有两种情况:一种是在模拟通信系统中,$x(t)$ 为话音信号,话音信号一般是没有直流成分的,但是 $x^2(t)/2$ 总是正值,因此其中必有一个很大的直流成分,除此以外都是与零频率有一定间隔的很小的连续谱,因此可以用中心频率为 $2f_c$ 的窄带滤波器从 $e(t)$ 中滤出 $2f_c$ 的频率成分;另一种是 2PSK 信号,$x(t)$ 为双极性矩形脉冲,设 $x(t)$ 为 ± 1,$x^2(t)=1$,这样,$x(t)\cdot\cos\omega_c t$ 经过平方律部件后得

$$e(t) = \frac{1}{2} + \frac{1}{2}\cos 2\omega_c t \tag{9.2.2}$$

可以看出,$e(t)$ 中含有 $2f_c$ 的成分,则通过 $2f_c$ 窄带滤波器可以取出 $2f_c$ 频率成分,最后经过一个二分频器就可以得到 f_c 的频率成分,这就是需要的同步载波信号。

2. 平方环法

平方环法与平方变换法的原理基本一样,可以在平方变换法的基础上,把窄带滤波器改用锁相环路(由鉴相器 PD、环路滤波器和压控振荡器组成)即可。由于锁相环路具有良好的跟踪、窄带滤波和记忆性能,因此平方环法比一般的平方变换法具有更好的性能,因而得到广泛的应用。图 9.2.2 是平方环法提取同步载波信号的原理方框图。

图 9.2.2 平方环法提取同步载波

以上两种方法都存在相位模糊(也称作相位含糊)问题。从两个方框图可以看出,由窄带滤波器或锁相环路得到的是 $\cos 2\omega_c t$,经过二分频以后的信号可能是 $\cos\omega_c t$,也可能是 $\cos(\omega_c t+\pi)$。这种相位具有不确定性的现象称为相位模糊现象。相位模糊现象一般对模拟通信系统影响不大,因为耳朵听不出相位的变化。但是对于数字通信系统来说,相位模糊可以使解调后码元信号出现反相,即高电平变成了低电平,低电平变成了高电平。对于 2PSK 通信系统,信号就可能出现"反向工作",因此实际中一般不采用 2PSK 系统,而是用 2DPSK 系统。相位模糊问题是通信系统中应该注意的一个实际问题。

3. 科斯塔斯环法

科斯塔斯(Costas)环法也称作同相正交环法,原理方框图如图 9.2.3 所示。仍然以 DSB 信号为例,设输入信号为 $x(t)\cos\omega_c t$,在振荡器锁定后输出为 $v_1=\cos(\omega_c t+\theta)$,$\theta$ 为锁相环的剩余相位误差,通常是非常小的。v_1 经过 $-90°$ 的相移电路后得

$$v_2=\cos(\omega_c t+\theta-90°)=\sin(\omega_c t+\theta)$$

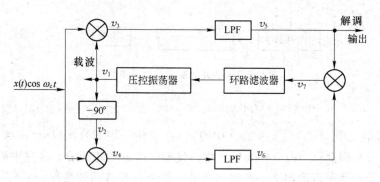

图 9.2.3　同相正交环法

图中 DSB 信号 $x(t)\cos\omega_c t$ 分成两路,分别与压控振荡器的输出 v_1 和 v_2(v_1 经过 $-90°$ 相移)相乘,结果为 v_3 和 v_4,表达式为

$$\begin{cases} v_3=x(t)\cos\omega_c t\cos(\omega_c t+\theta)=\dfrac{1}{2}x(t)\left[\cos\theta+\cos(2\omega_c t+\theta)\right] & (9.2.3) \\[2mm] v_4=x(t)\cos\omega_c t\sin(\omega_c t+\theta)=\dfrac{1}{2}x(t)\left[\sin\theta+\sin(2\omega_c t+\theta)\right] & (9.2.4) \end{cases}$$

经过低通滤波器 LPF 后的输出 v_5 和 v_6 分别为

$$\begin{cases} v_5=\dfrac{1}{2}x(t)\cos\theta & (9.2.5) \\[2mm] v_6=\dfrac{1}{2}x(t)\sin\theta & (9.2.6) \end{cases}$$

v_5、v_6 加到乘法器后,输出为

$$v_7=v_5 v_6=\frac{1}{4}x^2(t)\sin\theta\cos\theta=\frac{1}{8}x^2(t)\sin 2\theta$$

$$\approx\frac{1}{8}x^2(t)(2\theta)=\frac{1}{4}x^2(t)\theta \qquad (9.2.7)$$

此电压经过环路滤波器以后,用来控制压控振荡器使其与 f_c 同频,相位差为 θ。此时压控振荡器的输出为 $v_1=\cos(\omega_c t+\theta)$,这正是需要提取的同步载波信号。在上支路 LPF 的输出正好可以作为 DSB 信号解调器的输出。

用科斯塔斯环法提取载波的优点是精度高、性能好,也可以直接解调出信号 $x(t)$。但这种方法的电路比较复杂,特别是有 $-90°$ 相移电路,当输入信号在多波段工作时,即载波变化时实现比较复杂。

同样,科斯塔斯环法也存在相位模糊的问题。因为当 $v_1=\cos(\omega_c t+\theta+180°)$ 时,经过计算得到的 v_7 也是 $[x^2(t)/8]\sin 2\theta$,因此 v_1 的相位也是不确定的。

4. 在多相移相信号中提取同步载波的方法

既然用平方变换法和锁相环法可以从两相信号中提取载波,类似地也可用多次方变换法和多相锁相环法从多相移相信号中提取同步载波。以四相移相信号为例,图9.2.4是用4次方变换法实现从四相移相信号中提取同步载波信号的方框图。下面对其工作原理加以简单说明。

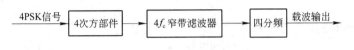

4PSK信号 → 4次方部件 → $4f_c$窄带滤波器 → 四分频 → 载波输出

图 9.2.4　4 次方变换法

(1) 4 次方变换法

设四相移相信号可以表示为

$$\begin{cases} a\cos\left(\omega_c t+\dfrac{\pi}{4}\right) & \text{以概率}P_1\text{出现} \\[2mm] a\cos\left(\omega_c t+\dfrac{3\pi}{4}\right) & \text{以概率}P_2\text{出现} \\[2mm] a\cos\left(\omega_c t+\dfrac{5\pi}{4}\right) & \text{以概率}P_3\text{出现} \\[2mm] a\cos\left(\omega_c t+\dfrac{7\pi}{4}\right) & \text{以概率}P_4\text{出现} \end{cases}$$

在四相信号等概率出现时,用 2 次方部件得不到 f_c 和 $2f_c$ 频率成分,因此要用 4 次方部件。用 4 次方部件时,4 个不同相位信号的输出分别为

$$a^4\cos^4\left(\omega_c t+\frac{\pi}{4}\right)=\frac{a^4}{4}\left[1+2\cos\left(2\omega_c t+\frac{\pi}{2}\right)+\cos^2\left(2\omega_c t+\frac{\pi}{2}\right)\right] \tag{9.2.8a}$$

$$a^4\cos^4\left(\omega_c t+\frac{3\pi}{4}\right)=\frac{a^4}{4}\left[1+2\cos\left(2\omega_c t+\frac{3\pi}{2}\right)+\cos^2\left(2\omega_c t+\frac{3\pi}{2}\right)\right] \tag{9.2.9a}$$

$$a^4\cos^4\left(\omega_c t+\frac{5\pi}{4}\right)=\frac{a^4}{4}\left[1+2\cos\left(2\omega_c t+\frac{5\pi}{2}\right)+\cos^2\left(2\omega_c t+\frac{5\pi}{2}\right)\right] \tag{9.2.10a}$$

$$a^4\cos^4\left(\omega_c t+\frac{7\pi}{4}\right)=\frac{a^4}{4}\left[1+2\cos\left(2\omega_c t+\frac{7\pi}{2}\right)+\cos^2\left(2\omega_c t+\frac{7\pi}{2}\right)\right] \tag{9.2.11a}$$

式(9.2.8a)和(9.2.10a)是相同的,式(9.2.9a)和(9.2.11a)也是相同的。当 $P_1=P_2=P_3=P_4=0.25$ 时,4 次方部件输出中不含 $2\omega_c$ 成分,而各式中最后一项展开后分别为

$$(a^4/8)\left[1+\cos(4\omega_c t+\pi)\right] \tag{9.2.8b}$$

$$(a^4/8)\left[1+\cos(4\omega_c t+3\pi)\right] \tag{9.2.9b}$$

$$(a^4/8)\left[1+\cos(4\omega_c t+5\pi)\right] \tag{9.2.10b}$$

$$(a^4/8)\left[1+\cos(4\omega_c t+7\pi)\right] \tag{9.2.11b}$$

这 4 个式子中可以看出结果是一样的,均为 $(a^4/8)\left[1+\cos(4\omega_c t+\pi)\right]$。因此四相移相信号经过 4 次方部件以后,$4\omega_c$ 的成分总是存在的,只要通过一个中心频率为 $4f_c$ 的窄带滤波器,就可以取出 $4f_c$ 的成分来,然后再经过一个四分频器就可以得到 f_c 的频率成分。当然这种方法也有相位模糊的问题,采用四相相对移相的办法可以解决。

（2）多相科斯塔斯环法

对多相相移信号除了用多次方变换法以外，还可以用多相科斯塔斯环法提取同步载波，图9.2.5是一个四相科斯塔斯环法提取同步载波的方框图。

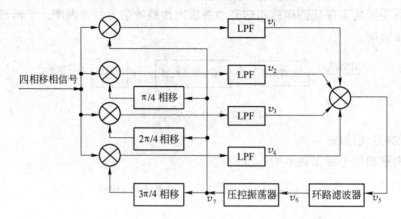

图 9.2.5　四相科斯塔斯环法提取载波

假设四相移相信号为 $\cos(\omega_c t+\varphi)$，其中 φ 分别为 $\pi/4$、$3\pi/4$、$5\pi/4$、$7\pi/4$。压控振荡器输出信号表达式为 $v_7=\cos(\omega_c t+\theta)$，经相移电路后分别为

$$\cos\left(\omega_c t+\theta+\frac{\pi}{4}\right)，\cos\left(\omega_c t+\theta+\frac{2\pi}{4}\right)，\cos\left(\omega_c t+\theta+\frac{3\pi}{4}\right)$$

这 4 个电压分别输入到 4 个乘法器，经过乘法器和低通滤波器（LPF）后输出信号表达式分别为

$$\left.\begin{aligned}
v_1 &= \frac{1}{2}\cos(\varphi-\theta) \\
v_2 &= \frac{1}{2}\cos\left(\varphi-\theta-\frac{\pi}{4}\right) \\
v_3 &= \frac{1}{2}\cos\left(\varphi-\theta-\frac{\pi}{2}\right)=\frac{1}{2}\sin(\varphi-\theta) \\
v_4 &= \frac{1}{2}\cos\left(\varphi-\theta-\frac{3\pi}{4}\right)=\frac{1}{2}\sin\left(\varphi-\theta-\frac{\pi}{4}\right)
\end{aligned}\right\} \qquad (9.2.12)$$

这 4 个低通滤波器输出信号都进入乘法器，输出为

$$\begin{aligned}
v_5 &= \frac{1}{16}\cos(\varphi-\theta)\cos\left(\varphi-\theta-\frac{\pi}{4}\right)\sin(\varphi-\theta)\sin\left(\varphi-\theta-\frac{\pi}{4}\right) \\
&= \frac{1}{64}\sin(2\varphi-2\theta)\sin\left(2\varphi-2\theta-\frac{\pi}{2}\right)=-\frac{1}{64}\sin(2\varphi-2\theta)\cos(2\varphi-2\theta) \\
&= -\frac{1}{128}\sin(4\varphi-4\theta)=-\frac{1}{128}\sin(\pi-4\theta) \\
&\approx \frac{\theta}{32}
\end{aligned}$$

$$\qquad (9.2.13)$$

乘法器输出 v_5 经环路滤波器滤波后，作为压控振荡器的输入信号，由于相位 θ 比较小，故压控振荡器只有很小的相位误差。科斯塔斯环法提取同步载波也有相位模糊问题。

9.2.2 插入导频法

在一些信号中不包含载波成分(如 DSB 信号、2PSK 信号等),它们可以用直接法(自同步法)来提取同步载波,也可以用插入导频法(外同步法)来提取同步载波。有的信号(如 SSB 信号),既没有载波又不能用直接法提取载波;也有一些信号(如 VSB 信号),虽然含有载波成分,但不易取出,对于这种信号只能采用插入导频法。下面分别以 DSB 信号和 VSB 信号为例,介绍如何在发送端插入导频和在接收端提取同步载波。

1. DSB 信号的插入导频法

(1) 如何插入导频

插入导频的位置应该选在信号频谱的幅度为零的地方,否则导频信号就会与信号频谱成分重叠在一起,接收端无法提取。对于模拟调制信号(如 DSB 信号和 SSB 信号),该类信号在载波 f_c 附近,信号的频谱为零,可以直接在 f_c 处插入频率为 f_c 的导频信号。通常插入的导频信号的相位与调制用的载波相差 90°,称为正交载波。

对于另外一些信号,如 2PSK 和 2DPSK 等数字调制的信号,频谱在 f_c 附近的幅度比较大。这类信号如何插入导频呢? 对于此类信号,插入导频的步骤是:

① 在调制前先对基带信号 $x(t)$ 进行相关编码,相关编码的作用是把如图 9.2.6 (a) 所示的基带信号频谱函数变为如图 9.2.6(b)所示的频谱函数。

② 进行调制,如经过双边带调制后,得到如图 9.2.6(c)所示的频谱函数。从图中可见在 f_c 附近频谱函数幅度已经很小,且没有离散谱,这样可以在 f_c 处插入频率为 f_c 的导频信号。

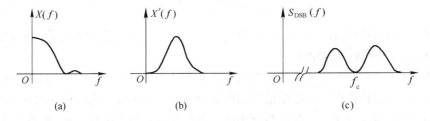

图 9.2.6 DSB 插入导频

(2) 收发两端方框图

图 9.2.7(a)画出了在 DSB 系统发送端插入导频信号的方框图。图中插入的导频频率为 f_c,与调制用的载波频率相同,但相位通常应该与调制的载波相位相差 90°,因此这个插入导频称为正交载波。图 9.2.7(a)的输出调制信号 $u_0(t)=Ax'(t)\sin\omega_c t-a\cos\omega_c t$,由于 $x'(t)$ 中无直流成分,因此 $Ax'(t)\sin\omega_c t$ 中也无 f_c 成分,$a\cos\omega_c t$ 正是插入的正交载波(导频)。

图 9.2.7(b)是 DSB 系统提取载波与信号解调的方框图。接收端的信号为 $u_0(t)$,上支路为 DSB 信号解调方框图,下支路为插入导频法的提取同步载波方框图。信号 $u_0(t)$ 在下支路经过 f_c 窄带滤波器,把 f_c 频率滤取出来,再经过 90° 相移电路后变为 $a\sin\omega_c t$,作为解调器的同步载波信号。在上支路乘法器输出为

$$Ax'(t)\sin\omega_c t(a\sin\omega_c t)-a\cos\omega_c t(a\sin\omega_c t)$$

$$= Aax'(t)\sin^2\omega_c t - a^2\sin\omega_c t\cos\omega_c t$$

$$= \frac{Aax'(t)}{2} - \frac{Aax'(t)}{2}\cos 2\omega_c t - \frac{a^2}{2}\sin 2\omega_c t$$

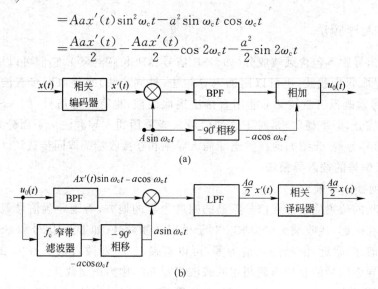

(a)

(b)

图 9.2.7　DSB 插入导频法方框图

乘法器的输出信号经过低通滤波器以后,可以得到所需要的信号 $Aax'(t)/2$。此信号再经过相关译码就还原为原来的基带信号。

如果发送端导频信号不采用正交载波形式插入,即不加 $-90°$ 相移电路,而是调制载波,此时 $u_0(t)=Ax'(t)\sin\omega_c t + a\sin\omega_c t$。接收端用窄带滤波器取出 $a\sin\omega_c t$ 后可以不用相移电路,直接将其作为同步载波,但此时经过乘法器和低通滤波器解调后输出为

$$u(t)=\frac{Aax'(t)}{2}+\frac{a^2}{2} \tag{9.2.14}$$

显然多了一个不需要的直流成分 $a^2/2$,这就是发送端采用正交载波作为导频的原因。

2. VSB 信号的插入导频法

首先分析一下 VSB 信号频谱的特点,以取下边带为例,残留边带滤波器应具有如图9.2.8所示的传输特性。下边带信号的频谱(从 f_c-f_m 到 f_c)绝大部分通过,而上边带信号的频谱(f_c 到 f_c+f_m)只有小部分通过。当基带信号为数字信号时,残留边带信号的频谱中包含有载频分量 f_c,而且 f_c 附近都有频谱。因此插入导频不能位于 f_c 处,它会受到 f_c 处信号的干扰。

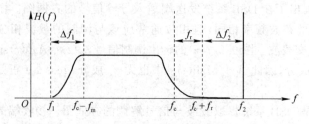

图 9.2.8　$H_{VSB}(\omega)$ 传输特性

(1) 如何插入导频

既然不能直接在 f_c 处插入导频信号,那么可以在图 9.2.8 传输特性的两侧分别插入

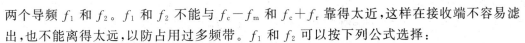

两个导频 f_1 和 f_2。f_1 和 f_2 不能与 $f_c - f_m$ 和 $f_c + f_r$ 靠得太近,这样在接收端不容易滤出,也不能离得太远,以防占用过多频带。f_1 和 f_2 可以按下列公式选择:

$$
\begin{cases}
f_1 = (f_c - f_m) - \Delta f_1 & (9.2.15) \\
f_2 = (f_c + f_r) + \Delta f_2 & (9.2.16)
\end{cases}
$$

式中,f_r 是残留边带信号形成滤波器滚降部分占用带宽一半的频率,而 f_m 为基带信号的最高频率。

(2) 如何提取同步载波及解调方框图

在 VSB 信号中插入导频信号后,接收端提取载波与解调的原理方框图如图 9.2.9 所示。假定发送端的载波为 $\cos(\omega_c t + \theta_c)$,在 VSB 信号中插入了两个导频信号的数学表达式是

$$
\begin{cases}
\cos(\omega_1 t + \theta_1) & \theta_1 \text{ 为第一个导频的初相} \\
\cos(\omega_2 t + \theta_2) & \theta_2 \text{ 为第二个导频的初相}
\end{cases}
$$

则在接收端提取的同步载波也应该是 $\cos(\omega_c t + \theta_c)$。假设由于信道噪声的影响,认为提取的两导频和载波均产生了频偏 $\Delta\omega(t)$ 和相偏 $\theta(t)$,这样接收端实际需要提取的同步载波信号应为 $\cos[\omega_c t + \theta_c + \Delta\omega(t)t + \theta(t)]$,而实际收到的导频分别为

$$
\begin{cases}
\cos[\omega_1 t + \theta_1 + \Delta\omega(t)t + \theta(t)] \\
\cos[\omega_2 t + \theta_2 + \Delta\omega(t)t + \theta(t)]
\end{cases}
$$

在接收端两个导频信号分别由两个窄带滤波器滤出,再进入乘法器后的数学表达式为

$$
\begin{aligned}
v_1 &= \cos[\omega_1 t + \theta_1 + \Delta\omega(t)t + \theta(t)]\cos[\omega_2 t + \theta_2 + \Delta\omega(t)t + \theta(t)] \\
&= \frac{1}{2}\cos[(\omega_2 - \omega_1)t + (\theta_2 - \theta_1)] + \\
&\quad \frac{1}{2}\cos[(\omega_1 + \omega_2)t + 2\Delta\omega(t)t + 2\theta(t) + (\theta_1 + \theta_2)]
\end{aligned}
$$

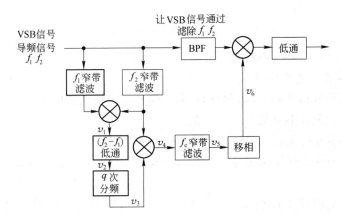

图 9.2.9 VSB 信号提取载波与解调方框图

信号 v_1 经过 $(f_2 - f_1)$ 低通滤波器滤除了 $(f_2 + f_1)$ 频率成分,再把式(9.2.16)和式(9.2.15)代入后得

$$
v_2 = \frac{1}{2}\cos[(\omega_2 - \omega_1)t + (\theta_2 - \theta_1)]
$$

$$= \frac{1}{2}\cos[2\pi(f_c+f_r+\Delta f_2-f_c+f_m+\Delta f_1)t+\theta_2-\theta_1]$$

$$= \frac{1}{2}\cos[2\pi(f_r+\Delta f_2+f_m+\Delta f_1)t+\theta_2-\theta_1]$$

$$= \frac{1}{2}\cos\left[2\pi(f_r+\Delta f_2)\left(1+\frac{f_m+\Delta f_1}{f_r+\Delta f_2}\right)t+\theta_2-\theta_1\right] \qquad (9.2.17)$$

令

$$\left(1+\frac{f_m+\Delta f_1}{f_r+\Delta f_2}\right)=q \qquad (9.2.18)$$

则式(9.2.17)变为

$$v_2 = \frac{1}{2}\cos[2\pi(f_r+\Delta f_2)qt+\theta_2-\theta_1] \qquad (9.2.19)$$

信号 v_2 经过 q 次分频后得

$$v_3 = a\cos[2\pi(f_r+\Delta f_2)t+\theta_q] = a\cos[(\omega_r+\Delta\omega_2)t+\theta_q] \qquad (9.2.20)$$

式中，θ_q 为分频初相，其值为 $\theta_q=\dfrac{\theta_2-\theta_1}{q}$；$a$ 为任意常数。q 次分频器的输出信号 v_3 与滤出的第二导频信号相乘得

$$v_4 = a\cos[2\pi(f_r+\Delta f_2)t+\theta_q]\cos[\omega_2t+\Delta\omega(t)t+\theta(t)+\theta_2]$$

$$= \frac{a}{2}\{\cos[(\omega_2+\omega_r+\Delta\omega_2)t+\Delta\omega(t)t+\theta(t)+\theta_q+\theta_2]+$$

$$\cos[\omega_c t+\Delta\omega(t)t+\theta(t)+\theta_2-\theta_q]\}$$

信号 v_4 经过 f_c 窄带滤波器取出了差频成分，得

$$v_5 = \frac{a}{2}\cos[\omega_c t+\Delta\omega(t)t+\theta(t)+\theta_2-\theta_q] \qquad (9.2.21)$$

信号 v_5 是获得的同步载波，与发送端载波相比，只是相位不同。若通过一个相移为 $\varphi=\theta_c-(\theta_2-\theta_q)$ 的移相器，即可矫正为

$$v_6 = \frac{a}{2}\cos[\omega_c t+\Delta\omega(t)t+\theta(t)+\theta_c] \qquad (9.2.22)$$

信号 v_6 就是提取出来的同步载波信号。

3. 直接法与插入导频法比较

下面把直接法和插入导频法提取同步载波信号的优缺点加以比较。

用直接法提取同步载波信号的优点是：

(1) 发送端不专门发射导频信号，这样可以节省功率。

(2) 不会出现插入导频法中导频信号与所传输的信号之间由于滤波不当而引起的互相干扰。

(3) 可以防止信道不理想引起导频相位的误差，即在信号和导频之间引起不同的畸变。

缺点是：有的调制系统，比如 SSB 系统，不能用直接法提取载波。

用插入导频法提取同步载波信号的优点是：

(1) 在发送端要发射专门的导频信号，可以用于提取同步载波，也可用于自动增益控制。

(2) 有些不能用直接法提取同步载波的调制系统可以采用插入导频法。

缺点是：要多消耗一部分不带信息的功率，因此与直接法相比，在总功率相同条件下信噪比要小些。

9.2.3 载波同步系统性能分析

载波同步系统的主要性能指标有：

(1) 效率。为获得同步，载波信号应尽量少消耗发送功率，在这方面直接法是高效率的，而插入导频法的效率要低一些。

(2) 精度。指提取的同步载波与需要的载波标准比较，应该有尽量小的相位误差。譬如需要的同步载波为 $\cos \omega_c t$，提取的同步载波为 $\cos(\omega_c t + \Delta\varphi)$，$\Delta\varphi$ 就是相位误差，$\Delta\varphi$ 应该尽量小。通常 $\Delta\varphi$ 又分为稳态相位误差和随机相位误差。

(3) 同步建立时间 t_s，对 t_s 的要求是越短越好，t_s 越小同步建立的越快。

(4) 同步保持时间 t_c，对 t_c 的要求是越长越好，t_c 越大一旦建立同步以后可以保持越长的时间。

在以上 4 个性能指标中，效率不需要深入研究，因为载波提取的方法本身就确定了效率的高低。

9.3 位 同 步

在模拟通信中，由于各环节传输的是模拟信号，接收端解调信号时，不会涉及位同步（码元同步）问题，因此，位同步只存在于数字通信中。在数字通信中，不论是频带传输系统还是基带传输系统，都要涉及位同步问题。位同步是数字通信系统中一个非常重要的问题，它相当于数字通信系统的"中枢神经"，没有位同步，系统就会出现"紊乱"，无法正常工作。

在数字通信系统的接收端，位同步脉冲一般是通过位同步提取电路获得。在传输数字信号时，由于信号通过信道会受到噪声的影响而引起信号波形的变形（失真），因此数字通信系统中接收端一般都要对接收到的基带信号进行抽样判决，以判别出是 1 码还是 0 码。抽样判决器判决的时刻都是由位同步脉冲来控制的。在频带传输系统中，位同步信号一般可以从解调后的基带信号中提取，只有特殊情况下才直接从频带信号中提取；在基带传输系统中，位同步信号是直接从接收到的基带信号中提取，而上节讨论的载波同步信号一定要从频带信号中提取。

9.3.1 位同步的作用与分类

1. 对位同步信号的基本要求

对位同步信号的基本要求是：

(1) 位同步脉冲的频率必须和发送端（接收到的数字信号）的码元速率相同。

(2) 位同步脉冲的相位（起始时刻）必须和发送端（接收到的数字信号）的码元相位（起始时刻）对准。

2. 位同步的作用

位同步信号的用途(作用)是：

(1) 为接收端抽样判决器提供抽样脉冲。

(2) 为解码器、解密器提供定时脉冲信号。

(3) 在 PCM 系统中,提供产生路脉冲信号。

(4) 提供产生帧同步码的定时脉冲信号。

(5) 提供产生各种标志信号的定时脉冲等。

3. 位同步方法分类

位同步的方法与载波同步方法相似,也可以分为直接法(自同步法)和插入导频法(外同步法)两种。直接法中又细分为滤波法(谐振槽路法)和锁相法。下面首先介绍位同步的实现方法,随后介绍其性能指标。

9.3.2 插入导频法

属于插入导频法提取码元同步信号的具体方法很多,下面介绍其中两种:插入位定时导频法和波形变换法。

1. 插入位定时导频法

位同步信号一般是从解调后的基带信号中提取。在数字通信中,数字基带信号一般都采用不归零的矩形脉冲,并以此对高频载波作各种调制。解调后得到的也是不归零的矩形脉冲(单极性的或双极性的),码元速率为 f_b,码元宽度为 T_b。对于这种全占空的矩形脉冲,通过谱分析,当 $P(0)=P(1)=0.5$ 时,不论是单极性还是双极性码,其功率谱密度中都没有 f_b 成分,也没有 $2f_b$ 等成分。例如双极性不归零码的功率谱密度函数如图 9.3.1(a)所示。

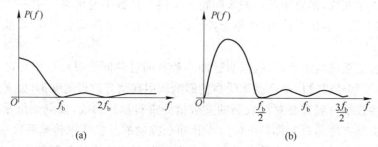

图 9.3.1 双极性不归零码的功率谱密度

(1) 位定时导频信息插入的位置

由图 9.3.1 可以看出,插入位定时导频信息有多种方法。第一种方法是直接在 f_b 处插入位定时导频信息(由于 f_b 处频谱幅度为零),接收端则可以采用窄带滤波的方法,提取出频率为 f_b 的码元同步信号;第二种方法是在 $2f_b$ 处插入位定时导频信息($2f_b$ 处频谱幅度也为零),接收端可以通过窄带滤波器,取出 $2f_b$ 成分,再经过分频电路来获得码元同步信号;第三种方法是在发送端对数字基带信号先经过相关编码,经相关编码后的功率谱密度函数如图 9.3.1(b)所示,此时可在 $f_b/2$ 处插入位定时导频,接收端取出 $f_b/2$ 以后,经过二倍频得到 f_b 频率成分。

（2）收发端方框图

以第三种插入位置（先经过相关编码）为例，图9.3.2(a)(b)分别画出了发送端和接收端插入位定时的导频和提取位定时导频的方框图。首先在发送端插入导频的相位，使导频的相位对于数字信号在时间上具有如下的关系，当数字信号为正、负最大值（即取样判决时刻）时，导频正好是零点，这样就避免了导频对信号取样判决的影响。但是即使在发送端作了这样的安排，接收端仍要考虑抑制导频的问题。这是由于信道均衡不一定十分理想，因此在不同频率处的时延不一定相等，使得数字信号和导频在发送端具有的时间关系会受到破坏。

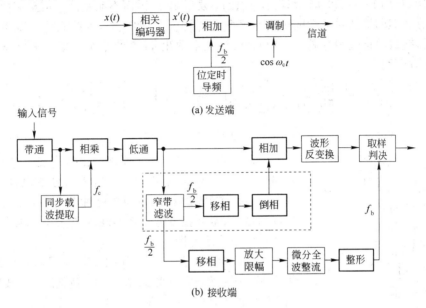

图 9.3.2 插入导频法收、发方框图

在接收端抑制导频对信号的影响，是通过窄带滤波器—移相器—倒相器—加法器的方法完成的，如图9.3.2(b)中虚线方框所示。从图中可以看到，由窄带滤波器取出的导频 $f_b/2$ 经过移相和倒相后，再经过加法器把插入在基带数字信号流中的导频成分抵消掉。在虚线方框下面是提取码元同步信号的原理方框，窄带滤波器取出导频 $f_b/2$ 频率成分经过移相、放大限幅、微分全波整流、整形等电路，产生位定时脉冲。移相器是用来消除由窄带滤波器等引起的相移，微分全波整流电路起到倍频器的作用，因此虽然导频是 $f_b/2$，但定时脉冲的重复频率变为与码元速率相同的 f_b。

2. 波形变换法（双重调制法）

插入导频法的另一种形式是使数字信号的包络按位同步信号的某种波形变化。例如：对2PSK或2FSK信号，在发送端对其进行附加的幅度调制，如果附加调制频率 $\Omega = 2\pi f_b$，则在接收端位同步信号通过采用包络解调就可以取出 f_b 的成分。

假定没有附加调幅时，2PSK信号为 $\cos[\omega_c t + \varphi(t)]$，其中，

$$\varphi(t) = \begin{cases} 0, & \text{"1"码} \\ \pi, & \text{"0"码} \end{cases}$$

若用 $\cos \Omega t$ 对其进行附加调幅后得到的调制信号为 $(1+\cos \Omega t)[\omega_c t + \varphi(t)]$，接收端对其进行包络检波，可以检出包络为 $(1+\cos \Omega t)$，滤除直流成分，即可得 $\Omega = 2\pi f_b$ 成分。除上

面两种插入位同步信号的方法外,还可以用时域插入导频的方法等。

9.3.3　直接法

直接法是在发送端不专门发送位定时的导频信息,接收端直接从数字信号流中提取位同步信号的一种方法。这种方法在数字通信系统中经常采用,优点是简单易行。

1. 滤波法

滤波法也称为谐振槽路法。全占空的基带随机脉冲序列,不论是单极性还是双极性的,当 $P(0)=P(1)=0.25$ 时,都没有 f_b、$2f_b$ 频率成分,因而不能直接从信息流中滤波取出 f_b 成分。但归零的单极性随机脉冲序列中包含有 f_b 的成分,因此只要把基带信号作波形变换,变成单极性归零码,就可用窄带滤波器取出 f_b 频率成分。图 9.3.3 就是滤波法的原理方框图。

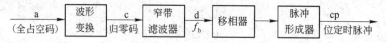

图 9.3.3　滤波法原理方框图

滤波法提取位同步信号原理图由波形变换、窄带滤波器、移相器、脉冲形成器组成。当输入信号不包含有 f_b 的成分时,如非归零的单极性随机脉冲序列,波形变换电路可以用微分、全波整流电路来实现。图 9.3.4 画出了滤波法各点的波形示意图。

图中认为输入信号是单极性不归零信号,如图 9.3.4(a)所示;图(b)为微分后的波形;图(c)为全波整流后的波形,它是归零码的波形,含有 f_b 离散频率成分,经窄带滤波器可以提取出频率为 f_b 的信号波形〔如图(d)所示〕,再通过移相电路(完成对波形的位置调整)及脉冲形成电路(放大、限幅、整形等)就可得到有确定起始位置的位同步信号。

2. 锁相法

虽然滤波法提取位同步信息简单,但精度有限。在滤波法中,只要把用简单谐振电路组成的窄带滤波器,用锁相环路替代就可以构成锁相法提取位同步信息原理图。锁相法的基本原理与载波同步类似,在接收端利用鉴相器比较接收码元和本地产生的位同步信号的相位,若两者相位不一致(超前或滞后),鉴相器就产生误差信号去调整位同步信号的相位,直至获得精确的同步为止。在数字通信中常用数字锁相法,具体有微分整流型数字锁相、正交积分型数字锁相等。

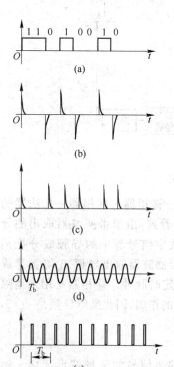

图 9.3.4　滤波法各点波形

数字锁相法的基本原理方框图如图 9.3.5 所示。其基本原理是,鉴相器把经过零检测(限幅、微分)和单稳电路产生的窄脉冲(接收码元)与由高稳定振荡器产生的经过整形的 n 次分频后的相位脉冲进行比较,根据两者相位的超前或滞后,确定扣除或附加一个脉冲(在 T_b 时间内),以调整位同步脉冲的相位,从而得出精确的位同步脉冲。接收码元在没有连 0 或连 1 码时,窄脉冲的间隔正好是 T_b;但当接收码元中有连 0 或连 1 码时,窄脉

冲的间隔为 T_b 的整数倍。由于窄脉冲的间隔有时为 T_b,有时为 T_b 的整数倍,因此它不能直接作为位同步信号。

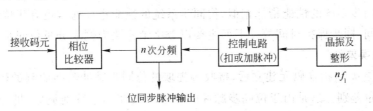

图 9.3.5　数字锁相法原理方框图

图中振荡器经过整形后得到的是周期性的窄脉冲序列,频率为 nf_1,但相位不一定正确,需要进行调整。位同步脉冲是由控制电路输出的脉冲经过 n 次分频得到的,它的重复频率没有经过调整时是 f_1;经过调整以后为 f_b,但在相位上与输入码元的相位可能有一个很小的误差。相位比较器和控制电路之间有两条控制连线,相位比较器的超前、滞后脉冲分别对应着控制电路的常开门和常闭门。

3. 直接从频带信号中提取同步信号

在一些特殊的情况下,可以直接从已调信号(频带信号)中提取位同步信号,这是利用一些信号,例如 2PSK 信号,因输入端带通滤波器的带宽不够,在 2PSK 信号相邻码的相位突变点附近,会产生幅度的平滑"陷落",这个幅度"陷落"通过包络检波器可以检出。波形示意图如图 9.3.6 所示,其中图(d)的波形的重复频率为 f_b,因此可以从中提取频率成分为 f_b 的码元同步信号。

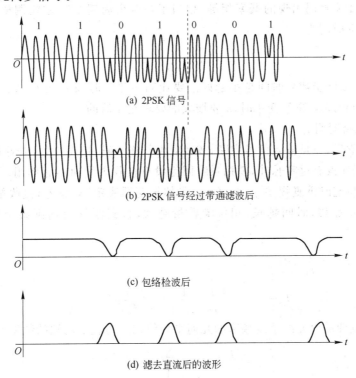

图 9.3.6　直接从频带信号提取位同步

9.3.4 位同步系统性能分析

与载波同步系统的性能指标相似,位同步系统的性能指标通常也有相位误差(精度)、同步建立时间、同步保持时间等。下面主要以数字锁相法为例来分析位同步系统的性能。

1. 相位误差 θ_e

相位误差 θ_e 是指在码元建立后,接收端提取的位同步脉冲与接收到的码元(脉冲)之间出现的相位差别。这是由于位同步脉冲的相位总是在不连续地调整,即总是在一个码元周期 T_b 内(相当于 360°相位内),通过加一个或扣除一个脉冲,来达到位脉冲向后或向前地变化。每调整一下,脉冲的相位改变 $2\pi/n$(n 是图 9.3.5 中分频器的次数)。这样最大相位误差可表示为

$$|\theta_e| = \frac{360°}{n} \tag{9.3.1}$$

可以看出,希望 $|\theta_e|$ 变小,必须增大分频器次数 n。

2. 同步建立时间 t_s

位同步系统的同步建立时间是指系统从失步后开始到系统重新实现同步为止所需要的最长时间。最不利的情况是 n 次分频器来的位同步脉冲与接收码元过零点脉冲时间位置上相差 $T_b/2$,相当于接收码元与产生的位同步脉冲相差 $n/2$ 个脉冲,此时调整到同步需要扣除(或附加)$n/2$ 个脉冲,这是可能的最长时间。但接收码元产生的过零脉冲不是每码元出现一个,当有连 0 连 1 码时,因没有过零点而不出现。因此,如果认为连 0 连 1码的概率与 0、1 交替码出现的概率相等,相当于在两个周期 $2T_b$ 才能调整一个脉冲,则最大的同步建立时间为

$$t_s = 2T_b \cdot \frac{n}{2} = nT_b \tag{9.3.2}$$

很自然,我们希望同步建立时间越小越好。要让同步建立时间 t_s 变小,就要求分频器次数 n 减小,这与相位误差 θ_e 变小时,n 要增大的要求是矛盾的。

3. 同步保持时间 t_c

在同步建立后,一旦输入信号中断,或者遇到长连 0 码、长连 1 码,或者其他强噪声影响,导致接收码元没有过零脉冲,锁相系统因为没有接收码元而不起作用。这时由于收、发双方的固有位定时重复频率 f_b 和 f_1(由晶体振荡器决定)有频差,接收端位同步信号的相位逐渐发生漂移,时间越长,相位漂移量越大,直到漂移量达到某个极限,系统就失步。

设 $T_b = \dfrac{1}{f_b}$,$T_1 = \dfrac{1}{f_1}$,则

$$|T_b - T_1| = \left|\frac{1}{f_b} - \frac{1}{f_1}\right| = \left|\frac{f_1 - f_b}{f_b f_1}\right| = \frac{\Delta f}{f_0^2} \tag{9.3.3}$$

式中,f_0 为收发两端码元的重复频率的几何平均值,Δf 为收发两端的频率差。即

$$f_0 = \sqrt{f_b f_1}, \qquad \Delta f = |f_1 - f_b| \tag{9.3.4}$$

令

$$T_0 = \frac{1}{f_0} \tag{9.3.5}$$

$$f_0 \mid T_b - T_1 \mid = \frac{\Delta f}{f_0} \tag{9.3.6}$$

$$\frac{\mid T_b - T_1 \mid}{T_0} = \frac{\Delta f}{f_0} \tag{9.3.7}$$

在 $f_1 \neq f_b$ 时,每经过一个周期 T_0,产生时间上的位移(误差)为 $\mid T_b - T_1 \mid$,单位时间内产生的误差为 $\mid T_b - T_1 \mid / T_0$。

如果容许总的时间误差为 T_0 / K(K 为常数),则达到此误差的时间(同步保持时间)为

$$t_c = \frac{T_0 / K}{\mid T_b - T_1 \mid / T_0} = \frac{T_0^2}{K \mid T_b - T_1 \mid} = \frac{T_0^2 f_0^2}{K \Delta f} = \frac{1}{K \Delta f} \tag{9.3.8}$$

或

$$\Delta f = \frac{1}{K t_c} \tag{9.3.9}$$

由于 $\Delta f = \mid f_b - f_1 \mid$,设收发两端的频率稳定度相同,每个振荡器的频率误差均为 $\Delta f / 2$,则每个振荡器频率稳定度为

$$\frac{\Delta f / 2}{f_0} = \frac{\Delta f}{2 f_0} = \frac{1}{2 K f_0 t_c} \tag{9.3.10}$$

或

$$t_c = \frac{1}{2 f_0 K \dfrac{\Delta f / 2}{f_0}} \tag{9.3.11}$$

显然,要使 t_c 增大,则应该让振荡器频率稳定度 $(\Delta f / 2) / f_0$ 减小。

4. 同步带宽 Δf

由式(9.3.7),当 $T_b \neq T_1$ 时,每经过 T_0 时间($T_0 \approx T_b$),该误差会引起 $\Delta T = \Delta f / f_0^2$ 的时间漂移。而根据数字锁相环的工作原理,锁相环每次所能调整的时间为 T_b / n($T_b / n \approx T_0 / n$)。对于随机的数字信号来说,由于连 0 连 1 码时没有过零点脉冲不能调整,所以平均每两个码元周期调整一次。这样平均每一个码元时间内,锁相环能调整的时间只有 $T_0 / 2n$。显然,如果输入信号码元的周期与接收端固有定位脉冲的周期之差为

$$\Delta T = \mid T_b - T_1 \mid > \frac{T_0}{2n}$$

则锁相环将无法使接收端位同步脉冲的相位与输入信号的相位同步,这时由误差所造成的相位差就会逐渐积累。因此,可以根据

$$\Delta T = \frac{T_0}{2n} = \frac{1}{2 n f_0}$$

求得

$$\frac{\Delta f}{f_0^2} = \frac{1}{2 n f_0}$$

则位同步系统的同步带宽为

$$\Delta f = \frac{f_0^2}{2 n f_0} = \frac{f_0}{2n} \tag{9.3.12}$$

从 Δf 增大考虑,要求减小 n。

下面通过一个例子来说明位同步系统性能指标的计算。

例 9.3.1 已知某低速数字传输系统的码元速率为 100 B,收发端位同步振荡器的频

率稳定度$(\Delta f/2)/f=10^{-4}$,采用数字锁相环法实现位同步,分频器次数 $n=360$,求此同步系统的性能指标。

解 已知 $f_b=100$ B,$T_b=10$ ms,$n=360$

(1) 相位误差:$\theta_e=\dfrac{360°}{360}=1°$;

(2) 同步建立时间:$t_s=nT_b=360\times0.01=3.6$ s;

(3) 同步保持时间:$t_c=\dfrac{T_b}{2K\dfrac{\Delta f/2}{f}}=\dfrac{10\times10^{-3}}{2\times10\times10^{-4}}=5$ s,这里取 $K=10$;

(4) 同步带宽:$\Delta f=\dfrac{f_0}{2n}=\dfrac{100}{2\times360}\approx0.139$ Hz。

5. 同步相位误差对性能的影响

位同步系统的相位误差 $\theta_e=360°/n$,用时间差表示为 $T_e=T_b/n$。相位误差的大小直接影响到抽样点的位置,误差越大,越偏离最佳抽样位置。在数字基带传输与频带传输系统中,推导的误码率公式都是假定在最佳抽样判决时刻得到的。当同步系统存在相位误差时,由于 θ_e(或 T_e)的存在,必然使误码率 P_e 增大。以 2PSK 信号最佳接收为例,有相位误差时的误码率为

$$P_e=\frac{1}{4}\text{erfc}\sqrt{\frac{E}{n_0}}+\frac{1}{4}\text{erfc}\sqrt{\frac{E\left(1-\dfrac{2T_e}{T_b}\right)}{n_0}} \tag{9.3.13}$$

9.4 帧 同 步

帧同步是建立在位同步基础上的一种同步。位同步保证了数字通信系统中收、发两端码元(脉冲)序列的同频同相(同步),这可以为接收端提供各个码元的准确抽样判决时刻。在数字通信中,一定数目的码元序列代表着一定的信息,通常由若干个码元代表一个字母(或符号、数字),而由若干个字母组成一个字,若干个字组成一个句,这些"字""句"通常把它称为帧(群)。帧同步的任务是把那些由若干个码元组成的字、句的起始时刻识别出来。其实帧同步脉冲的频率是很容易从位同步脉冲通过分频而得到,但每个群的"开头"时刻,即帧同步脉冲的相位是不能直接从位同步脉冲中得到的,这就是帧同步需要解决的问题。

9.4.1 帧同步的方法

帧同步的实现常用以下两种方法:一种是插入特殊码组法,这种方法是在每群信息码元中(通常在开头处)插入一个特殊的码组,这个特殊的码组应该与信息码元序列有较大的区别。接收端通过识别这个特殊码组,就可以根据这些特殊码组的位置确定出群的"头",从而实现帧同步。另一种方法不需要外加的码特殊组,它类似于载波同步和位同步的直接法,是利用信息码组本身之间彼此不同的特性来实现帧同步的。本节主要介绍插入特殊码组法实现帧同步的方法。

插入特殊码组法具体分为连贯式插入法和间歇式插入法。在介绍这两种方法之前,先介绍一种在电传机中广泛应用的起止式同步法。

1. 起止式同步法

在电传报文中,一个字由 7.5 个码元组成,其中 5 个码元是信息码元,1 个码元是字开始码元,1.5 个码元是字结束码元。字开始码元通常用 1 个码元宽度的低电平表示,字结束码元通常用 1.5 个码元宽度的高电平表示。起止式同步法的字结构如图 9.4.1 所示。

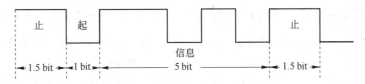

图 9.4.1 起止式同步法的字结构

起止式同步法的效率较低,仅为 2/3,而且止脉冲的宽度与码元宽度不一致,这给数字信号的传输和识别带来了困难。因此,在一般的数字通信系统中不采用起止式同步法。

2. 连贯式插入法

连贯式插入法就是在每帧的开头集中插入一个帧同步码组,接收端通过识别该特殊码组来确定帧的起始时刻的方法。该方法的关键是要找出一个特殊的帧同步码组,对这个帧同步码组的要求是:要与信息码元有较大的区别,即信息码元序列中出现帧同步码组的概率尽量小。帧同步码组要容易产生和容易识别。码组的长度要合适,不能太长,也不能太短,如果太短,会导致假同步概率的增大;如果太长,则会导致系统的效率变低。帧同步码组的长度要综合考虑。

帧同步码组最常用的形式是巴克码。

(1) 巴克码

巴克码是一种具有特殊规律的二进制码组,它的特殊规律是:如果一个长度为 n 的巴克码 $\{x_1, x_2, x_3, \cdots, x_n\}$,每个码元 x_i 只可能取值 $+1$ 或 -1,则它的自相关函数为

$$R(j) = \sum_{i=1}^{n-j} x_i x_{i+j} = \begin{cases} n & \text{当 } j = 0 \\ 0, +1, -1 & \text{当 } 0 < j < n \end{cases} \tag{9.4.1}$$

通常把这种非周期序列的自相关函数 $R(j) = \sum_{i=1}^{n-j} x_i x_{i+j}$ 称为局部自相关函数。常见位数较低的巴克码组如表 9.4.1 所示,表中"+"表示 $+1$,"−"表示 -1。

表 9.4.1 常见的巴克码组

位数 n	巴 克 码 组
2	++;−+
3	++−
4	+++−;++−+
5	+++−+
7	+++−−+−
11	+++−−−+−−+−
13	+++++−−++−+−+

下面以 $n=7$ 的巴克码为例,求出它的局部自相关函数如下:

$$当\ j=0\ 时，\quad R(j)=\sum_{i=1}^{7}x_i^2=1+1+1+1+1+1+1=7$$

$$当\ j=1\ 时，\quad R(j)=\sum_{i=1}^{6}x_ix_{i+1}=1+1-1+1-1-1=0$$

$$当\ j=2\ 时，\quad R(j)=\sum_{i=1}^{5}x_ix_{i+2}=1-1-1-1+1=-1$$

同样可以求出 $j=3,4,5,6,7$ 以及 $j=-1,-2,-3,-4,-5,-6,-7$ 时 $R(j)$ 的值为

$$j=0, \qquad\qquad R(j)=7$$
$$j=\pm1,\pm3,\pm5,\pm7, \quad R(j)=0$$
$$j=\pm2,\pm4,\pm6, \qquad R(j)=-1$$

根据这些值，可以做出 7 位巴克码（＋＋＋－－＋－）的关系曲线，如图 9.4.2 所示。从图中可以看出，自相关函数在 $j=0$ 时具有尖锐的单峰特性。局部自相关函数具有尖锐的单峰特性正是连贯式插入帧同步码组的主要要求之一。

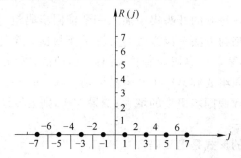

图 9.4.2 7 位巴克码的自相关函数

（2）巴克码识别器

巴克码识别器是指在接收端从信息码流(信息码＋巴克码)中识别出巴克码的电路。巴克码识别器一般由移位寄存器、加法器和判决器组成。以 7 位巴克码为例，识别器如图 9.4.3 所示。7 级移位寄存器的 1、0 按照 1110010 的顺序接到加法器(注意各级移位寄存器接到加法器处的位置)，寄存器的输出有 1 端和 0 端，接法与巴克码的规律一致。当输入码元加到移位寄存器时，若某移位寄存器中进入的是 1 码，该移位寄存器的 1 端输出为＋1,0 端输出为－1；反之，则该移位寄存器的 1 端输出为－1,0 端输出为＋1。

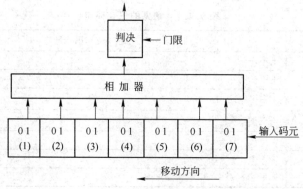

图 9.4.3 7 位巴克码识别器

接收端接收到的信息码元自右向左逐比特进入移位寄存器,首先考虑一个简单的情况:假设只计算巴克码(1110010)进入的几个移位寄存器的输出,即不考虑巴克码前后码元的影响,此时将有巴克码进入1位,2位,…,7位全部进入,第1位移出尚留6位……前六位移出只留一位13种情况。经过计算可得加法器的输出就是自相关函数,不过要注意码元进入移位寄存器的数目a,码元尚留在移位寄存器的位数b与j的关系。例如码元只进入一位,此时$a=1$,相当于$j=6$,故$a=7-j$,显然七位全部进入$a=7,j=0$;巴克码码元全部进入后再向左移一位,此时留下六位,$b=6$,相当于$j=-1$,故$b=7+j$,由此可得加法器输出与a、b的关系如表9.4.2所示。

表 9.4.2 7 位巴克码加法器输出 a、b 的关系

巴克码进入（或留下）位数	$a=7-j$						$a=b$	$b=7+j$					
	1	2	3	4	5	6	7	6	5	4	3	2	1
加法器输出	−1	0	−1	0	−1	0	7	0	−1	0	−1	0	−1

在实际数字通信系统中,帧同步码的前后都有信息码,而信息码又是随机的,若考虑一种最不利的情况,即当巴克码只有部分码在移位寄存器时,信息码占有的其他移位寄存器的输出全部是$+1$。在这样一种最不利的情况下,加法器的输出如表9.4.3所示,由此可得识别器的输出波形如图9.4.4所示。图中横坐标用a表示,由$b=7+j$,$a=7-j$的关系可得$a=14-b$。

表 9.4.3 最不利时 7 位巴克码加法器输出 a、b 的关系

巴克码进入（或留下）位数	a						$a=b$	b					
	1	2	3	4	5	6	7	6	5	4	3	2	1
加法器输出	5	5	3	3	1	1	7	1	1	3	3	5	5

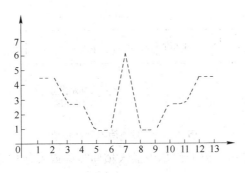

图 9.4.4 巴克码波形

通过图9.4.4可以看出,如果判决电平选择在6,就可以根据$a=7$时加法器输出的7,大于判决电平6而判定巴克码全部进入移位寄存器的位置。此时识别器输出一个帧同步脉冲,表示帧的开始时刻。一般情况下,信息码不会正好都使移位寄存器的输出为$+1$,因此实际上更容易判定巴克码全部进入移位寄存器的位置。如果7位巴克码中有一位误码,则加法器的输出将由7变为5,这个电平低于判决器的判决电平。因此为了提高帧同

步的抗干扰性能,防止漏同步,判决电平可以改为4,但改为4以后假同步概率明显增大。

当信息码流进入巴克码识别器时,识别器的输出波形如图9.4.5所示。

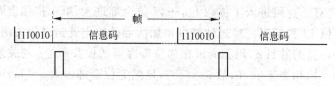

图 9.4.5　巴克码识别器的输出波形

3. 间歇式插入法

（1）应用场合

连贯式插入法是在每帧的前面集中插入一组特殊的码组作为帧同步码组,它主要用在数据传输中,连贯式插入法每帧插入一次。而间歇式插入法是将帧同步码组分散地插入在帧中,即每隔一定数量的信息码元,插入一个帧同步码元。间歇式插入法比较多地用在多路数字电话系统中。数字电话主要有 PCM 和 ΔM 两种。单路数字电话如果用增量调制时,可以不需要帧同步,这是因为 ΔM 系统中解调器只要用一个积分器译码即可。在 PCM 系统中编、译码器都有定时脉冲,收、发端的定时脉冲必须同步,因此一定要用位同步。另外在多路数字电话系统中,要完成多路信号的复用,都需要帧同步,而且往往用间歇式插入法。例如,在一些数字微波设备中,帧同步就是用 1、0 相间的码作为帧同步码,等间隔地插入在信息流中。在 PCM 多路数字电话中,帧同步码可以连贯式插入也可以间歇式插入,如 30/32 路 PCM 系统中,实际上只有 30 路电话,另外两路中的一路专门作为插入帧同步码组用,另一路作其他插入各路信令信号及复帧同步码用。

为了清楚地区分集中式插入帧同步码和分散式插入帧同步码的方法,图 9.4.6 和图 9.4.7分别画出了一个在 n 路 PCM 系统中集中插入帧同步码的示意图和分散插入帧同步码的示意图。

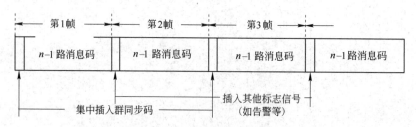

图 9.4.6　集中插入帧同步码

在图 9.4.6 中,每帧用一路专门集中插入帧同步码或其他标志信号,帧同步码和其他标志信号两者交替插入。$n-1$ 路为语音信号,如果采用 8 位码代表一个抽样值,则帧同步码也可以用 8 位码,但也可以用 7 位码。例如,PCM 30/32 路系统帧结构中,偶帧时帧同步码为 0011011(第 1 位空着)。

图 9.4.7 是一个在 24 路 PCM 系统中分散插入帧同步码的示意图,每帧共 193 个码元（192 个信息码和一个帧同步码）。

显然,位同步频率是帧同步频率的 193 倍,因此帧同步频率可以通过对位同步频率进行 193 次分频得到。分频后的帧同步脉冲的相位不稳定,通常用逐码移位法加以调整。下面介绍逐码移位法实现帧同步的原理。

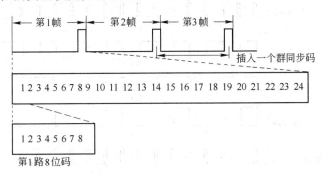

图 9.4.7 分散插入帧同步码

(2) 逐码移位法实现帧同步的原理

① 组成

逐码移位法实现帧同步的原理方框图如图 9.4.8 所示,由 N 分频器、本地帧码(本地群码)、1 比特迟延器、异或门、禁门组成。

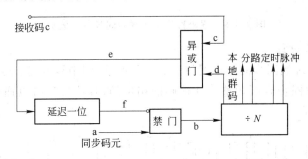

图 9.4.8 逐码移位法实现帧同步的组成

② 基本原理

逐码移位法的基本原理是由位同步脉冲(位同步码)经过 n 次分频以后的本地帧码(频率是正确的,但相位不确定)与接收到的码元中间歇式插入的帧同步码进行逐码移位比较,使本地帧码与发送来的帧同步码同步。

③ 本地帧码的产生

为了方便各点波形的画法,假定 $n=4$,即每个帧有 4 个码元,其中第一个码元为帧同步码,其他三个是信息码,本地帧码由位同步码二分频波形〔如图 9.4.9(b)所示〕和位同步码四分频的波形〔如图 9.4.9(c)所示〕相乘得到,本地帧码的波形如图 9.4.9(d)所示,是全 1 码。在实现电路上可以用一个与门完成,把二、四分频的输出加到与门电路即可。经过分频器得到的本地帧码,在正常情况下宽度为一个码元的宽度 T_b,重复频率为位同步脉冲重复频率 f_b 的 $1/n$,即 f_b/n(图中假定是 $f_b/4$)。

如果把图 9.4.9(a)中位同步码的第 2 个码扣除,如图 9.4.9(e)所示,此时二次和四次分频波形分别变为图 9.4.9(f)和图 9.4.9(g)所示的波形,而本地帧码的波形如图 9.4.9(h)所示。可以看出,在位同步码中扣除一个码,将使本地帧码的位置延迟一个码元的宽度。

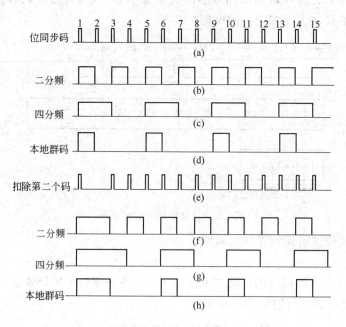

图 9.4.9　逐码移位法实现帧同步各点波形

④ 实现帧同步过程

逐码移位法实现帧同步的方框图如图 9.4.8 所示,图中异或门、延迟一位电路和禁门是专门用来扣除位同步码以调整本地帧码的相位的,具体过程可以通过图 9.4.10 加以说明。

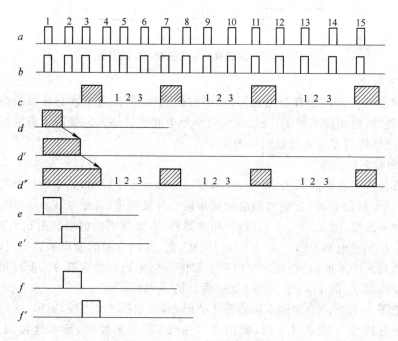

图 9.4.10　逐码移位法的过程

设接收码中的帧同步码如图 9.4.10 中 c（阴影部分）所示，后面的 1、2、3 表示各路的信息码，为作图方便起见只画了三个码元的位置，且没有画出它是 0 码还是 1 码。如果已经实现了帧同步，那么本地帧码的位置应该和信码中帧码的位置相同（即相位一致）。现在假设本地帧码如图 9.4.10 中 d 所示，它与接收信码中的帧码相位不一致，差两个码元的位置，即本地帧码（波形 d）超前信码中的帧码（波形 c）两个码元。假设信码均为 0，此时接收码的波形和本地帧码的波形通过异或门得 $c \oplus d = e$（参见图 9.4.8），e 的波形与 d 一样，图 9.4.8 中异或门输出波形 e 经过 1 比特延迟电路后得到的波形如图 9.4.10 中 f 所示。波形 f 加到图 9.4.8 中的禁门，扣除一个位同步码，即位同步码中的第 2 个码元被扣除。由于位同步码中第 2 个码元被扣除，二分频器状态在原来第 2 个位同步位置处不变，在第 3 个位同步脉冲处发生变化，这样波形展宽了一个码元宽度，如图 9.4.9(f)所示。因而本地帧码也迟后了一个码元宽度，如图 9.4.10 中的波形 d' 所示。

在位同步码元的第 2 个码元被扣除的时刻，图 9.4.8 中 c 与 d' 经过异或门，$c \oplus d' = e'$，其波形如图 9.4.10 中的 e' 所示，e' 再经过 1 比特延迟电路得到如图 9.4.10 中 f' 所示的波形，它使图 9.4.8 中的禁门扣除同步码元中的第 3 个码元。同理，由于同步码第 3 个码元的扣除，使本地帧码再展宽一个码元，如图 9.4.10 中的波形 d''。d'' 再与信码 c 一起通过图 9.4.8 中的异或门得输出为 0，不再扣除同步码元，此时本地帧码与信码中的帧码位置对准，从而实现了帧同步。

在实现了帧同步后，系统会依据一定的规律产生出各分路定时脉冲，它们与信码相与就会把各路信号从信息码流中区分出来。

9.4.2 帧同步的性能

帧同步系统的性能指标有漏同步概率 P_1、假同步概率 P_2、帧同步平均建立时间 t_s 等。一般要求系统的同步建立时间要短，漏同步概率 P_1 和假同步概率 P_2 要小。但是，要达到三项指标都小是不可能的，通过分析，可以看出它们之间是互相矛盾的。下面主要以连贯式插入法为例，说明帧同步性能指标的计算。

1. 漏同步概率 P_1

在通信系统中，由于噪声和干扰的影响，会引起帧同步码组中一些码元发生错误，从而识别器会漏识已发出的帧同步码组，出现这种情况的概率称为漏同步概率，用符号 P_1 表示。仍然以 7 位巴克码识别器为例，设判决门限为 6，此时 7 位巴克码中只要有一位码发生错误，7 位巴克码全部进入识别器时加法器的输出电平会由 7 变为 5，此时就会出现漏同步，只有一位码都不发生错误时，才不会出现漏同步。

假设数字通信系统的误码率为 P，7 位码中一个码元都不错的概率为 $(1-P)^7$，因此判决门限电平为 6 时漏同步概率为 $P_1 = 1 - (1-P)^7$。如果为了减少漏同步，判决门限改为 4，此时容许在帧同步码组中有一个错码，则出现一个错码的概率为 $C_7^1 P^1 (1-P)^{7-1}$，漏同步概率为 $P_1 = 1 - [(1-P)^7 + C_7^1 P^1 (1-P)^{7-1}]$。

如果设帧同步码组的码元数目为 n，判决器允许帧同步码组中最大错码数为 m，则漏同步概率 P_1 的一般表达式为

$$P_1 = 1 - \sum_{r=0}^{m} C_n^r P^r (1-P)^{n-r} \qquad (9.4.2)$$

例如,7 位巴克码识别器,系统误码率为 1/1 000,在 $m=0$ 和 1 时,漏同步概率 P_1 分别为

当 $m=0$ 时,

$$P_1 = 1 - (1-10^{-3})^7 \approx 7 \times 10^{-3}$$

当 $m=1$ 时,

$$P_1 = 1 - (1-10^{-3})^7 - 7 \times 10^{-3}(1-10^{-3})^6 \approx 2.1 \times 10^{-5}$$

2. 假同步概率 P_2

在信息码元中,自然也可能会出现与所要识别的帧同步码组相同的码组,这时识别器会把它误认为是帧同步码组而出现假同步。发生这种情况的概率称为假同步概率,用符号 P_2 表示。

假同步概率 P_2 的计算,可以通过计算信息码元中能被判为同步码组的组合数与所有可能的码组数之比来获得。设二进制信息码中 1、0 码等概率出现,$P(0)=P(1)=0.5$,则由该二进制码组成 n 位码组的所有可能的码组数为 2^n 个,而其中能被判为同步码组的组合数也与判决器允许帧同步码组中最大错码数 m 有关。若 $m=0$,则只有 C_n^0 个码组能识别;若 $m=1$,则有 $C_n^0+C_n^1$ 个码组能识别。依此类推,信息码中可被判为同步码组的组合数为 $\sum_{r=0}^{m} C_n^r$,由此得到假同步概率的一般表达式为

$$P_2 = \frac{1}{2^n} \sum_{r=0}^{m} C_n^r \qquad (9.4.3)$$

例如,7 位巴克码识别器 $n=7$,在判决器允许帧同步码组中最大错码数 $m=0$ 和 1 时,假同步误码率分别为

$$m=0, \qquad P_2 = \frac{1}{2^7} = 7.8 \times 10^{-3}$$

$$m=1, \qquad P_2 = \frac{1}{2^7}(1+7) = 6.3 \times 10^{-2}$$

从式(9.4.2)和式(9.4.3)以及例题可以看出,当判决器允许帧同步码组中最大错码数 m 增大时,P_1 下降,而 P_2 增大,显然二者是矛盾的;另外还可以看出,当巴克码组数 n 变大时,P_1 增大,而 P_2 下降,二者也是矛盾的。因此对 m 和 n 的选择要兼顾对 P_1、P_2 的要求。

3. 平均同步建立时间 t_s

在连贯式插入法实现帧同步的情况下,设一帧的码元数为 N,帧同步码组长为 n,码元时间间隔为 T_b。假设漏同步和假同步都不发生,即 $P_1=0$,$P_2=0$,在最不利的情况下,实现帧同步最多需要一帧的时间,则最长的帧同步时间为 NT_b。考虑到出现漏同步或假同步时要多花费同步建立的时间,因此,帧同步的平均建立时间近似为

$$t_s = (1 + P_1 + P_2) NT_b \qquad (9.4.4)$$

在间歇式插入法中采用逐码移位法实现帧同步时,从帧同步建立的原理来看,如果信息码中所有的码都与帧码不同,那么最多只要连续经过 N 次调整,经过 NT_b 的时间就可以建立同步。但实际上信息码中"1""0"码均会出现,当出现"1"码时,例如上面帧同步过

程举的例子,第 1 个位同步码对应的时间内信息码为"1",图 9.4.8 中异或门输出 $c \oplus d =$ $0,e=0,f=0$,禁门不起作用,不扣除第 2 位同步码。因此,本地帧码不会右移展宽,这一帧调整不起作用,一直要到下一帧才有可能调整。假如下一帧本地帧码 d 还是与信号中"1"码相对应,则调整又不起作用。当信息码中"1""0"码等概率出现时,即 $P(1)=P(0)=0.5$ 时,经过计算,帧同步平均建立的时间近似为

$$t_s = N^2 T_b \tag{9.4.5}$$

9.4.3 帧同步的保护

在数字通信系统中,由于噪声和干扰的影响,在帧同步码组中会出现误码情况,这样就会发生漏同步问题;另外由于信息码中也可能会出现与帧同步码组一样的码元组合,这样就会产生假同步问题。假同步和漏同步的存在,都会使帧同步系统出现不稳定和不可靠。

在实际通信系统中,假如系统发现一个帧同步码码组就认为系统已经同步,或当出现一次漏同步就认为系统失步,那么这样的系统可能会一直在同步态和失步态之间来回转换,无法正常工作。因此,必须对帧同步系统采取一些措施进行保护,以提高帧同步的性能。对帧同步系统常采用的保护措施是将帧同步的工作状态划分为两种状态,即捕捉态和维持态。即在系统开始时或处于捕捉态(搜索态,也叫做失步态)时,通过一定的规律多次检测到帧同步信号,系统才由捕捉态转换到维持态(同步态)。在维持态时,系统不会因一次偶然的无帧同步信号而转换工作状态,而是经过多次按规律的检测,的确发现系统已经失步才转换到捕捉态,重新进行捕捉。下面针对两种不同的帧同步方法分别加以介绍。

1. 在连贯式插入法中的帧同步保护

依据连贯式插入法实现帧同步的原理,从要求漏同步概率 P_1 和假同步概率 P_2 均要小来看,对巴克码识别器的判决门限电平的选择是相互矛盾的。当然,从系统的可靠性考虑:

在捕捉态时,能够提高识别器判决门限电平(m 减少),使假同步概率 P_2 减少;

在维持态时,减少识别器判决门限电平(m 增大),使漏同步概率 P_1 减少。

在连贯式插入法中,进行帧同步保护的原理方框图如图 9.4.11 所示,其主要由 RS 触发器、计数器、与门、或门电路组成。下面从两个工作状态来介绍其工作原理。

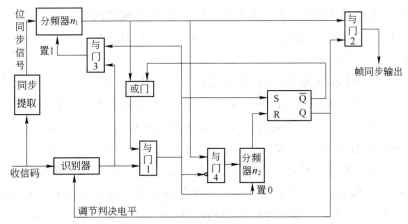

图 9.4.11　连贯式插入法中的帧同步保护

（1）系统处于失步态

当系统处于失步态（捕捉态）时，即系统同步未建立时，RS 触发器（作工作状态转换用）的 Q 端此时为低电平，该电平通过一个控制电路（图中未画出）来调节巴克码识别器的门限电平，低电平时，调节能力弱，这时同步码组识别器的判决电平较高，因而减小了假同步概率的发生。一旦巴克码识别器有输出脉冲，由于触发器的 $\overline{Q}$ 端此时为高电平，于是经或门使与门 1 有输出。与门 1 电路的输出共有 3 路，一路至分频器 n_1 使之置"1"，这时分频器输出脉冲信号输入与门 2 电路；该脉冲信号还分出一路经过或门电路和与门 1 电路，其输出加至 RS 状态触发器，使系统由捕捉转为维持态，这时 Q 端变为高电平，打开与门 2 电路，分频器 n_1 输出的脉冲通过与门 2 形成帧同步脉冲输出，因而同步建立。

（2）系统处于同步态

同步建立以后，系统处于同步态（维持态）。为了提高系统的抗噪声和抗干扰的性能以减小漏同步概率，让图 9.4.11 中触发器在维持态时 Q 端输出高电平，从而降低识别器的判决门限电平，这样就可以减小漏同步概率。另外同步建立以后，若在分频器输出帧同步脉冲的时刻，识别器无输出，这可能是系统已经失去同步，也可能是由于偶然的干扰引起的，只有连续出现 n_2 次这种情况才能认定系统已经失步。这时与门 1 电路连续无输出，经非门后加至与门 4 电路的信号便是高电平。分频器 n_1 每输出一个脉冲信号，与门 4 电路就相应输出一个脉冲信号，这样连续 n_2 个脉冲信号使计数器 n_2 计满，随即输出一个脉冲信号至 RS 触发器，使状态由同步态转为捕捉态。当与门 1 电路不是连续无输出时，计数器 n_2 未计满就会被置零，状态则不会转换。因此增加了系统在同步态时的抗干扰能力，从而达到了帧同步系统的保护。

同步建立以后，信息码中的假同步码组也可能使识别器有输出而造成干扰。然而在同步态下，这种假识别的输出与分频器的输出不会同时出现的。因此，这时与门 1 电路没有输出，不会改变 RS 触发器的工作状态。

2. 在间歇式插入法中的帧同步保护

在间歇式插入法中用逐码移位法实现帧同步时，要实现帧同步系统的保护，关键是增加两个计数器 n_1 和 n_2。下面仍从失步态和同步态来介绍其工作原理。

（1）系统处于失步态

在用逐码移位法实现帧同步时，由于信息码中与帧同步码组相同的码元非常多，约占一半，因而在建立帧同步的过程中，假同步的概率会非常大。解决这个问题的保护电路如图 9.4.12 所示。要求必须连续 n_1 次检测到接收码元和本地帧码一致，才认为帧同步建立，这样可使假同步的概率减小。图 9.4.12 是在图 9.4.8 的基础上构成的。状态触发器在同步未建立时处于"失步态"（此时 Q 端为低电平），本地帧码 d 和接收码只有连续 n_1 次一致时，"$\div n_1$"电路才输出一个脉冲使状态触发器的 Q 端由低电平变为高电平。此时，系统由失步态转为同步态，表示同步已经建立。接收码就可通过与门 1 加至解调器。偶然的一致是不会使状态触发器改变状态的，因为在 n_1 次中只要有一次不一致,就会使"$\div n_1$"电路置零。

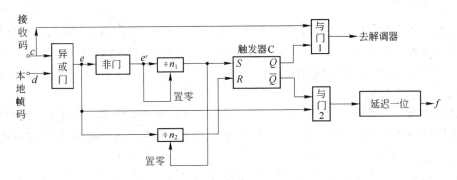

图 9.4.12　逐位移码法帧同步保护原理图

（2）系统处于同步态（维持态）

在同步建立以后,即系统处于同步态（维持态）时,要防止漏同步以提高同步系统的抗干扰能力,这个作用是由状态触发器 C 和"$\div n_2$"电路完成的。一旦转为维持状态以后,触发器 C 的 $\overline{Q}$ 端输出为低电平,将与门 2 电路封闭。这时即使由于某些干扰使 e 有输出,也不会调整本地帧码的相位。如果是真正的失步,e 就会频繁不断地输出到"$\div n_2$"电路中。同时,e 也频繁不断地将"$\div n_1$"电路置零,"$\div n_1$"电路不会再有输出到"$\div n_2$"电路的置零脉冲。而当"$\div n_2$"电路输入脉冲的累计数达到 n_2 时,就输出一个脉冲信号使状态触发器由同步态转为失步态,C 触发器的 $\overline{Q}$ 端转为高电平。这样,一方面与门 2 电路打开,帧同步系统又重新进行逐码移位;另一方面封闭与门 1 电路,使解调器暂停工作。由此可以看出,逐码移位法帧同步系统划分为失步态和同步态后,既提高了同步系统的可靠性,又增加了系统的抗干扰能力。

在间歇式插入法中用逐码移位法实现帧同步时,两个计数器的次数 n_1 和 n_2 可以根据漏同步概率 P_1 和假同步概率 P_2 的具体要求来计算和设计。如果要求假同步概率 P_2 要小,则计数器 n_1 的值应该增大;如果要求帧同步系统的漏同步概率 P_1 要小,则计数器 n_2 的值应该增大。两个计数器的次数 n_1 和 n_2 的选择是在进行逐码移位法实现帧同步系统设计时的关键。

9.5　网　同　步

载波同步、位同步和帧同步主要解决的是点到点之间通信的同步问题,但现代通信往往需要在多点之间进行通信,这需要依靠通信网来实现。移动通信、光纤通信、卫星通信和微波通信等现代通信系统都是复杂的通信网。为了保证通信网内各点之间可靠地通信,各种不同数码率的信息码要在同一通信网中进行正确的交换、传输和接收,必须建立通信网的网同步。

实现数字通信网同步的主要方法有两大类:一类是全网同步方式;另一类是独立时钟同步方式。全网同步方式主要有主从同步和相互同步两种,独立时钟同步方式有码速调整法和水库法两种。

9.5.1 全网同步

全网同步系统是使网内各站的时钟频率和相位都相同,即网内各站的时钟彼此同步。全网同步是通过频率控制系统去控制各站的时钟使它们达到同步。实现全网同步的主要方式有主从同步方式和相互同步方式。

(1) 主从同步方式

在通信网中设置一个高稳定度的主时钟源,主时钟源产生的时钟信号送往网内各站。由于主时钟到各站的传输路径长度不等,会使不同的站引入不同的时延,但经过缓冲存储器后,就可以解决相位不一致的问题。

主从同步方式的优点是设备简单,主时钟源稳定度高。其缺点是当主时钟源发生故障时,全网通信中断;即使主时钟源不发生故障,而某一中间站发生故障,其下游站点也随之失去同步。由于主从同步方式简单易行,在小型通信网中应用十分广泛。

(2) 相互同步方式

相互同步方式在通信网中不设主时钟源,网内各站都有自己的时钟,各站的时钟频率都锁定在各站固有振荡频率的平均值上,并将各站时钟源连接起来,使其互相影响,从而实现全网同步。这个平均值称为网频率。这是一个相互控制的过程,当网内某站发生故障时,网频率自动平滑过渡到一个新的平衡值。这样,除发生故障的站外,其余各站仍能正常工作。该方法克服了全网仅依赖一个时钟源可靠性差的缺点,提高了全网工作的可靠性,缺点是每个站都需要设立时钟源,增加了设备复杂性。

9.5.2 独立时钟同步

独立时钟同步又称为准同步方式,或称异步复接。这种方式是全网内各站都采用独立的时钟源。各站的时钟频率不一定完全相等,但要求时钟频率略高于所传送的码元速率,即使码元速率波动时,也不会高于所选时钟频率。在传输过程中,可以采用码速调整法完成同步转接,也可以采用水库法调整码元速率。

(1) 码速调整法

若各复接支路的数据流是异步的,复接时首先必须对这些异步的数据流进行码速调整,使它们变成相互同步的数据流;接收端分路时,从这些相互同步的数据流中分别进行码速恢复,复原出各支路异步的数据流。

码速调整的优点是各支路可工作在异步状态。其缺点是不均匀地读取数据会产生相位抖动,影响同步质量。

(2) 水库法

水库法在各站设置稳定度极高的时钟源和大容量缓存器,容量足够大的缓存器能起到调节数据流量的作用,就像水库能起到调节水流量的作用一样,不会轻易地出现"取空"和"溢出"现象。高速数字通信网采用水库法可取得良好的同步效果。但是,水库法有其缺点,当时间足够长时也会发生"取空"和"溢出"现象,需要每隔一定时间间隔对同步系统进行一次校准。

习　题

9.1　什么是载波同步？实现载波同步有哪些具体方法？载波同步的性能指标有哪些？

9.2　在 DSB 系统中，发送端方框图采用题图 9.1 所示的插入导频法，即载波 $A\sin\omega_c t$ 不经过 $-90°$ 相移，直接与已调信号相加后输出，试证明接收端用相干接收法解调 DSB 信号时，解调器输出中含有直流成分。

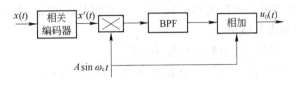

题图 9.1　插入导频法

9.3　已知单边带信号为 $x_{SSB}(t)=x(t)\cos\omega_c t+\hat{x}(t)\sin\omega_c t$，试证明不能用平方变换法提取载波同步信号。

9.4　已知 DSB 信号为 $x_{DSB}(t)=x(t)\cos\omega_c t$，接收端采用相干解调法，载波为 $\cos(\omega_c t+\Delta\varphi)$，试分析推导解调器的输出表达式。

9.5　已知 SSB 信号为 $x_{SSB}(t)=x(t)\cos\omega_c t+\hat{x}(t)\sin\omega_c t$，接收端采用相干解调法接收 SSB 信号，假定载波为 $\cos[(\omega_c+\Delta\omega)t+\Delta\varphi]$，试分析推导解调器的输出表达式。

9.6　画出用科斯塔斯环法（同相正交环法）实现载波同步的方框图，并简单说明其工作原理与优缺点。

9.7　单谐振电路作为滤波器提取同步载波，已知同步载波频率为 1 000 kHz，回路 $Q=100$，把达到稳定值 40% 的时间作为同步建立时间（和同步保持时间），求载波同步的建立时间 t_s 和保持时间 t_c。

9.8　如果用 Q 为 100 的单谐振电路作为窄带滤波器提取同步载波，设同步载波频率为 1 000 kHz，求单谐振电路自然谐振频率分别为 999 kHz、995 kHz 和 990 kHz 时的稳态相位差 $\Delta\varphi$。

9.9　什么是码元同步？实现码元同步有哪些具体方法？码元同步的性能指标有哪些？

9.10　位同步的作用有哪些？

9.11　码元同步系统中相位误差对数字通信的性能有什么影响？

9.12　在数字通信系统中，接收端实现码元同步时，能否用一个高稳定度的晶体振荡器（与发送端的频率一样）直接产生码元同步信号，为什么？

9.13　在用滤波法提取位同步信号的方框图中，为什么要有一个波形变换？其作用是什么？

9.14　已知某低速数字传输系统的码元速率为 50 B，收发端位同步振荡器的频率稳定度 $(\Delta f/2)/f=10^{-4}$，采用数字锁相环法实现位同步，分频器次数 $n=360$，试计算：

(1) 系统的相位误差 θ_e；

(2) 系统的同步建立时间 t_s；

(3) 系统的同步保持时间 t_c(假定 $K=10$)；

(4) 系统的同步带宽 Δf。

9.15 什么是帧同步？实现帧同步有哪些具体方法？帧同步的性能指标有哪些？

9.16 连贯式插入法实现帧同步时,关键是要找出一个特殊的帧同步码组,对这个帧同步特殊码组的要求是什么？

9.17 画出 7 位巴克码(1110010)的识别器,并简述巴克码识别器的工作原理。

9.18 假定信息流中 7 位巴克码(1110010)前后的码元都为 000…,试计算识别器中加法器的输出值,并画出其波形。

9.19 简述连贯式插入法中帧同步保护的原理。

9.20 传输速率为 1 kbit/s 的一个数字通信系统,设误码率 $P_e=10^{-4}$,群同步采用连贯式插入的方法,同步码组的位数 $n=7$。

(1) 计算 $m=0$ 时漏同步概率 P_1 和假同步概率 P_2 为多少？

(2) 计算 $m=1$ 时漏同步概率 P_1 和假同步概率 P_2 为多少？

(3) 若每群中的信息位数是 153, $m=0$ 时估算群同步的平均建立时间。

(4) 若每群中的信息位数是 153, $m=1$ 时估算群同步的平均建立时间。

9.21 同步是通信系统的重要部分之一,分析回答下列问题：

(1) 从同步的功用考虑,同步可以具体分成哪几种？

(2) 在题图 9.2 中,指出接收端提供了哪几种同步,为什么？

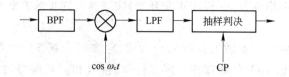

题图 9.2 相干接收法方框图

(3) 试画出平方环法提取同步载波的方框图。

9.22 巴克码识别器中的判决门限电平的增大、减少会引起帧同步系统的假同步概率和漏同步概率如何变化？

第10章

差错控制编码

10.1 概　述

在数字信号传输中,由于信道不理想以及加性噪声的影响,被传输的信号码元波形会变坏,造成接收端错误判决。为了尽量减小数字通信中信息码元的差错概率,应合理设计基带信号并采用均衡技术以减小信道线性畸变引起的码间干扰;对于由信道噪声引起的加性干扰,应考虑采取加大发送功率、适当选择调制解调方式等措施。但是随着现代数字通信技术的不断发展,以及传输速率的不断提高,对信息码元的差错概率 P_e 的要求也在提高,例如,计算机间的数据传输,要求 P_e 低于 10^{-9},并且信道带宽和发送功率受到限制,此时就需要采用信道编码,又称为差错控制编码。

信道编码理论建立在香农信息论的基础上,其实质是给信息码元增加冗余度,即增加一定数量的多余码元(称为监督码元或校验码元),由信息码元和监督码元共同组成一个码字,两者间满足一定的约束关系。如果在传输过程中受到干扰,某位码元发生了变化,那么就破坏了它们之间的约束关系;接收端通过检验约束关系是否成立,完成识别错误或者进一步判定错误位置并纠正错误,从而提高通信的可靠性。

10.2 差错控制编码的基本概念

10.2.1 差错控制方式

在差错控制系统中,差错控制方式主要有三种。

1. 前向纠错控制方式(FEC)

前向纠错(又称为自动纠错)是指发送端发出的可以纠正错误码元的编码序列,接收端的译码器能自动纠正传输中的错码,系统框图如图10.2.1(a)所示。这种方式的优点是不需要反馈信道,译码实时性好,具有恒定的信息传输速率;缺点是为了要获得比较低的误码率,必须以最坏的信道条件来设计纠错码,故需要附加较多的监督码元,这样既增加了译码算法选择的难度,也降低了系统的传输效率,所以不适宜应用在传输条件恶化的信道。

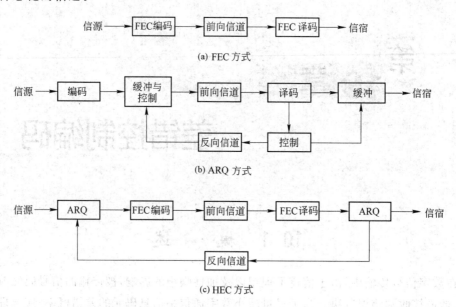

图 10.2.1 三种差错控制方式系统框图

2. 反馈重发纠错方式(ARQ)

反馈重发纠错方式是指发送端发出的是能够检测错误的编码序列,接收端译码器根据编码规则进行判决,并通过反馈信道把判决结果回传,无错时认可(ACK),有错时否认(NAK)。发送端根据回传指令,将有错的码组重发,直到接收端认为正确接收为止,系统框图如图10.2.1(b)所示。反馈重发纠错方式的优点是检错码构造简单,不需要复杂的编、译码设备,在冗余度一定的条件下,检错码的检错能力比纠错码的纠错能力强得多,故整个系统的误码率可以保持在极低的数量级上。缺点是应用反馈重发纠错方式需要反馈信道,并要求发送端有大容量的信源存储器,且为保证收、发两端互相配合,控制电路较为复杂。另外,当信道干扰很频繁时,系统经常处于重发消息的状态,使传送信息的实时性变差。

3. 混合纠错方式(HEC)

混合纠错方式是 FEC 和 ARQ 两种方式的结合,即在 ARQ 系统中包含一个 FEC 子系统,系统框图如图 10.2.1(c)所示。因为发送端发出的是具有一定纠错能力和较强检错能力的码,所以经信道编码而附加的监督码元并不多。接收端检测数据码流,发现错误先由 FEC 子系统自动纠错,仅当错误较多超出纠错能力时,再发反馈信息要求重发,因此大大减少了重发次数。HEC 在一定程度上弥补了反馈重发和前向纠错两种方式的缺点,充分发挥了码的检、纠错能力,在较强干扰的信道中仍可获得较低误码率,是实际通信中应用较多的纠错方式。

10.2.2 差错控制编码的分类

用不同的方法可以对差错控制编码进行不同的分类。

（1）根据已编码组中信息码元与监督码元之间的函数关系，可分为线性码及非线性码。若信息码元与监督码元之间的关系呈线性，即满足一组线性方程式，则称为线性码；否则称为非线性码。

（2）根据信息码元和监督码元之间的约束方式不同，可分为分组码和卷积码。分组码的监督码元仅与本码组的信息码元有关；卷积码的监督码元不仅与本组信息码元有关，而且与前面若干码组的信息码元有约束关系。

（3）根据编码后信息码元是否保持原来的形式，可分为系统码和非系统码。在系统码中，编码后的信息码元保持原样；而非系统码中的信息码元则改变了原来的信号形式。

（4）根据编码的不同功能，可分为检错码、纠错码和纠删码。检错码只能够发现错误，但不能纠正错误；纠错码能够纠正错误；纠删码既可以检错又可以纠错，但纠错能力有限，当有不能纠正的错误时将发出错误指示或删除不可纠正的错误段落。

（5）根据纠正、检验错误的类型不同，可分为纠正、检验随机性错误的码和纠正、检验突发性错误的码。

（6）根据码元取值的不同，可分为二进制码和多进制码。这里只介绍二进制纠、检错编码。

10.2.3　检错和纠错的基本原理

差错控制编码的基本思想是在被传输的信息码元中附加一些监督码元，并且使它们之间确定某一种关系，根据传输过程中这种关系是否被破坏来发现或纠正错误。可见这种差错控制能力是以降低信息传输效率为代价来换取的。

设编码后的码组长度、码组中所含信息码元以及监督码元的个数分别为 n、k 和 r，三者间满足 $n=k+r$，定义编码效率为 $R=k/n=1-r/n$。可见码组长度一定时，所加入的监督码元个数越多，编码效率越低。

香农的信道编码定理指出：对于一个给定的有扰信道，若信道容量为 C，只要发送端以低于 C 的速率 R 发送信息（R 为编码器的输入二进制码元速率），则一定存在一种编码方法，使编码错误概率 P 随着码长 n 的增加，按指数下降到任意小的值。可以表示为

$$P \leqslant e^{-nE(R)} \tag{10.2.1}$$

式中，$E(R)$ 称为误差指数，它与 R 和 C 的关系如图 10.2.2 所示。

由定理有如下结论：

（1）在码长及发送信息速率一定的情况下，为减小 P 可以增大信道容量。由图 10.2.2 可知，$E(R)$ 随信道容量的增加而增大。由式（10.2.1）可知，错误概率随 $E(R)$ 的增大而指数下降。

（2）在信道容量及发送信息速率一定的条件下，增加码长，可以使错误概率指数下降。对于实际应用来说，此时的设备复杂性和译码延时也随之增加。

香农的信道编码定理为信道编码奠定了理论基础，虽然定理本身并没有给出具体的差错控制编码方法和纠错码的结构，但它从理论上为信道编码的发展指出了努力方向。

下面用 3 位二进制码组来说明检错纠错的基本原理。3 位二进制码元共有 8 种可能的组合：000、001、010、011、100、101、110、111。如果这 8 种码组都可传递消息，若在传输

过程中发生一个误码,则一种码组会错误地变成另一种码组。由于每一种码组都可能出现,没有多余的不可用码组。因此,接收端不可能发现错误,认为发送的就是另一种码组。

如果选其中 000、011、101、110 来传送消息,这相当于只传递 00、01、10、11 四种信息,而第 3 位是附加的。这位附加的监督码元与前面两位码元一起,保证码组中"1"码的个数为偶数。这 4 种码组称为许用码组。另外 4 种码组不满足这种校验关系,称为禁用码组,它们在编码后的发送码元中不会出现。接收时一旦发现有禁用码组,就表明传输过程中发生了错误。用这种简单的校验关系可以发现 1 个或 3 个错误,但不能纠正错误。因为当接收到的码组为禁用码组时,比如为 010,无法判断发送的是哪个码组。虽然原发送码组为 101 的可能性很小(因为 3 个误码的概率一般很小),但不能绝对排除,即使传输过程中只发生一个误码,也有三种可能的发送码组即 000、011 和 110。

假如进一步将许用码组限制为两种即 000 和 111,显然这样可以发现所有 2 位以下的误码,若用来纠错,可以用最大似然准则纠正 1 位错误。

可以用一个三维立方体来表示上述 3 位二进制码组的例子,如图 10.2.3 所示。图中立方体各顶点分别表示 8 位码组,3 位码元依次表示 x、y、z 轴的坐标。

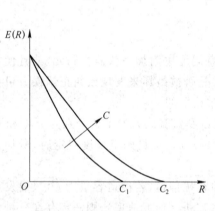

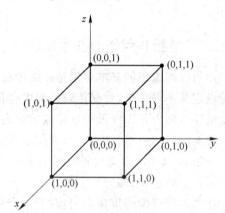

图 10.2.2　误差指数曲线　　　　　　　图 10.2.3　码距的几何解释

这里定义码组中非零码元的数目为码组的重量,简称码重。比如 100 码组的码重为 1,101 码组的码重为 2。定义两个码组中对应码位上具有不同二进制码元的位数为两码组的距离,称为汉明(Hamming)距,简称码距。在前面 3 位二进制码组的例子中,当 8 种码组均为许用码组时,两码组间的最小距离为 1,称这种编码的最小码距为 1,一般记为 $d_{min}=1$;当选 4 种码组为许用码组时,最小码距 $d_{min}=2$;当用 2 种码组作为许用码组时,$d_{min}=3$。从图 10.2.3 所示的立方体可以看出,码距就是从一个顶点沿立方体各边移到另一个顶点所经过的最少边数。图中粗线表示 000 与 111 之间的一条最短路径。很容易得出前例中各种情况下的码距。

根据以上分析可知,编码的最小码距直接关系到这种码的检错和纠错能力,所以最小码距是差错控制编码的一个重要参数。对于分组码一般有以下结论:

(1) 在一个码组内检测 e 个误码,要求最小码距

$$d_{min} \geqslant e+1 \tag{10.2.2}$$

（2）在一个码组内纠正 t 个误码，要求最小码距

$$d_{\min} \geqslant 2t+1 \qquad (10.2.3)$$

（3）在一个码组内纠正 t 个误码，同时检测 $e(e>t)$ 个误码，要求最小码距

$$d_{\min} \geqslant t+e+1 \qquad (10.2.4)$$

这些结论可以用图 10.2.4 所示的几何图形简单地给予证明。

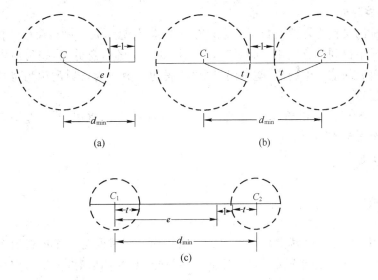

图 10.2.4　码距与检错和纠错能力的关系

图 10.2.4(a)中 C 表示某码组，当误码不超过 e 个时，该码组的位置移动将不超出以它为圆心、以 e 为半径的圆。只要其他任何许用码组都不落入此圆内，则 C 发生 e 个误码时就不可能与其他许用码组混淆。这意味着其他许用码组必须位于以 C 为圆心、以 $e+1$ 为半径的圆上或圆外。因此该码的最小码距 $d_{\min}$ 为 $e+1$。

图 10.2.4(b)中 C_1、C_2 分别表示任意两个许用码组，当各自误码不超过 t 个时，发生误码后两码组的位置移动将各自不超出以 C_1、C_2 为圆心，以 t 为半径的圆。只要这两个圆不相交，当误码小于或等于 t 个时，根据它们落在哪个圆内可以正确地判断为 C_1 或 C_2，就是说可以纠正错误。以 C_1、C_2 为圆心的两圆不相交的最近圆心距离为 $2t+1$，即为纠正 t 个误码的最小码距。

式(10.2.4)所述情形中纠正 t 个误码同时检测 e 个误码，是指当误码不超过 t 个时能自动纠正误码，而当误码超过 t 个时则不可能纠正错误但仍可检测 e 个误码。图 10.2.4(c)中 C_1、C_2 分别为两个许用码组，在最坏情况下 C_1 发生 e 个误码而 C_2 发生 t 个误码，为了保证此时两码组仍不发生混淆，则要求以 C_1 为圆心、以 e 为半径的圆必须与以 C_2 为圆心、以 t 为半径的圆不发生交叠，即要求最小码距 $d_{\min} \geqslant t+e+1$。

可见 $d_{\min}$ 体现了码组的纠、检错能力。码组间最小距离越大，说明码字间最小差别越大，抗干扰能力就越强。

由于编码系统具有纠错能力，因此在达到同样误码率要求时，编码系统会使所要求的输入信噪比低于非编码系统，为此引入了编码增益的概念。其定义为，在给定误码率下，非编码系统与编码系统之间所需信噪比 E_b/N_0 之差（用 dB 表示）。采用不同的编码会得

到不同的编码增益,但编码增益的提高要以增加系统带宽或复杂度来换取。

10.2.4 常用的简单检错码

常用检错码的结构一般都很简单,由于这些码组具有较强的检错能力,并且易于实现,所以在实际当中应用很广泛。

1. 奇偶校验码

奇偶校验码又称为奇偶监督码。它只有一个监督码元,是一种最简单的检错码,在计算机数据传输中得到广泛应用。编码时,首先将要传送的信息分组,按每组中"1"码的个数计算监督码元的值。编码后,整个码组中"1"码的个数成为奇数的称为奇校验;成为偶数的称为偶校验。

设码组长度为 n,其中前 $n-1$ 位$(a_{n-1}, a_{n-2}, \cdots, a_1)$是信息码元,$a_0$ 是监督码元,二者之间的监督关系可用公式表示。

奇校验满足

$$a_{n-1} \oplus a_{n-2} \oplus \cdots \oplus a_1 \oplus a_0 = 1 \tag{10.2.5}$$

偶校验满足

$$a_{n-1} \oplus a_{n-2} \oplus \cdots \oplus a_1 \oplus a_0 = 0 \tag{10.2.6}$$

接收端用一个模 2 加法器就可以完成检错工作。当错码为一个或奇数个时,因打乱了"1"数目的奇偶性,故能发现差错。然而,当错误个数为偶数时,由于未破坏"1"数目的奇偶性,所以不能发现偶数个错码。

2. 行列监督码

行列监督码也叫做方阵校验码。编码原理与简单的奇偶监督码相似,不同之处在于每个码元都要受到纵、横两个方向的监督。以图 10.2.5 为例,有 28 个待发送的数据码元,将它们排成 4 行 7 列的方阵。方阵中每行是一个码组,每行的最后加上一个监督码元进行行监督,同样在每列的最后也加上一个监督码元进行列监督,然后按行(或列)发送。接收端按同样行列排成方阵,发现不符合行列监督规则的判为有错。它除了能检出所有行、列中的奇数个错误外,也能发现大部分偶数个错误。因为如果碰到差错个数恰为 4 的倍数,而且差错位置正好处于矩形四个角的情况,方阵码无法发现错误。

图 10.2.5　行列监督码

行列监督码在某些条件下还能纠错,观察第 3 行、第 4 列出错的情况,假设在传输过程中第 3 行、第 4 列的"1"错成"0",由于此错误同时破坏了第 3 行、第 4 列的偶监督关系,所以接收端很容易判断是 3 行 4 列交叉位置上的码元出错,从而给予纠正。

行列监督码也常用于检查或纠正突发错误。它可以检查出错误码元长度小于或等于码组长度的所有突发错码,并纠正某些情况下的突发差错。

行列监督码实质上是运用矩阵变换,把突发差错变成独立差错加以处理。因为这种方法比较简单,所以被认为是克制突发差错很有效的手段。

3. 恒比码

恒比码又称为等比码或等重码。恒比码的每个码组中,"1"和"0"的个数比是恒定的。我国电传通信中采用的五单位数字保护电码是一种 3∶2 等比码,也叫五中取三的恒比码。即在五单位电传码的码组中($2^5 = 32$),取其"1"的数目恒为 3 的码组($C_5^3 = 10$),代表 10 个字符(0~9),如表 10.2.1 所示。因为每个汉字是以四位十进制数表示的,所以提高十进制数字传输的可靠性,相当于提高了汉字传输的可靠性。

表 10.2.1　3∶2 恒比码

十进制数字	1	2	3	4	5	6	7	8	9	0
3∶2 恒比码	01011	11001	10110	11010	00111	10101	11100	01110	10011	01101

国际电传电报上通用的 ARQ 通信系统中,选用三个"1"、四个"0"的 3∶4 码,即七中取三码。它有 $C_7^3 = 35$ 个码组,分别表示 26 个字母及其他符号。

在检测恒比码时,通过计算接收码组中"1"的数目,判定传输有无错误。除了"1"错成"0"和"0"错成"1"成对出现的错误以外,这种码能发现其他所有形式的错误,因此检错能力很强。实践证明,应用这种码,国际电报通信的误码率保持在 10^{-6} 以下。

4. ISBN 国际统一图书编号

国际统一图书编号是一种检错码,以防止书号在通信过程中发生误传。2007 年 1 月 1 日起实行新版国际标准书号(International Standard Book Number),新版 ISBN 由 13 位数字组成,分为 5 段。这里以某书的编号 ISBN 978-7-5635-2833-2 为例,其中第一组数字"978"为图书产品编号;数字"7"表示该书是中国大陆的出版物;"5635"为出版社代码;"2833"为该书的编号;最后一位数字"2"是校验码。校验规则为:用 1 分别乘以 ISBN 编号 13 位码中从左数起的奇数位,用 3 分别乘以偶数位,各乘积之和用模 10 校验。即:

$$1 \times (9+8+5+3+2+3+2) + 3 \times (7+7+6+5+8+3) = 140$$

则

$$140(\text{模 } 10) \equiv 0$$

显然,若通信过程中统一书号发生了错误,其运算结果就不能被 10 整除,从而可校验出来。

10.3　线性分组码

10.3.1　基本概念

一个长为 n 的分组码,码字由两部分构成,即信息码元(k 位)+监督码元(r 位)。监督码元是根据一定规则由信息码元变换得到的,变换规则不同就构成不同的分组码。如果监督位为信息位的线性组合,则称其为线性分组码。

要从 k 个信息码元中求出 r 个监督码元,必须有 r 个独立的线性方程。根据不同的线性方程,可得到不同的(n,k)线性分组码。

例如,已知一个$(7,4)$线性分组码,4 个信息码元 a_6、a_5、a_4、a_3 和 3 个监督码元 a_2、a_1、a_0 之间符合以下规则

$$a_2 = a_6 \oplus a_5 \oplus a_4$$
$$a_1 = a_6 \oplus a_5 \oplus a_3 \qquad (10.3.1)$$
$$a_0 = a_6 \oplus a_4 \oplus a_3$$

计算式(10.3.1)得到此$(7,4)$线性分组码的全部码组,列于表 10.3.1 中(许用码组的个数等于 k 个信息码元的全部组合数 2^k 个)。

表 10.3.1 $(7,4)$线性分组码的全部码组

a_6	a_5	a_4	a_3	a_2	a_1	a_0	a_6	a_5	a_4	a_3	a_2	a_1	a_0	a_6	a_5	a_4	a_3	a_2	a_1	a_0
0	0	0	0	0	0	0	0	1	1	0	0	1	1	1	1	0	0	0	0	1
0	0	0	1	0	1	1	0	1	1	1	0	0	0	1	1	0	1	0	1	0
0	0	1	0	1	1	0	1	0	0	0	1	1	1	1	1	1	0	1	0	0
0	0	1	1	1	0	1	1	0	0	1	0	1	0	1	1	1	1	1	1	1
0	1	0	0	1	1	1	1	0	1	0	1	0	0							
0	1	0	1	1	0	0	1	0	1	1	1	0	0	1						

奇偶监督码是一种最简单的线性码。改写式(10.2.5)、式(10.2.6)可以得到监督码元 a_0 和信息码元之间的关系。

奇校验 $\qquad\qquad a_0 = a_{n-1} \oplus a_{n-2} \oplus \cdots \oplus a_1 \oplus 1 \qquad (10.3.2)$

偶校验 $\qquad\qquad a_0 = a_{n-1} \oplus a_{n-2} \oplus \cdots \oplus a_1 \qquad (10.3.3)$

线性码各许用码组的集合构成了代数学中的群,因此又称为群码。它有如下性质:

(1) 任意两许用码组之和(按位模 2 加)仍为一许用码组,即线性码具有封闭性。

(2) 集合中的最小距离等于码组中非全"0"字的最小重量。

在群中只存在一种运算,即模 2 加,通常四则运算中的加、减法在这里都是模 2 加的关系。所以后面将运算符号 $\oplus$ 简化为"+"。

为了说明(n,k)线性分组码的编码原理,下面引入监督矩阵 **H** 和生成矩阵 **G** 的概念。

10.3.2 监督矩阵和生成矩阵

1. 监督矩阵 **H**

改写式(10.3.1)所示$(7,4)$线性分组码的 3 个线性方程式

$$1 \cdot a_6 + 1 \cdot a_5 + 1 \cdot a_4 + 0 \cdot a_3 + 1 \cdot a_2 + 0 \cdot a_1 + 0 \cdot a_0 = 0$$
$$1 \cdot a_6 + 1 \cdot a_5 + 0 \cdot a_4 + 1 \cdot a_3 + 0 \cdot a_2 + 1 \cdot a_1 + 0 \cdot a_0 = 0 \qquad (10.3.4)$$
$$1 \cdot a_6 + 0 \cdot a_5 + 1 \cdot a_4 + 1 \cdot a_3 + 0 \cdot a_2 + 0 \cdot a_1 + 1 \cdot a_0 = 0$$

写成矩阵形式为

$$
\begin{bmatrix} 1 & 1 & 1 & 0 & 1 & 0 & 0 \\ 1 & 1 & 0 & 1 & 0 & 1 & 0 \\ 1 & 0 & 1 & 1 & 0 & 0 & 1 \end{bmatrix} \begin{bmatrix} a_6 \\ a_5 \\ a_4 \\ a_3 \\ a_2 \\ a_1 \\ a_0 \end{bmatrix} = \begin{bmatrix} 0 \\ 0 \\ 0 \end{bmatrix} \tag{10.3.5}
$$

或

$$
(a_6 \quad a_5 \quad a_4 \quad a_3 \quad a_2 \quad a_1 \quad a_0) \begin{bmatrix} 1 & 1 & 1 \\ 1 & 1 & 0 \\ 1 & 0 & 1 \\ 0 & 1 & 1 \\ 1 & 0 & 0 \\ 0 & 1 & 0 \\ 0 & 0 & 1 \end{bmatrix} = (0 \quad 0 \quad 0) \tag{10.3.6}
$$

分别记作
$$\boldsymbol{H}\boldsymbol{A}^{\mathrm{T}} = \boldsymbol{0}^{\mathrm{T}} \tag{10.3.7}$$
或
$$\boldsymbol{A}\boldsymbol{H}^{\mathrm{T}} = \boldsymbol{0} \tag{10.3.8}$$
式中，
$$\boldsymbol{H} = \begin{bmatrix} 1 & 1 & 1 & 0 & 1 & 0 & 0 \\ 1 & 1 & 0 & 1 & 0 & 1 & 0 \\ 1 & 0 & 1 & 1 & 0 & 0 & 1 \end{bmatrix} \tag{10.3.9}$$

是 $r \times n$ 阶矩阵,称为线性分组码的一致监督矩阵(或校验矩阵);
$$\boldsymbol{A} = (a_6\ a_5\ a_4\ a_3\ a_2\ a_1\ a_0)$$
$$\boldsymbol{0} = (0 \quad 0 \quad 0)$$

$\boldsymbol{A}^{\mathrm{T}}$、$\boldsymbol{0}^{\mathrm{T}}$、$\boldsymbol{H}^{\mathrm{T}}$ 分别是矩阵 $\boldsymbol{A}$、$\boldsymbol{0}$、$\boldsymbol{H}$ 的转置。

对于码字 $\boldsymbol{A}$ 来说,恒有
$$\boldsymbol{A}\boldsymbol{H}^{\mathrm{T}} = \boldsymbol{0}$$
或
$$\boldsymbol{H}\boldsymbol{A}^{\mathrm{T}} = \boldsymbol{0}^{\mathrm{T}}$$
成立,即当监督矩阵 $\boldsymbol{H}$ 给定时,利用式(10.3.7)可以验证接收码是否正确。

$\boldsymbol{H}$ 矩阵可以分成两部分:
$$\boldsymbol{H} = \begin{bmatrix} 1 & 1 & 1 & 0 & \vdots & 1 & 0 & 0 \\ 1 & 1 & 0 & 1 & \vdots & 0 & 1 & 0 \\ 1 & 0 & 1 & 1 & \vdots & 0 & 0 & 1 \end{bmatrix} = (\boldsymbol{P}\ \boldsymbol{I}_r) \tag{10.3.10}$$

式中,$\boldsymbol{P}$ 为 $r \times k$ 阶矩阵,$\boldsymbol{I}_r$ 为 $r \times r$ 阶单位方阵,具有 $(\boldsymbol{P}\ \boldsymbol{I}_r)$ 形式的 $\boldsymbol{H}$ 矩阵称为典型矩阵。由线性代数的基本理论可知,监督矩阵各行一定是线性无关的,否则不可能得到 r 个独立的监督位。非典型形式的监督矩阵可以经过线性变换化为典型形式。

2. 生成矩阵 $\boldsymbol{G}$

改写式(10.3.1)为矩阵形式,有

$$\begin{bmatrix} a_2 \\ a_1 \\ a_0 \end{bmatrix} = \begin{bmatrix} 1 & 1 & 1 & 0 \\ 1 & 1 & 0 & 1 \\ 1 & 0 & 1 & 1 \end{bmatrix} \begin{bmatrix} a_6 \\ a_5 \\ a_4 \\ a_3 \end{bmatrix} \tag{10.3.11}$$

或者

$$(a_2 \ a_1 \ a_0) = (a_6 \ a_5 \ a_4 \ a_3) \begin{bmatrix} 1 & 1 & 1 \\ 1 & 1 & 0 \\ 1 & 0 & 1 \\ 0 & 1 & 1 \end{bmatrix} = (a_6 \ a_5 \ a_4 \ a_3) \boldsymbol{Q} \tag{10.3.12}$$

式中，$\boldsymbol{Q}$ 为 $k \times r$ 阶矩阵。该式表明，已知 $\boldsymbol{Q}$ 矩阵，同样可以由信息位算出监督码元。不难看出，$\boldsymbol{Q}$ 是 $\boldsymbol{P}$ 的转置，即

$$\boldsymbol{Q} = \boldsymbol{P}^{\mathrm{T}} \tag{10.3.13}$$

如果在 $\boldsymbol{Q}$ 的左边放上一个 $k \times k$ 阶单位方阵，就构成了生成矩阵

$$\boldsymbol{G} = (\boldsymbol{I}_k \ \boldsymbol{Q}) = \begin{bmatrix} 1 & 0 & 0 & 0 & \vdots & 1 & 1 & 1 \\ 0 & 1 & 0 & 0 & \vdots & 1 & 1 & 0 \\ 0 & 0 & 1 & 0 & \vdots & 1 & 0 & 1 \\ 0 & 0 & 0 & 1 & \vdots & 0 & 1 & 1 \end{bmatrix} \tag{10.3.14}$$

称 $\boldsymbol{G}$ 为生成矩阵，是因为利用它可以产生码组 $\boldsymbol{A}$，即

$$\boldsymbol{A} = (a_6 \ a_5 \ a_4 \ a_3) \boldsymbol{G} \tag{10.3.15}$$

符合 $(\boldsymbol{I}_k \ \boldsymbol{Q})$ 形式的生成矩阵称为典型形式的生成矩阵，由该矩阵得到的码组是系统码。利用此生成矩阵同样可以得到表 10.3.1 中给出的 (7,4) 线性分组码的全部码字。

同样，生成矩阵的各行也必定是线性无关的，每行都是一个许用码组，k 行许用码组经过行运算可以生成 2^k 个不同的许用码组。非典型形式的生成矩阵经过运算也一定可以化为典型形式。若生成矩阵各行中有线性相关的，则不可能由其生成 2^k 种不同码组。

典型监督矩阵和典型生成矩阵之间存在以下关系：

$$\boldsymbol{H} = (\boldsymbol{P} \ \boldsymbol{I}_r) = (\boldsymbol{Q}^{\mathrm{T}} \ \boldsymbol{I}_r)$$
$$\boldsymbol{G} = (\boldsymbol{I}_k \ \boldsymbol{Q}) = (\boldsymbol{I}_k \ \boldsymbol{P}^{\mathrm{T}}) \tag{10.3.16}$$

10.3.3 伴随式

发送码组 $\boldsymbol{A} = (a_{n-1} \ a_{n-2} \cdots a_0)$ 在传输过程中可能会发生误码。设接收到的码组为 $\boldsymbol{B} = (b_{n-1} \ b_{n-2} \cdots b_0)$，则收、发码组之差为

$$\boldsymbol{B} - \boldsymbol{A} = \boldsymbol{E}$$

或写成

$$\boldsymbol{B} = \boldsymbol{A} + \boldsymbol{E} \tag{10.3.17}$$

式中，$\boldsymbol{E} = (e_{n-1} \ e_{n-2} \cdots e_0)$ 为错误图样。令

$$\boldsymbol{S} = \boldsymbol{B} \boldsymbol{H}^{\mathrm{T}} \tag{10.3.18}$$

$\boldsymbol{S}$ 称为分组码的伴随式(亦称校正子或校验子)。

利用式(10.3.8)，可以得到

$$S=(A+E)H^{\mathrm{T}}=AH^{\mathrm{T}}+EH^{\mathrm{T}}=EH^{\mathrm{T}} \qquad (10.3.19)$$

这样就把校正子 S 与接收码组 B 的关系转换成了校正子 S 与错误图样 E 的关系。

在接收机中只要用式(10.3.18)计算校正子 S,并判断计算结果是否为 0,就可完成检错工作。因为如果是正确接收($E=0$),则 $B=A+E=A$,依照式(10.3.8)有

$$S=BH^{\mathrm{T}}=AH^{\mathrm{T}}=0$$

如果接收码组不等于发送码组($B \neq A$),则 $E \neq 0$,故 $S=EH^{\mathrm{T}} \neq 0$。

在讨论怎样利用校正子 S 完成纠错工作之前,先看一下 S 与 E 的关系。

前面介绍的(7,4)线性分组码(见式(10.3.9))

$$H=\begin{pmatrix} 1 & 1 & 1 & 0 & 1 & 0 & 0 \\ 1 & 1 & 0 & 1 & 0 & 1 & 0 \\ 1 & 0 & 1 & 1 & 0 & 0 & 1 \end{pmatrix}$$

设接收码组的最高位有错,错误图样 $E=(1\,0\,0\,0\,0\,0\,0)$,计算

$$S=EH^{\mathrm{T}}=(1\,0\,0\,0\,0\,0\,0)\begin{pmatrix} 1 & 1 & 1 \\ 1 & 1 & 0 \\ 1 & 0 & 1 \\ 0 & 1 & 1 \\ 1 & 0 & 0 \\ 0 & 1 & 0 \\ 0 & 0 & 1 \end{pmatrix}=(1\,1\,1)$$

它的转置

$$S^{\mathrm{T}}=\begin{pmatrix} 1 \\ 1 \\ 1 \end{pmatrix}$$

恰好是典型监督矩阵 H 中的第一列。

如果是接收码组 B 中的次高位有错,$E=(0\,1\,0\,0\,0\,0\,0)$,那么算出的 $S=(1\,1\,0)$,其转置 S^{T} 恰好是典型监督矩阵 H 中的第二列。

换言之,在接收码组只错一位码元的情况下,计算出的校正子 S 总是和典型监督矩阵 H^{T} 中的某一行相同。

可以证明,只要不超出线性分组码的纠错能力,接收机依据计算出的校正子 S,可以判断码组的错误位置并予以纠正。这里仅讨论纠正一位错误码元的情况。

例 10.3.1　已知前述(7,4)线性分组码某码组,在传输过程中发生一位误码,设接收码组 $B=(0\,0\,0\,0\,1\,0\,1)$,试将其恢复为正确码组。

解　(1)首先确定码组的纠、检错能力

查表 10.3.1,得到最小码距 $d_{\min}=3$,故此码组可以纠正一位错码或检测两位错误码元。

(2)计算 S^{T}

已知前述(7,4)线性分组码的典型监督矩阵

$$H = \begin{pmatrix} 1 & 1 & 1 & 0 & 1 & 0 & 0 \\ 1 & 1 & 0 & 1 & 0 & 1 & 0 \\ 1 & 0 & 1 & 1 & 0 & 0 & 1 \end{pmatrix}$$

利用矩阵性质计算校正子的转置,得

$$S = BH^{\mathrm{T}} = (0\ 0\ 0\ 0\ 1\ 0\ 1) \begin{pmatrix} 1 & 1 & 1 \\ 1 & 1 & 0 \\ 1 & 0 & 1 \\ 0 & 1 & 1 \\ 1 & 0 & 0 \\ 0 & 1 & 0 \\ 0 & 0 & 1 \end{pmatrix} = (1\ 0\ 1)$$

$$S^{\mathrm{T}} = \begin{pmatrix} 1 \\ 0 \\ 1 \end{pmatrix}$$

(3) 恢复正确码组

因为此码组具有纠正一位错误的能力,且计算结果 S^{T} 与 H 矩阵中的第三列相同,相当于得到错误图样 $E = (0\ 0\ 1\ 0\ 0\ 0\ 0)$,所以正确码组为

$$A = B + E = (0\ 0\ 0\ 0\ 1\ 0\ 1) + (0\ 0\ 1\ 0\ 0\ 0\ 0) = (0\ 0\ 1\ 0\ 1\ 0\ 1)$$

10.3.4 汉明码

汉明码是一种可以纠正单个随机错误的线性分组码。它的最小码距 $d_{\min} = 3$,监督码元位数 $r = n - k$(r 是一个大于或等于 2 的正整数),码长 $n = 2^r - 1$,信息码元位数 $k = 2^r - 1 - r$。编码效率 $R = k/n = (2^r - 1 - r)/(2^r - 1) = 1 - r/(2^r - 1)$。当 r 很大时,R 的极限趋于 1,所以是一种高效码。

汉明码的监督矩阵 H 有 n 列 r 行,它的 n 列由不全为 0 的二进制 r 位码的不同组合构成,即每种组合只在某列中出现一次。以 $r = 3$ 为例,它的码长 $n = 2^3 - 1 = 7$,所以前面所说的(7,4)线性分组码就是汉明码,并且任意调换 H 矩阵中各列的位置,不会影响码的纠、检错能力。例如,可以构造出与式(10.3.9)不同的监督矩阵,即

$$H = \begin{pmatrix} 1 & 1 & 1 & 0 & 1 & 0 & 0 \\ 0 & 1 & 1 & 1 & 0 & 1 & 0 \\ 1 & 1 & 0 & 1 & 0 & 0 & 1 \end{pmatrix} = (P\ I_3) \tag{10.3.20}$$

其相应的生成矩阵为

$$G = (I_4\ Q) = \begin{pmatrix} 1 & 0 & 0 & 0 & 1 & 0 & 1 \\ 0 & 1 & 0 & 0 & 1 & 1 & 1 \\ 0 & 0 & 1 & 0 & 1 & 1 & 0 \\ 0 & 0 & 0 & 1 & 0 & 1 & 1 \end{pmatrix} \tag{10.3.21}$$

因此,汉明码 H 矩阵中各列的位置还可以有其他多种排列形式。

汉明码的译码方法可以采用计算校正子,然后确定错误图样并加以纠正的方法。
图10.3.1中给出了式(10.3.20)所示(7,4)汉明码的编码器和译码器电路图。

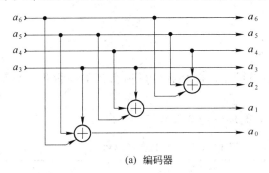

(a) 编码器

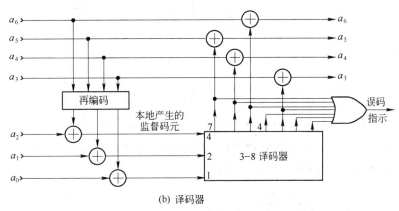

(b) 译码器

图10.3.1 (7,4)汉明码的编码器和译码器电路图

纠正单个错误的汉明码中,r位校正子码组与误码图样一一对应,最充分地利用了监督位所能提供的信息,这种码称为完备码。在一般情况下,对于能纠正t个错误的线性分组码(n,k),应满足不等式

$$2^r = 2^{n-k} \geqslant 1 + C_n^1 + C_n^2 + \cdots + C_n^t = \sum_{i=0}^{t} C_n^i \qquad (10.3.22)$$

式中,C_n^i为n中取i的组合,其物理意义是n位码组中有i个误码的错误图样数目$(i \neq 0)$。式(10.3.22)取等号时,校正子与误码不超过t个的所有错误图样一一对应,监督码元得到最充分的利用,这种(n,k)码即为完备码。

除汉明码外,迄今为止已找到的唯一能纠正多个错误的完备码是(23,12)非本原BCH码,常称为戈雷(Golay)码。

10.4 循 环 码

循环码是线性分组码中一个最重要的分支。它的检、纠错能力较强,编码和译码设备并不复杂,所以循环码受到人们的高度重视,在前向纠错系统中得到了广泛应用。

循环码有严密的代数理论基础,是目前研究得最成熟的一类码。这里对循环码不作严格的数学分析,只重点介绍循环码在差错控制中的应用。

10.4.1 循环码的特点

循环码有两个数学特征:

(1) 线性分组码的封闭性。

(2) 循环性,即任一许用码组经过循环移位后所得到的码组仍为该许用码组集合中的一个码组。

表 10.4.1 列出了某(7,3)循环码的全部码组。

表 10.4.1 (7,3)循环码组

码组编号	信 息 位			监 督 位				码组编号	信 息 位			监 督 位			
	A_6	A_5	A_4	A_3	A_2	A_1	A_0		A_6	A_5	A_4	A_3	A_2	A_1	A_0
(1)	0	0	0	0	0	0	0	(5)	1	0	0	1	0	1	1
(2)	0	0	1	0	1	1	1	(6)	1	0	1	1	1	0	0
(3)	0	1	0	1	1	1	0	(7)	1	1	0	0	1	0	1
(4)	0	1	1	1	0	0	1	(8)	1	1	1	0	0	1	0

以 2 号码组(0010111)为例,左移循环一位变成 3 号码组(0101110),依次左移一位构成的状态图如图 10.4.1 所示。

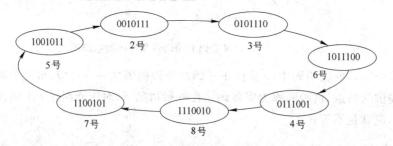

图 10.4.1 依次左移一位构成的状态图

可见除全零码组外,不论循环右移或左移,移多少位,其结果均在该循环码组的集合中(全零码组自己构成独立的循环圈)。

为了用代数学理论研究循环码,可将码组用多项式表示,称为码多项式。循环码组中各码元分别为多项式的系数。长度为 n 的码组 $A=(a_{n-1} \ a_{n-2} \cdots a_1 \ a_0)$ 用码多项式可表示为

$$A(x)=a_{n-1}x^{n-1}+a_{n-2}x^{n-2}+\cdots+a_1x+a_0 \tag{10.4.1}$$

式中,x 的幂次是码元位置的标记。在循环码移位过程中,它表示移位的次数。左移一位就使码多项式的幂次增高一位,循环左移 i 位后的码组即为将多项式乘以 x^i 后再进行模 (x^n+1) 运算得到的结果。

若将上述许用码组向左循环移一位得到的码组记作 $\boldsymbol{A}^{(1)}=(a_{n-2} \ a_{n-3} \cdots a_0 \ a_{n-1})$,其码多项式为

$$A^{(1)}(x) = a_{n-2}x^{n-1} + a_{n-3}x^{n-2} + \cdots + a_0 x + a_{n-1} \tag{10.4.2}$$

若左移 i 位后的码组 $\boldsymbol{A}^{(i)} = (a_{n-i-1}\ a_{n-i-2}\cdots a_{n-i+1}\ a_{n-i})$，其码多项式为

$$A^{(i)}(x) = a_{n-i-1}x^{n-1} + a_{n-i-2}x^{n-2} + \cdots + a_{n-i+1}x + a_{n-i} \tag{10.4.3}$$

$A^{(i)}(x)$ 可以用下式由 $x^i A(x)$ 求得：

$$x^i A(x) = Q(x)(x^n + 1) + A^{(i)}(x) \tag{10.4.4}$$

式中，$Q(x)$ 是 $x^i A(x)$ 除以 $(x^i + 1)$ 的商式，而 $A^{(i)}(x)$ 是所得的余式。式(10.4.4)也可表示为

$$A^{(i)}(x) \equiv x^i A(x) \quad \mathrm{mod}(x^n + 1) \tag{10.4.5}$$

在 $A(x)$ 的表达式中，系数 $a_i = 0$ 的项常略去不写，$a_i = 1$ 的项只写符号 x 及其幂次。

码多项式之间可以进行代数运算，在二元码中遵循模 2 运算的规则。根据线性码的封闭性，任意两码字经模运算后仍为本码组中的码字。

从代数学的角度，每个二进制码组可以看成是只有 0 和 1 两个元素的二元域中的 n 重。所有二元 n 重的集合称为二元域上的一个矢量空间。二元域上只有两种运算，即加和乘，所有运算结果也必定在同一个二元集合中。在二元域中加和乘的运算规则定义为

加	乘
$0 \oplus 0 = 0$	$0 \cdot 0 = 0$
$0 \oplus 1 = 1$	$0 \cdot 1 = 0$
$1 \oplus 0 = 1$	$1 \cdot 0 = 0$
$1 \oplus 1 = 0$	$1 \cdot 1 = 1$

这里，$\oplus$ 为模 2 和运算，以后都简写为 $+$。在码元多项式运算中遵从上述运算规则。

10.4.2　生成多项式与生成矩阵

(n,k) 循环码码组集合中(全"0"码除外)幂次最低的多项式($n-k$ 阶)称为生成多项式 $g(x)$。它是能整除 $x^n + 1$ 且常数项为 1 的多项式，具有唯一性。集合中其他码多项式，都是按模 $x^n + 1$ 运算下 $g(x)$ 的倍式，即可以由生成多项式 $g(x)$ 产生循环码的全部码组。换句话说，循环码完全由其码组长度 n 及生成多项式 $g(x)$ 所决定。阶数低于 n 并能被 $g(x)$ 除尽的一组多项式就构成一个 (n,k) 循环码。也就是说，阶数小于或等于 $n-1$ 能被 $g(x)$ 除尽的每个多项式都是该循环码的许用码组。

(n,k) 循环码有 2^k 个码组，因为可以构成循环许用码组 $A(x)$ 的信息码组 $m(x)$ 有 2^k 个。

$$A(x) = m(x)g(x) \tag{10.4.6}$$

式中，$m(x)$ 为不大于 $k-1$ 阶的多项式。

例如，令 $n = 7$，$g(x) = x^4 + x^3 + x^2 + 1$ 是 $x^7 + 1$ 的一个因式，共有 8 个阶次不大于 6 的多项式是 $g(x)$ 的倍式，即

$$0 = g(x) \cdot 0$$
$$x^4 + x^3 + x^2 \qquad +1 = g(x) \cdot 1$$
$$x^5 + x^4 + x^3 \qquad + x = g(x) \cdot x$$
$$x^6 + x^5 + x^4 \qquad + x^2 = g(x) \cdot x^2$$
$$x^5 \qquad + x^2 + x + 1 = g(x) \cdot (x+1)$$
$$x^6 \qquad + x^3 + x^2 + x = g(x) \cdot (x^2+x)$$
$$x^6 + x^5 \qquad + x^3 \qquad +1 = g(x) \cdot (x^2+1)$$
$$x^6 \qquad + x^4 \qquad + x +1 = g(x) \cdot (x^2+x+1)$$

这 8 个多项式是一个 (7,3) 循环码。由于它有 8 个码组,$k=3$,因此 $n-k=7-3=4$,这必定是生成多项式的阶次。

为了寻找生成多项式,必须对 x^n+1 进行因式分解,这可以用计算机来完成。对于某些 n 值,x^n+1 只有很少几个因式,因而码长为这些 n 值的循环码很少。仅对于很少几个 n 值才有很多因式。

对于任意 n 值有

$$x^n+1=(x+1)(x^{n-1}+x^{n-2}+\cdots+x+1) \tag{10.4.7}$$

若取 $x+1$ 为生成多项式,这样构成的循环码就是简单的偶监督码 $(n,n-1)$。由于 $g(x)$ 为一阶多项式,因此只有一位监督码。可以证明,$x+1$ 的任何倍式的码重(即码组中 1 的个数)必定保持偶数。这是一种最简单的循环码,$d_{\min}=2$。

另一个最简单的循环码是以 $x^{n-1}+x^{n-2}+\cdots+x+1$ 为生成多项式,由于生成多项式是 $n-1$ 阶,故信息码位数为 1,只有两种码组即全 0 和全 1,因此这种循环码是重复码 $(n,1)$,$d_{\min}=n$。

任何 (n,k) 循环码的生成多项式 $g(x)$,乘上 $x+1$ 后得到生成多项式 $g(x) \cdot (x+1)$ 所构造的循环码 $(n,k-1)$,其最小码距增加 1。$(n,k-1)$ 码是 (n,k) 码的一个子集。

以因式分解中的本原多项式作为生成多项式,可以构造出纠正一个错误的循环汉明码。

考查表 10.4.1,其中 $n-k=4$ 阶的多项式只有编号为 (2) 的码组(0010111),所以表中所示 (7,3) 循环码组的生成多项式为 $g(x)=x^4+x^2+x+1$,并且该码组集合中的任何码多项式 $A(x)$ 都可由信息位乘以生成多项式得到

$$A(x)=(m_{k-1}x^{k-1}+m_{k-2}x^{k-2}+\cdots+m_1x+m_0)g(x) \quad \bmod (x^n+1) \tag{10.4.8}$$

式中,$(m_{k-1} \ m_{k-2} \cdots \ m_1 \ m_0)$ 为信息码元。

对于 (7,k) 循环码,有

$$x^7+1=(x+1)(x^3+x+1)(x^3+x^2+1) \tag{10.4.9}$$

表 10.4.1 中所示 (7,3) 循环码组的 $g(x)$,是由式 (10.4.9) 中第 1、3 两项相乘得到的。

如果令式 (10.4.9) 中第 1、2 两项相乘,也得到一个 4 阶多项式,由它可以构成另一个 (7,3) 循环码组的集合。可见选择不同的因式组合会得到不同的生成多项式,从而构成不同的循环码组。

由于 $g(x)$ 为 $n-k$ 阶多项式,以与此相对应的码组作为生成矩阵中的一行,可以证明 $g(x),xg(x),\cdots,x^{k-1}g(x)$ 等多项式必定是线性无关的。把这 k 个多项式相对应的码组作为各行构成的矩阵即为生成矩阵,由各行的线性组合可以得到 2^k 个循环码码组。这样循环码的生成矩阵多项式可以写成

$$G(x) = \begin{bmatrix} x^{k-1}g(x) \\ \vdots \\ xg(x) \\ g(x) \end{bmatrix} \tag{10.4.10}$$

以表 10.4.1 中的生成多项式 $g(x)$ 构造 $G(x)$，相应的矩阵形式为

$$G = \begin{bmatrix} 1 & 0 & 1 & 1 & 1 & 0 & 0 \\ 0 & 1 & 0 & 1 & 1 & 1 & 0 \\ 0 & 0 & 1 & 0 & 1 & 1 & 1 \end{bmatrix} \tag{10.4.11}$$

作线性变换，整理成典型形式的生成矩阵

$$G = \begin{bmatrix} 1 & 0 & 0 & 1 & 0 & 1 & 1 \\ 0 & 1 & 0 & 1 & 1 & 1 & 0 \\ 0 & 0 & 1 & 0 & 1 & 1 & 1 \end{bmatrix} \tag{10.4.12}$$

信息码元与式(10.4.12)相乘，得到的就是系统循环码。

由式(10.4.10)生成矩阵得到的循环码并非系统码。在系统码中码组的左边 k 位是信息码元，随后是 $n-k$ 位监督码元。这相当于码多项式为

$$A(x) = m(x)x^{n-k} + r(x)$$
$$= m_{k-1}x^{n-1} + m_{k-2}x^{n-2} + \cdots + m_0 x^{n-k} + r_{n-k-1}x^{n-k-1} + \cdots + r_0 \tag{10.4.13}$$

式中，$r(x) = r_{n-k-1}x^{n-k-1} + \cdots + r_0$ 为监督码多项式，其相应的监督码元为 $(r_{n-k-1}, \cdots, r_0)$。由式(10.4.13)可知

$$r(x) = A(x) + m(x)x^{n-k} \equiv m(x)x^{n-k} \quad \mod g(x) \tag{10.4.14}$$

可见，构造系统循环码时，只需将信息码多项式升 $n-k$ 阶（即乘上 x^{n-k}），然后以 $g(x)$ 为模，即除以 $g(x)$，所得余式 $r(x)$ 即为监督码元。因此，系统循环码的编码过程就变成用除法求余的问题。

系统码的生成矩阵为典型形式 $G = (I_k \quad Q)$，与单位矩阵 I_k 每行对应的信息多项式为

$$m_i(x) = m_i x^{k-i} = x^{k-i}, \quad i = 1, 2, \cdots, k \tag{10.4.15}$$

由式(10.4.15)可得相应的监督码多项式为

$$r_i(x) \equiv x^{k-i}x^{n-k} \equiv x^{n-i} \quad \mod g(x) \quad i = 1, 2, \cdots, k \tag{10.4.16}$$

由此得到生成矩阵中每行的码多项式为

$$G_i(x) = x^{n-i} + r_i(x), \quad i = 1, 2, \cdots, k \tag{10.4.17}$$

因此系统循环码生成矩阵多项式的一般表示为

$$G(x) = \begin{bmatrix} G_1(x) \\ G_2(x) \\ \vdots \\ G_k(x) \end{bmatrix} = \begin{bmatrix} x^{n-1} + r_1(x) \\ x^{n-2} + r_2(x) \\ \vdots \\ x^{n-k} + r_k(x) \end{bmatrix} \tag{10.4.18}$$

10.4.3　监督多项式与监督矩阵

在 (n, k) 循环码中，$x^n + 1$ 可分解成 $g(x)$ 和其他因式的乘积，记为

$$x^n + 1 = g(x)h(x) \tag{10.4.19}$$

由于 $g(x)$ 是常数项为 1 的 r 次多项式,则 $h(x)$ 为 k 次多项式,即 $h(x) = h_k x^k + \cdots + h_1 x + h_0$,称 $h(x)$ 为监督多项式。若 $g(x) = g_{n-k} x^{n-k} + \cdots + g_1 x + g_0$,由式(10.4.19)可知,必定有

$$
\begin{aligned}
&g_{n-k} h_k = 1 \\
&g_0 h_0 = 1 \\
&g_0 h_1 + g_1 h_0 = 0 \\
&g_0 h_2 + g_1 h_1 + g_2 h_0 = 0 \\
&\vdots \\
&g_{n-1} h_0 + g_{n-2} h_1 + \cdots + g_{n-k} h_{k-1} = 0
\end{aligned}
\tag{10.4.20}
$$

这样可以得到循环码的监督矩阵为

$$
\boldsymbol{H} =
\begin{bmatrix}
h_0 & h_1 & \cdots & h_k & 0 & 0 & \cdots & 0 \\
0 & h_0 & h_1 & \cdots & h_k & 0 & \cdots & 0 \\
0 & 0 & h_0 & h_1 & \cdots & h_k & \cdots & 0 \\
\vdots & \vdots & \vdots & \vdots & & \vdots & & \vdots \\
0 & \cdots & 0 & 0 & h_0 & h_1 & \cdots & h_k
\end{bmatrix}
\tag{10.4.21}
$$

它有 $n-k$ 行 n 列,完全由 $h(x)$ 的系数确定,可以证明 $\boldsymbol{GH}^{\mathrm{T}} = \boldsymbol{0}$。

与式(10.4.10)给出的 $\boldsymbol{G}(\boldsymbol{x})$ 相对应,监督矩阵多项式可用下式表示:

$$
\boldsymbol{H}(\boldsymbol{x}) =
\begin{bmatrix}
x^{r-1} h^*(x) \\
\vdots \\
x h^*(x) \\
h^*(x)
\end{bmatrix}
\tag{10.4.22}
$$

式中,$h^*(x)$ 是 $h(x)$ 的逆多项式。

典型形式的监督矩阵可以由式(10.4.22)作线性变换得到。

例 10.4.1 已知 $(7,4)$ 系统码的生成多项式为 $g(x) = x^3 + x^2 + 1$,求生成矩阵。

解 由式(10.4.16)可得

$$
\begin{aligned}
r_1(x) &\equiv x^6 \equiv x^2 + x \bmod g(x) \\
r_2(x) &\equiv x^5 \equiv x + 1 \bmod g(x) \\
r_3(x) &\equiv x^4 \equiv x^2 + x + 1 \bmod g(x) \\
r_4(x) &\equiv x^3 \equiv x^2 + 1 \bmod g(x)
\end{aligned}
\tag{10.4.23}
$$

因此,生成矩阵多项式表示为

$$
\boldsymbol{G}(\boldsymbol{x}) =
\begin{bmatrix}
x^6 + x^2 + x \\
x^5 + x + 1 \\
x^4 + x^2 + x + 1 \\
x^3 + x^2 + 1
\end{bmatrix}
\tag{10.4.24}
$$

由多项式系数得到的生成矩阵为

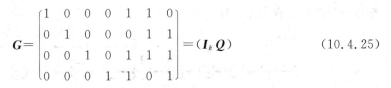

$$G = \begin{pmatrix} 1 & 0 & 0 & 0 & 1 & 1 & 0 \\ 0 & 1 & 0 & 0 & 0 & 1 & 1 \\ 0 & 0 & 1 & 0 & 1 & 1 & 1 \\ 0 & 0 & 0 & 1 & 1 & 0 & 1 \end{pmatrix} = (\boldsymbol{I_k} \boldsymbol{Q}) \tag{10.4.25}$$

10.4.4　系统循环码的编译码方法

1. 系统循环码的编码

对于码组前 k 位是信息码元的系统码,用多项式表示则为

$$A(x) = x^{n-k}m(x) + r(x) \tag{10.4.26}$$

式中,$m(x)$ 是不大于 $k-1$ 次的多项式,代表信息码元;$r(x)$ 是不大于 $r-1$ 次的多项式,代表监督码元。

若令式(10.4.6)中的信息码元为 $m'(x)$,则码组多项式可写成

$$A(x) = m'(x)g(x) \quad \bmod (x^n+1) \tag{10.4.27}$$

联立式(10.4.26)和式(10.4.27)得

$$x^{n-k}m(x) + r(x) = m'(x)g(x)$$

即

$$\frac{x^{n-k}m(x)}{g(x)} = m'(x) + \frac{r(x)}{g(x)} \tag{10.4.28}$$

这就是循环码编码的数学依据,式中 $m'(x)$ 为商,$r(x)$ 为余式。

利用生成多项式 $g(x)$ 作除法运算的循环码编码方法归纳如下:

(1) 信息多项式 $m(x)$ 左移 $n-k$ 位,即相当于 $m(x)$ 乘因子 x^{n-k};

(2) 以 $g(x)$ 为除式作模运算,得余式 $r(x)$,即

$$r(x) \equiv x^{n-k}m(x) \quad \bmod g(x) \tag{10.4.29}$$

(3) 余式的系数作监督码元,附加在信息码元之后形成系统码,相当于令余式 $r(x)$ 和已经左移 $n-k$ 位的信息码多项式作按位模 2 加运算,即

$$A(x) = x^{n-k}m(x) + r(x) \tag{10.4.30}$$

例 10.4.2　已知 $(7,4)$ 系统循环码的生成多项式为 $g(x) = x^3 + x^2 + 1$,若信息码为 1001,求编码后的循环码组。

解　信息码多项式为 $m(x) = x^3 + 1$,由式(10.4.28)可得

$$\frac{x^3(x^3+1)}{x^3+x^2+1} = x^3 + x^2 + x + 1 + \frac{x+1}{x^3+x^2+1}$$

可见 $r(x) = x+1$,因此由(10.4.30)得

$$A(x) = x^3(x^3+1) + x + 1 = x^6 + x^3 + x + 1$$

其对应的码组为 1001011。

以上编码方法的实现电路并不复杂,多项式除法可以用带反馈的线性移位寄存器来实现。有两种不同的除法电路即采用"内接"的模 2 和(异或门)电路与采用"外接"的模 2 和电路,生成多项式为 $g(x) = x^6 + x^5 + x^4 + x^3 + 1$ 的两种除法电路如图 10.4.2 中(a)(b)所示,一般多采用内接模 2 和的除法电路。内接模 2 和除法电路的工作过程与采用手

算进行长除的过程完全一致。

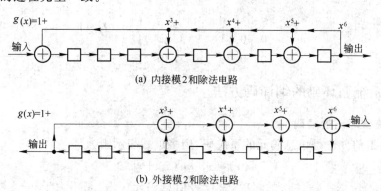

(a) 内接模2和除法电路

(b) 外接模2和除法电路

图 10.4.2 两种除法电路

2. 系统循环码的译码

设发送码组为 $\boldsymbol{A}$、接收码组是 $\boldsymbol{B}$，如果对译码电路只要求检错不纠错，那么将式(10.4.27)改为

$$\frac{A(x)}{g(x)} = m'(x) \tag{10.4.31}$$

以式(10.4.31)为依据，接收机译码器用 $g(x)$ 除接收码组 $B(x)$，若余数为 0 则 $\boldsymbol{B}=\boldsymbol{A}$，否则表示 $\boldsymbol{B}$ 中有错，需发重传指令。利用除法电路实现的检错译码器原理框图如图 10.4.3 所示(图中除法电路与编码器中的除法电路相同)。

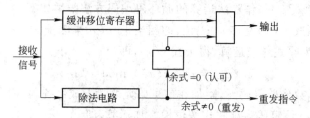

图 10.4.3 检错译码器原理框图

为纠错而采用的译码方法比较复杂。循环码的译码步骤如下：

(1) 由接收码组 $\boldsymbol{B}$ 计算 $\boldsymbol{S}$ ；

(2) 由校正子 $\boldsymbol{S}$ 确定错误图样 $\boldsymbol{E}$ ；

(3) 将错误图样 $\boldsymbol{E}$ 与接收码组 $\boldsymbol{B}$ 模 2 加，即纠正错误。

由式(10.3.18)、式(10.3.19)可知

$$\boldsymbol{S} = \boldsymbol{B}\boldsymbol{H}^{\mathrm{T}} = \boldsymbol{E}\boldsymbol{H}^{\mathrm{T}}$$

对于循环码而言，校正子多项式

$$S(x) \equiv B(x) \equiv E(x) \quad \mathrm{mod}\ g(x) \tag{10.4.32}$$

即用接收码多项式除以生成多项式 $g(x)$ 得到的余式，就是循环码的校正子多项式 $S(x)$，这就大大简化了校正子的计算。同时，由于循环码的校正子多项式 $S(x)$ 与循环码组一样也具有循环移位特性(某码组循环移位 i 次的校正子，等于原码组校正子在除法电路中循环移位 i 次所得到的结果)。因此，对于只纠一位错误码元的译码器，可以针对接收码组

中单个错误出现在首位的错误图样及其相应的校正子来设计组合逻辑电路;然后利用除法电路中移位寄存器的循环移位去纠正任何位置上的单个错误。这种基于错误图样识别的译码器称为梅吉特译码器。

10.5　BCH 码

BCH 码是循环码中的一个重要子类,它具有纠多个随机错误的能力,BCH 码有严密的代数结构,是目前研究得最为透彻的一类码。其生成多项式 $g(x)$ 与最小码距之间有着密切的关系,人们可以根据所要求的纠错能力 t,很容易地构造出 BCH 码。它们的译码也很容易实现,是线性分组码中应用很广的一类码。

BCH 码、汉明码和某些大数逻辑可译码都属于本原循环码。本原循环码的特点是:

(1) 码长为 $2^m-1,m$ 为正整数;

(2) 它的生成多项式是由若干 m 阶或以 m 的因子为最高阶的多项式相乘构成的。

要确定 $(2^m-1,k)$ 循环码是否存在,只需要判断 2^m-1-k 阶的生成多项式是否能由 $x^{2^m-1}+1$ 的因式构成。

由代数理论可知,每个 m 阶既约多项式一定能除尽 $x^{2^m-1}+1$。例如,对于 $m=5$,共有 6 个 5 阶既约多项式:

$$x^5+x^2+1 \qquad x^5+x^4+x^3+x^2+1 \qquad x^5+x^4+x^2+x+1$$
$$x^5+x^3+1 \qquad x^5+x^3+x^2+x+1 \qquad x^5+x^4+x^3+x+1$$

这 6 个多项式都能除尽 $x^{31}+1$。此外,还知道 $x+1$ 必定是 $x^{31}+1$ 的因式。因此有

$$x^{31}+1=(x+1) \cdot (x^5+x^2+1) \cdot (x^5+x^4+x^3+x^2+1) \cdot (x^5+x^4+x^2+x+1) \cdot$$
$$(x^5+x^3+1) \cdot (x^5+x^3+x^2+x+1) \cdot (x^5+x^4+x^3+x+1)$$

用这种手工凑算的方法来进行因式分解显然很困难,现在用计算机进行因式分解,并将结果列成表,需要时可在有关资料中查到。

若循环码的生成多项式具有如下形式:

$$g(x)=\text{LCM}[m_1(x),m_3(x),\cdots,m_{2t-1}(x)] \tag{10.5.1}$$

式中,t 为纠错个数,$m_i(x)$ 为最小多项式,LCM 表示取最小公倍式。由这类生成多项式生成的循环码称为 BCH 码,它的最小码距 $d_{\min} \geqslant 2t+1$,能纠 t 个错误。BCH 码的码长为 $n=2^m-1$ 或是 2^m-1 的因子。码长为 $n=2^m-1$ 的 BCH 码称为本原 BCH 码,又称为狭义 BCH 码。码长为 2^m-1 因子的 BCH 码称为非本原 BCH 码。由于 $g(x)$ 有 t 个因式,且每个因式的最高阶次为 m,所以监督码元最多为 mt 位。

对于纠正 t 个错误的本原 BCH 码,其生成多项式为

$$g(x)=m_1(x) \cdot m_3(x) \cdot \cdots \cdot m_{2t-1}(x) \tag{10.5.2}$$

它的最小码距为 $d_{\min}=2t+1$。纠正单个错误的本原 BCH 码,就是循环汉明码。

(23,12)码是一个特殊的非本原 BCH 码,称为戈雷码。该码码距为 7,能纠正 3 个随机错误,其生成多项式为

$$g(x)=x^{11}+x^9+x^7+x^6+x^5+x+1 \tag{10.5.3}$$

是一个完备码,它的监督位得到了最充分的利用。

BCH 码的码长为奇数。在实际使用中,为了得到偶数码长,并增加其检错性能,可以对(n,k)BCH 码增加 1 个全校验位,则变成一个$(n+1,k)$码,称它为扩展 BCH 码,扩展 BCH 码的码长为偶数,码距增加 1。但是扩展 BCH 码的每个码字之间不一定存在循环关系,其不再是循环码。

BCH 码的译码方法可以有时域译码和频域译码两类:

· 频域译码是把每个码组看成一个数字信号,把接收到的信号进行离散傅里叶变换,然后利用数字信号处理技术在"频域"内译码,最后进行傅里叶反变换得到译码后的码组。

· 时域译码则是在时域上直接利用码的代数结构进行译码。时域译码的方法又有多种。纠多个错误的 BCH 码译码算法很复杂,这里不作介绍,有兴趣的读者可参考有关文献。

10.6 卷 积 码

分组码的约束关系完全限定在各码组之内。如果需要提高分组码的纠错能力,只能增加校验码元个数,这不但降低了编码效率,同时还增加了编译码设备的复杂程度。编译码时必须把整个信息码组存储起来,由此产生的延时随着 n 的增加而线性增加。遇到既要求 n、k 较小,又要求纠错能力较强的情况,可选择卷积码。

由于卷积码充分利用了各码组之间的相关性,n 和 k 可以选得很小,因此在与分组码同样的传信率和设备复杂性相同的条件下,卷积码的性能比分组码好。缺点是,对卷积码的分析至今还缺乏像分组码那样有效的数学工具,往往要借助于计算机才能搜索到一些好码的参数。

10.6.1 卷积码的编码

在卷积码中,一个码组(子码)的监督码元不仅与当前子码的信息码元有关,而且与前面 $N-1$ 组子码的信息码元有关,所以各码组的监督码元不仅对本码组而且对前 $N-1$ 组内的信息码元也起监督作用,因此要用(n,k,N)三个参数表示卷积码。其中,n 表示子码长度;k 表示子码中信息码元的个数;N 为编码约束长度,用以表示编码过程中相互约束的子码个数;$N \cdot n$ 为编码过程中相互约束的码元个数。卷积码的纠错能力随着 N 的增加而增大,差错率随着 N 的增加而呈指数下降。

(n,k,N)卷积码的编码效率 $R=k/n$。如果卷积码的各子码是系统码,则称该卷积码为系统卷积码。假如 $N=1$,那么卷积码就是(n,k)分组码了。

卷积码编码器由 N 个 k 级的移位寄存器和 n 个模 2 加法器组成,一般形式如图 10.6.1 所示。

图 10.6.2 示出了一个$(2,1,3)$卷积码编码器。此编码器与输入、输出的关系以及各子码之间的约束关系示于图 10.6.3 中。

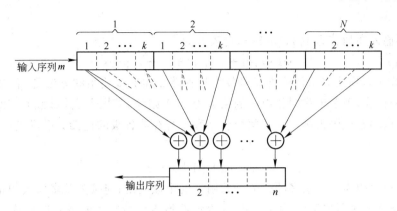

图 10.6.1　卷积码编码器的一般形式

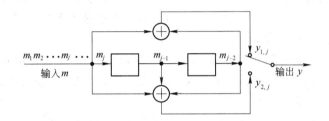

图 10.6.2　(2,1,3)卷积码编码器

输入	m_1	m_2	m_3	$\cdots$
输出	$y_{1,1}$　$y_{2,1}$	$y_{1,2}$　$y_{2,2}$	$y_{1,3}$　$y_{2,3}$	$\cdots$

(a) 输入、输出关系

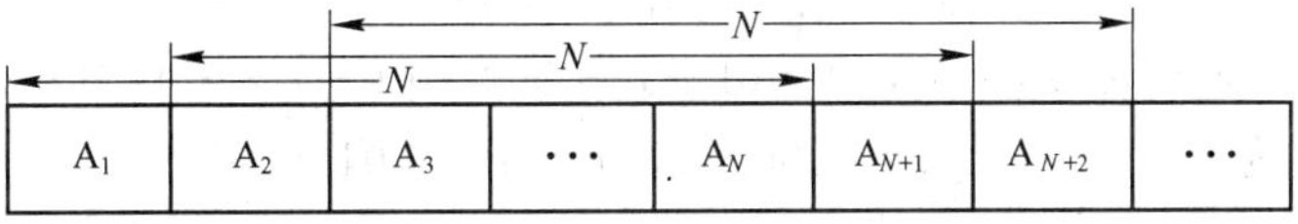

A_1	A_2	A_3	$\cdots$	A_N	A_{N+1}	A_{N+2}	$\cdots$

(b) 各子码之间的约束关系

图 10.6.3　输入、输出关系和各子码之间的约束关系

10.6.2　卷积码的描述

描述卷积码的方法有两类：解析表示和图解表示。

1. 卷积码的解析表示

一般有两种解析表示法描述卷积码,它们是移位算子(延迟算子)多项式表示法和半无限矩阵表示法。

在移位算子多项式表示中,编码器中移位寄存器与模 2 和的连接关系以及输入、输出序列都表示为移位算子 x 的多项式。一般情况下,输入序列的二进制表示为 $m_1,m_2,m_3,m_4,\cdots$,则输入序列可表示为

$$m(x)=m_1+m_2x+m_3x^2+m_4x^3+\cdots \tag{10.6.1}$$

这时移位算子 x 的幂次等于相对于时间起点的单位延时数目,时间起点通常选在第 1 个

输出比特。

例如,输入序列若为$10111001\cdots$,可表示为

$$m(x)=1+x^2+x^3+x^4+x^7+\cdots \tag{10.6.2}$$

用x算子多项式表示移位寄存器各级与各模2和连接关系的方法是:若某级寄存器与某模2和相连,则多项式中相应项的系数为1,否则为0(表示无连接线)。以图10.6.2所示的(2,1,3)卷积码为例,上、下两个模2和与寄存器各级的连接关系可表达为

$$\begin{cases} g_1(x)=1+x^2 \\ g_2(x)=1+x+x^2 \end{cases} \tag{10.6.3}$$

可见,在卷积码中连接关系多项式的个数由n的个数决定;连接关系多项式的系数表示某级是否与模2加法器连接(1表示相连,0表示不相连),最左边的级对应着连接关系多项式的最低幂次。这样,有n个连接关系多项式,且连接关系多项式的最高次数为$kN-1$。上例中$n=2$,输出引自2个模2加法器,所以就有2个连接关系多项式与其对应,并且连接关系多项式的最高幂次均为2。

通常把表示移位寄存器与模2和连接关系的多项式称为生成多项式,因为可以用输入序列多项式和生成多项式相乘计算出输出序列。一个生成多项式$g_i(x)$对应于子码的一个输出$y_{i,j}(x)$,写成通式为

$$y_{i,j}(x)=m(x) \cdot g_i(x) \qquad (i=1,2,\cdots,n;j=1,2,\cdots,\infty) \tag{10.6.4}$$

即对应一位输出码元,必须由n个生成多项式才可以得到编码器的n位输出序列。

例 10.6.1 图10.6.2所示的卷积码编码器,设输入信息序列$m=1011$,求与其对应的输出码序列。

解 输入序列多项式为$m(x)=1+x^2+x^3$,依式(10.6.4)计算

$$y_{1,j}(x)=m(x) \cdot g_1(x)=(1+x^2+x^3) \cdot (1+x^2)=1+x^3+x^4+x^5$$

$$y_{2,j}(x)=m(x) \cdot g_2(x)=(1+x^2+x^3) \cdot (1+x+x^2)=1+x+x^5$$

所求输出码序列为 $y_{1,j}=100111, \quad y_{2,j}=110001$

则 $y=(y_{1,1}y_{2,1}y_{1,2}y_{2,2}y_{1,3}y_{2,3}y_{1,4}y_{2,4}\cdots)=110100101011$

这里需要注意的是在计算式(10.6.4)时采用模2加运算。

由以上分析可以看出,在编码效率k/n及约束长度相同时,采用不同的生成多项式所得到的卷积码是不同的。那么如何选择生成多项式,以获得最佳的纠错能力,显然是一个非常重要的问题,对于这个问题这里不作讨论,有兴趣的读者可参阅有关文献。

另一种解析表示方法是采用半无限矩阵和矢量。在这种方法中,输入信息序列和输出序列都用半无限矢量表示。输入信息序列表示为

$$M=(m_1 \ m_2 \ m_3 \ m_4 \cdots) \tag{10.6.5}$$

对于图10.6.2的卷积码,其输出序列可表示为

$$Y=(y_{1,1} \ y_{2,1} \ y_{1,2} \ y_{2,2} \ y_{1,3} \ y_{2,3} \ y_{1,4} \ y_{2,4} \cdots) \tag{10.6.6}$$

若移位寄存器起始状态为全0,那么第1位信息码输入时,输出的两位分别为

$$y_{1,1}=m_1, \qquad y_{2,1}=m_1$$

第2位信息码输入时,m_1右移一位,输出为

$$y_{1,2}=m_2, \qquad y_{2,2}=m_2+m_1$$

第 3 位信息码输入时, m_1 右移两位,输出为

$$y_{1,3}=m_3+m_1, \qquad y_{2,3}=m_3+m_2+m_1$$

第 j 位信息码输入时,输出为

$$y_{1,j}=m_j+m_{j-2}, \qquad y_{2,j}=m_j+m_{j-1}+m_{j-2} \tag{10.6.7}$$

表示成矩阵形式为

$$(m_{j-2}\ m_{j-1}\ m_j)\boldsymbol{A}=(y_{1,j}\ y_{2,j}) \tag{10.6.8}$$

式中,

$$\boldsymbol{A}=\begin{bmatrix} 1 & 1 \\ 0 & 1 \\ 1 & 1 \end{bmatrix}$$

当第 1,2 位信息码输入时有一个过渡过程,即

$$(m_1\ 0\ 0)\boldsymbol{T}_1=(y_{1,1}\ y_{2,1})$$
$$(m_1\ m_2\ 0)\boldsymbol{T}_2=(y_{1,2}\ y_{2,2})$$

式中,

$$\boldsymbol{T}_1=\begin{bmatrix} 1 & 1 \\ 0 & 0 \\ 0 & 0 \end{bmatrix} \qquad \boldsymbol{T}_2=\begin{bmatrix} 0 & 1 \\ 1 & 1 \\ 0 & 0 \end{bmatrix}$$

综合以上编码过程,可以得到输出序列矩阵和输入序列矩阵的关系式为

$$\boldsymbol{Y}=\boldsymbol{G}\boldsymbol{M} \tag{10.6.9}$$

式中,半无限矩阵 $\boldsymbol{G}$ 称为生成矩阵,即

$$\boldsymbol{G}=\begin{bmatrix} \boldsymbol{T}_1 & \boldsymbol{T}_2 & \boldsymbol{A} & & & \\ & & \boldsymbol{A} & & & \\ & & & \boldsymbol{A} & & \\ & & & & \boldsymbol{A} & \\ & & & & & \cdots \end{bmatrix}=\begin{bmatrix} 11 & 01 & 11 & & & \\ 00 & 11 & 01 & 11 & & \\ 00 & 00 & 11 & 01 & 11 & \\ & & & 11 & 01 & 11 \\ & & & & 11 & 01 \\ & & & & & 11 \\ & & & & & \cdots \end{bmatrix} \tag{10.6.10}$$

式中,矩阵的空白区元素均为 0。式(10.6.10)与分组码的表示方法相同,不过分组码的生成矩阵是有限矩阵。

生成矩阵与生成多项式之间有着确定的关系。上述卷积码的生成多项式表示成二进制序列为

$$\begin{cases} g_1=(101)=(g_1^1 g_1^2 g_1^3) \\ g_2=(111)=(g_2^1 g_2^2 g_2^3) \end{cases} \tag{10.6.11}$$

把生成序列 g_1、g_2 按下列顺序排列,就可以得到生成矩阵

$$\boldsymbol{G}=\begin{bmatrix} g_1^1 & g_2^1 & g_1^2 & g_2^2 & g_1^3 & g_2^3 & & & & \\ & & g_1^1 & g_2^1 & g_1^2 & g_2^2 & g_1^3 & g_2^3 & & \\ & & & & g_1^1 & g_2^1 & g_1^2 & g_2^2 & g_1^3 & g_2^3 \\ & & & & & & & \cdots & \cdots & \end{bmatrix} \tag{10.6.12}$$

代入 g_j^i 值后所得结果与式(10.6.10)相同。式(10.6.12)还可以表达为

$$G = \begin{bmatrix} G_1 & G_2 & G_3 & & \\ & G_1 & G_2 & G_3 & \\ & & G_1 & G_2 & G_3 \\ & & & \cdots & \cdots \end{bmatrix} \qquad (10.6.13)$$

式中,每个子矩阵 $G_i(i=1,2,3)$ 为

$$G_1 = (g_1^1 \ g_2^1), \quad G_2 = (g_1^2 \ g_2^2), \quad G_3 = (g_1^3 \ g_2^3)$$

对于一般情况的 (n,k,N) 码,输入序列矩阵和输出序列矩阵为

$$M = (m_{1,1} \ m_{2,1} \ m_{3,1} \cdots m_{k,1} \ m_{1,2} \ m_{2,2} \ m_{3,2} \cdots m_{k,2} \cdots) \qquad (10.6.14)$$

$$Y = (y_{1,1} \ y_{2,1} \ y_{3,1} \cdots y_{n,1} \ y_{1,2} \ y_{2,2} \ y_{3,2} \cdots y_{n,2} \cdots) \qquad (10.6.15)$$

码的生成序列一般表示为

$$g_{i,j} = (g_{i,j}^1 \ g_{i,j}^2 \cdots g_{i,j}^L \cdots g_{i,j}^{kN}) \qquad (10.6.16)$$

式中,$i=1,2,\cdots,k; j=1,2,\cdots,n; L=1,2,\cdots kN; g_{i,j}^L$ 表示每组 k 位输入码中第 i 位码经 $L-1$ 位延迟后的输出端与每组 n 位输出码中第 j 位码模 2 加法器的输入端的连接关系,$g_{i,j}^L=1$ 表示有连线,$g_{i,j}^L=0$ 表示没有连线。这样可以写出 (n,k,N) 码的生成矩阵的一般形式为

$$G = \begin{bmatrix} G_1 & G_2 & G_3 & \cdots & G_L & \cdots & G_{kN} & & \\ & G_1 & G_2 & G_3 & \cdots & G_L & \cdots & G_{kN} & \\ & & G_1 & G_2 & G_3 & \cdots & G_L & \cdots & G_{kN} \\ & & & & \cdots & \cdots & & & \end{bmatrix} \qquad (10.6.17)$$

式中,$G_L(L=1,2,\cdots,kN)$ 是 k 行 n 例子矩阵,即

$$G_L = \begin{bmatrix} g_{1,1}^L & g_{1,2}^L & g_{1,3}^L & \cdots & g_{1,n}^L \\ g_{2,1}^L & g_{2,2}^L & g_{2,3}^L & \cdots & g_{2,n}^L \\ \vdots & \vdots & \vdots & & \vdots \\ g_{k,1}^L & g_{k,2}^L & g_{k,3}^L & \cdots & g_{k,n}^L \end{bmatrix} \qquad (10.6.18)$$

可见,构造生成矩阵的关键是寻找第一行(称为基本生成矩阵),以后的每一行都是对上一行向右延迟 n 位得到。

2. 卷积码的图解表示

卷积码编码过程有三种图解表示方法,即树状图、网格图和状态图。

(1) 树状图

对不同的输入信息可以利用上述解析方法求出输出码序列。若将这些序列画成树枝形状就得到树状图,或叫做码树图,并且码树可一直向右延伸,所以又称为半无限码树图。它描述了输入任何信息序列时,所有可能的输出码字。与图 10.6.2 中 (2,1,3) 编码电路对应的码树示于图 10.6.4 中。图中每个分支表示一个输入符号。通常输入码元为 0 对应上分支,输入码元为 1 对应下分支。每个分支上面标示着对应的输出,从第三级支路开始码树呈现出重复性(自上而下重复出现 a、b、c、d 四个节点),表示从第 4 位数据开始,输出码字已与第 1 位数据无关,它解释了编码约束长度 N 的含义。

树状图从节点 a 开始画,此时移位寄存器状态(即存储内容)为 00。当第一位输入码元 $m_1=0$ 时,输出码元 $y_{1,1}\,y_{2,1}=00$;若 $m_1=1$,则 $y_{1,1}\,y_{2,1}=$ 11。因此从 a 点出发有两条支路(树叉)可供选择,$m_1=0$ 时取上面一条支路,$m_1=1$ 时则取下面一条支路。输入第二位码元时,移位寄存器右移一位后,上支路情况下移位寄存器的状态仍为 00,下支路的状态则为 01,01 状态记作 b。新的一位输入码元到来时,随着移位寄存器状态和输入码元的不同,树状图继续分叉成 4 条支路,2 条向上,2 条向下。上支路对应于输入码元为 0,下支路对应于输入码元为 1。如此继续下去,即可得到图 10.6.4 所示的二叉树图形。树状图中,每条树叉上所标注的码元为输出码元,每个节点上标注的 a、b、c、d 为移位寄存器的状态,a 表示 $m_{j-2}\,m_{j-1}=00$,b 表示

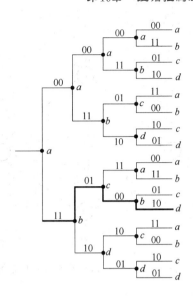

图 10.6.4　(2,1,3)卷积码的码树表示

$m_{j-2}\,m_{j-1}=01$,c 表示 $m_{j-2}\,m_{j-1}=10$,d 表示 $m_{j-2}\,m_{j-1}=11$。显然,对于第 j 位输入信息码元,有 2^j 条支路,但在 $j=N\geqslant3$ 时,树状图的节点自上而下开始重复出现 4 种状态。

以图 10.6.2 为例,当输入序列为 1011 时,对应的输出码序列为 11010010。画出的编码路径如图 10.6.4 中黑粗线所示。

(2) 网格图

如果把码树中具有相同状态的节点合并,就可以得到网格图。与码树中的规定相同,输入码元为 0 对应上分支(用实线表示);输入码元为 1 对应下分支(用虚线表示)。网格图中支路上标注的是输出码元。图 10.6.5 表示的是上述(2,1,3)卷积码的网格图。

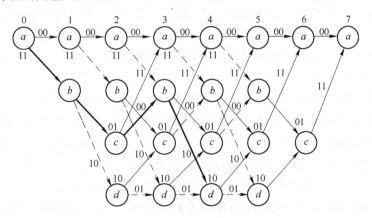

图 10.6.5　(2,1,3)卷积码的网格图表示

当输入序列为 1011 时,图 10.6.4 中黑粗线所对应的输出码序列路径在网格图中如图 10.6.5 中黑粗线所示。

（3）状态图

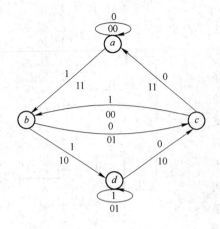

图 10.6.6　(2,1,3)卷积码的状态图

状态图表示的是编码器中移位寄存器存数状态转移的关系。上述(2,1,3)卷积码 $k=1$，寄存器级数为 2，所以有 4 级状态 00、01、10、11 分别记为 a、b、c、d，与其对应的状态图示于图 10.6.6 中。状态转移路线上端的数字表示输入信息码元，状态转移路线下端的数字表示与其对应的输出。

以输入 1011 为例，移位寄存器的状态由初始状态 a 依次变化为 b、c、b、d，相应的输出码元序列仍然是 11010010。

上述三种图解表示方法，都是以图 10.6.2 所示(2,1,3)编码电路的卷积码为例给出的。

对于一般的 (n,k,N) 卷积码，可以由此推广出来以下结论：

① 对应于每组 k 个输入比特，编码后产生 n 个输出比特。

② 树状图中每个节点引出 2^k 条支路。

③ 网格图和状态图都有 $2^{(kN-1)}$ 种可能的状态。每个状态引出 2^k 条支路，同时也有 2^k 条支路从其他状态或本状态引入。

10.6.3　卷积码的译码

1. 卷积码的距离特性

同分组码一样，卷积码的纠错能力也由距离特性决定，但卷积码的纠错能力与它采用的译码方式有关，因此不同的译码方法就有不同的距离度量。称长度为 $N \cdot n$ 的编码序列之间的最小汉明距离为最小距离 $d_{\min}$；称任意长的编码序列之间的最小汉明距离为自由距离 d_{free}。由于卷积码并不划分为码字，因而以自由距离作为纠错能力的度量更为合理。对于卷积码中广泛采用的维特比译码算法，自由距离 d_{free} 是个重要参量。一般情况下，在卷积码中 $d_{\min} \leqslant d_{\text{free}}$。

由于卷积码的线性性质，所有码序列之间的最小汉明距离应该等于非全"0"码序列的最小汉明重量，因此不论求 $d_{\min}$ 还是 d_{free} 都只需考虑码树下半部的码序列。例如图 10.6.2 所示(2,1,3)卷积码的最小码距，由于约束长度 $N=3$，所以只求树状图中下半部所有三条支路路径的汉明重量即可。包含三条支路的路径共 4 条：$abca$、$abcb$、$abdc$ 和 $abdd$，汉明重量分别为 5、3、4、4，所以 $d_{\min}=3$，表明了卷积码在连续 N 段以内的距离特性。

求 d_{free} 时必须对任意长度的路径加以考察。但由于 d_{free} 是有限的，而且由于路径的汉明重量在与全 0 路径汇聚以后不再增长，所以与 d_{free} 对应的路径最后必然汇聚到全 0 路径上。因此 d_{free} 可以从全 0 序列出发，再回到全 0 序列的所有非 0 路径中求得。这可以利用网格图，从图 10.6.5 容易看出产生 d_{free} 的路径为 $abca$，相应的输出码序列为 110111，所以有 $d_{\text{free}}=5$。

2. 卷积码的译码

卷积码的译码分为代数译码和概率译码两大类。卷积码发展的早期多采用代数译码，现在概率译码已越来越被重视。概率译码算法主要有维特比译码和序列译码。由于维特比译码在通信中用得更为广泛，因此这里仅介绍维特比译码。

维特比译码算法采用的是最大似然算法。它把接收码序列同所有可能的码序列作比较，选择一种码距最小的码序列作为发送数据。

在如图 10.6.7 所示的卷积码编译码系统中，若输入信息序列 M 被编码为序列 X，此 X 序列可以用树状图或网格图中某一特定的路径来表示，这里假设 X 序列经过有噪声的无记忆信道传送到接收端译码器。

信息序列 M → 卷积编码 → 发送序列 X → 离散无记忆信道 → 接收序列 Y → 卷积译码 → 接收序列 M'

图 10.6.7　编译码系统模型

离散无记忆信道是一种具有数字输入和数字输出（或称为量化输出）的噪声信道的理想化模型，其输入 X 是一个二进制符号序列，而输出 Y 则是具有 J 种符号的序列。X 序列每发一个符号 $x_i(i=1,2)$，则信道输出端收到一个相应的符号 $y_j(j=1,2,3,\cdots,J)$。由于是无记忆，故 y_j 只与 x_i 有关。如果 $J=2$，则离散无记忆信道输出的是二进制序列。

译码器对信道输出序列 Y 进行考察，以判定长度为 L 的 2^L 个可能发送的序列中究竟是哪一个进入了编码器。当某一特定的信息 M 进入编码器时，发送序列为 $X(M)$，接收到的序列为 Y，若译码器输出为 $M'\neq M$，说明译码出现了差错。

假设所有信息序列是等概率出现的，译码器在收到 Y 序列情况下，若

$$P[Y/X(M')]\geqslant P[Y/X(M)], \qquad 若 M'\neq M \qquad (10.6.19)$$

则判定输出为 M'，这样可以使序列差错率最小。如此得到的译码器可以认为是最佳的，称为最大似然序列译码器，条件概率 $P[Y/X(M)]$ 称为似然函数。所以，最大似然译码器判定的输出信息是使似然函数为最大时的消息。

对于长度为 L 的二进制序列的最佳译码，需要对可能发送的 2^L 个不同序列的 2^L 条路径似然函数进行比较，选取其中最大的一条。显然，译码过程的计算量随 L 的增加而指数增长，这样很难实现，实际当中只能采用次最佳的译码方法。这种基于树状图的译码方法，正是序列译码法的基础。

用网格图描述时，由于路径的汇聚消除了树状图中的多余度，译码过程中只需考虑整个路径集合中那些能使似然函数最大的路径。如果在某一节点上发现某条路径已不可能获得最大对数似然函数，那么就放弃这条路径，然后在剩下的路径中重新选择译码路径，这样一直进行到最后第 L 级。由于这种方法较早地丢弃了那些不可能的路径，从而减轻了译码的工作量，维特比译码正是基于这种想法。

卷积码网格图中共有 $2^{(kN-1)}$ 种状态，每个节点（即每个状态）有 2^k 条支路引入，也有 2^k 条支路引出。这里讨论 $k=1$ 的情形，若起始点为全 0 状态，由网格图的前 $N-1$ 条连续支路构成的路径互不相交，即最初的 2^{N-1} 条路径各不相同，当接收到第 N 条支路时，每

条路径都有 2 条支路延伸到第 N 级上,而第 N 级上的每两条支路又都汇聚在一个节点上。在维特比译码算法中,把汇聚在每个节点上的两条路径的对数似然函数累加值进行比较,然后把具有较大对数似然函数累加值的路径保存下来,而丢弃另一条路径,经挑选后第 N 级只留下 2^{N-1} 条路径,选出的路径连同它们的对数似然函数累加值一起被存储起来。由于每个节点引出两条支路,因此以后各级中路径的延伸都增大一倍,但比较它们的似然函数累加值后,丢弃一半,结果留存下来的路径总数保持常数。由此可见,上述译码过程中的基本操作是"加一比一选",即每级求出对数似然函数累加值,然后两两比较并作出选择。有时会出现两条路径的对数似然函数累加值相等的情形,在这种情况下可以任意选择其中一条作为"幸存"路径。

既然在每一级中都有 2^{N-1} 条幸存路径,那么当序列发送完毕后,如何判断其最后结果呢?这就要在网格图的终结处加上 $N-1$ 个已知信息(即 $N-1$ 条已知支路)作为结束信息。在结束信息到来时,由于每一状态中只有与已知发送信息相符的那条支路被延伸,因而在每级比较后,幸存路径减少一半。因此,在接收到 $N-1$ 个已知信息后,在整个网格图中就只有唯一的一条幸存路径保留下来,这就是译码所得的路径。也就是说,在已知接收到的序列情况下,这条译码路径和发送序列是最相似的。

维特比译码过程并不复杂,译码器的工作是前向的、无反馈的。由于每级中每个状态上要进行"加一比一选"运算,因此译码器的复杂性与状态数成正比,同时随约束长度 N 的增加而指数增长。译一个 L 位码的序列,译码操作的总次数为 $L2^{N-1}$,当 $L>N$ 时,$L2^{N-1}$ 将比用树状图进行最大似然译码所需的操作次数 2^L-1 小很多。然而,维特比译码的运算量仍然是随 N 成指数增加的,因此目前只限于应用在约束长度较短($N\leqslant10$)的卷积码中。

维特比译码的具体步骤以 $(2,1,3)$ 卷积码(如图 10.6.2 所示)的网格图(如图 10.6.5 所示)为例归纳如下:

(1) 该 $(2,1,3)$ 码的编码约束度为 3,所以先用前 3 组接收子码序列为标准,与到达第 3 级 4 个节点的 8 条路径对照,计算 8 条路径与送入译码器的序列 Y 在等长范围内的汉明距离,为每一个节点挑选并存储一条到达本节点码距最小的路径作为幸存路径。

(2) 将当前节点移到第 4 级,此时刻第 3 级选出的 4 条幸存路径又延伸为 8 条,计算这 8 条路径和接收序列 Y 在等长范围内的汉明距离,仍为各个节点挑选有最小距离的幸存路径(遇到进入某节点的两条路径距离相同时可以随机留存)。

(3) 重复步骤(2),直到第 6 级,选出到达节点 a 和 c 的两条幸存路径(此时到终点 a 只可能从第 6 级的 a、c 点出发),最后剩下一条到达第 7 级终点 a 的幸存路径对应的就是译码器输出的码序列 M'。

显然,维特比译码并不能纠正所有可能发生的错误,当错误模式超出卷积码的纠错能力时,译码后的输出序列就会带有错误。

一般的维特比译码器方框图如图 10.6.8 所示。

由于卷积码的优异性能,它在很多方面得到了应用,主要应用于加性白色高斯噪声信道,特别是在卫星通信和空间通信中。一般与 PSK 或 QPSK 调制结合起来使用。

为了比较编码后系统与未编码系统的性能,常常用相同误比特率时所需要的 E_b/n_0

作为度量,其中 E_b 为单位码元能量,n_0 为噪声功率谱密度。编码增益为未编码系统所需要的 E_b/n_0 与编码后系统的 E_b/n_0 之差。正的编码增益意味着编码后系统为达到相同的误码率可以节省发射功率。如编码增益为 3 dB 时,可以将发射功率降低为 1/2。当然,与此同时,如果传输频带不变,则信息传输率势必下降为 $R_c = k/n$ 倍。或者说,如果要保持信息传输率不变,则必须增加传输频带。在功率受限的卫星信道中,传输频带往往不是主要矛盾,而降低发射功率则是最重要的。

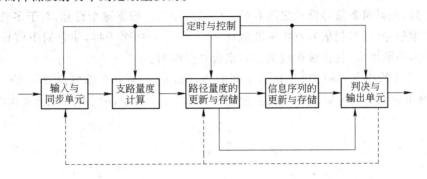

图 10.6.8　维特比译码器原理方框图

10.7　网格编码调制

在传统的数字传输系统中,纠错编码与调制是各自独立设计并实现的,译码和解调也是如此。纠错编码需要冗余度,编码增益是依靠降低信息传输率来获得的。在功率受限信道中,功率利用率可以用频带利用率换取。在限带信道中,则可通过加大调制信号集来为纠错编码提供所需的冗余度,以避免信息传输速率因增加纠错编码而降低。因此,既希望能提高频带利用率,又希望在不增加信道传输带宽的前提下降低差错率。但若调制和编码仍按传统的相互独立的方法设计,则不能得到令人满意的结果。为了解决这个问题,近些年来发展起来了网格编码调制(Trellis Coded Modulation,TCM)技术。它是利用编码效率为 $n/(n+1)$ 的卷积码,并将每一码段映射为 2^{n+1} 个调制信号集中的一个信号。在接收端信号解调后经反映射变换为卷积码,再送入维特比译码器译码。它有两个基本特点:

(1) 在信号空间中的信号点数目比无编码的调制情况下对应的信号点数目要多,这些增加的信号点使编码有了冗余,而不牺牲带宽。

(2) 采用卷积码的编码规则,使信号点之间引入相互依赖关系。仅有某些信号点图样或序列是允许用的信号序列,并可模型化成为网格状结构,因此又称为"格状"编码。

在信号星座图中,通常把信号点的几何距离称为欧几里德距离,简称欧氏距离。其中最短距离称为最小欧氏距离。当编码调制后的信号序列经过一个加性高斯白噪声的信道以后,在接收端采用最大似然解调和译码,用维持比算法寻找最佳格状路径,以最小欧氏距离为准则,解出接收的信号序列。这与卷积码维持比译码采用的汉明距离不一样。

一般 TCM 最优码是按照编码信号的网格图确定的。当一个 TCM 最优码确定后,其相应编码调制器的实现有两种方法,其一是先确定从编码符号到调制信号的映射函数,再根据网格图设计出相应的纠错编码器;另一个是先确定编码器结构,再根据网格图确定编码符号到调制信号的映射函数。

在设计和选择 TCM 最优码方案的网格图结构时,赋予信号的网格转移一种特性,即 TCM 方案通过一种特殊的信号映射可变成卷积码的形式。这种映射的原理是将调制信号集分割成子集,使得子集内的信号间具有更大的空间距离。

TCM 的设计就是寻找与各种调制方式相对应的卷积码,当卷积码的每个分支与信号点映射后,使得每条信号路径之间有最大的欧氏距离。根据这个目标,对于多电平与多相位的二维信号空间,把信号点集不断地分解为 2、4、8、… 个子集,使它们中信号点的最小欧氏距离不断增大,这种映射规则称为集合划分映射。

图 10.7.1 给出了一种 8PSK 信号空间的集合划分,所有 8 个信号点分布在一个圆周上,都具有单位能量。连续 3 次划分后,分别产生 2、4、8 个子集,最小欧氏距离逐次增大,即

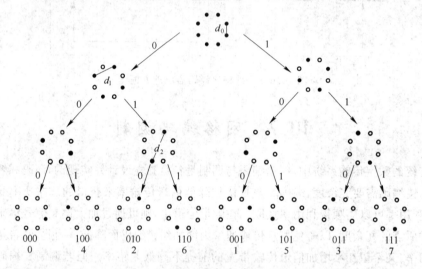

图 10.7.1　8PSK 信号空间的集合划分

$$d_0 = 2\sin\frac{\pi}{8} = \sqrt{2-\sqrt{2}} < d_1 = \sqrt{2} < d_2 = 2$$

可以得到 TCM 编码调制器的系统方框图,如图 10.7.2 所示。

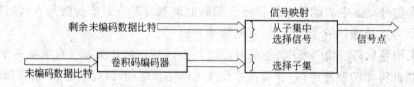

图 10.7.2　TCM 编码调制器的系统方框图

设输入码字有 n 比特,在采用多电平与多相位调制时,有同相分量和正交分量,因此在无编码的调制时,在二维信号空间中应有 2^n 个信号点与它对应。在应用编码调制时,为增加冗余度,有 2^{n+1} 个信号点。在图 10.7.1 中,可划分为 4 个子集,对应于码字的 1 bit 加到编码效率为 1/2 的卷积码编码器输入端,输出 2 bit,选择相应的子集。码字的剩余的未编码数据比特确定信号与子集中信号点之间的映射关系。

在接收端采用维特比算法执行最大似然检测。编码网格状图中的每一条支路对应于一个子集,而不是一个信号点。检测的第一步是确定每个子集中的信号点,在欧氏距离意义下,这个子集是最靠近接收信号的子集。

图 10.7.3(a)描述了最简单的传输 2 bit 码字的 8PSK TCM 编码方案。它采用了效率为 1/2 的卷积码编码器,对应的网格图如图 10.7.3(b)所示。该结构有 4 个状态,每个状态对应于图 10.7.1 中距离为 d_2 的 4 个子集。

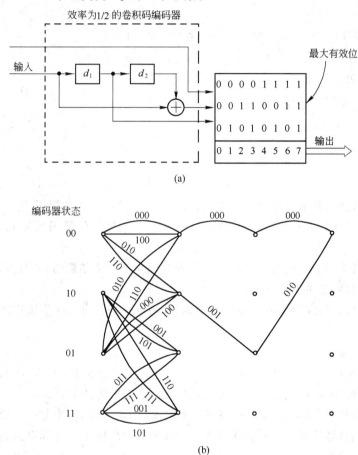

图 10.7.3 传输 2 bit 码字的 8PSK TCM 编码方案

通常,TCM 方案的最优码是通过手算或计算机搜索的方法获得的。对一些状态数较小的常见 TCM 码,人们已找出了其最优码。

习　　题

10.1　在通信系统中,采用差错控制的目的是什么?

10.2　常用的差错控制方法有哪些?

10.3　什么是分组码? 其结构特点如何?

10.4　什么叫做奇偶监督码? 其检错能力如何?

10.5 什么是线性码？它具有哪些重要性质？

10.6 什么是循环码？循环码的生成多项式如何确定？

10.7 什么是系统分组码？试举例说明。

10.8 已知两码组为(0 0 0 0)、(1 1 1 1)。若用于检错,能检出几位错码？若用于纠错,能纠正几位错码？若同时用于检错与纠错,问各能纠、检几位错码？

10.9 已知某线性码监督矩阵为

$$\mathbf{H}=\begin{bmatrix} 1 & 1 & 1 & 0 & 1 & 0 & 0 \\ 1 & 1 & 0 & 1 & 0 & 1 & 0 \\ 1 & 0 & 1 & 1 & 0 & 0 & 1 \end{bmatrix}$$

列出所有许用码组。

10.10 已知(7,4)码的生成矩阵为

$$\mathbf{G}=\begin{bmatrix} 1 & 0 & 0 & 0 & 1 & 1 & 1 \\ 0 & 1 & 0 & 0 & 1 & 0 & 1 \\ 0 & 0 & 1 & 0 & 0 & 1 & 1 \\ 0 & 0 & 0 & 1 & 1 & 1 & 0 \end{bmatrix}$$

写出所有许用码组,并求监督矩阵。若接收码组为 1001100,计算校正子。

10.11 已知循环码生成多项式为 $x^4+x^3+x^2+1$,输入信息码元为 110,求编码后的系统码码组。

10.12 对于一个码长为 15 的线性码,若允许纠正 2 个随机错误,需要多少个不同的校正子？至少需要多少位监督码元？

10.13 (15,11)汉明码的生成多项式为 $g(x)=x^4+x^3+1$,求生成矩阵,并导出监督矩阵。

10.14 已知

$$x^{15}+1=(x+1)(x^4+x+1)(x^4+x^3+1)(x^4+x^3+x^2+x+1)(x^2+x+1)$$

由它共可构造出多少种码长为 15 的循环码？列出它们的生成多项式。

10.15 构造一个码长为 63、能纠正 3 个错误的 BCH 码,写出它的生成多项式。

10.16 已知循环码的生成多项式为 x^4+x+1,画出校正子计算电路,并计算错误图样为 x^5+x^2 时的校正子。

10.17 要求设计一个 BCH 码,码长为 1000,能纠 3 个错误。求生成多项式,监督码元是多少位？

10.18 已知(2,1)卷积码的生成多项式为 $g_1(x)=1,g_2(x)=1+x$,如果输入信息序列为 10011。

(1)画出编码器方框图,问约束长度为多少？

(2)画出它的树状图。

(3)画出它的网格图。

(4)画出它的状态图。

(5)写出它的生成矩阵。

(6)求编码输出序列,在树状图中标出编码路径。

10.19 已知卷积码的生成多项式的八进制数表示为$(5,6,7)_8$,画出编码器方框图。

10.20 已知$(2,1)$卷积码的生成多项式的八进制数表示为$(6,5)_8$,画出其状态图。

10.21 已知$(2,1)$卷积码的生成多项式为$g_1(x)=1+x+x^2+x^3$,$g_2(x)=1+x+x^3$

(1) 画出树状图;

(2) 若输入序列为 10011,求输出序列;

(3) 画出编码器方框图。

10.22 已知$(3,1)$卷积码的生成多项式的八进制数表示为$(7,7,5)_8$。

(1) 画出状态图;

(2) 找出该码的自由距。

10.23 已知$(2,1)$卷积码 $g_1(x)=1+x+x^2$,$g_2(x)=1+x^2$,采用维特比译码,若接收序列为 0001100000001001。

(1) 在网格图中标出译码路径,并标出幸存路径的汉明距量度;

(2) 求发送序列和信息序列(编码前序列)。

10.24 已知$(2,1,5)$卷积码的生成多项式为$(35,23)_8$。

(1) 画出编码器方框图;

(2) 写出它的生成矩阵;

(3) 画出树状图。

10.25 $(3,1)$卷积码的生成多项式为$(1,3,7)_8$。

(1) 画出编码器方框图;

(2) 写出码的生成矩阵;

(3) 画出树状图和网格图。

10.26 已知$(3,1,3)$卷积码的生成多项式为$g_1(x)=1+x+x^2$,$g_2(x)=1+x+x^2$,$g_3(x)=1+x^2$

(1) 画出树状图;

(2) 画出网格图;

(3) 画出状态图;

(4) 若输入信息序列为 1011000,求编码器输出序列,在网格图上标出对应的路径。

10.27 若题 10.26 中的发送信息序列在传输过程中发生了错误,接收到的序列变为 11011000110101111001,试用网格图说明维特比译码过程,并验证是否能够纠正所有的错误?

10.28 已知$(3,1,3)$卷积码的生成多项式为$(1,5,3)_8$。

(1) 画出编码器方框图;

(2) 画出网格图;

(3) 求最小码距 d_{free}。

参考文献

[1] 马海武 . 通信原理[M].2 版 . 北京：北京邮电大学出版社，2012.

[2] 马海武 . 通信原理[M]. 北京：北京邮电大学出版社，2004.

[3] ［美]John. Proakis. 数字通信[M].3 版 . 北京：电子工业出版社，1998.

[4] 曹志刚 . 现代通信原理[M]. 北京：清华大学出版社，1992.

[5] 樊昌信，等 . 通信原理 [M]. 北京：国防工业出版社，1993.

[6] 马海武 . 电磁场理论[M]. 北京：清华大学出版社，2016.

[7] 马海武 . 电磁场与电磁波[M]. 北京：人民邮电出版社，2009.

[8] 马海武 . 电磁场理论[M]. 北京：北京邮电大学出版社，2004.

[9] 马海武 . 智能建筑通信系统与网络[M]. 北京：人民交通出版社，2002.

[10] 陈仁发等 . 数字通信原理[M]. 北京：科学技术文献出版社，1994.

[11] 沈振元，等 . 通信系统原理[M]. 西安：西安电子科技大学出版社，1993.

[12] 陆存乐，马刘非 . 通信原理与技术[M]. 南京：通信工程学院，1991.

[13] 孙玉 . 数字复接技术[M]. 北京：人民邮电出版社，1991.

[14] 赵梓森 . 光纤数字通信[M]. 北京：人民邮电出版社，1991.

[15] 郭梯云，等 . 数字移动通信[M]. 北京：人民邮电出版社，1996.

[16] 周炯磐，等 . 通信原理[M]. 北京：北京邮电大学出版社，2002.

[17] 王新梅，肖国镇 . 纠错码——原理与方法[M]. 西安：西安电子科技大学出版社，1991.

[18] 肖定中，肖萍萍 . 数字通信终端及复接设备[M]. 北京：人民邮电出版社，1991.

[19] 易波 . 现代通信导论[M]. 北京：国防工业出版社，1998.

[20] 胡细宝，等 . 概率论与随机过程[M]. 北京：北京邮电大学出版社，2001.

[21] 林生 . 计算机通信网原理[M]. 西安：西安电子科技大学出版社，1991.

[22] 黄庚年，等 . 通信系统原理[M]. 北京：北京邮电学院出版社，1991.

[23] 李文海，等 . 电信技术概述[M]. 北京：人民邮电出版社，1993.

[24] HAYKIN S. Communication System[M]. 3rd ed. New York：John Wiley & Sons，1994.

[25] 钟顺时 . 高等天线理论(上册)[M]. 西安：西安电子科技大学，1988.

［26］　KRAUS J D. Electromagnetics［M］. 3rd ed.　New York：Mc Graw-Hill，1984.

［27］　陈锡生，等．现代电信交换［M］.北京：北京邮电大学出版社，1999.

［28］　陈显治，等．现代通信技术［M］.北京：电子工业出版社，2001.

［29］　达新宇，等．现代通信新技术［M］.西安：西安电子科技大学出版社，2001.

［30］　金惠文，等．现代交换原理［M］.北京：电子工业出版社，2000.

［31］　刘云．通信与网络技术概论［M］.北京：中国铁道出版社，2000.

［32］　吴家安，杜淑玲．数字通信系统原理［M］.　西安：陕西人民教育出版社，1989.

［33］　张树京．统计信号处理［M］.北京：人民邮电出版社，1988.

［34］　王民，等．通信原理解题指导［M］.北京：北京邮电大学出版社，2009.

附 录A

常用三角公式

1. $\sin(x \pm y) = \sin x \cos y \pm \cos x \sin y$

   $\cos(x \pm y) = \cos x \cos y \mp \sin x \sin y$

2. $\sin x \sin y = \dfrac{1}{2}[\cos(x-y) - \cos(x+y)]$

   $\cos x \cos y = \dfrac{1}{2}[\cos(x+y) + \cos(x-y)]$

   $\sin x \cos y = \dfrac{1}{2}[\sin(x+y) + \sin(x-y)]$

   $\sin x + \sin y = 2\sin\left(\dfrac{x+y}{2}\right)\cos\left(\dfrac{x-y}{2}\right)$

3. $\sin x - \sin y = 2\sin\left(\dfrac{x-y}{2}\right)\cos\left(\dfrac{x+y}{2}\right)$

   $\cos x + \cos y = 2\cos\left(\dfrac{x+y}{2}\right)\cos\left(\dfrac{x-y}{2}\right)$

   $\cos x - \cos y = -2\sin\left(\dfrac{x+y}{2}\right)\sin\left(\dfrac{x-y}{2}\right)$

4. $\sin 2x = 2\sin x \cos x$

   $\cos 2x = 1 - 2\sin^2 x = 2\cos^2 x - 1 = \cos^2 x - \sin^2 x$

   $\sin^2 x = \dfrac{1 - \cos 2x}{2}$

   $\cos^2 x = \dfrac{1 + \cos 2x}{2}$

5. $\sin^2 x + \cos^2 x = 1$

6. $\sin x = \dfrac{1}{2j}(e^{jx} - e^{-jx})$

   $\cos x = \dfrac{1}{2}(e^{jx} + e^{-jx})$

   $e^{jx} = \cos x + j\sin x$

7. $A\cos(\omega t + \varphi_1) + B\cos(\omega t + \varphi_2) = C\cos(\omega t + \varphi_3)$

   式中：$C = \sqrt{A^2 + B^2 - 2AB\cos(\varphi_2 - \varphi_1)}$

   $\varphi_3 = \arctan\dfrac{A\sin\varphi_1 + B\sin\varphi_2}{A\cos\varphi_1 + B\cos\varphi_2}$

希尔伯特变换

1. 希尔伯特(Hilbert)变换的定义

希尔伯特交换简称希氏变换。对于一个实函数 $f(t)$，称 $\dfrac{1}{\pi}\displaystyle\int_{-\infty}^{+\infty}\dfrac{f(\tau)}{t-\tau}\mathrm{d}\tau$ 为 $f(t)$ 的希尔伯特变换，记作

$$\hat{f}(t)=H[f(t)]=\frac{1}{\pi}\int_{-\infty}^{+\infty}\frac{f(\tau)}{t-\tau}\mathrm{d}\tau \tag{B.1}$$

称 $\dfrac{-1}{\pi}\displaystyle\int_{-\infty}^{+\infty}\dfrac{g(\tau)}{t-\tau}\mathrm{d}\tau$ 为 $g(t)$ 的希尔伯特反变换，记作

$$H^{-1}[g(t)]=\frac{-1}{\pi}\int_{-\infty}^{+\infty}\frac{g(\tau)}{t-\tau}\mathrm{d}\tau \tag{B.2}$$

可以证明

$$H^{-1}[\hat{f}(t)]=f(t) \tag{B.3}$$

显然，希尔伯特变换可记为卷积形式

$$\hat{f}(t)=f(t)*\frac{1}{\pi t} \tag{B.4}$$

2. 频域的变换

由式(B.4)可以看出，函数 $f(t)$ 的希尔伯特变换可以看成是函数 $f(t)$ 通过一个单位冲激响应为 $h(t)=\dfrac{1}{\pi t}$ 的线性系统的输出，如图 B.1 所示。

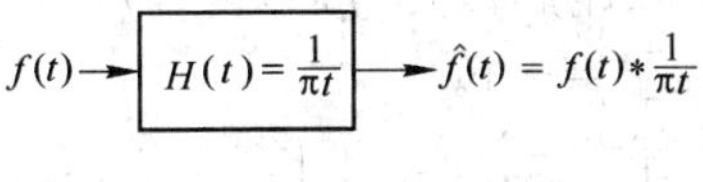

$$f(t) \longrightarrow \boxed{H(t)=\frac{1}{\pi t}} \longrightarrow \hat{f}(t)=f(t)*\frac{1}{\pi t}$$

图 B.1　希尔伯特变换的等效

下面求函数 $f(t)$ 的频谱 $H(\omega)$。为此，可以先求频率符号函数的傅里叶反变换。频率符号函数定义为

$$\mathrm{sgn}\,\omega=\begin{cases}1, & \omega>0 \\ -1, & \omega<0\end{cases}$$

也可以表示为

$$\mathrm{sgn}\ \omega = \lim_{\alpha \to 0}[\mathrm{e}^{-\alpha\omega}U(\omega) - \mathrm{e}^{\alpha\omega}U(-\omega)]$$

式中，$U(\omega) = \begin{cases} 1, & \omega > 0 \\ 0, & \omega < 0 \end{cases}$ 为单位阶跃函数。频率符号函数的傅里叶反变换可表示为

$$\mathscr{F}^{-1}[\mathrm{sgn}\ \omega] = \lim_{\alpha \to 0}\left[\frac{1}{2\pi}\int_{-\infty}^{+\infty}\mathrm{e}^{-\alpha\omega}\mu(\omega)\mathrm{e}^{\mathrm{j}\omega t}\,\mathrm{d}\omega - \frac{1}{2\pi}\int_{-\infty}^{+\infty}\mathrm{e}^{\alpha\omega}\mu(-\omega)\mathrm{e}^{\mathrm{j}\omega t}\,\mathrm{d}\omega\right]$$

$$= \lim_{\alpha \to 0}\frac{1}{2\pi}\left(\frac{-1}{-\alpha+\mathrm{j}t} - \frac{1}{\alpha+\mathrm{j}t}\right) = \lim_{\alpha \to 0}\frac{1}{2\pi}\frac{2\mathrm{j}t}{\alpha^2+t^2} = \frac{\mathrm{j}}{\pi t}$$

即

$$\frac{\mathrm{j}}{\pi t} \Leftrightarrow \mathrm{sgn}\ \omega$$

由此得到

$$\frac{1}{\pi t} \Leftrightarrow -\mathrm{jsgn}\ \omega$$

因此，函数 $f(t)$ 的频谱 $H(\omega)$ 为

$$H(\omega) = -\mathrm{jsgn}\ \omega = \begin{cases} -\mathrm{j}, & \omega > 0 \\ \mathrm{j}, & \omega < 0 \end{cases} \tag{B.5}$$

由于 $\mathrm{e}^{-\mathrm{j}\frac{\pi}{2}} = -\mathrm{j}$ 和 $\mathrm{e}^{\mathrm{j}\frac{\pi}{2}} = \mathrm{j}$，所以希尔伯特变换实际上可以等效成一个理想相移器，即在 $\omega > 0$ 域相移 $\frac{-\pi}{2}$，在 $\omega < 0$ 域相移 $\frac{\pi}{2}$。

同样可以得到

$$\mathscr{F}\left(\frac{-1}{\pi t}\right) = \mathrm{jsgn}\ \omega \tag{B.6}$$

由式(B.6)可以看出希尔伯特反变换也可以等效成一个相移器，在 $\omega > 0$ 域相移 $\frac{\pi}{2}$，在 $\omega < 0$ 域相移 $\frac{-\pi}{2}$。

3. 希尔伯特变换的性质

(1) $$H^{-1}[\hat{f}(t)] = f(t) \tag{B.7}$$

证 $$f(t) \rightarrow \boxed{H_1(\omega)} \xrightarrow{\hat{f}(t)} \boxed{H_2(\omega)} \longrightarrow f(t)$$

因为 $H_1(\omega)H_2(\omega) = [-\mathrm{jsgn}\ \omega][\mathrm{jsgn}\ \omega] = 1$。

(2) $$H[\hat{f}(t)] = \hat{\hat{f}}(t) = -f(t) \tag{B.8}$$

因为 $H_1(\omega)H_1(\omega) = [-\mathrm{jsgn}\ \omega]^2 = -1$。

(3) $$\int_{-\infty}^{+\infty}f^2(t)\,\mathrm{d}t = \int_{-\infty}^{+\infty}\hat{f}^2(t)\,\mathrm{d}t \tag{B.9}$$

证 令 $f(t) \Leftrightarrow F(\omega)$，$\hat{f}(t) \Leftrightarrow \hat{F}(\omega)$，则有

$$\int_{-\infty}^{+\infty}f^2(t)\,\mathrm{d}t = \frac{1}{2\pi}\int_{-\infty}^{+\infty}|F(\omega)|^2\,\mathrm{d}\omega$$

$$\int_{-\infty}^{+\infty}\hat{f}^2(t)\,\mathrm{d}t = \frac{1}{2\pi}\int_{-\infty}^{+\infty}|\hat{F}(\omega)|^2\,\mathrm{d}\omega$$

又知 $\hat{F}(\omega) = -\mathrm{jsgn}\ \omega F(\omega)$，由此有 $|\hat{F}(\omega)|^2 = |F(\omega)|^2$，这表明函数 $f(t)$ 的希尔伯特变

换前与变换后的能量保持不变。

(4) 若 $f(t)$ 为偶函数,则 $\hat{f}(t)$ 为奇函数;若 $f(t)$ 为奇函数,则 $\hat{f}(t)$ 为偶函数。

证 令 $f(t)$ 为偶函数,则有 $f(-t)=f(t)$。根据定义:

$$\hat{f}(-t)=\frac{1}{\pi}\int_{-\infty}^{+\infty}\frac{f(\tau)}{(-t)-\tau}\mathrm{d}\tau=\frac{1}{\pi}\int_{-\infty}^{+\infty}\frac{f(-\tau)}{(t)-\tau}\mathrm{d}\tau$$

令 $\tau'=-\tau$,则

$$\hat{f}(-t)=\frac{-1}{\pi}\int_{-\infty}^{+\infty}\frac{f(\tau')}{t-\tau'}\mathrm{d}\tau'=-\hat{f}(t)$$

由此得证。

同理可证明第二个结论。

(5)
$$\int_{-\infty}^{+\infty}f(t)\hat{f}(t)\mathrm{d}t=0 \tag{B.10}$$

即 $f(t)$ 与 $\hat{f}(t)$ 相互正交。利用性质 4 即可证明。

4. 常用希尔伯特变换对

时 间 函 数	希尔伯特变换	时 间 函 数	希尔伯特变换
$m(t)\cos(2\pi f_c t)$	$m(t)\sin(2\pi f_c t)$	rect t	$-\dfrac{1}{\pi}\ln\left\|\left(t-\dfrac{1}{2}\right)\Big/\left(t+\dfrac{1}{2}\right)\right\|$
$m(t)\sin(2\pi f_c t)$	$-m(t)\cos(2\pi f_c t)$	$\delta(t)$	$\dfrac{1}{\pi t}$
$\cos(2\pi f_c t)$	$\sin(2\pi f_c t)$	$\dfrac{1}{1+t^2}$	$\dfrac{t}{1+t^2}$
$\sin(2\pi f_c t)$	$-\cos(2\pi f_c t)$	$\dfrac{1}{t}$	$-\pi\delta(t)$
$\dfrac{\sin t}{t}$	$\dfrac{1-\cos t}{t}$		

附录C

Q 函数和误差函数

1. Q 函数

（1）定义

$$Q(x) = \int_x^\infty \frac{1}{\sqrt{2\pi}} \exp\left(-\frac{y^2}{2}\right) dy \qquad (C.1)$$

（2）性质

① 当 $x > 0$ 时，它是单调减函数；

② $Q(0) = 1/2$；　　　　　　　　　　　　　　　　　　　　　　　　　　　　(C.2)

③ $Q(-x) = 1 - Q(x)$，$x > 0$；　　　　　　　　　　　　　　　　　　　(C.3)

④ $Q(x) \approx \dfrac{1}{x\sqrt{2\pi}} \exp\left(-\dfrac{x^2}{2}\right)$，$x \geqslant 3$。　　　　　　　　(C.4)

（3）Q 函数的部分数值

Q 函数的部分数值见表 C.1。

表 C.1　Q 函数的部分数值

x	$Q(x)$	x	$Q(x)$	x	$Q(x)$
0.0	0.500 00	1.4	0.080 76	2.8	0.002 56
0.1	0.460 17	1.5	0.066 81	2.9	0.001 687
0.2	0.420 74	1.6	0.054 80	3.0	0.001 35
0.3	0.382 09	1.7	0.044 57	3.1	0.000 97
0.4	0.344 58	1.8	0.035 93	3.2	0.000 69
0.5	0.308 54	1.9	0.028 72	3.3	0.000 48
0.6	0.274 25	2.0	0.227 5	3.4	0.000 34
0.7	0.241 96	2.1	0.017 86	3.5	0.000 23
0.8	0.211 86	2.2	0.013 90	3.6	0.000 16
0.9	0.184 06	2.3	0.010 72	3.7	0.000 11
1.0	0.158 66	2.4	0.008 20	3.9	0.000 05
1.1	0.135 67	2.5	0.006 21	4.0	0.000 03
1.2	0.115 07	2.6	0.004 66		
1.3	0.096 80	2.7	0.003 47		

2. 误差函数和误差互补函数

(1) 定义

① 误差函数：
$$\mathrm{erf}\,(x) = \frac{2}{\sqrt{\pi}} \int_0^x \exp(-y^2)\mathrm{d}y \qquad \text{(C.5)}$$

② 误差互补函数：
$$\mathrm{erfc}\,(x) = \frac{2}{\sqrt{\pi}} \int_x^\infty \exp(-y^2)\mathrm{d}y \qquad \text{(C.6)}$$

(2) 性质

① $\mathrm{erf}\,(-x) = \mathrm{erf}\,(x)$（是奇函数）；　　　　　　　　　　　(C.7)

② $\mathrm{erf}\,(-\infty) = -1, \mathrm{erf}\,(+\infty) = +1$；　　　　　　　　　　(C.8)

③ $\mathrm{erfc}\,(-x) = 2 - \mathrm{erfc}\,(x)$；　　　　　　　　　　　　　(C.9)

④ $\mathrm{erfc}\,(\infty) = 0$；　　　　　　　　　　　　　　　　(C.10)

⑤ $\mathrm{erfc}\,(x) \approx \dfrac{1}{x\sqrt{\pi}} \mathrm{e}^{-x^2}$，　　$x \gg 1$；　　　　　(C.11)

⑥ $\mathrm{erfc}\,(x) = 1 - \mathrm{erf}\,(x)$。　　　　　　　　　　　　　(C.12)

(3) 误差函数的部分数值

误差函数的部分数值见表 C.2。

表 C.2　误差函数的部分数值

x	$\mathrm{erf}(x)$	x	$\mathrm{erf}(x)$	x	$\mathrm{erf}(x)$	x	$\mathrm{erf}(x)$
0.00	0.000 00	0.55	0.563 32	1.10	0.880 21	1.65	0.980 38
0.05	0.056 37	0.60	0.603 86	1.15	0.896 12	1.70	0.983 79
0.10	0.112 46	0.65	0.642 03	1.20	0.910 31	1.75	0.986 67
0.15	0.168 00	0.70	0.677 80	1.25	0.922 90	1.80	0.989 09
0.20	0.222 70	0.75	0.711 16	1.30	0.934 01	1.85	0.991 11
0.25	0.276 33	0.80	0.742 10	1.35	0.943 76	1.90	0.992 79
0.30	0.328 63	0.85	0.770 67	1.40	0.952 29	1.95	0.994 18
0.35	0.379 38	0.90	0.796 91	1.45	0.959 70	2.00	0.995 32
0.40	0.428 39	0.95	0.820 89	1.50	0.966 11	2.50	0.999 59
0.45	0.475 48	1.00	0.842 70	1.55	0.971 62	3.00	0.999 98
0.50	0.520 50	1.05	0.862 44	1.60	0.976 35	3.30	0.999 998

3. Q 函数与误差函数的关系

(1) $Q(x) = \dfrac{1}{2}\mathrm{erfc}\left(\dfrac{x}{\sqrt{2}}\right)$　　　　　　　　　　　　　(C.13)

(2) $\mathrm{erfc}\,(x) = 2Q(\sqrt{2}x)$ 或 $Q(x) = \dfrac{1}{2}\mathrm{erfc}\left(\dfrac{x}{\sqrt{2}}\right)$　　　　(C.14)

(3) $\mathrm{erf}\,(x) = 1 - 2Q(\sqrt{2}x)$　　　　　　　　　　　　　(C.15)